2022年版全国二级建造师执业资格考试用书

水利水电工程管理与实务

全国二级建造师执业资格考试用书编写委员会　编写

中国建筑工业出版社

图书在版编目（CIP）数据

水利水电工程管理与实务／全国二级建造师执业资格考试用书编写委员会编写．—北京：中国建筑工业出版社，2021.12

2022 年版全国二级建造师执业资格考试用书

ISBN 978-7-112-26830-6

Ⅰ．①水… Ⅱ．①全… Ⅲ．①水利水电工程—工程管理—资格考试—自学参考资料 Ⅳ．① TV

中国版本图书馆 CIP 数据核字（2021）第 240243 号

责任编辑：田立平
责任校对：党　蕾

2022 年版全国二级建造师执业资格考试用书

水利水电工程管理与实务

全国二级建造师执业资格考试用书编写委员会　编写

*

中国建筑工业出版社出版、发行（北京海淀三里河路 9 号）

各地新华书店、建筑书店经销

河北鹏润印刷有限公司印刷

*

开本：787 毫米×1092 毫米　1/16　印张：$25\frac{1}{4}$　字数：626 千字

2022 年 1 月第一版　　2022 年 1 月第一次印刷

定价：**73.00** 元（含增值服务）

ISBN 978-7-112-26830-6

（38515）

如有印装质量问题，可寄本社图书出版中心退换

（质量联系电话：010-58337318，QQ：1193032487）

（邮政编码 100037）

全国二级建造师执业资格考试用书

审 定 委 员 会
（按姓氏笔画排序）

丁士昭　　毛志兵　　任　虹　　李　强　　杨存成

张　锋　　张祥彤　　徐永田　　陶汉祥

编 写 委 员 会

主　　编：丁士昭

委　　员：王清训　毛志兵　刘志强　吴进良

张鲁风　唐　涛　潘名先

序

为了加强建设工程项目管理，提高工程项目总承包及施工管理专业技术人员素质，规范施工管理行为，保证工程质量和施工安全，根据《中华人民共和国建筑法》《建设工程质量管理条例》《建设工程安全生产管理条例》和国家有关执业资格考试制度的规定，2002 年原人事部和建设部联合颁发了《建造师执业资格制度暂行规定》（人发〔2002〕111 号），对从事建设工程项目总承包及施工管理的专业技术人员实行建造师执业资格制度。

注册建造师是以专业技术为依托、以工程项目管理为主业的注册执业人士。注册建造师可以担任建设工程总承包或施工管理的项目负责人，从事法律、行政法规或标准规范规定的相关业务。实行建造师执业资格制度后，我国大中型工程施工项目负责人由取得注册建造师资格的人士担任，以提高工程施工管理水平，保证工程质量和安全。建造师执业资格制度的建立，将为我国拓展国际建筑市场开辟广阔的道路。

按照原人事部和建设部印发的《建造师执业资格制度暂行规定》（人发〔2002〕111 号）、《建造师执业资格考试实施办法》（国人部发〔2004〕16 号）和《关于建造师资格考试相关科目专业类别调整有关问题的通知》（国人厅发〔2006〕213 号）的规定，本编委会组织全国具有较高理论水平和丰富实践经验的专家、学者，编写了《2022 年版全国二级建造师执业资格考试用书》（以下简称《考试用书》）。在编撰过程中，编写人员按照《二级建造师执业资格考试大纲》（2019 年版）要求，遵循"以素质测试为基础、以工程实践内容为主导"的指导思想，坚持"与工程实践相结合，与考试命题工作相结合，与考生反馈意见相结合"的修订原则，力求在素质测试的基础上，进一步加强对考生实践能力的考核，切实选拔出具有较好理论水平和施工现场实际管理能力的人才。

本套《考试用书》共 9 册，书名分别为《建设工程施工管理》《建设工程法规及相关知识》《建筑工程管理与实务》《公路工程管理与实务》《水利水电工程管理与实务》《矿业工程管理与实务》《机电工程管理与实务》《市政公用工程管理与实务》《建设工程法律法规选编》。本套《考试用书》既可作为全国二级建造师执业资格考试学习用书，也可供其他从事工程管理的人员使用和高等学校相关专业师生教学参考。

《考试用书》编撰者为高等学校、行政管理、行业协会和施工企业等方面的专家和学者。在此，谨向他们表示衷心感谢。

在《考试用书》编写过程中，虽经反复推敲核证，仍难免有不妥甚至疏漏之处，恳请广大读者提出宝贵意见。

全国二级建造师执业资格考试用书编写委员会

2021 年 12 月

《水利水电工程管理与实务》
编 写 组

组　　长： 唐　涛

副 组 长： 成　银　何建新

编写人员： （按姓氏笔画排序）

王　琛　成　银　伍宛生　吴国栋

何建新　沈立早　沈继华　张先员

陈送财　胡　慨　郭唐义　唐　涛

唐　漪　薛　瑶

前　　言

本书根据2019年版《二级建造师执业资格考试大纲（水利水电工程）》（以下简称《考试大纲》）编写。本书主要阐述《考试大纲》规定考点的核心内容，明确考试的知识点。各知识点内容以条目格式编写，不考虑各条之间内容上的逻辑关系。

本书与二级建造师执业资格考试综合科目《建设工程施工管理》《建设工程法规及相关知识》相配合，构成了二级建造师执业资格考试水利水电工程专业知识体系。本书由水利水电工程施工技术、水利水电工程项目施工管理、水利水电工程项目施工相关法规与标准三部分组成，突出了水利水电工程建设与施工管理的专业特点。

本书是2021年版的修订版，与2021年版相比，根据最新法规标准对相关知识进行了更新和补充。本书为二级建造师执业资格考试《专业工程管理与实务》科目"水利水电工程"的考试指导书，也可作为高等学校工科专业的教学参考用书和从事水利水电工程建设管理、勘测、设计、施工、监理、咨询、质量监督、安全监督、行政监督等工作人员的参考用书。

在本书编写过程中，中水淮河规划设计研究有限公司（水利部淮委规划设计研究院）、中水三立数据技术股份有限公司、中水淮河安徽恒信工程咨询有限公司、安徽安兆工程技术咨询服务有限公司、安徽省水利水电职业技术学院、长江水利委员会人才资源开发中心、中国水电建设集团十五工程局有限公司等单位对本书的编写工作给予了大力支持和帮助，在此一并致以衷心的感谢。

本书通过修订，对有关法规、规程、规范进行了更新和完善，在充分体现水利水电工程专业范围宽、施工技术复杂多样、安全性及耐久性要求高等特点的基础上，提高了针对性、实用性和时效性，但难免有不足之处，诚望广大读者指正，以便再版时修改完善。

网上免费增值服务说明

为了给二级建造师考试人员提供更优质、持续的服务，我社为购买正版考试图书的读者免费提供网上增值服务，增值服务分为文档增值服务和全程精讲课程，具体内容如下：

☞ **文档增值服务：**主要包括各科目的备考指导、学习规划、考试复习方法、重点难点内容解析、应试技巧、在线答疑，每本图书都会提供相应内容的增值服务。

☞ **全程精讲课程：**由权威老师进行网络在线授课，对考试用书重点难点内容进行全面讲解，旨在帮助考生掌握重点内容，提高应试水平。2022年涵盖**全部考试科目**。

更多免费增值服务内容敬请关注"建工社微课程"微信服务号，网上免费增值服务使用方法如下：

1. 计算机用户

2. 移动端用户

注：增值服务从本书发行之日起开始提供，至次年新版图书上市时结束，提供形式为在线阅读、观看。如果输入卡号和密码或扫码后无法通过验证，请及时与我社联系。

客服电话：4008-188-688（周一至周五9：00—17：00）

Email：jzs@cabp.com.cn

防盗版举报电话：010-58337026，举报查实重奖。

网上增值服务如有不完善之处，敬请广大读者谅解。欢迎提出宝贵意见和建议，谢谢！

读者如果对图书中的内容有疑问或问题，可关注微信公众号【建造师应试与执业】，与图书编辑团队直接交流。

建造师应试与执业

目　录

2F310000　水利水电工程施工技术

本章围绕水利水电工程建筑物的主要类型，阐述水利水电工程专业技术知识，包括水利水电工程建筑物及建筑材料、施工导流与河道截流、主体工程施工等三节。其中"水利水电工程建筑物及建筑材料"概述了水利水电工程的相关基础知识，包括水利水电工程建筑物的类型及相关要求、水利水电工程勘察与测量、水利水电工程建筑材料等；"水利水电工程施工导流与河道截流"分施工导流和河道截流两部分进行阐述；"水利水电工程主体工程施工"对土石方开挖工程、地基处理工程、土石方填筑工程、混凝土工程和机电设备及金属结构安装工程等分别阐述其基本知识、施工内容和技术要求，同时介绍了施工安全技术方面的有关知识。

本章的重点是水利水电工程等级划分及特征水位，施工导流标准与导流方法，围堰、截流的基本方法，土石方开挖技术，土石坝和堤防施工技术，混凝土的生产与运输、浇筑与养护以及施工安全技术等。

通过对本章的学习，要求应试者全面了解水利水电工程的类型、功能、规模、等别与级别以及水工建筑材料的类型及其应用、施工测量的仪器及其使用；掌握水利水电工程施工的内容、方法、技术、设备以及工程质量控制和安全控制要点等。

2F311000　水利水电工程建筑物及建筑材料

2F311010　水利水电工程建筑物的类型及相关要求

2F311011　水利水电工程建筑物的类型

一、土石坝与堤防的构造及作用

（一）土石坝的类型

土石坝一般按坝高、施工方法或筑坝材料等进行分类。

1．按坝高分类

土石坝按坝高可分为低坝、中坝和高坝。《碾压式土石坝设计规范》SL 274—2001 规定：高度在 30m 以下的为低坝；高度在 30（含 30m）～70m（含 70m）的为中坝；高度超过 70m 的为高坝。

2．按施工方法分类

土石坝按施工方法可分为碾压式土石坝、水力冲填坝、定向爆破堆石坝等，其中碾压式土石坝最常见，它是用适当的土料分层堆筑，并逐层加以压实（碾压）而成的坝，它又可分为三种：

（1）均质坝。坝体断面不分防渗体和坝壳，坝体基本上是由均一的黏性土料（壤土、砂壤土）筑成，如图 2F311011-1（a）所示。

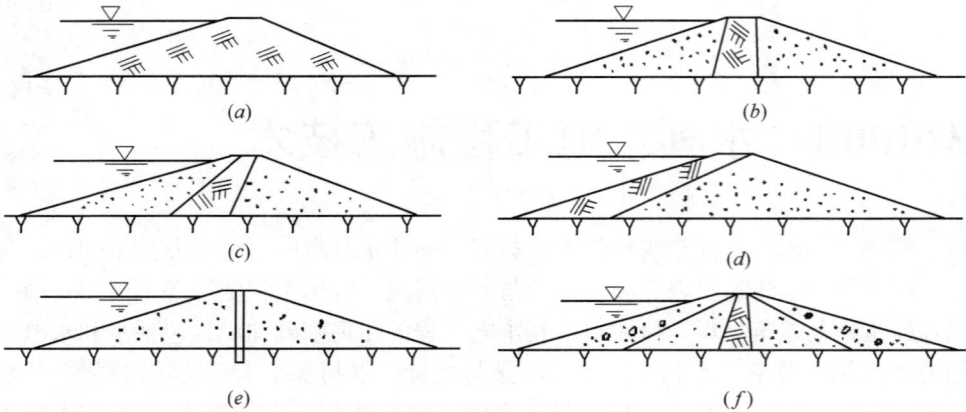

图 2F311011-1　土石坝的类型

（2）土质防渗体分区坝。包括黏土心墙坝和黏土斜墙坝，即用透水性较大的土料作坝的主体，用透水性较小的黏土作防渗体的坝。防渗体设在坝体中央的或稍向上游且略为倾斜的坝称为黏土心墙坝，防渗体设在坝体上游部位且倾斜的坝称为黏土斜墙坝，是高、中坝中最常用的坝型，如图 2F311011-1（b）、（c）、（d）所示。

（3）非土料防渗体坝。以沥青混凝土、钢筋混凝土或其他人工材料（如土工膜）为防渗体的坝。按其位置也可分为心墙坝和面板坝两种，如图 2F311011-1（e）、（f）所示。

（二）土石坝的构造及作用

土石坝的基本剖面是梯形，主要由坝顶、防渗体、上下游坝坡、坝体排水、地基处理等部分组成。

1. 坝顶构造（如图 2F311011-2 所示）

（1）坝顶宽度。坝顶宽度应根据构造、施工、运行和抗震等因素确定。如无特殊要求，高坝可选用 10～15m，中、低坝可选用 5～10m。

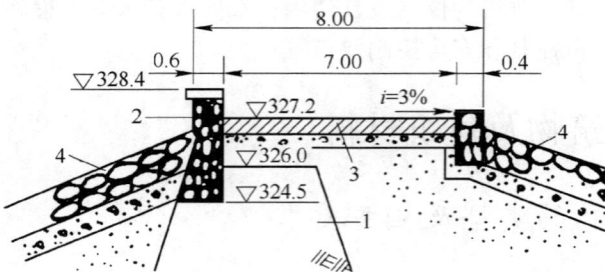

图 2F311011-2　某土坝坝顶构造
1—防渗体；2—防浪墙；
3—路面；4—护面（尺寸单位：m）

同时，坝顶宽度必须充分考虑心墙或斜墙顶部及反滤层、保护层的构造需要。如有公路交通要求，还应满足公路路面的有关规定，其作用是保护坝顶不受破坏。为了排除雨水，坝顶应做成向一侧或两侧倾斜的横向坡度，坡度宜采用 2%～3%。对于有防浪墙的坝顶，则宜采用仅向下游倾斜的横坡。

（2）护面。护面的材料可采用碎石、砌石、沥青或混凝土，Ⅳ级以下的坝下游也可以采用草皮护面。

（3）防浪墙。坝顶上游侧常设混凝土或浆砌石修建的不透水的防浪墙，墙基要与坝体防渗体可靠地连接起来，以防高水位时漏水。防浪墙的高度一般为 1.0～1.2m（指露出坝顶部分）。

2. 防渗体

土坝防渗体主要有心墙、斜墙、铺盖、截水墙等形式，设置防渗体的作用是：减少通过坝体和坝基的渗流量；降低浸润线，增加下游坝坡的稳定性；降低渗透坡降，防止渗透变形。

（1）均质坝。整个坝体就是一个大的防渗体，它由透水性较小的黏性土筑成。

（2）黏性土心墙和斜墙。心墙一般布置在坝体中部，有时稍偏上游并略为倾斜；斜墙布置在坝体的上游，以便于和上游铺盖及坝顶的防浪墙相连接。

黏性土心墙和斜墙顶部水平厚度一般不小于 3m，以便于机械化施工。防渗体顶与坝顶之间应设有保护层，厚度不小于该地区的冰冻或干燥深度，同时按结构要求不宜小于1m。

（3）非土料防渗体。非土料防渗体有钢筋混凝土、沥青混凝土、木板、钢板、浆砌块石和塑料薄膜等，较常用的是沥青混凝土和钢筋混凝土。

3．土石坝的护坡与坝坡排水

（1）护坡。土石坝的护坡形式有：草皮、抛石、干砌石、浆砌石、混凝土或钢筋混凝土、沥青混凝土或水泥土等。作用是防止波浪淘刷、顺坝水流冲刷、冰冻和其他形式的破坏。

（2）坝坡排水。除干砌石或堆石护面外，均必须设坝面排水。为了防止雨水冲刷下游坝坡，常设纵横向连通的排水沟。与岸坡的结合处，也应设置排水沟以拦截山坡上的雨水。坝面上的纵向排水沟沿马道内侧布置，用浆砌石或混凝土板铺设成矩形或梯形。坝较长时，则应沿坝轴线方向每隔 50～100m 设一横向排水沟，以便排除雨水。

4．坝体排水

（1）排水设施。形式有贴坡排水、棱体排水、褥垫排水、管式排水和综合式排水。坝体排水的作用是降低坝体浸润线及孔隙水压力，防止坝坡土冻胀破坏。在排水设施与坝体、土基接合处，都应设置反滤层，其中贴坡排水和棱体排水最常用。

① 贴坡排水。紧贴下游坝坡的表面设置，它由 1～2 层堆石或砌石筑成，如图 2F311011-3 所示。贴坡排水顶部应高于坝体浸润线的逸出点，保证坝体浸润线位于冰冻深度以下。

贴坡排水构造简单、节省材料、便于维修，但不能降低浸润线，且易因冰冻而失效，常用于中小型工程下游无水的均质坝或浸润线较低的中等高度坝。

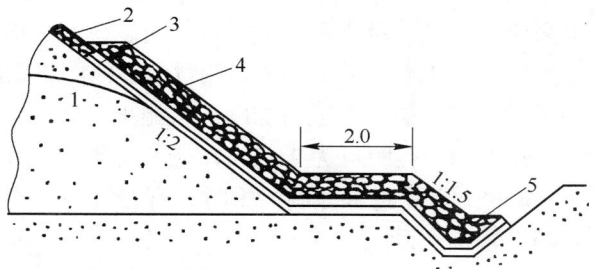

图 2F311011-3　贴坡排水（单位：m）
1—浸润线；2—护坡；3—反滤层；4—排水体；5—排水沟

② 棱体排水。在下游坝脚处用块石堆成棱体，顶部高程应超出下游最高水位，超出高度应大于波浪沿坡面的爬高，并使坝体浸润线距坝坡的距离大于冰冻深度。应避免棱体排水上游坡脚出现锐角，顶宽应根据施工条件及检查观测需要确定，但不得小于 1.0m，如图 2F311011-4 所示。

棱体排水可降低浸润线，防止坝坡冻胀和渗透变形，保护下游坝脚不受尾水淘刷，多用于河床部分（有水）的下游坝脚处。

（2）反滤层。为避免因渗透系数和材料级配的突变而引起渗透变形，在防渗体与坝

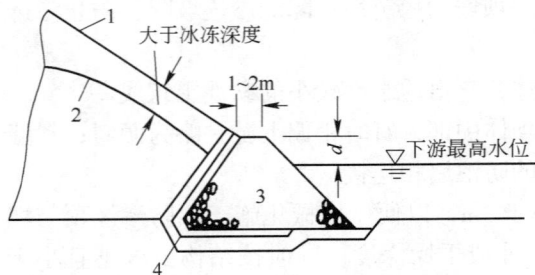

图 2F311011-4　堆石棱体排水
1—下游坝坡；2—浸润线；3—棱体排水；4—反滤层

壳、坝壳与排水体之间都要设置 2~3 层粒径不同的砂石料作为反滤层。材料粒径沿渗流方向由小到大排列。

（三）堤防的构造与作用

土质堤防的构造与作用和土石坝类似，包括堤顶、堤坡与戗台、护坡与坡面排水、防渗与排水设施、防洪墙等。

（1）堤顶。堤顶宽度应根据防汛、管理、施工、构造及其他要求确定。1 级堤防堤顶宽度不宜小于 8m；2 级堤防不宜小于 6m；3 级及以下堤防不宜小于 3m。堤顶路面结构，应根据防汛、管理的要求，并结合堤身土质、气象等条件进行选择。堤顶应向一侧或两侧倾斜，坡度宜采用 2%~3%。因受筑堤土源及场地的限制，可修建防浪墙，防浪墙的结构可采用干砌石勾缝、浆砌石、混凝土等，防浪墙净高不宜超过 1.2m。

（2）堤坡与戗台。堤坡应根据堤防等级、堤身结构、堤基、筑堤土质、风浪大小、护坡形式、堤高、施工及运用条件，经稳定计算确定，1、2 级土堤的堤坡不宜陡于 1:3。堤高超过 6m 的背水坡宜设戗台，宽度不宜小于 1.5m；风浪大的海堤、湖堤临水侧宜设置消浪平台，其宽度可为波高的 1~2 倍，但不宜小于 3m。

（3）护坡与坡面排水。临水侧护坡的形式应根据风浪大小、近堤水流、潮流情况，结合堤防等级、堤高、堤身与堤基土质等因素确定，通航河流船行波作用较强烈的堤段，护坡设计应考虑其作用和影响；背水侧护坡的形式应根据当地的暴雨强度、越浪要求，并结合堤高和土质情况确定。1、2 级土堤水流冲刷或风浪作用强烈的堤段，临水侧坡面宜采用砌石、混凝土或土工织物模袋混凝土护坡；1、2 级堤防背水坡和其他堤防的临水坡，可采用水泥土、草皮等护坡。水泥土、砌石、混凝土护坡与土体之间必须设置垫层，垫层可采用砂、砾石或碎石、石渣和土工织物，砂石垫层厚度不应小于 0.1m，风浪大的海堤、湖堤的护坡垫层，可适当加厚。水泥土、浆砌石、混凝土等护坡应设置排水孔，孔径可为 50~100mm，孔距可为 2~3m，宜呈梅花形布置。浆砌石、混凝土护坡应设置变形缝。高于 6m 的土堤受雨水冲刷严重时，宜在堤顶、堤坡、堤脚以及堤坡与山坡或其他建筑物结合部设置排水设施。

（4）防渗与排水设施。堤身防渗的结构形式，应根据渗流计算及技术经济比较合理确定，堤身防渗可采用心墙、斜墙等形式。防渗材料可采用黏土、混凝土、沥青混凝土、土工膜等材料。堤身渗水排入背水坡脚或贴坡滤层内，滤层材料可采用砂、砾料或土工织物等材料。堤身的防渗与排水设施的布设应与堤基防渗与排水设施统筹布置，并应使两者紧密结合，防渗体的顶部应高出设计水位 0.5m 以上。土质防渗体的断面，应自上而下逐渐加厚，其顶部最小水平宽度不宜小于 1m，底部厚度不宜小于堤前设计水深的 1/4，砂、砾石排水体的厚度或顶宽不宜小于 1m。土质防渗体的顶部和斜墙的临水侧应设置保护层，保护层的厚度应不小于当地冰冻深度。沥青混凝土或混凝土防渗体可采用面板或心墙等形式，防渗体和填筑体之间应设置垫层或过渡层。

（5）防洪墙。城市、工矿区等修建土堤受限制的地段，宜采用浆砌石、混凝土或钢筋混凝土结构的防洪墙。

二、混凝土坝的构造及作用

混凝土坝的主要类型有重力坝、拱坝和支墩坝三种，它们的结构特点和类型如下：

（一）重力坝的结构特点和类型

1. 重力坝的结构特点

重力坝主要依靠自身重量产生的抗滑力维持其稳定性，坝轴线一般为直线，并有垂直于坝轴线方向的横缝将坝体分成若干段，横剖面基本上呈三角形，如图2F311011-5所示。

2. 重力坝的类型

（1）按坝体高度分为高坝、中坝和低坝。坝高大于70m的为高坝，小于30m的为低坝，介于两者之间的为中坝。

（2）按筑坝材料分为混凝土重力坝和浆砌石重力坝。重要的重力坝及高坝大都用混凝土浇筑，中低坝可用浆砌块石砌筑。

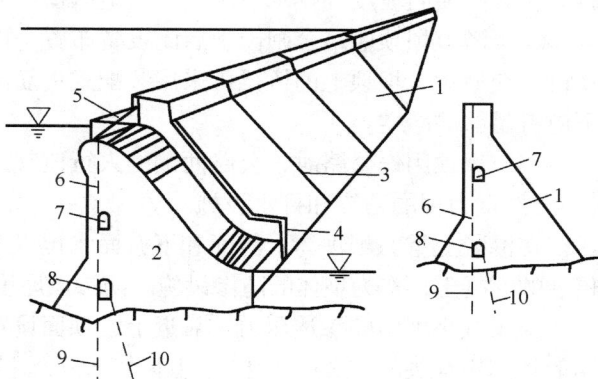

图 2F311011-5　重力坝示意图

1—非溢流重力坝；2—溢流重力坝；3—横缝；4—导墙；5—闸门；6—坝内排水管；7—检修、排水廊道；8—基础灌浆廊道；9—防渗帷幕；10—坝基排水孔

（3）按泄水条件分为溢流重力坝和非溢流重力坝。

（4）按坝体的结构分为实体重力坝、空腹重力坝和宽缝重力坝。

（5）按施工方法分为浇筑混凝土重力坝和碾压混凝土重力坝。

（二）重力坝的构造及作用

1. 坝顶构造

（1）坝顶应高于校核洪水位，坝顶上游防浪墙顶的高程应高于波浪顶高程，其与正常蓄水位或校核洪水位的高差，应按式（2F311011）计算确定，选择两者中防浪墙顶高程的高者作为选定高程。

$$\Delta h = h_{1\%} + h_z + h_c \qquad （2F311011）$$

式中　Δh——防浪墙顶至正常蓄水位或校核洪水位的高差（m）；

　　　$h_{1\%}$——波高（m）；

　　　h_z——波浪中心线至正常蓄水位或校核洪水位的高差（m）；

　　　h_c——安全超高，按表2F311011采用。

重力坝坝顶安全超高 h_c（m）　　　　　　　　表 2F311011

相应水位	坝 的 级 别		
	1	2	3
正常蓄水位	0.7	0.5	0.4
校核洪水位	0.5	0.4	0.3

（2）防浪墙宜采用与坝体连成整体的钢筋混凝土结构，墙身有足够的厚度以抵抗波浪及漂浮物的冲击，在坝体横缝处应留伸缩缝，并设止水，墙身高度可取 1.2m。坝顶下游侧应设置栏杆。

（3）非溢流坝段的坝顶宽度应根据剖面设计、运行要求确定，不宜小于 3.0m。坝顶路面应具有横向坡度和排水设施，严寒地区横向坡度应适当加大。

（4）溢流坝顶应结合闸门、启闭设备布置、操作检修、交通和观测等要求设置坝顶工作桥、交通桥。坝顶上的桥梁可采用装配式钢筋混凝土结构或预应力钢筋混凝土结构，桥下应有足够的净空。

（5）坝顶用作公路时，公路两侧的人行道宜高出坝顶路面 30cm。

2．重力坝的防渗和排水设施

在混凝土重力坝坝体上游面和下游面水位以下部分，多采用一层具有防渗、抗冻和抗侵蚀的混凝土，作为坝体的防渗设施。防渗层厚度一般为 1/20～1/10 水头，但不小于 2m。

为了减小坝体的渗透压力，靠近上游坝面设置排水管幕，排水管幕与上游坝面的距离一般为作用水头的 1/25～1/15，且不小于 2m。排水管间距 2～3m。

3．重力坝的分缝与止水

为了满足施工要求，防止由于温度变化和地基不均匀沉降导致坝体裂缝，在坝内需要进行分缝。

（1）横缝。横缝与坝轴线垂直，有永久性和临时性两种。将坝体分成若干个坝段，横缝间距一般为 15～20m。永久性横缝可兼作沉降缝和温度缝，缝面常为平面。当不均匀沉降较大时，需留缝宽 1～2cm，缝间用沥青油毡隔开，缝内须设置专门的止水；临时性横缝缝面设置键槽，埋设灌浆系统。

（2）纵缝。纵缝是平行于坝轴线方向的缝，其作用是为了适应混凝土的浇筑能力、散热和减小施工期的温度应力。纵缝按其布置形式可分为：铅直缝、斜缝和错缝三种，其中，铅直缝的间距为 15～30m，缝面应设置三角形键槽。

为了保证坝段的整体性，沿缝面应布设灌浆系统。待坝体温度冷却到稳定温度，缝宽达到 0.5mm 以上时再进行灌浆。一般进浆管的灌浆压力可控制在 0.35～0.45MPa，回浆管的压力可控制在 0.2～0.25MPa。

（3）水平施工缝。水平施工缝是新老混凝土的水平结合面。每层浇筑块的厚度约为 1.5～4.0m，基岩表面约为 0.75～1.0m，以利散热。同一坝段相邻浇筑块水平施工缝的高程应错开，上、下浇筑块之间常间歇 3～7d。混凝土浇筑前，必须清除老混凝土面浮渣，并凿毛，用压力水冲洗，再铺一层 2～3cm 的水泥砂浆，然后浇筑。

4．坝内廊道

为了满足帷幕灌浆、排水、观测和检修坝体的需要，须在坝内设置各种廊道和竖井，构成廊道系统。廊道内应设置通风和照明设备。

（1）基础灌浆廊道。基础灌浆廊道设置在上游坝踵处。廊道上游侧距上游坝面的距离约为 0.05～0.1 倍水头，且不小于 4～5m，廊道底面距基岩面不小于 1.5 倍廊道宽度，廊道断面一般采用城门洞形，其宽度一般为 2.5～3.0m，高度一般为 3.0～3.5m。当廊道低于下游水位时，应设集水井及抽排设施。

（2）坝体检修和排水廊道。为了便于检查坝体和排除坝体渗水，在靠近坝体上游面沿高度每隔 15～30m 设一检查兼作排水用的廊道。廊道断面形式多为城门洞形，廊道最小宽度为 1.2m，高度 2.2m。各层廊道在左、右两岸至少应各有一个通向下游的出口，各层廊道之间用竖井连通。如设有电梯井时，则各层廊道均应与电梯井相通。

（三）重力坝的荷载与作用

重力坝承受的荷载与作用主要有：①自重（包括固定设备重量）；②静水压力；③扬压力；④动水压力；⑤波浪压力；⑥泥沙压力；⑦冰压力；⑧土压力；⑨温度作用；⑩风作用；⑪地震作用等。

1. 自重

重力坝的自重包括重力坝坝体重量及固定设备重量等，建筑物的重量可以较准确地算出，材料重度应实地量测或参考荷载规范定出。

2. 静水压力

静水压力随上、下游水位而定。静水压力计算简图如图 2F311011-6 所示。

3. 扬压力

扬压力包括上浮力及渗流压力。上浮

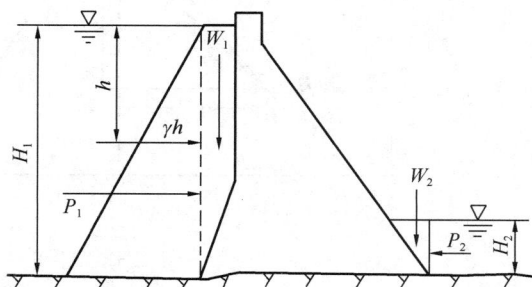

图 2F311011-6　重力坝静水压力计算简图

力是由坝体下游水深产生的浮托力；渗流压力是在上、下游水位差作用下，水流通过基岩节理、裂隙而产生的向上的静水压力。扬压力计算简图如图 2F311011-7 所示。

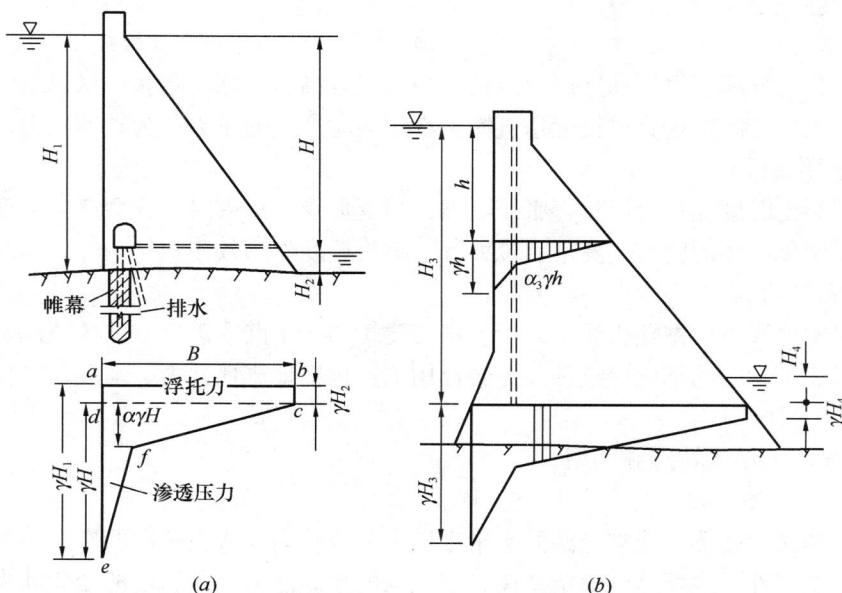

图 2F311011-7　重力坝扬压力计算简图
(a) 坝底扬压力分布；(b) 坝体水平截面上扬压力分布

4. 动水压力

当水流流经曲面（如溢流坝面或泄水孔洞或泄水孔洞的反弧段），由于流向改变，在该处产生动水压力。动水压力的合理作用点可近似地取在反弧中点。

5. 波浪压力

波浪作用使重力坝承受波浪压力,而波浪压力与波浪要素和坝前水深等有关。波态情况不同,浪压力分布也不同,浪压力计算分为浅水波及深水波,波浪压力分布图如图 2F311011-8 所示。

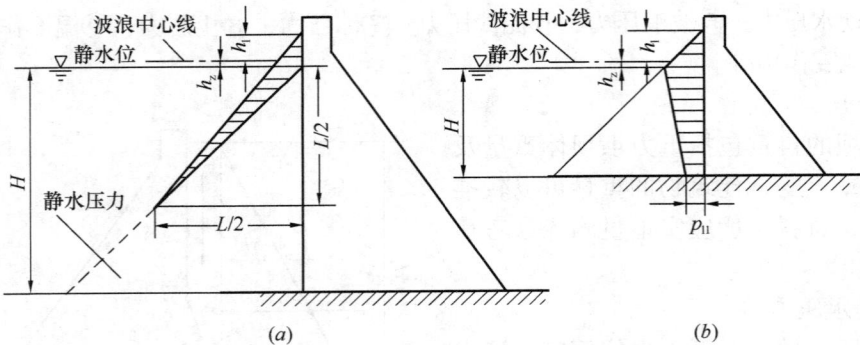

图 2F311011-8 重力坝浪压力分布图
(a) 深水波; (b) 浅水波

6. 土压力及泥沙压力

当建筑物背后有填土或淤砂时,随建筑物相对于土体的位移状况,将受到不同的土压力作用。建筑物向前侧移动时,承受主动土压力;向后侧移动时,承受被动土压力;不移动时,承受静止土压力。

7. 冰压力

冰压力分为静冰压力和动冰压力两种。当气温升高时,冰层膨胀,对建筑物产生的压力称为静冰压力;冰块垂直或接近垂直撞击在坝面时产生的压力称为动冰压力。

8. 温度作用

坝体混凝土温度变化会产生膨胀或收缩,当变形受到约束时,将会产生温度应力。结构由于温度变化产生的应力、变形、位移等,称为温度作用效应。

9. 地震作用

地震引发地层表面做随机运动,能使水工建筑物产生严重破坏。破坏情况取决于地震过程特点和建筑物的动态反应特性。地震作用主要包括地震惯性力、地震动水压力、地震动土压力等。

(四)拱坝的结构特点和类型

1. 拱坝的结构特点

拱坝的轴线为弧形,能将上游的水平水压力变成轴向压应力传向两岸,主要依靠两岸坝肩维持其稳定性。拱坝是超静定结构,有较强的超载能力,受温度的变化和坝肩位移的影响较大。

2. 拱坝的类型

(1)定圆心等半径拱坝:圆心的平面位置和外半径都不变的一种拱坝。

(2)等中心角变半径拱坝:拱坝坝面自上而下中心角不变而半径逐渐减小。

(3)变圆心变半径双曲拱坝:圆心的平面位置、外半径和中心角均随高程而变的坝体形式。

（五）支墩坝的结构特点和类型

支墩坝是由一系列顺水流方向的支墩和支承在墩子上游的挡水面板所组成，如图 2F311011-9 所示。按挡水面板的形式，支墩坝可分为平板坝、连拱坝和大头坝，其结构特点如下：

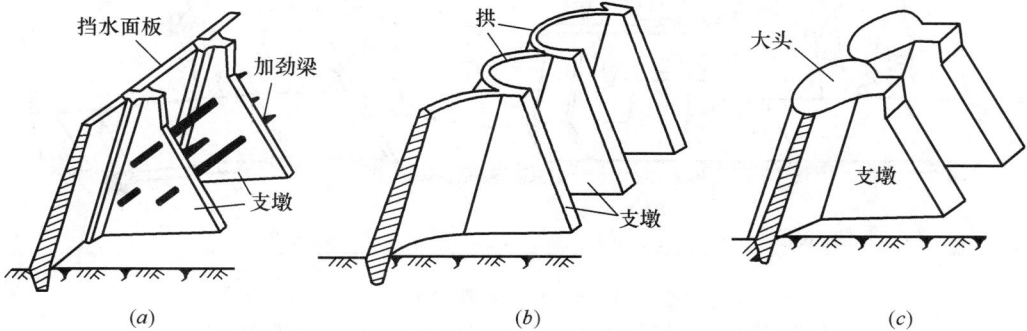

图 2F311011-9 支墩坝的形式
(a) 平板坝；(b) 连拱坝；(c) 大头坝

（1）平板坝是支墩坝中最简单的形式，其上游挡水面板为钢筋混凝土平板，并常以简支的形式与支墩连接，适用于 40m 以下的中低坝。支墩多采用单支墩，为了提高支墩的刚度，也有做空腹式双支墩。

（2）连拱坝是由支承在支墩上连续的拱形挡水面板（拱筒）承担水压力的一种轻型坝体。支墩有单支墩和双支墩两种，拱筒和支墩之间刚性连接，形成超静定结构，温度变化和地基的变形对坝体的应力影响较大，因此，其适用于气候温和的地区和良好的基岩上。

（3）大头坝是通过扩大支墩的头部而起挡水作用的，其体积较平板坝和连拱坝大，也称大体积支墩坝，它能充分利用混凝土材料的强度，坝体用筋量少。大头和支墩共同组成单独的受力单元，对地基的适应性好，受气候条件影响小。

三、水闸的组成及作用

水闸与橡胶坝均是既能挡水又能泄水的低水头水工建筑物。水闸主要通过闸门启闭来控制水位和流量，以满足防洪、灌溉、排涝等需要；而橡胶坝则是利用橡胶坝袋充水（气）以形成柔性挡水坝体，并通过管路充排水（气）调节坝高来控制坝上水位及过坝流量。

（一）水闸的类型

（1）水闸按其所承担的任务分为进水闸、节制闸、泄水闸、排水闸、挡潮闸等。

（2）水闸按闸室结构形式分为开敞式水闸和涵洞式水闸。

① 开敞式水闸：闸室上面没有填土，如图 2F311011-10 所示。当引（泄）水流量较大、渠堤不高时，常采用开敞式水闸。

② 涵洞式水闸：主要建在渠堤较高、引水流量较小的渠堤之下，闸室后有洞身段，洞身上面填土。根据水力条件的不同，涵洞式可分为有压和无压两种。

（二）水闸的组成部分及其作用

水闸由闸室和上、下游连接段三部分组成，如图 2F311011-10 所示。

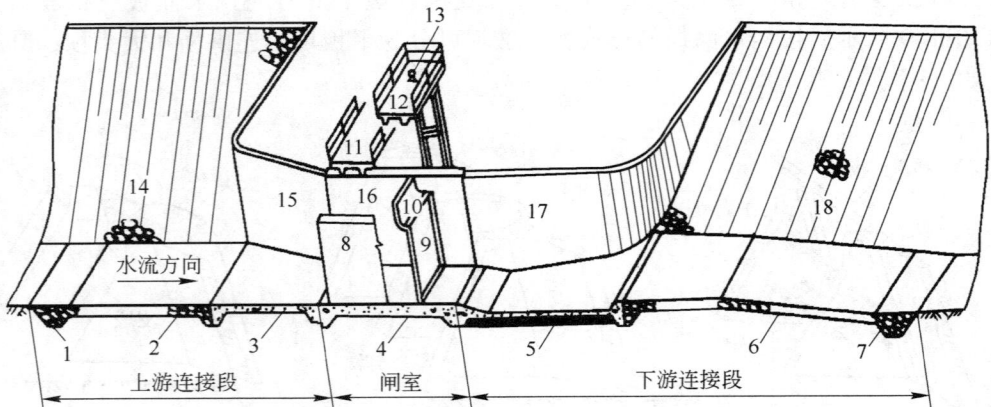

图 2F311011-10   水闸的组成部分

1—上游防冲槽；2—上游护底；3—铺盖；4—闸室底板；5—护坦（消力池）；
6—海漫；7—下游防冲槽；8—闸墩；9—闸门；10—胸墙；11—交通桥；
12—工作桥；13—启闭机；14—上游护坡；15—上游翼墙；16—边墩；
17—下游翼墙；18—下游护坡

1. 闸室

闸室是水闸的主体，起挡水和调节水流的作用，它包括底板、闸墩、闸门、胸墙、工作桥和交通桥等。

1）底板

底板按结构形式，可分为平底板、低堰底板和反拱底板，工程中用得最多的是平底板。根据底板与闸墩的连接方式不同，平底板可分为整体式和分离式两种。

（1）整体式底板。闸墩中间设顺水流向沉降缝（伸缩缝），将闸室分成若干个整体段，每段底板与闸墩都连成整体，该底板形式称为整体式底板，如图 2F311011-11（a）所示。这种结构形式适用于地质条件较差、可能产生不均匀沉降的地基。底板厚度必须满足强度和刚度要求，可取 1/7～1/5 倍闸孔净宽，一般为 1.0～2.0m，但不宜小于 0.5～0.7m。整体式平底板抗震性能较好，中等密实以下的地基或地震区适宜采用整体式底板。

（2）分离式底板。闸孔中间的底板与闸墩下的底板之间用沉降缝（伸缩缝）分开，将多孔闸分成若干段，称为分离式底板，如图 2F311011-11（b）、（c）所示。分离式闸墩底板基底压力较大，适用于地质条件较好、地基承载力较大的地基。

2）闸墩

闸墩的作用主要是分隔闸孔，支承闸门、胸墙、工作桥及交通桥等上部结构。

闸墩多用 C15～C30 的混凝土浇筑，小型水闸可用浆砌块石砌筑，但门槽部位需用混凝土浇筑。

3）工作桥

工作桥的作用是安装启闭机和供管理人员操作启闭机之用，为钢筋混凝土简支梁或整体板梁结构。桥的高度必须满足闸门能提出门槽检修的要求。

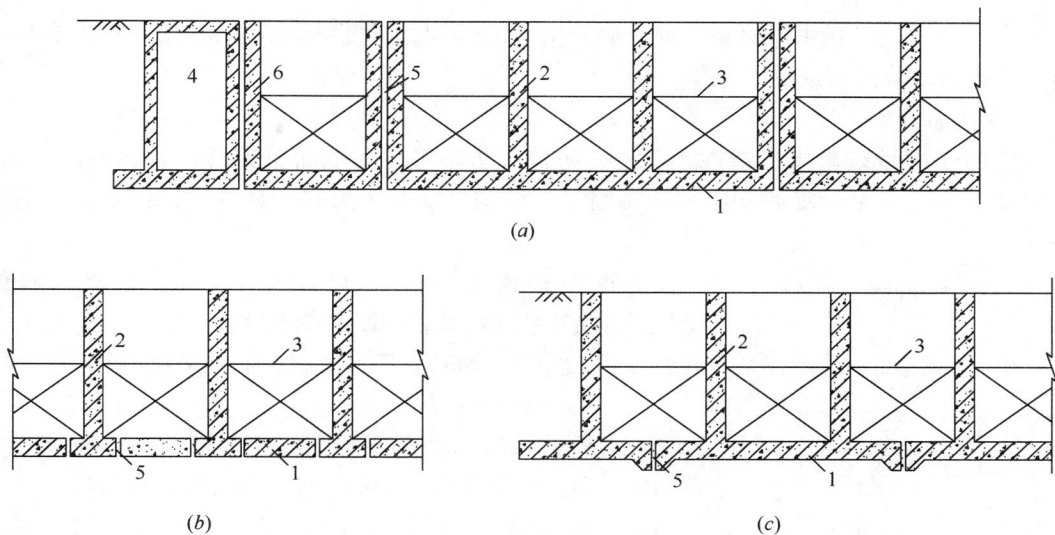

图 2F311011-11 整体式和分离式底板示意图
（*a*）整体式底板；（*b*）、（*c*）分离式底板
1—底板；2—中墩；3—闸门；4—岸墙；5—分缝；6—边墩

4）胸墙

作用是挡水，以减小闸门的高度。跨度在 5m 以下的胸墙可用板式结构，超过 5m 跨度的胸墙用板梁式结构；胸墙与闸墩的连接方式有简支和固结两种。

2．上游连接段

上游连接段由铺盖、护底、护坡及上游翼墙组成。

1）铺盖

作用主要是延长渗径长度以达到防渗目的，应该具有不透水性，同时兼有防冲功能。常用材料有黏土、沥青混凝土、钢筋混凝土等，以钢筋混凝土铺盖最为常见。

钢筋混凝土铺盖常用 C20 混凝土浇筑，厚度 0.4～0.6m，铺盖与底板接触的一端应适当加厚，并用沉降缝分开，缝内设止水，如图 2F311011-12 所示。

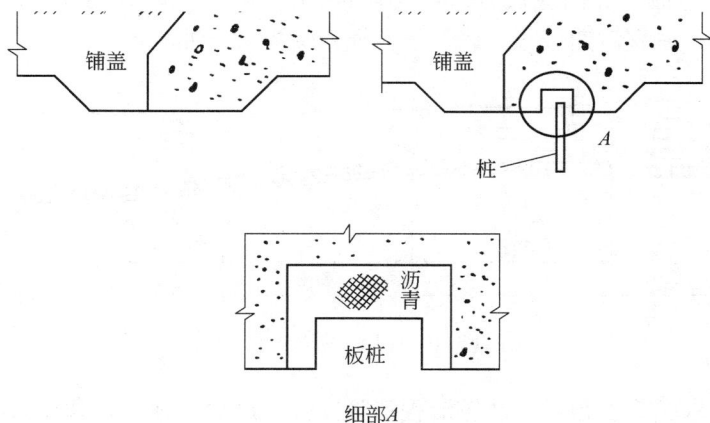

细部*A*

图 2F311011-12 铺盖构造示意图

2）护底与护坡

它的作用是防止水流对渠（河）底及边坡的冲刷，长度一般为3～5倍堰顶水头。材料有干砌石、浆砌石或混凝土等。

3）上游翼墙

它的作用是改善水流条件、挡土、防冲、防渗等，其平面布置形式有圆弧形翼墙、扭曲面翼墙、八字形翼墙和隔墙式翼墙等；结构形式有重力式、悬臂式、扶壁式和空箱式等。

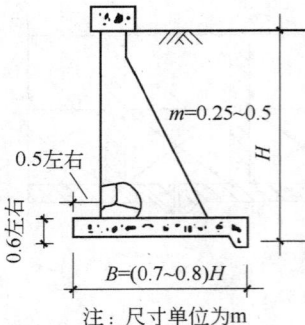

图 2F311011-13　重力式翼墙示意图

（1）重力式翼墙。图2F311011-13所示，依靠自身的重量维持稳定性，材料有浆砌石或混凝土，适用于地基承载力较高、高度在5～6m以下的情况，在中小型水闸中应用很广。

（2）悬臂式翼墙。挡土墙是固结在底板上的钢筋混凝土悬臂结构，适用于高度在6～9m、地质条件较好的情况。

（3）扶壁式翼墙。扶壁式翼墙是由直墙、底板和扶壁组成的钢筋混凝土结构，适用于高度在8～9m以上、地质条件较好的情况。

（4）空箱式翼墙。空箱式翼墙是扶壁式翼墙的特殊形式，由顶板、底板、前墙、后墙、隔墙与扶壁组成，适用于高度较高、地质条件较差的情况。

3. 下游连接段

下游连接段通常包括护坦（消力池）、海漫、下游防冲槽以及下游翼墙与护坡等。

1）护坦（消力池）

承受高速水流的冲刷、水流脉动压力和底部扬压力的作用，因此要求护坦（消力池）应具有足够的重量、强度和抗冲耐磨能力，通常采用混凝土，也可采用浆砌块石。为了防止不均匀沉降而产生裂缝，护坦（消力池）与两侧翼墙底板及闸室底板之间，均应设置沉陷缝。缝的位置如在闸基防渗范围内，缝中应设止水。

2）海漫与防冲槽

在护坦（消力池）后面应设置海漫与防冲槽，如图2F311011-14所示，其作用是继续消除水流余能，调整流速分布，确保下游河床免受有害冲刷。

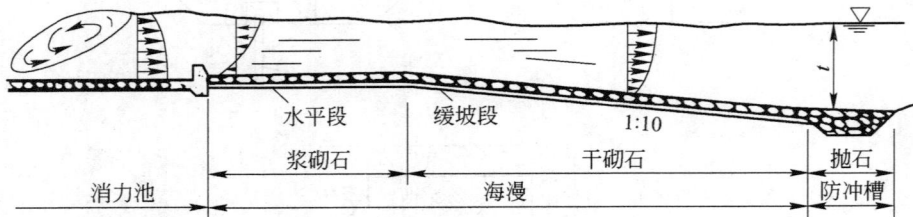

图 2F311011-14　海漫与防冲槽

海漫构造要求：表面粗糙，能够沿程消除余能；透水性好，以利于渗流顺利排出；具有一定的柔性，能够适应河床变形。海漫材料一般采用浆砌或干砌块石。

在海漫末端与土质河床交接处可能会遭受冲刷，因此在海漫末端设置防冲槽与下游河床相连，以保护海漫末端不受冲刷破坏。

3）下游翼墙与护坡

与上游翼墙与护坡基本相同，护坡要做到防冲槽尾部。下游八字形翼墙的总扩散角在14°～24°之间。

（三）橡胶坝的组成及作用

1．橡胶坝的类型

橡胶坝分袋式、帆式及钢柔混合结构式三种坝型，比较常用的是袋式坝型。坝袋按充胀介质可分为充水式、充气式和气水混合式；按锚固方式可分锚固坝和无锚固坝，锚固坝又分单线锚固和双线锚固等。

2．橡胶坝的组成部分及其作用

橡胶坝由坝袋段和上、下游连接段三部分组成，如图 2F311011-15 所示。

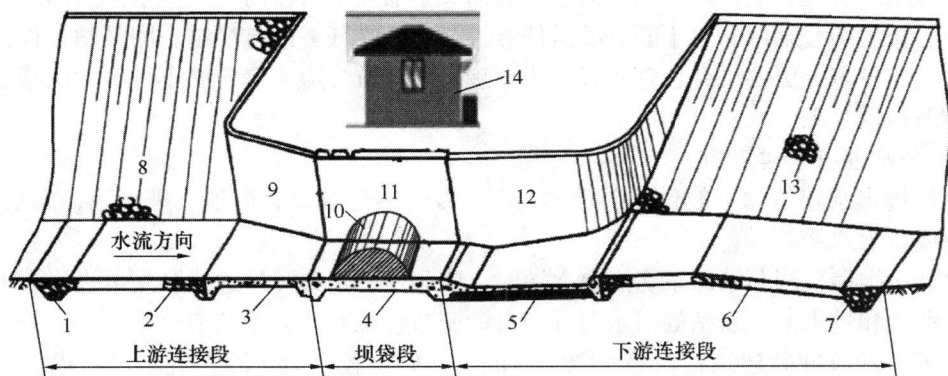

图 2F311011-15　橡胶坝的组成部分
1—上游防冲槽；2—上游护底；3—铺盖；4—坝底板；5—护坦（消力池）；6—海漫；
7—下游防冲槽；8—上游护坡；9—上游翼墙；10—坝袋；11—边墩（岸墙）；
12—下游翼墙；13—下游边坡；14—控制室

坝袋段是橡胶坝的主体，起挡水、调节坝上水位及过坝水流的作用。它包括底板、坝袋、边墩和中墩等。

（1）底板。橡胶坝底板形式与坝型有关，一般多采用平底板。枕式坝为减小坝肩，在每跨底板端头一定范围内做成斜坡。端头锚固坝一般都要求底板面平直。对于较大跨度的单个坝段，底板在垂直水流方向上设沉降缝，缝距根据《水闸设计规范》SL 265—2016 中的规定确定。

（2）中墩。中墩的作用主要是分隔坝段，安放溢流管道，支承枕式坝两端堵头。

（3）边墩。边墩的作用主要是挡土，安放溢流管道，支承枕式坝端部堵头。

（4）坝袋。用高强合成纤维织物做受力骨架，内外涂上合成橡胶作粘结保护层的胶布，锚固在混凝土基础底板上，呈封闭袋形，用水（气）的压力充胀，形成柔性挡水坝。主要作用是挡水，并通过充坍坝来控制坝上水位及过坝流量。

橡胶坝上、下游连接段的组成及作用与水闸基本一致。

四、泵站的布置及水泵的分类

1. 泵站总体布置

泵站工程按建站目的不同，分为灌溉泵站、排涝泵站、排灌结合泵站、供水泵站、加压泵站、多功能泵站等。不同类型的泵站，其布置形式也不同，其中灌溉泵站、排涝泵站、排灌结合泵站是水利工程最常用的泵站。

（1）灌溉泵站。单纯灌溉的泵站比较简单，分有引渠和无引渠两种，有引渠灌溉泵站通常是河中水流经进水闸通过引水渠引到泵站前池，再由水泵提到出水池并送入灌溉渠道进行灌溉，在汛期不需要灌溉时将进水闸关闭。对于扬程不高而灌区距水源较远的泵站，常将水泵的进水管直接架设在河道或水库中，这样就省去了从进水闸到前池之间的引渠，习惯上称为无引渠泵站。

（2）排涝泵站。单纯排涝的泵站布置形式通常出水池紧靠河堤，出水池的出口与泄水涵洞相连，通过水泵提到出水池的涝水经泄水涵洞泄入外河。有的不用泄水涵洞而用明渠泄水。泄水闸可起防洪作用，当外河水位高而又不需要提水排涝时，泄水闸关闭。

（3）排灌结合泵站。对于既有灌溉任务，又有排涝任务的排灌结合的泵站工程，配套建筑物相应较多，更要讲究合理布置。为合理布置，首先应当确定必不可少的配套建筑物及其调节运用关系。

2. 泵站进出水建筑物

泵站进出水建筑物一般包括引水渠、沉砂及冲砂建筑物、前池、进水池、出水管道、出水池或压力水箱等。

（1）引水渠。当泵站的泵房远离水源时，应利用引水渠（岸边式泵站可设涵洞）将水源引至前池和进水池。泵站的引水渠分为自动调节引渠和非自动调节引渠。

（2）沉砂及冲砂建筑物。当水源（河流）含砂量较大时，除在进水口前设置拦砂设施外，还应增设沉砂池，以及冲砂口门，以减少高速含砂水流对水泵和管道的磨损和破坏。

（3）前池。衔接引渠和进水池的水工建筑物。根据水流方向可将前池分为两大类，即正向进水前池和侧向进水前池。

（4）进水池。水泵（立式轴流泵）或水泵进水管（卧式离心泵、混流泵）直接吸水的水工建筑物，一般布置在前池和泵房之间或泵房的下面（湿室型泵房）。

（5）出水管道。水泵房至出水池之间有一段压力管道称为出水管道。

（6）出水池。衔接水泵出水管与灌溉（或排水）干渠（或承泄区）的水工建筑物，根据水流出流方向，出水池分为正向出水池和侧向出水池。

（7）压力水箱。一种封闭形式的出水建筑物，箱内水流一般无自由水面，大多用于排水泵站且承泄区水位变幅较大的情况。按水流方向来分，压力水箱有正向出水和侧向出水两种。

3. 水泵的分类及性能

泵的种类很多，按其作用原理可分为叶片泵、容积泵和其他类型泵三大类。叶片泵也称动力泵，这种泵是连续地给液体施加能量，如离心泵、混流泵、轴流泵等；容积泵是通过封闭而充满液体容积的周期性变化，不连续地给液体施加能量，如活塞泵、齿轮泵、螺杆泵等；其他类型泵是指除叶片泵和容积泵以外的泵，一般是指利用液体能量的转化被输送液体的能量的一类泵，如射流泵、水锤泵、电磁泵等。以下重点介绍叶片泵的分类及性能。

1）叶片泵的分类

叶片泵按工作原理的不同，可分为离心泵、轴流泵和混流泵三种。

（1）离心泵。按其基本结构、形式特征可分为单级单吸式离心泵、单级双吸式离心泵、多级式离心泵以及自吸式离心泵。

（2）轴流泵。按主轴方向可分为立式泵、卧式泵和斜式泵；按叶片可调节的角度不同可分为固定式、半调节式和全调节式。

（3）混流泵。按结构形式可分为蜗壳式和导叶式。

2）叶片泵抽水装置

由叶片泵、动力机、传动设备、管路及其附件构成的能抽水的系统称为叶片泵抽水装置。

（1）离心泵抽水装置

水泵以电动机为动力时，电动机通过联轴器直接与水泵连接；水泵进口端接进水管路，出口端接出水管路；在进、出水管路上安装各种管路附件。离心泵启动前泵壳和进水管内必须充满水，充水方式有：真空泵、高位水箱或人工等。

（2）轴流泵抽水装置

立式轴流泵叶轮安装在进水池最低水位以下，因此无需充水设备。电动机安装在水泵的上方，用联轴器与水泵直接连接。水泵出水弯管与出水管路连接。

3）叶片泵的性能参数

叶片泵性能参数包括流量、扬程、功率、效率、允许吸上真空高度或必需汽蚀余量、转速等，其中：

（1）扬程。指单位重量的水从泵进口到泵出口所增加的能量，用 H 表示，单位是 mH_2O，简略为 m。水泵铭牌上所标出的扬程是这台泵的设计扬程，即相应于通过设计流量时的扬程，又称额定扬程。泵的工作扬程总是大于实际扬程（净扬程）。

（2）效率。水泵铭牌上的效率是对应于通过设计流量时的效率，该效率为泵的最高效率。水泵内的能量损失可分三部分，即水力损失、容积损失和机械损失。

（3）允许吸上真空高度或必需汽蚀余量。表征叶片泵汽蚀性能的参数，用来确定泵的安装高程，单位为 m。

4．泵房的结构形式

泵房结构形式有移动式和固定式两大类。移动式分为囤船型和缆车型；固定式泵房分为分基型、干室型、湿室型、块基型四种。

五、水电站的组成及作用

水电站由进水口、引水建筑物、平水建筑物和厂区枢纽组成。

1．进水口

水电站的进水口分有压和无压两种，它是水电站引水系统的首部。

1）有压进水口

其特征是进水口高程在水库死水位以下，有竖井式进水口、墙式进水口、塔式进水口和坝式进水口等几种。主要设备有拦污栅、闸门及启闭机、通气孔及充水阀等，如图

清污机

通气孔

工作门槽

透水胸墙

检修
门槽

拦污栅

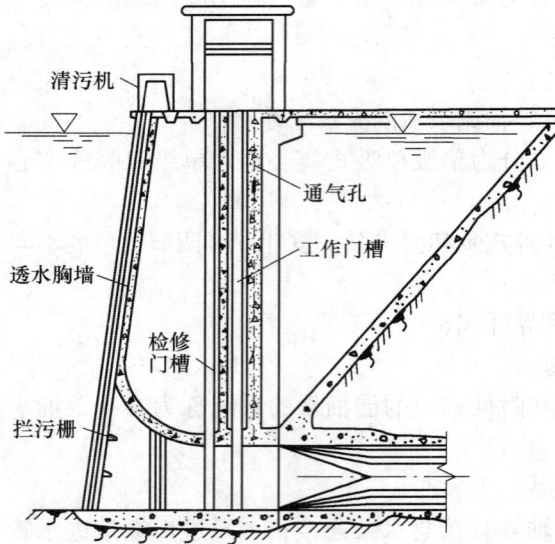

图 2F311011-16   有压（塔式）进水口示意图

2F311011-16 所示。

2）无压进水口

一般设在河流的凹岸，由进水闸、冲砂闸、挡水坝和沉砂池组成。

2. 引水建筑物

引水建筑物有动力渠道、引水隧洞和压力管道等。

1）动力渠道

有非自动调节渠道和自动调节渠道两种。非自动调节渠道渠顶与渠底基本平行，不能调节流量；而自动调节渠道渠顶是水平的，能调节流量，但工程量较大，一般用于引水渠较短的情况。

2）引水隧洞

分为有压引水隧洞和无压引水隧洞两种。引水隧洞转弯时弯曲半径一般大于 5 倍洞径，转角不宜大于 60°，以使水流平顺，减小水头损失。

3）压力管道

压力管道分为钢管、钢筋混凝土管和钢衬钢筋混凝土管三种。明管设有镇墩和支墩，一般在进口设置闸门而在末端设置阀门，附件有伸缩节、通气孔及充水阀、进人孔及排水设备。地下埋管埋藏在地下岩层之中，施工时对破碎的岩层进行固结灌浆；平洞、斜井的拱顶要进行回填灌浆；钢衬钢筋混凝土管需在钢衬与混凝土、混凝土与围岩之间进行接缝灌浆。

3. 平水建筑物

平水建筑物包括压力前池和调压室。

1）压力前池

压力前池设在无压引水的末端，是水电站的无压引水系统与压力管道的连接建筑物。压力前池由前室、进水室及其设备、泄水建筑物、放水及冲砂设备、拦冰及排冰设备组成。

2）调压室

调压室设在较长的有压管道靠近厂房的位置，用来反射水击波以缩短压力管道的长度、改善机组在负荷变化时的运行条件。

（1）调压室的基本要求：尽量靠近厂房以缩短压力管道的长度；有自由水面和足够的底面积以充分反射水击波；有足够的断面面积使调压室水体的波动迅速衰减以保证工作稳定；正常运行时，水流经过调压室底部造成的水头损失要小。

（2）调压室的基本类型包括：简单圆筒式、阻抗式、双室式、差动式、溢流式以及气垫式等。

4. 厂区枢纽

厂区枢纽包括主厂房、副厂房、主变压器场、高压开关站等，是发电、变电和配电的场所。

（1）主厂房，由机组段和安装间组成。安装间是安装和检修水轮发电机组的地方，要能容纳发电机转子、上机架、水轮机机盖和转轮四大部件；机组段是水轮发电机组把水能变成电能的场所，由下而上分蜗壳尾水管层、水轮机层和发电机层。在施工中，蜗壳外围混凝土、机墩和发电机风罩等为二期混凝土，其他为一期混凝土。

（2）副厂房，由机修间、蓄电池室、中央控制室等组成。

（3）主变压器场，要尽量靠近主厂房，并有检修通道。

（4）高压开关站，是配送电能的场所，要有足够的面积。

六、渠系建筑物的构造及作用

在渠道上修建的水工建筑物称为渠系建筑物，它使渠水跨过河流、山谷、堤防、公路等。类型主要有渡槽、涵洞、倒虹吸管、跌水与陡坡等。

1. 渡槽的构造及作用

按支承结构渡槽可分为梁式渡槽和拱式渡槽两大类。渡槽由输水的槽身及支承结构、基础和进出口建筑物等部分组成。小型渡槽一般采用简支梁式结构，截面采用矩形。

1）梁式渡槽

（1）槽身结构。梁式渡槽槽身结构一般由槽身和槽墩（排架）组成，主要支承水荷载及结构自重。槽身按断面形状有矩形和 U 形；梁式渡槽又分成简支梁式、双悬臂梁式、单悬臂梁式和连续梁式。简支矩形槽身适应跨度为 8～15m，U 形槽身适应跨度为15～20m。

（2）渡槽的进出口建筑物。由翼墙、护底、铺盖和消能设施组成，把矩形或 U 形槽身和梯形渠道连接起来，起改善水流条件、防冲及挡土作用。

2）拱式渡槽

拱式渡槽的槽身不再是承重结构，主拱圈是拱式渡槽的主要承重结构，主拱圈以承受轴向压力为主，拱内弯矩较小。拱式渡槽跨度较大，可以达百米以上，充分发挥砖石和混凝土材料的抗压性能，但拱脚的约束条件和拱脚变位对拱圈内力及稳定影响较大，因此，拱式渡槽一般建在岩基上，或者采用桩基础或沉井基础。

2. 涵洞的构造及作用

根据水流形态的不同，涵洞分有压、无压和半有压式。

1）涵洞的洞身断面形式

（1）圆形管涵。它的水力条件和受力条件较好，多由混凝土或钢筋混凝土建造，适用于有压涵洞或小型无压涵洞。

（2）箱形涵洞。它是四边封闭的钢筋混凝土整体结构，适用于现场浇筑的大中型有压或无压涵洞。

（3）盖板涵洞。断面为矩形，由底板、边墙和盖板组成，适用于小型无压涵洞。

（4）拱形涵洞。由底板、边墙和拱圈组成。因受力条件较好，多用于填土较高、跨度较大的无压涵洞。

2）洞身构造

洞身构造有基础、沉降缝、截水环等，如图 2F311011-17 所示。

（1）基础。管涵基础采用浆砌石或混凝土管座，其包角为 90°～135°。拱涵和箱涵基

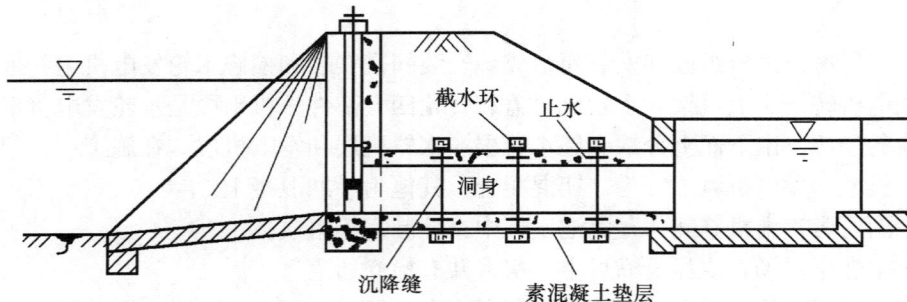

图 2F311011–17   洞身构造示意图

础采用 C15 素混凝土垫层，它可分散荷载并增加涵洞的纵向刚度。

（2）沉降缝。设缝间距不大于 10m，且不小于 2～3 倍洞高，主要作用是适应地基的不均匀沉降。对于有压涵洞，缝中要设止水，以防止渗水使涵洞四周的填土产生渗透变形。

（3）截水环。对于有压涵洞要在洞身四周设若干截水环或用黏土包裹形成涵衣，用以防止洞身外围产生集中渗流。

3．倒虹吸管的构造和作用

倒虹吸管有竖井式、斜管式、曲线式和桥式等，主要由管身和进、出口段三部分组成。

（1）进口段的形式。进口段包括进水口、拦污栅、闸门、渐变段及沉砂池等，用来控制水流、拦截杂物和沉积泥砂。

（2）出口段的形式。出口段包括出水口、渐变段和消力池等，用于扩散水流和消能防冲。

（3）管身的构造。水头较低的管身采用混凝土（水头在 4～6m 以内）或钢筋混凝土（水头在 30m 左右），水头较高的管身采用铸铁或钢管（水头在 30m 以上）。为了防止管道因地基不均匀沉降和温度变化而破坏，管身应设置沉降缝，内设止水。现浇钢筋混凝土管在土基上缝距 15～20m，在岩基上缝距 10～15m。为了便于检修，在管段上应设置冲砂放水孔兼作进人孔。为改善路下平洞的受力条件，管顶应埋设在路面以下 1.0m 左右。

（4）镇墩与支墩。在管身的变坡及转弯处或较长管身的中间应设置镇墩，以连接和固定管道。镇墩附近的伸缩缝一般设在下游侧。在镇墩中间要设置支墩，以承受水荷载及管道自重的法向分量。

4．跌水与陡坡的构造和作用

当渠道通过地面坡度较陡的地段时，为了保持渠道的设计比降，避免高填方或深挖方，往往将水流落差集中，修建建筑物连接上下游渠道，这种建筑物称为跌水或陡坡。

1）跌水

跌水有单级和多级两种形式，两者构造基本相同，一般单级跌水落差小于 5.0m，落差超过 5.0m 宜采用多级跌水。跌水主要由进口连接段、跌水口、侧墙、消力池和出口连接段组成，如图 2F311011–18 所示。

2）陡坡

陡坡与跌水的主要区别在于陡坡是以斜坡代替跌水墙。陡坡主要由进口连接段、控制堰口、陡坡段、消力池和出口连接段组成。

5. 渠道断面及施工

1）断面

明渠断面形式有梯形、矩形、复合形、弧形底梯形、弧形坡脚梯形、U 形；无压暗渠断面形式有城门洞形、箱形、正反拱形和圆形，如图 2F311011-19 所示。

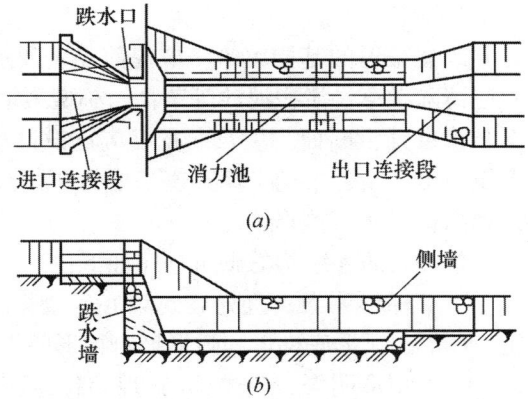

图 2F311011-18　单级跌水构造示意图

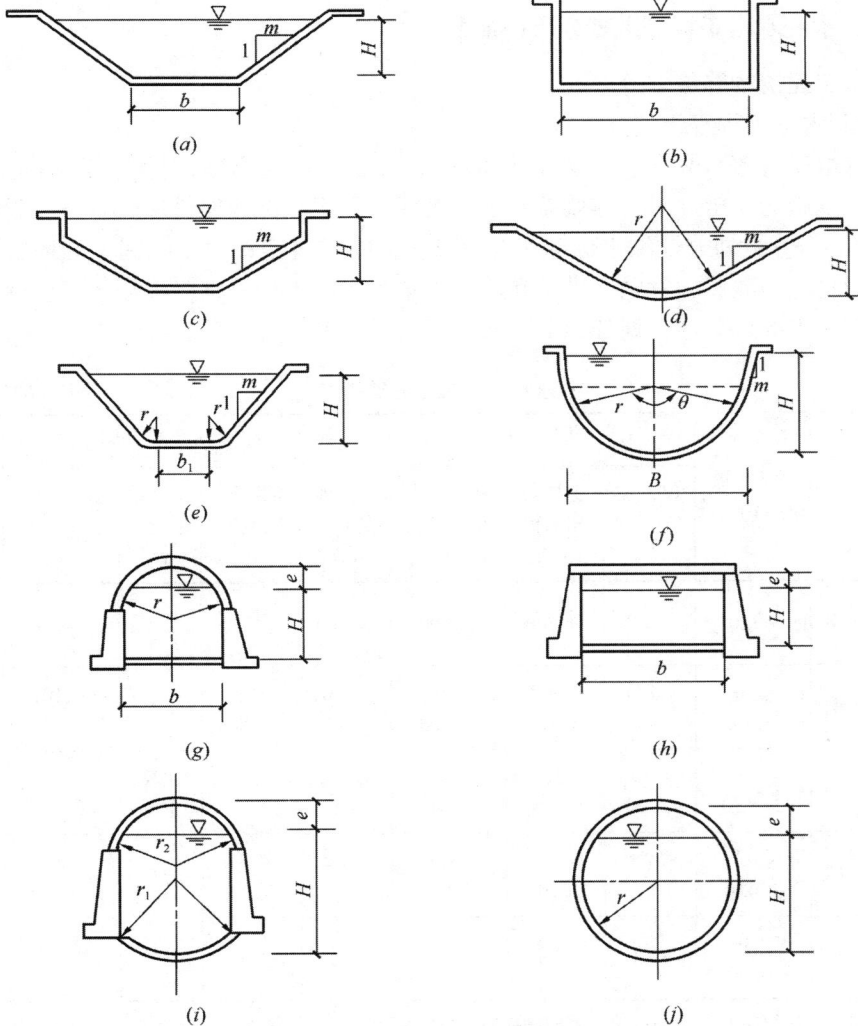

图 2F311011-19　渠道断面形式

（a）梯形断面；（b）矩形断面；（c）复合形断面；（d）弧形底梯形断面；（e）弧形坡脚梯形断面；
（f）U 形断面；（g）城门洞形断面；（h）箱形断面；（i）正反拱形断面；（j）圆形断面

2）施工

改建渠道的基槽填筑，应提前停止通水，或采用抽排、翻晒等方法降低基土含水量，并应清除杂草、淤积泥沙等杂物。小型渠道，宜将全渠填满至设计高程后，再按设计开挖至防渗层铺设断面。填筑面宽度应比设计尺寸加宽 50cm，并应将原渠坡修成台阶状，再填筑新土。新建半挖半填渠道基槽的开挖，应先开挖基槽，再将渠道两岸填方部分填筑至设计高程，然后整修渠槽。

浆砌石防渗结构的砌筑顺序如下：

（1）梯形明渠，宜先砌筑渠底后砌渠坡。砌渠坡时，从坡脚开始，由下而上分层砌筑；U 形、弧形底梯形和弧形坡脚梯形明渠，从渠底中线开始，向两边对称砌筑。

（2）矩形明渠，宜先砌两边侧墙，后砌渠底；拱形和箱形暗渠，可先砌侧墙和渠底，后砌顶拱或加盖板。

2F311012 水利水电工程等级划分及特征水位

一、水工建筑物等级划分

1. 水利水电工程等级划分

水利水电工程等级划分，既关系到工程自身的安全，又关系到其下游人民生命财产、工矿企业和设施的安全，对工程效益的正常发挥、工程造价和建设速度有直接影响。根据《水利水电工程等级划分及洪水标准》SL 252—2017 的规定，对于我国不同地区、不同条件下建设的防洪、灌溉、发电、供水和治涝等水利水电工程等别，根据其工程规模、效益和在经济社会中的重要性，划分为Ⅰ、Ⅱ、Ⅲ、Ⅳ、Ⅴ五等，见表 2F311012-1。

水利水电工程分等指标   表 2F311012-1

工程等别	工程规模	水库总库容（10^8m³）	防洪			治涝	灌溉	供水		发电
			保护人口（10^4人）	保护农田面积（10^4亩）	保护区当量经济规模（10^4人）	治涝面积（10^4亩）	灌溉面积（10^4亩）	供水对象重要性	年引水量（10^8m³）	发电装机容量（MW）
Ⅰ	大（1）型	≥ 10	≥ 150	≥ 500	≥ 300	≥ 200	≥ 150	特别重要	≥ 10	≥ 1200
Ⅱ	大（2）型	＜ 10，≥ 1.0	＜ 150，≥ 50	＜ 500，≥ 100	＜ 300，≥ 100	＜ 200，≥ 60	＜ 150，≥ 50	重要	＜ 10，≥ 3	＜ 1200，≥ 300
Ⅲ	中型	＜ 1.0，≥ 0.10	＜ 50，≥ 20	＜ 100，≥ 30	＜ 100，≥ 40	＜ 60，≥ 15	＜ 50，≥ 5	比较重要	＜ 3，≥ 1	＜ 300，≥ 50
Ⅳ	小（1）型	＜ 0.1，≥ 0.01	＜ 20，≥ 5	＜ 30，≥ 5	＜ 40，≥ 10	＜ 15，≥ 3	＜ 5，≥ 0.5	一般	＜ 1，≥ 0.3	＜ 50，≥ 10
Ⅴ	小（2）型	＜ 0.01，≥ 0.001	＜ 5	＜ 5	＜ 10	＜ 3	＜ 0.5		＜ 0.3	＜ 10

注：1. 水库总库容指水库最高水位以下的静库容；治涝面积指设计治涝面积；灌溉面积指设计灌溉面积；年引水量指供水工程渠道设计年均引（取）水量。

2. 保护区当量经济规模指标仅限于城市保护区；防洪、供水中的多项指标满足 1 项即可。

3. 按供水对象的重要性确定工程等别时，该工程应为供水对象的主要水源。

综合利用的水利水电工程可能同时具有防洪、发电、灌溉、供水等任务。为工程安全起见，按表2F311012-1确定其等别时，当各项任务指标对应的等别不同，其整个工程等别应按其中最高的等别确定。

对拦河水闸、灌排泵站作为水利水电工程中的一个组成部分或单个建筑物时不再单独确定工程等别，作为独立项目立项建设时，其工程等别按照承担的工程任务、规模确定。

2．水工建筑物的级别划分

水利水电工程中水工建筑物的级别，反映了工程对水工建筑物的技术要求和安全要求，应根据工程的等别或永久性水工建筑物的分级指标综合分析确定。

1）永久性水工建筑物级别

水利水电工程的永久性水工建筑物的级别应根据建筑物所在工程的等别，以及建筑物的重要性确定为五级，分别为1、2、3、4、5级，见表2F311012-2。

永久性水工建筑物级别　　　　表 2F311012-2

工 程 等 别	主要建筑物	次要建筑物	工 程 等 别	主要建筑物	次要建筑物
I	1	3	IV	4	5
II	2	3	V	5	5
III	3	4			

水库大坝按上述规定为2级、3级的永久性水工建筑物，如坝高超过表2F311012-3指标，其级别可提高一级，但洪水标准可不提高。

水库大坝建筑物分级指标　　　　表 2F311012-3

级　　别	坝　　型	坝高（m）
2	土石坝	90
	混凝土坝、浆砌石坝	130
3	土石坝	70
	混凝土坝、浆砌石坝	100

水库工程中最大高度超过200m的大坝建筑物，其级别应为1级，其设计标准应专门研究论证，并报上级主管部门审查批准。堤防工程的级别根据其保护对象的防洪标准确定，见表2F311012-4。

堤防工程的级别　　　　表 2F311012-4

防洪标准[重现期（年）]	≥100	<100，且≥50	<50，且≥30	<30，且≥20	<20，且≥10
堤防工程的级别	1	2	3	4	5

穿越堤防、渠道的永久性水工建筑物的级别，不应低于相应堤防、渠道的级别。

2）临时性水工建筑物级别

水利水电工程施工期使用的临时性挡水、泄水等水工建筑物的级别，应根据保护对象、失事后果、使用年限和临时性挡水建筑物规模，按表2F311012-5确定。对于同时分属于不同级别的临时性水工建筑物，其级别应按照其中最高级别确定。但对于3级临时性水工建筑物，符合该级别规定的指标不得少于两项。

临时性水工建筑物级别　　　　　表 2F311012-5

级别	保护对象	失事后果	使用年限（年）	临时性挡水建筑物规模	
				围堰高度（m）	库容（10^8m^3）
3	有特殊要求的1级永久性水工建筑物	淹没重要城镇、工矿企业、交通干线或推迟工程总工期及第一台（批）机组发电，推迟工程发挥效益，造成重大灾害和损失	＞3	＞50	＞1.0
4	1、2级永久性水工建筑物	淹没一般城镇、工矿企业或影响工程总工期及第一台（批）机组发电，推迟工程发挥效益，造成较大经济损失	≤3，≥1.5	≤50，≥15	≤1.0，≥0.1
5	3、4级永久性水工建筑物	淹没基坑，但对总工期及第一台（批）机组发电影响不大，对工程发挥效益影响不大，经济损失较小	＜1.5	＜15	＜0.1

二、围堰及水工大坝施工期洪水标准

（1）临时性水工建筑物洪水标准，应根据建筑物的结构类型和级别，按表 2F311012-6 的规定综合分析确定。临时性水工建筑物失事后果严重时，应考虑发生超标准洪水时的应急措施。

临时性水工建筑物洪水标准（洪水重现期：年）　　　　表 2F311012-6

建筑物结构类型	临时性水工建筑物级别		
	3	4	5
土石结构	50～20	20～10	10～5
混凝土、浆砌石结构	20～10	10～5	5～3

临时性水工建筑物用于挡水发电、通航，其级别提高为2级时，其洪水标准应综合分析确定。

封堵工程出口临时挡水设施在施工期内的导流设计洪水标准，可根据工程重要性、失事后果等因素，在该时段5～20年重现期范围内选定。封堵施工期临近或跨入汛期时应适当提高标准。

（2）当水库大坝施工高程超过临时性挡水建筑物顶部高程时，坝体施工期临时度汛的洪水标准，应根据坝型及坝前拦洪库容，按表 2F311012-7 确定。根据失事后对下游的影响，其洪水标准可适当提高或降低。

（3）水库工程导流泄水建筑物封堵期间，进口临时挡水设施的洪水标准应与相应时段的大坝施工期洪水标准一致。水库工程导流泄水建筑物封堵后，如永久泄洪建筑物尚未具备设计泄洪能力，坝体洪水标准应分析坝体施工和运行要求后按表 2F311012-8 确定。

水库大坝施工期洪水标准　　　　　　　表 2F311012-7

坝　型	拦洪库容（10^8m^3）			
	≥ 10	＜ 10，≥ 1.0	＜ 1.0，≥ 0.1	＜ 0.1
土石坝 ［重现期（年）］	≥ 200	200～100	100～50	50～20
混凝土坝、浆砌石坝 ［重现期（年）］	≥ 100	100～50	50～20	20～10

水库工程导流泄水建筑物封堵后坝体洪水标准　　　　表 2F311012-8

坝　型		大坝级别		
		1	2	3
混凝土坝、浆砌石坝 ［重现期（年）］	设计	200～100	100～50	50～20
	校核	500～200	200～100	100～50
土石坝 ［重现期（年）］	设计	500～200	200～100	100～50
	校核	1000～500	500～200	200～100

三、水库与堤防的特征水位

1. 水库的特征水位

（1）校核洪水位。水库遇大坝的校核洪水时在坝前达到的最高水位。

（2）设计洪水位。水库遇大坝的设计洪水时在坝前达到的最高水位。

（3）防洪高水位。水库遇下游保护对象的设计洪水时在坝前达到的最高水位。

（4）正常蓄水位（正常高水位、设计蓄水位、兴利水位）。水库在正常运用的情况下，为满足设计的兴利要求在供水期开始时应蓄到的最高水位。

（5）防洪限制水位（汛前限制水位）。水库在汛期允许兴利的上限水位，也是水库汛期防洪运用时的起调水位。

（6）死水位。水库在正常运用的情况下，允许消落到的最低水位。它在取水口之上并保证取水口有一定的淹没深度。

水库特征水位和相应库容关系如图 2F311012 所示。

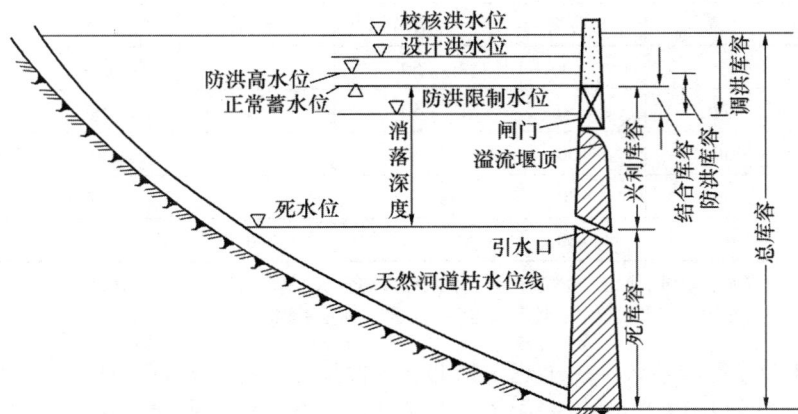

图 2F311012　水库特征水位和相应库容示意图

2. 堤防工程特征水位

（1）设防（防汛）水位。开始组织人员防汛的水位。

（2）警戒水位。当水位达到设防水位后继续上升到某一水位时，防洪堤随时可能出险，防汛人员必须迅速开赴防汛前线，准备抢险，这一水位称警戒水位。

（3）保证水位。即堤防的设计洪水位，河道遇堤防的设计洪水时在堤前达到的最高水位。

2F311013 水利水电工程合理使用年限及耐久性

《中华人民共和国建筑法》《建设工程质量管理条例》《建设工程勘察设计管理规定》以及原建设部《关于设计单位执行有关建设工程合理使用年限问题的通知》等文件中都规定：在设计文件中应注明工程或建筑物的合理使用年限。2014 年水利部发布《水利水电工程合理使用年限及耐久性设计规范》SL 654—2014，要求水利水电工程各设计阶段的设计文件中应注明工程及其水工建筑物的合理使用年限。

水利水电工程及其水工建筑物合理使用年限是指，水利水电工程及其水工建筑物建成投入运行后，在正常运行使用和规定的维修条件下，能按设计功能安全使用的最低要求年限。

建筑物耐久性是指，在设计确定的环境作用和规定的维修、使用条件下，建筑物在合理使用年限内保持其适用性和安全性的能力。

水利水电工程施工、运行管理应满足工程耐久性设计要求。

当水利水电工程及其水工建筑物达到合理使用年限后，如需继续使用，应进行全面安全鉴定，必要时应采取补强加固措施，重新确定继续使用年限。

一、工程合理使用年限

水利水电工程合理使用年限，应根据工程类别和等别按表 2F311013-1 确定。对综合利用的水利水电工程，当按各综合利用项目确定的合理使用年限不同时，其合理使用年限应按其中最高的年限确定。

水利水电工程合理使用年限（单位：年）　　　　　　表 2F311013-1

工程等别	工程类别					
	水库	防洪	治涝	灌溉	供水	发电
Ⅰ	150	100	50	50	100	100
Ⅱ	100	50	50	50	100	100
Ⅲ	50	50	50	50	50	50
Ⅳ	50	30	30	30	30	30
Ⅴ	50	30	30	30	—	30

注：工程类别中水库、防洪、治涝、灌溉、供水、发电分别表示水库库容、保护目标重要性和保护农田面积、治涝面积、灌溉面积、供水对象重要性、发电装机容量来确定工程等别。

水利水电工程各类永久性水工建筑物的合理使用年限，应根据其所在工程的建筑物类别和级别按表 2F311013-2 的规定确定，且不应超过工程的合理使用年限。当永久性水工建筑物级别提高或降低时，其合理使用年限应不变。

水利水电工程各类永久性水工建筑物的合理使用年限（单位：年） 表 2F311013-2

建筑物类别	建筑物级别				
	1	2	3	4	5
水库壅水建筑物	150	100	50	50	50
水库泄洪建筑物	150	100	50	50	50
调（输）水建筑物	100	100	50	30	30
发电建筑物	100	100	50	30	30
防洪（潮）、供水水闸	100	100	50	30	30
供水泵站	100	100	50	30	30
堤防	100	50	50	30	20
灌排建筑物	50	50	50	30	20
灌溉渠道	50	50	50	30	20

注：水库壅水建筑物不包括定向爆破坝、橡胶坝。

1级、2级永久性水工建筑物中闸门的合理使用年限应为50年，其他级别的永久性水工建筑物中闸门的合理使用年限应为30年。

二、耐久性设计要求

水利水电工程及其水工建筑物耐久性设计应包括下列内容：（1）明确工程及其水工建筑物的合理使用年限；（2）确定建筑物所处的环境条件；（3）提出有利于减轻环境影响的结构构造措施及材料的耐久性要求；（4）明确钢筋的混凝土保护层厚度、混凝土裂缝控制等要求；（5）提出结构的防冰冻、防腐蚀等措施；（6）提出解决水库泥沙淤积的措施；（7）提出耐久性所需的施工技术要求和施工质量验收要求；（8）提出正常运用原则和管理过程中需要进行正常维修、检测的要求。

1. 水工建筑物所处的侵蚀环境条件

水工建筑物所处的侵蚀环境条件可按表 2F311013-3 分为五个类别。

水工建筑物所处的侵蚀环境类别 表 2F311013-3

环境类别	环境条件
一	室内正常环境
二	室内潮湿环境；露天环境；长期处于水下或地下的环境
三	淡水水位变化区；有轻度化学侵蚀性地下水的地下环境；海水水下区
四	海上大气区；轻度盐雾作用区；海水水位变化区；中度化学侵蚀性环境
五	使用除冰盐的环境；海水浪溅区；重度盐雾作用区；严重化学侵蚀性环境

注：1. 海上大气区与浪溅区的分界线为设计最高水位加1.5m；浪溅区与水位变化区的分界线为设计最高水位减1.0m；水位变化区与水下区的分界线为设计最低水位减1.0m；重度盐雾作用区为高涨潮岸线50m内的陆上室外环境；轻度盐雾作用区为离涨潮岸线50～500m内的陆上室外环境。

2. 冻融比较严重的二类、三类、四类环境条件下的建筑物，可将其环境类别分别提高为三类、四类、五类。

2. 混凝土保护层厚度的要求

保证水利水电工程结构耐久性的必要构造要求应包括下列措施：（1）应隔绝或减轻环

境因素对混凝土、钢结构、水工金属结构、土石结构等的作用。（2）应控制混凝土结构、土石结构的裂缝和结构构造缝、间隙。（3）应为钢筋提供足够厚度的混凝土保护层，为钢结构、水工金属结构提供足够厚度的防腐层和合适的防腐蚀措施。

在钢筋与模板之间应设置强度不低于该部位混凝土强度的垫块，垫块的高度与净保护层厚度相同，应均匀分散布置，固定牢固。

混凝土结构在不同环境条件下钢筋主筋、箍筋和分布筋的混凝土保护层厚度应满足钢筋防锈、耐火以及与混凝土之间粘结力传递的要求，且混凝土保护层厚度设计值不应小于钢筋的公称直径，同时也不应小于粗集料最大粒径的 1.25 倍。钢筋的混凝土保护层厚度是指，从混凝土表面到钢筋（包括纵向钢筋、箍筋和分布钢筋）公称直径外边缘之间的最小距离；对后张法预应力筋，为套管或孔道外边缘到混凝土表面的距离。

合理使用年限为 50 年的水工结构钢筋的混凝土保护层厚度不应小于表 2F311013-4 所列值。合理使用年限为 20 年、30 年时，其保护层厚度应比表 2F311013-4 所列值适当降低；合理使用年限为 100 年时，其保护层厚度应比表 2F311013-4 所列值适当增加；合理使用年限为 150 年时，其保护层厚度应专门研究确定。

混凝土保护层最小厚度（单位：mm）　　　表 2F311013-4

项次	构件类别	环境类别				
		一	二	三	四	五
1	板、墙	20	25	30	45	50
2	梁、柱、墩	30	35	45	55	60
3	截面厚度不小于 2.5m 的底板及墩墙	—	40	50	60	65

注：1. 直接与地基接触的结构底层钢筋或无检修条件的结构，保护层厚度应适当增大。
　　2. 有抗冲耐磨要求的结构面层钢筋，保护层厚度应适当增大。
　　3. 混凝土强度等级不低于 C30 且浇筑质量有保证的预制构件或薄板，保护层厚度可按表中数值减小 5mm。
　　4. 钢筋表面涂塑或结构外表面敷设永久性涂料或面层时，保护层厚度可适当减小。
　　5. 严寒和寒冷地区受冰冻的部位，保护层厚度还应符合现行《水工建筑物抗冰冻设计规范》GB/T 50662 的规定。

3. 混凝土抗冻等级的要求

合理使用年限为 50 年的水工建筑物结构和构件的混凝土抗冻等级应根据气候分区、冻融循环次数、表面局部小气候条件、水分饱和程度、结构构件重要性和检修条件等按表 2F311013-5 选定。在不利因素较多时，其抗冻等级可提高一级。当合理使用年限大于或小于 50 年时，应根据水工结构的环境条件、混凝土强度等级、混凝土保护层厚度等因素综合确定混凝土抗冻等级。

4. 有关材料要求

水利水电工程建筑物材料应根据其所处的环境条件和合理使用年限确定。在满足稳定、强度、变形、渗流等要求外，还应符合耐久性要求。

对于合理使用年限为 50 年的水工结构，配筋混凝土耐久性的基本要求宜符合表 2F311013-6 的要求。

对于合理使用年限为 100 年的水工结构，混凝土耐久性基本要求除应满足表 2F311013-6 的规定外，尚应符合下列要求：

混凝土抗冻等级 表 2F311013-5

项次	气候分区	严寒		寒冷		温和
	年冻融循环次数（次）	≥100	<100	≥100	<100	—
1	结构重要、受冻严重且难于检修的部位： （1）水电站尾水部位、闸门槽二期混凝土、轨道基础； （2）坝厚小于混凝土最大冻深 2 倍的薄拱坝、不封闭支墩坝的外露面、面板堆石坝水位变化区及其以上部位的面板和趾座； （3）冬季通航或受电站尾水位影响的不通航船闸的水位变化区的构件、二期混凝土； （4）流速大于 25m/s、过冰、多砂或多推移质的溢流坝、深孔或其他输水部位的过水面及二期混凝土； （5）冬季有水的露天钢筋混凝土压力水管、渡槽、薄壁充水闸门井	F400	F300	F300	F200	F100
2	受冻严重但有检修条件的部位： （1）混凝土坝上游面冬季水位变化区； （2）水电站或船闸的尾水渠，引航道的挡墙、护坡； （3）流速小于 25m/s 的溢洪道、输水洞（孔）、引水系统的过水面； （4）易积雪、结霜或饱和的路面、平台栏杆、挑檐、墙、板、梁、柱、墩、廊道或竖井的单薄墙壁	F300	F250	F200	F150	F50
3	受冻较重部位： （1）混凝土坝外露的阴面部位； （2）冬季有水或易长期积雪结冰的渠系建筑物	F250	F200	F150	F150	F50
4	受冻较轻部位： （1）混凝土坝外露的阳面部位； （2）冬季无水干燥的渠系建筑物； （3）水下薄壁构件； （4）水下流速大于 25m/s 的过水面	F200	F150	F100	F100	F50
5	表面不结冰和水下、土中、大体积内部的混凝土	F50				

注：1. 年冻融循环次数分别按一年内气温从＋3℃以上降至 -3℃以下，然后回升到＋3℃以上的交替次数和一年中日平均气温低于 -3℃期间设计预定水位的涨落次数统计，并取其中的大值。

　　2. 气候分区划分标准如下：

　　　　严寒地区——累年最冷月平均气温低于 -10℃的地区；

　　　　寒冷地区——累年最冷月平均气温高于或等于 -10℃、低于或等于 -3℃的地区；

　　　　温和地区——累年最冷月平均气温高于 -3℃的地区。

　　3. 冬季水位变化区指运行期内可能遇到的冬季最低水位以下 0.5~1m 至冬季最高水位以上 1m（阳面）、2m（阴面）、4m（水电站尾水区）的区域。

　　4. 阳面指冬季大多为晴天，平均每天有 4h 阳光照射，不受山体或建筑物遮挡的表面。当不满足条件时，均为阴面。

　　5. 累年最冷月平均气温低于 -25℃地区的混凝土抗冻等级根据具体情况研究确定。

配筋混凝土耐久性基本要求　　　　　　　　　　表 2F311013-6

环境类别	混凝土最低强度等级	最小水泥用量（kg/m³）	最大水胶比	最大氯离子含量（%）	最大碱含量（kg/m³）
一	C20	220	0.60	1.0	不限制
二	C25	260	0.55	0.3	3.0
三	C25	300	0.50	0.2	3.0
四	C30	340	0.45	0.1	2.5
五	C35	360	0.40	0.06	2.5

注：1. 配置钢丝、钢绞丝的预应力混凝土构件的混凝土最低强度等级不宜小于 C40；最小水泥用量不宜少于 300kg/m³。

2. 当混凝土中加入优质活性掺合料或能提高耐久性的外加剂时，可适当减少最小水泥用量。

3. 桥梁上部结构及处于露天环境的梁、柱构件，混凝土强度等级不宜低于 C25。

4. 预应力混凝土构件中的氯离子含量不宜大于 0.06%。

5. 水工混凝土上结构的水下部分，不宜采用碱活性集料。

6. 有抗冻要求的结构构件，混凝土的最大水胶比应按现行《水工建筑物抗冰冻设计规范》GB/T 50662 的规定执行。

7. 炎热地区的海水水位变化区和浪溅区，混凝土的各项耐久性基本要求宜按表中的规定适当加严。

（1）混凝土强度等级宜按表 2F311013-6 的规定提高一级，并复核抗冻等级要求。

（2）混凝土中的氯离子含量不应大于 0.06%。

（3）未经论证，混凝土不应采用碱活性集料。

（4）在使用过程中，应定期维护。

合理使用年限为 20 年、30 年的水工结构混凝土强度等级宜与合理使用年限为 50 年的水工结构一致。合理使用年限为 150 年的水工结构混凝土强度等级应作专门论证。

混凝土坝、碾压混凝土坝等大体积混凝土材料应满足下列要求：

（1）应采用合适的混凝土原材料，提高混凝土的密实性，改善混凝土性能。应优先选用中热硅酸盐水泥或发热量较低的硅酸盐水泥。

（2）混凝土水胶比根据混凝土分区或部位宜按表 2F311013-7 确定。碾压混凝土的水胶比应小于 0.70。

大坝混凝土最大水胶比　　　　　　　　　　表 2F311013-7

气候分区	大坝混凝土分区或部位				
	水上	水位变化区	水下	基础	抗冲
严寒和寒冷区	0.55	0.45	0.50	0.50	0.45
温和区	0.60	0.50	0.55	0.55	0.45

（3）基础混凝土强度等级不应低于 C15，过流表面混凝土强度等级不应低于 C30。碾压混凝土坝表层混凝土强度等级不应低于 $C_{180}15$，上游面防渗层混凝土强度等级不应低于 $C_{180}20$ 且宜优先采用二级配碾压混凝土。

对可能发生碱骨料反应的混凝土，宜采用掺加活性掺合料作为抑制措施。掺合料的种类、掺量应通过抑制试验确定，宜采用大掺量矿物掺合料。单掺磨细矿渣粉的掺量不宜少于 50%，单掺粉煤灰掺量不宜少于 20%，并应降低水泥和矿物掺合料中的碱含量和粉煤灰中的游离氧化钙含量。

2F311020 水利水电工程勘察与测量

2F311021 工程地质与水文地质条件分析

一、水工建筑物的工程地质和水文地质条件

水工建筑物都是建在地基上，构成天然地基的物质是地壳中的岩石和土。地基岩土的工程地质条件和水文地质条件将直接影响建筑物的安全。

1. 地质构造

地球的演变历史中，地壳每时每刻都在变化。引起变化的作用称为地质作用，又分为内力地质作用和外力地质作用。地质构造是指地壳在内力地质作用下，不断运动演变，残留在岩层中的变形或变位现象（又称为构造行迹）。地壳运动又称为构造运动。地质构造对岩体稳定性、渗透性影响很大。地质构造的规模有大有小，但即使是大型复杂的地质构造，也是由一些基本构造形态组合而成的，常见的有产状、褶皱和断裂等。

1）岩层的产状

地质构造（或岩层）在空间的位置叫作地质构造面或岩层层面的产状，分为水平、倾斜和直立等三种类型。产状用岩层层面的走向、倾向和倾角等三个要素表示，如图 2F311021-1 所示。

（1）走向。指岩层层面与水平面的交线方向，交线称为走向线。它表示岩层在空间的水平面上的延伸方向，用方向角或方位角表示。走向线两端延伸方向均是走向，但相差 180°。

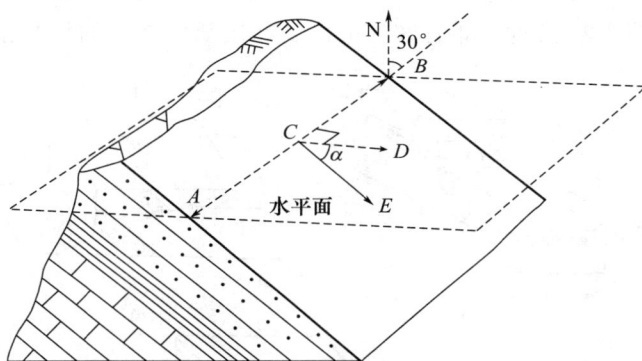

图 2F311021-1 岩层产状要素
AB—走向线；CD—倾向线；
α—倾角；CE—倾斜线；30°—方位角

（2）倾向。指岩层层面的倾斜方向，用倾斜线在水平面上的投影所指方向表示。倾斜线是垂直于走向线并沿层面倾斜向下所引的直线，倾向与走向正交，但只有一个方向。

（3）倾角。岩层层面与水平面之间所夹的锐角。

产状要素可以用地质罗盘测得走向和倾角，测量结果以倾向的方位角（从正北开始顺时针方向量）和倾角表示出来，如 $150 \angle 60$ 表示：倾向为 150°（即南偏东 30°），倾角为 60°。

2）褶皱的基本形态

褶皱是指组成地壳的岩层受水平构造应力作用，使原始为水平产状的岩层产生塑性变形，形成一系列波状弯曲而未丧失其连续性的构造，如图 2F311021-2 所示。基本形态有背斜和向斜两种。

3）断裂构造

是指岩体在地壳运动的作用下，受力发生变形达一定程度后，在其内部产生了许多断

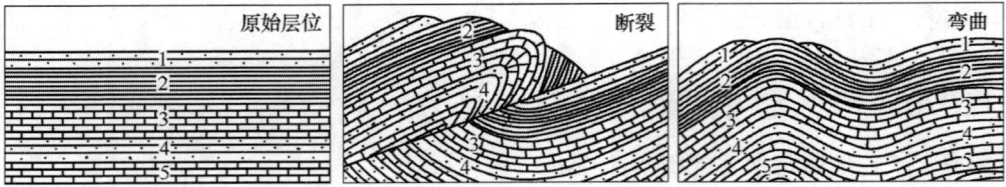

图 2F311021-2　地壳水平运动过程
1、4—砂岩；2—页岩；3、5—石灰岩

裂面，使岩石丧失了原有的连续完整性而形成的地质构造。断裂构造可分为两种类型：节理和断层。

（1）节理。也称裂隙，是沿断裂面两侧的岩层未发生明显相对位移或仅有微小错动的断裂构造。节理对工程的不良影响主要是岩体的稳定和渗漏。工程上用节理统计图可以直观、清晰地表示节理裂隙的数量和产状。常用的有节理玫瑰图、节理极点图和节理等密度图等。

（2）断层。是指岩体受力断裂后，在断裂层两侧的岩块发生了显著的相对位移。断层面两侧相互错动的岩块称为断块。当断层面倾斜时，位于断层面上部的岩块称为上盘，位于断层面下部的称为下盘。如按断块之间的相对错动的方向来划分，上盘下降，下盘上升的断层，称正断层；反之，上盘上升，下盘下降的断层称逆断层；如两断块水平互错，则称为平移断层。如图 2F311021-3 所示。

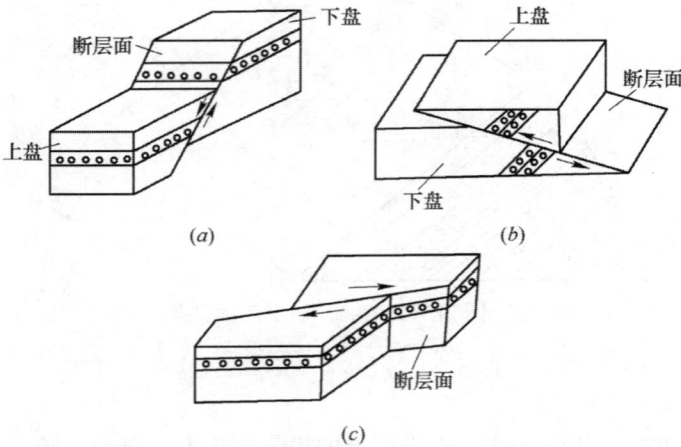

图 2F311021-3　断层类型
（a）正断层；（b）逆断层；（c）平移断层

断层面往往是有一定宽度的断层带。断层破碎带和层间错动破碎带均易风化、软化，其力学性质较差，属于构造软弱带。工程设计原则上应避免将建筑物跨放在断层带上，尤其要注意避开近期活动的断层带。

不同的构造形态，对水工建筑物的影响是不同的。如岩层的断裂，破坏了岩体的完整性，降低了岩体的稳定性，增大了岩体的透水性。而褶皱构造，使岩层层面的倾斜方向和倾角发生变化，从而改变了岩体的稳定条件和渗漏条件。

2. 地形地貌条件

（1）地形。一般指地表形态、高程、地势高低、山脉水系、自然景物、森林植被，以及人工建筑物分布等，常以地形图予以综合反映。

（2）地貌。主要指地表形态的成因、类型，发育程度以及各种起伏状态等，常以地貌图予以反映。

（3）地物。主要指地面上的道路、河流、房屋、桥梁等。

3．水文地质条件

地下水的形成、埋藏、分布和运动规律称为工程的水文地质条件。地下水对建筑物地基的渗漏和稳定关系密切，主要表现为：

（1）地下水位低于水库水位时，可能产生渗漏。

（2）地下水在渗透力的作用下，对地基产生渗透破坏。

（3）地下水渗入可能使有的岩石体积膨胀，产生膨胀压力。

（4）地下水渗入可能使黏土质岩石软化、泥化。

（5）地下水溶蚀可能使可溶性岩石产生空洞。

（6）地基开挖时，地下水的涌入。

（7）具有腐蚀性地下水对混凝土等材料腐蚀作用等。

二、水利水电工程地质问题分析

1．坝基岩体的工程地质问题分析

大坝需要对坝基和坝肩地质条件进行分析。不同的坝型，由于其工作特点不同，所以对地质条件的要求有不同之处。混凝土重力坝要求岩体较完整，强度满足大坝荷载的要求。拱坝要求两岸坝肩岩体完整、强度高，河谷宽高比不大于 6∶1。由于坝区岩体中存在的某些地质缺陷，可能导致产生的工程地质问题主要有坝基稳定问题（包括渗透稳定、沉降稳定和抗滑稳定）和坝区渗漏问题（包括坝基渗漏和绕坝渗漏）。

2．边坡的工程地质问题分析

（1）边坡变形破坏的类型和特征。工程常见到的边坡变形破坏主要有松弛张裂、蠕动变形、崩塌、滑坡四种类型。变形是破坏的先导，破坏是变形的结果。

① 松弛张裂。指边坡形成过程中，由于在河谷部位的岩体被冲刷侵蚀掉或人工开挖，使边坡岩（土）体失去约束，应力重新调整分布，从而使岸坡岩体发生向临空面方向的回弹变形及产生近平行于边坡的拉张裂隙现象，又称为边坡卸荷裂隙。裂隙张开是卸荷的主要标志，无明显相对位移。

② 蠕动变形。指边坡岩（土）体主要在重力作用下向临空方向发生长期缓慢的塑性变形的现象，有表层蠕动和深层蠕动（侧向张裂）两种类型。表层蠕动又分为倾倒和溃屈。

③ 崩塌。指高陡的边坡岩（土）体在重力作用下突然脱离母岩发生倾倒崩落。在坚硬岩体中发生的崩塌也称岩崩，而在土体中发生的则称土崩。

④ 滑坡。指边坡岩（土）体主要在重力作用下沿贯通的剪切破坏面发生滑动破坏的现象。滑坡发生后，与稳定坡体脱离的部分称为滑坡体，简称滑体。滑坡体与周边未变位岩（土）体在平面上的分界线称为滑坡周界，剪切面称为滑动面，未动部分称为滑坡床。根据滑动面与岩层构造之间的关系将滑坡分类为：顺层滑坡、切层滑坡和均质滑坡等。根据滑坡的力学机制可以分类为：推移式滑坡、牵引式滑坡和平移式滑坡等。

（2）影响边坡稳定的因素。地形地貌条件的影响；岩土类型和性质的影响；地质构造和岩体结构的影响；水的影响；其他因素包括风化因素、人工挖掘、振动、地震等。其中，水是影响边坡稳定最重要的外在因素。

3．软土基坑工程地质问题分析

（1）软土基坑工程地质问题主要包括两个方面：土质边坡稳定和基坑降排水。

（2）在软土基坑施工中，为防止边坡失稳，保证施工安全，通常采取的措施有：采取合理坡度，设置边坡护面、基坑支护，降低地下水位等。

（3）软土基坑降排水的目的主要有：增加边坡的稳定性；对于细砂和粉砂土层的边坡，防止流砂和管涌的发生；对下卧承压含水层的黏性土基坑，防止基坑底部隆起；保持基坑土体干燥，方便施工。

4．基坑降排水

基坑开挖的降排水一般有两种途径：明排法和人工降水。人工降水的基本做法是：在基坑周围埋设一些井管，地下水渗入井管后被抽走，使地下水位降至基坑底面以下。其中人工降水按排水工作原理分为井点法和管井法。

（1）明排法的适用条件

① 不易产生流砂、流土、潜蚀、管涌、淘空、塌陷等现象的黏性土、砂土、碎石土的地层。

② 基坑地下水位超出基坑底面标高不大于2.0m。

（2）井点法按降水深度分为轻型井点（浅井点）和深井点，与管井法的一个重要不同是井管与水泵的吸水管合二为一。井点法降水的适用条件：

① 黏土、粉质黏土、粉土的地层。

② 基坑边坡不稳，易产生流土、流砂、管涌等现象。

③ 地下水位埋藏小于6.0m，宜用单级真空点井；当大于6.0m时，场地条件有限宜用喷射点井、接力点井；场地条件允许宜用多级点井。

（3）管井法是纯重力作用排水，井点法同时还依靠真空或电渗排水。管井法降水适用条件：

① 第四系含水层厚度大于5.0m。

② 基岩裂隙和岩溶含水层，厚度可小于5.0m。

③ 含水层渗透系数K宜大于1.0m/d。

5．渗透变形

渗透变形又称为渗透破坏，是指在渗透水流的作用下，土体遭受变形或破坏的现象。一般可分为管涌、流土、接触冲刷、接触管涌或接触流土等类型。

6．渠道主要地质问题分析

渠道主要地质问题有：渠道渗漏和渗漏引起的浸没；天然斜坡稳定；影响边坡稳定的渠水冲刷；渠道整体稳定等。

三、施工地质工作

水利水电工程施工地质工作应遵循"全程跟踪、动态控制、信息管理、及时反馈"的原则，满足消除地质隐患、优化设计、指导施工和运行的要求。

根据《水利水电工程施工地质勘察规程》SL 313—2004，对水库大坝、堤防、水闸等地面建筑物，施工地质工作应包括以下内容：

（1）检验前期地质勘察成果，深化对工程地质条件和问题的认识。

（2）进行地质预报。

（3）进行工程地质问题处理措施的研究，提出处理建议。

（4）提出专项勘察的建议。

（5）核定岩（土）体的物理力学参数。

（6）提出运行期间的水文地质、工程地质监测项目及其技术要求。

（7）进行地基的工程地质评价。

天然建筑材料的施工地质工作应包括以下内容：

（1）收集与分析前期勘察资料。

（2）对开采料场进行地质巡视。

（3）参与或配合施工部门进行的现场专门性试验，并收集有关试验资料。

（4）根据具体情况进行地质预报和提出专项勘察的建议。

施工地质工作应进行地质巡视与观测，及时填写"施工地质巡视卡"和"施工地质日志"。

施工地质巡视卡应记录巡视中发现的可能影响工程施工期或运行期安全与稳定的地质内容，并提出观测、取样、试验、编录、测绘及预报工作的建议。对重要地质现象的地质描述卡片、素描图、影像资料，应作为施工地质巡视卡的附件存档。

施工地质日志应及时记载施工地质日常工作事项、技术问题讨论意见及结论、工程处理措施及实施情况，以及工程重大事项。

地质编录的测图方法宜采用方格网法、丈量法或视距法。也可采用数码相机摄影 – 计算机成图法。

2F311022　测量仪器的使用

一、常用测量仪器及其作用

水利工程施工常用的测量仪器有水准仪、经纬仪、电磁波测距仪、全站仪、卫星定位系统。

1. 水准仪及水准测量

水准测量是利用能提供水平视线的仪器，测定地面点间的高差，通过已知点高程推算地面另一点的高程。

水准仪用于水准测量，按精度不同划分为可分为 DS05、DS1、DS3 和 DS10 四个等级，其中 DS05、DS1 属于精密水准仪，DS3、DS10 属于普通水准仪。D、S 分别为"大地测量"和"水准仪"的汉语拼音第一个字母，数字表示该仪器精度，如"3"即表示每公里往返高差测量的偶然中误差为 ±3mm。精密水准仪主要用于国家一、二等水准测量和精密工程测量（精密施工放样、建筑物变形观测）等。随着科学技术不断进步，各种新型水准仪不断问世，如自动安平水准仪、数字水准仪等。

水准仪由望远镜、水准器（包括管水准器、圆水准器）及基座三个主要部分组成。仪器通过基座与三脚架连接，支撑在三脚架上，基座装有三个脚螺旋，用于粗略整平仪器。水准仪的使用可以分为以下三步：

（1）仪器安置与粗略整平。支开三脚架并插入土中（或安置稳定），并使架头大致水平。利用连接螺旋将仪器与三脚架固连，然后旋转脚螺旋使仪器上的圆水准器的气泡居中。

（2）瞄准。当仪器粗略整平后，通过调整望远镜的制动螺旋以及目镜调节螺旋，使望远镜中的十字丝和水准尺的成像均清晰。

（3）精确整平和读数。转动仪器的微倾螺旋使水准管的水泡居中，然后利用十字丝的横线读取水准尺的相应数据。

水准尺按其形式不同分为折尺、塔尺、直尺等数种。其横剖面做成丁字形、槽形、工字形等。三、四等水准测量或普通水准测量所使用的水准尺尺长为3m，是以厘米为分划单位的区格式双面水准尺。双面水准尺的一面分划黑白相间称为黑面尺（也叫主尺），另一面分划红白相间称为红面尺（也叫辅助尺）。黑面分划的起始数字为"0"，而红面底部起始数字不是"0"，一根 $K = 4687$mm，另一根 $K = 4787$mm，K 称为尺常数。为使水准尺能更精确地处于竖直位置，在水准尺侧面装一个圆水准器。为倒像望远镜观测方便，注字常倒写。一般用干燥木料或者玻璃纤维合成材料制成。配合数字水准仪，使用一边具有条形码的铟瓦尺。水准尺一般安置在尺垫（又称尺台）上，其形式有三角形、圆形。

水准测量的一般要求和方法：

（1）选择水准测量的路线。根据已知水准点 BM（Bench Mark）和待测高程点的数量和地形等条件，选择闭合水准路线或附合水准路线或支水准线路。

（2）当两点之间较远或高差较大时，则需要在两点之间分成若干段，设置转点，在点之间安置仪器，依次测得各点高差，最后测算出高程。

（3）测量时，要按一定记录格式做到"随测、随记、随算"。

（4）校核方法和精度要求。我国水准测量按精度分为一、二、三、四等，统称为国家水准测量，其余称为等外水准测量或一般水准测量。我国在全国范围内建立了统一的高程控制网，其中一、二等水准网是国家高程控制网的基础，三、四等水准网加密于一、二等水准网内，用于工程等测量。判断测量成果是否存在错误及是否符合精度要求，可以采用改变仪器高程法或双面尺法校核误差是否在允许范围内。

（5）测量误差及其消减方法。测量误差来源于仪器误差、观测误差和外界条件的影响等三个方面。其中：

① 仪器误差。包括仪器校正不完善的误差、对光误差、水准尺误差等。

② 观测误差。包括整平误差、视差、照准误差、估读误差、水准尺竖立不直的误差等。

③ 外界条件的影响。包括仪器升降的误差、尺垫升降的误差、地球曲率的影响、大气折光的影响等。

实际工作中，误差产生是随机的，应对各种误差进行逐项分析并采取相应措施。一般情况下，观测误差是误差的主要来源。

2. 经纬仪及其应用

经纬仪是进行角度测量的主要仪器。它包括水平角测量和竖直角测量，水平角用于确定地面点的平面位置，竖直角用于确定地面点的高程。另外，经纬仪也可用于低精度测量中的视距测量。地面上两相交直线之间的夹角在水平面上的投影，称为水平角。同一竖直面内倾斜视线与水平视线的夹角称为竖直角。上方称为仰角，取正号，下方称为俯角，取负号。

经纬仪按精度不同分为 DJ07、DJ1、DJ2、DJ6 和 DJ30 五个等级，D、J 分别为"大地测量"和"经纬仪"的汉语拼音第一个字母，数字 07、1、2、6、30 表示该仪器精度，为一测回方向中误差的秒数。按读数装置不同可分为两类：分微尺读数装置、单平行玻璃测微器读数装置。经纬仪主要由照准部、水平度盘和基座三大部分组成。

水平角测量及误差：

（1）主要步骤包括仪器安置（对中、整平）、测角。

（2）测角的方法有回测法（一个测站只有两个方向需要测）、全圆测回法（一个测站多于两个方向需要测）。

（3）误差来源有仪器误差、观测误差（对中、整平、目标偏心、照准、读数等误差）和外界条件的影响等。

竖直角测量误差的来源同上。

3. 距离量测及直线定向

距离和方向是确定地面点的位置几何要素。距离量测是要确定地面两点之间的水平距离或倾斜距离。方法有钢（皮）卷尺量距、视距量距、电磁波测距和卫星测距等。其中：

（1）卷尺测距。所用工具包括钢（皮）卷尺、花杆、测钎。卷尺长度分为15m、20m、30m和50m等。卷尺常用于控制测量和施工放样。花杆用于标定直线端点点位以及方向。测钎用于标定每尺段端点的位置及丈量过的整尺段数。量距精度要求相对误差1/1000～1/4000时，用一般方法（目测加花杆标定直线的方向）可以达到。精度1/10000～1/40000时，需采用精密量距（用经纬仪定线，木桩确定整尺段，尺段长略短于所用钢卷尺的长度5cm），主要是用弹簧秤对钢卷尺施以钢卷尺验定时相同的拉力（一般为100N），测量成果整理时，要考虑尺长改正、温度改正和倾斜改正等。距离丈量时的误差包括尺长误差、温度误差、拉力误差、钢尺不水平误差、定线误差、风力影响等。

（2）视距量距。利用经纬仪测定观测点之间的水平距离，精度较低（相对误差1/200～1/300），但简便且速度快。

（3）电磁波测距。用电磁波（光波或微波）作为载波传输测距信号，以测量两点间距离。具有测程长、精度高、简洁且速度快，几乎不受地形限制。分为用微波段的无线电波作为载波的微波测距仪；用激光作为载波的激光测距仪（以上两种仪器测距可达60km）；用红外光作为载波的红外测距仪（测距15km以内），后两者又统称为光电测距仪。测距D用以下公式求得：

$$D = 1/2ct \qquad\qquad （2F311022）$$

式中　c——电磁波在大气中的传播速度；

　　　t——电磁波在两点间往返的时间。

电磁波测距仪一般安装在经纬仪上，便于同时测定距离和角度。与红外测距仪配套使用的棱镜有座式和杆式之分。

（4）直线定向。确定一条直线的方向称为直线定向。确定一条直线的方向，先要确定一标准方向作为直线定向的依据。标准方向有真子午线、磁子午线、坐标纵轴等。用方位角或坐标方位角表示直线的方向。

4. 全站仪

全站仪是一种集自动测距、测角、计算和数据自动记录及传输功能于一体的自动化、数字化及智能化的三维坐标测量与定位系统。

全站仪的功能是测量水平角、天顶距（竖直角）和斜距，借助于机内固化的软件，可以组成多种测量功能，如可以计算并显示平距、高差以及镜站点的三维坐标，进行偏心测量、悬高测量、对边测量、面积计算等。

5. 卫星定位系统

卫星定位系统是以卫星为基础的无线电导航定位系统，具有海、陆、空全方位，全天性、连续性和实时性的导航、定位和定时功能，能为用户提供精密的三维坐标、速度和时间。目前，投入使用的有中国北斗卫星导航系统（BDS）、美国全球定位系统（GPS）、俄罗斯格洛纳斯卫星导航系统（GLONASS）、欧盟伽利略定位系统（GALILEO）等。

二、测量误差分类

测量对象的量是客观存在的，称为真值。每次测量观测到的量，称为观测值，两者之差称为真误差。测量误差按其产生的原因和对观测结果影响性质的不同，可以分为系统误差、偶然误差和粗差三类。

1. 系统误差

在相同的观测条件下，对某一量进行一系列的观测，如果出现的误差在符号和数值大小上都相同，或按一定的规律变化，这种误差称为"系统误差"。主要是由于使用仪器的不完善及外界条件的变化所产生。可以通过改正以及提高使用者的鉴别能力，尽可能全部或部分消除。

2. 偶然误差

在相同的观测条件下，对某一量进行一系列的观测，如果误差出现的符号和数值大小都不相同，从表面上看没有任何规律性，这种误差称为"偶然误差"。主要是由于人的感觉器官和仪器的性能受到一定的限制，以及外部条件的影响造成。

3. 粗差

由于观测者粗心或者受到干扰造成的错误，如测错、记错、算错等。

误差处理原则：粗差是大于限差的误差，是由于观测者的粗心大意或受到干扰所造成的错误。错误应该可以避免，包含有错误的观测值应该舍弃，并重新进行观测。实际工作中，可以通过多于必要的观测（称为多余观测），来发现和消除错误。

实际工作中，通过中误差、相对误差、允许误差（极限误差）等指标衡量测量的精度以及成果是否满足规定的要求。

2F311023　水利水电工程施工放样

一、基础知识

1. 高程

地面点到高度起算面的垂直距离称为高程。高度起算面又称高程基准面。某点沿铅垂线方向到大地水准面的距离，称为该点的绝对高程或海拔，简称高程，用 H 表示。通常采用平均海水面代替大地水准面作为高程基准面。假定一个水准面作为高程基准面，地面点至假定水准面的铅垂距离，称为相对高程或假定高程，两点高程之差称为高差。工程中一般采用绝对高程，当工程建筑物附近缺乏已知绝对高程可引测时，可采用相对高程。

我国自 1959 年开始，全国统一采用 1956 年黄海高程系。后来利用 1952—1979 年期间青岛验潮站的验潮结果计算确定了新的黄海平均海面，称为"1985 国家高程基准"。我国自 1988 年 1 月 1 日起开始采用 1985 国家高程基准作为高程起算的统一基准。

如，地面 A、B、C 三点中，已知 A 点位置（坐标）和高程时，通过测量三点之间的水平距离、水平角及高差，可确定其余点的位置和高程。

2. 地形图的比例尺及比例尺精度

地图上任一线段的长度与地面上相应线段水平距离之比，称为地图的比例尺。常见比例尺表示形式有两种：数字比例尺和图示比例尺。

1）数字比例尺

以分子为 1 的分数形式表示的比例尺称为数字比例尺。设图上一条线段长为 d，相应的地面水平距离为 D，则该地图的比例尺为：

$$\frac{d}{D} = \frac{1}{M}$$

式中，M 称为比例尺分母。比例尺的大小视分数值的大小而定。M 越大，比例尺越小；M 越小，比例尺越大。数字比例尺也可以写成 1：500、1：1000、1：2000 等形式。

地形图比例尺分为三类：1：500、1：1000、1：2000（以上为水工设计需要）、1：5000、1：10000（以上为工程布置及地质勘探需要）为大比例尺；1：10000、1：25000（以上为计算水库库容需要）、1：50000、1：100000（以上为流域规划需要）为中比例尺；1：250000、1：500000、1：1000000 为小比例尺。

2）图示比例尺

最常见的图示比例尺是直线比例尺。用一定长度的线段表示图上的实际长度，并按图上比例尺计算出相应的地面上水平距离并注记在线段上，这种比例尺称为直线比例尺。如图 2F311023 自上至下，分别表示 1：500，1：1000，1：2000 三种直线比例尺。

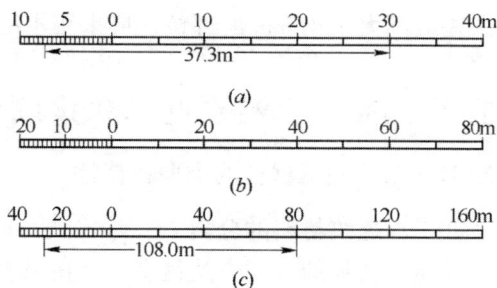

图 2F311023　直线比例尺
（*a*）1：500；（*b*）1：1000；（*c*）1：2000

二、施工放样

1. 概述

根据《水利水电工程施工测量规范》SL 52—2015。施工测量工作应包括下列内容：

（1）根据工程施工总布置图和有关测绘资料，布设施工控制网。

（2）针对施工各阶段的不同要求，进行建筑物轮廓点的放样及其检查工作。

（3）提供局部施工布置所需的测绘资料。

（4）进行施工期间的外部变形观测。

（5）进行收方测量及工程量计算。

（6）单项工程完工时，应对水工建筑物过流部位、重要隐蔽工程、建筑物的各种重要孔（洞）的几何形体以及金属结构与机电设备安装工程等进行竣工测量。

将设计图纸上工程建筑物的平面位置、形状和高程，用一定的仪器和方法测设到实地上的测量工作称为施工放样。根据工程建筑物的设计尺寸，找出工程建筑物各部分特征点与地面控制点之间的几何关系，计算出距离、角度、高程等放样数据，然后利用控制点在实地上定出工程建筑物的特征点，据此施工。施工放样的原则是"由整体到局部""先控制、后碎部"，即由施工控制网测设工程建筑物的主轴线，用以控制工程建筑物的整个位置。根据主轴线来测设工程建筑物细部，保证各部分设计的相对位置。测设细部的精度比测设主轴线的精度高。各细部的精度要求也不一样。各控制点应为同一坐标体系。

2. 施工控制网

施工控制网分为平面控制网和高程控制网。

平面控制网的建立，可采用全球定位测量（GPS）、三角形网测量和导线测量等方法。平面控制网宜布设为全球定位系统（GPS）网、三角形网或导线网。GPS 网、三角形网和导线网应按二等、三等、四等、五等划分。

高程控制网是施工测量的高程基准，其等级划分为二等、三等、四等、五等。高程控制网测量可采用水准测量、光电测距三角高程测量或 GPS 拟合高程测量等方法。布设高程控制网时，首级网应布设成环形网，加密网宜布设成附合路线或结点网。

3. 放样方法

平面位置的放样方法应根据放样点进度要求、现场作业条件、仪器设备等因素适宜选择。平面位置放样方法包括：极坐标法、轴线交会法、两点角度前方交会法、测角侧方交会法、单三角形法、测角后方交会法、三点测角前方交会法、测边交会法、边角交会法等。

高程放样方法应根据放样点精度要求、现场的作业条件等因素适宜选择。高程放样方法包括：水准测量法、光电测距三角高程法、GPS-RTK 高程测量法等。对于高程放样中误差应不大于 10mm 的部位，应采用水准测量法。

2F311030　水利水电工程建筑材料

2F311031　建筑材料的类型和特性

一、建筑材料的分类

建筑材料的分类方法很多，常按材料的化学成分、来源、功能用途进行分类。

1. 按材料的化学成分分类

1）无机材料

（1）金属材料，包括黑色金属，如合金钢、碳钢、铁等；有色金属，如铝、锌等及其合金。

（2）非金属材料，如天然石材、烧土制品、玻璃及其制品、水泥、石灰、混凝土、砂浆等。

2）有机材料

（1）植物材料，如木材、竹材、植物纤维及其制品等。

（2）合成高分子材料，如塑料、涂料、胶粘剂等。

（3）沥青材料，如石油沥青及煤沥青、沥青制品。

3）复合材料

复合材料是指两种或两种以上不同性质的材料经适当组合为一体的材料。复合材料可以克服单一材料的弱点，发挥其综合特性。

（1）无机非金属材料与有机材料复合，如玻璃纤维增强塑料、聚合物混凝土、沥青混凝土、水泥刨花板等。

（2）金属材料与非金属材料复合，如钢筋混凝土、钢丝网混凝土、塑铝混凝土等。

（3）其他复合材料，如水泥石棉制品、不锈钢包覆钢板、人造大理石、人造花岗石等。

2. 按其材料来源分类

（1）天然建筑材料，如土料、砂石料、木材等。

（2）人工材料，如石灰、水泥、金属材料、土工合成材料、高分子聚合物等。

3. 按材料功能用途分类

（1）结构材料，如混凝土、型钢、木材等。

（2）防水材料，如防水砂浆、防水混凝土、紫铜止水片、膨胀水泥防水混凝土等。

（3）胶凝材料，如石膏、石灰、水玻璃、水泥、沥青等。

（4）装饰材料，如天然石材、建筑陶瓷制品、装饰玻璃制品、装饰砂浆、装饰水泥、塑料制品等。

（5）防护材料，如钢材覆面、码头护木等。

（6）隔热保温材料，如石棉板、矿渣棉、泡沫混凝土、泡沫玻璃、纤维板等。

二、建筑材料的基本性质

1. 表观密度和堆积密度

（1）表观密度，指材料在自然状态下单位体积的质量。

材料在自然状态下的体积是指包含材料内部孔隙在内的表观体积。当材料内部的孔隙内含有水分不同时，其质量和体积均将有所变化，故测定表观密度时，应注明含水率。在烘干状态下的表观密度，称为干表观密度。

（2）堆积密度，指粉状、颗粒状或纤维状材料在堆积状态下单位体积的质量。

材料在堆积状态下的体积不但包括材料的表观体积，而且还包括颗粒间的空隙体积，其值的大小与材料颗粒的表观密度、堆积的密实程度、材料的含水状态有关。

2. 密实度和孔隙率

（1）密实度，指材料体积内被固体物质所充实的程度，其值为材料在绝对密实状态下的体积与在自然状态下的体积的百分比。

（2）孔隙率，指材料中孔隙体积所占的百分比。建筑材料的许多工程性质，如强度、吸水性、抗渗性、抗冻性、导热性、吸声性等都与材料的致密程度有关。

3. 填充率与空隙率

（1）填充率，指粉状或颗粒状材料在某堆积体积内，被其颗粒填充的程度。

（2）空隙率，指粉状或颗粒状材料在某堆积体积内，颗粒之间的空隙体积所占的比例。

4. 与水有关的性质

（1）亲水性与憎水性。材料与水接触时，根据其是否能被水润湿，分为亲水性和憎水性材料两大类。亲水性材料包括砖、混凝土等；憎水性材料如沥青等。

（2）吸水性。材料在水中吸收水分的性质称为吸水性。吸水性的大小用吸水率表示。吸水率有质量吸水率和体积吸水率之分。质量吸水率是指材料吸入水的质量与材料干燥质量的百分比；体积吸水率是指材料吸水饱和时吸收水分的体积占干燥材料自然体积之比值。

（3）吸湿性。材料在潮湿的空气中吸收空气中水分的性质称为吸湿性。吸湿性的大小用含水率表示。材料含水后，可使材料的质量增加，强度降低，绝热性能下降，抗冻性能变差，有时还会发生明显的体积膨胀。

（4）耐水性。材料长期在饱和水作用下不被破坏，其强度也不显著降低的性质称为耐水性，但材料因含水会减弱其内部的结合力，因此其强度都会有不同程度的降低。

（5）抗渗性。材料抵抗压力水渗透的性质称为抗渗性（或称不透水性），用渗透系数 K 表示，K 值越大，表示其抗渗性能越差；对于混凝土和砂浆材料，其抗渗性常用抗渗等级 W 表示，如材料的抗渗等级为 W4、W10，分别表示试件抵抗静水水压力的能力为 0.4MPa 和 1MPa。

（6）抗冻性。材料在饱和水的作用下，能经受多次冻融循环的作用而不破坏，强度不显著降低，且其质量也不显著减小的性质称为抗冻性。用抗冻等级 F 表示，如 F25、F50，分别表示材料抵抗 25 次、50 次冻融循环，而强度损失未超过 25%，质量损失未超过 5%。抗冻性常是评价材料耐久性的重要指标。

5．材料的耐久性

在使用过程中，材料受各种内外因素或腐蚀介质的作用而不破坏，保持其原有性能的性质，称为材料耐久性。材料耐久性是一项综合性质，一般包括抗渗性、抗冻性、耐化学腐蚀性、耐磨性、抗老化性等。

2F311032   混凝土的分类和质量要求

混凝土指的是由胶凝材料与集料，按照适当的比例配合，加水拌合成混合物，经凝结硬化而形成的较坚硬的固体材料。

一、混凝土集料的分类和质量要求

在混凝土中的砂、石起骨架作用，其中砂称为细集料，其粒径在 0.15～4.75mm 之间；石称为粗集料，其粒径大于 4.75mm。

1．细集料

1）砂的分类

（1）砂按其产源不同可分为河砂、湖砂、海砂和山砂。工程一般采用河砂作细集料。

（2）砂按技术要求分为Ⅰ类、Ⅱ类、Ⅲ类。Ⅰ类宜用于强度等级大于 C60 的混凝土；Ⅱ类宜用于强度等级为 C30～C60 及有抗冻、抗渗或其他要求的混凝土；Ⅲ类宜用于强度等级小于 C30 的混凝土和砂浆配制。

（3）砂按粗细程度不同可分为粗砂、中砂和细砂。

2）砂的主要质量要求

（1）有害杂质。配制混凝土用砂要求洁净，不含杂质，且砂中云母、硫化物、硫酸盐、氯盐和有机杂质等的含量应符合规范规定。

（2）砂的颗粒级配和粗细程度。砂的颗粒级配和粗细程度常用筛分析的方法进行测定。用级配区表示砂的颗粒级配，用细度模数表示砂的粗细程度。筛分析的方法是用一套孔径为 9.5mm、4.75mm、2.36mm、1.18mm、0.6mm、0.3mm、0.15mm 的标准筛（方孔筛）。将 500g 的干砂试样由粗到细依次过筛，然后称量留在各筛上的砂量（不包括孔径为 9.5mm 的筛），并计算出各筛上的筛余量占砂样总质量的百分率 a_1、a_2、a_3、a_4、a_5、a_6 及累计筛

余百分率 A_1、A_2、A_3、A_4、A_5、A_6，则：

$$A_1 = a_1$$
$$A_2 = a_1 + a_2$$
$$A_3 = a_1 + a_2 + a_3$$
$$A_4 = a_1 + a_2 + a_3 + a_4$$
$$A_5 = a_1 + a_2 + a_3 + a_4 + a_5$$
$$A_6 = a_1 + a_2 + a_3 + a_4 + a_5 + a_6$$

砂的粗细程度用细度模数（M_x）表示，其计算公式为：

$$M_x = \frac{(A_2 + A_3 + A_4 + A_5 + A_6) - 5A_1}{100 - A_1} \qquad （2F311032）$$

M_x 越大，表示砂越粗。M_x 在 3.7～3.1 之间为粗砂，M_x 在 3.0～2.3 之间为中砂，M_x 在 2.2～1.6 之间为细砂，M_x 在 1.5～0.7 之间为特细砂。

（3）砂的坚固性。指砂在自然风化和其他外界物理化学因素作用下抵抗破裂的能力。

2. 粗集料

1）粗集料的分类

普通混凝土常用的粗集料有碎石和卵石（砾石）。碎石是由天然岩石或大卵石经破碎、筛分而得的粒径大于 4.75mm 的岩石颗粒。卵石是由天然岩石经自然风化、水流搬运和分选、堆积形成的粒径大于 4.75mm 的岩石颗粒，按其产源可分为河卵石、海卵石、山卵石等几种。

按卵石、碎石的技术要求分为 Ⅰ 类、Ⅱ 类、Ⅲ 类。Ⅰ 类宜用于强度等级大于 C60 的混凝土；Ⅱ 类宜用于强度等级为 C30～C60 及抗冻、抗渗或有其他要求的混凝土；Ⅲ 类宜用于强度等级小于 C30 的混凝土。

2）粗集料的主要质量要求

（1）有害杂质。粗集料中常含有一些有害杂质，如黏土、淤泥、细屑、硫酸盐、硫化物和有机杂质。它们的危害作用与在细集料中相同。其含量应符合规范规定。

（2）颗粒形状及表面特征。粗集料的颗粒形状及表面特征会影响其对水泥的粘结性和混凝土的和易性。碎石有棱角、表面粗糙，具有吸收水泥浆的孔隙特性，与水泥的粘结性较好；卵石多为圆形、表面光滑且少棱角，与水泥的粘结性较差，但混凝土拌合物的工作性较好。

针、片状颗粒不仅在受力时容易折断，影响混凝土的强度，而且其架空作用会增大集料的空隙率，使混凝土拌合物的工作性变差。针、片状颗粒含量应符合规范规定。

（3）最大粒径及颗粒级配。粗集料公称粒级的上限称为该粒级的最大粒径。当集料用量一定时，其比表面积随着粒径的增大而减小。粒径越大，保证一定厚度润滑层所需的水泥浆或砂浆的用量就少，可节省水泥（胶凝材料）用量。因此，粗集料的最大粒径应在条件许可的情况下，尽量选大些。但对于普通配合比的结构混凝土，尤其是高强度混凝土，集料粒径最好不大于 40mm。粗集料的最大粒径还受结构形式、配筋疏密及施工条件的限制。水工混凝土粗集料的级配分为四种，常用四级配，即包含 5～20mm、20～40mm、40～80mm、80～120（或 150）mm 全部四级集料的混凝土。三级配混凝土指仅包含较小的三级集料的混凝土，二级配指仅包含较小二级集料的混凝土，一级配混凝土指仅包含最小一级集料的混凝土。

（4）集料的强度。为保证混凝土强度的要求，粗集料都必须质地坚实，具有足够的强度。碎石或卵石的强度可采用岩石立方体强度和压碎指标两种方法来检验。

压碎指标表示粗集料抵抗受压破坏的能力，其值越小，表示抵抗压碎的能力越强。

（5）集料体积稳定性。体积稳定性是指集料因干湿或冻融交替等作用不致引起体积变化而导致混凝土破坏的性质。可用硫酸钠溶液浸渍法来检验其坚固性。

（6）集料的含水状态。集料的含水状态可分为干燥状态、气干状态、饱和面干状态和湿润状态等四种。计算普通混凝土配合比时，一般以干燥状态的集料为基准，而大型水利工程常以饱和面干状态的集料为基准。

二、混凝土的分类和质量要求

1. 混凝土的分类

按所用胶凝材料的不同可分为石膏混凝土、水泥混凝土、沥青混凝土及树脂混凝土等。

按所用集料的不同可分为矿渣混凝土、碎石混凝土及卵石混凝土等。

按混凝土表观密度的大小可分为重混凝土（干表观密度大于 $2800kg/m^3$）、普通混凝土（干表观密度在 $2000\sim2800kg/m^3$ 之间）及轻混凝土（干表观密度小于 $2000kg/m^3$）。重混凝土可用作防辐射材料；普通混凝土广泛应用于各种建筑工程中；轻混凝土分为轻骨料混凝土、多孔混凝土及大孔混凝土，常用作保温隔热材料。

按使用功能的不同可分为结构混凝土、水工混凝土、道路混凝土及特种混凝土等。

按施工方法不同可分为普通浇筑混凝土、离心成型混凝土、喷射混凝土及泵送混凝土等。

按配筋情况不同可分为素混凝土、钢筋混凝土、纤维混凝土、钢丝混凝土及预应力混凝土等。

2. 混凝土的主要质量要求

水泥混凝土的质量要求主要表现在以下几个方面：

1）和易性

和易性是指混凝土拌合物在一定施工条件下，便于操作并能获得质量均匀而密实的混凝土的性能。和易性良好的混凝土在施工操作过程中应具有流动性好、不易产生分层离析或泌水现象等性能。和易性是一项综合性指标，包括流动性、黏聚性及保水性三个方面的含义。

流动性是指新拌混凝土在自重或机械振捣力的作用下，能产生流动并均匀密实地充满模板的性能。

黏聚性是指混凝土拌合物中各种组成材料之间有较好的黏聚力，在运输和浇筑过程中，不致产生分层离析，使混凝土保持整体均匀的性能。黏聚性差的拌合物中水泥浆或砂浆与石子易分离，混凝土硬化后会出现蜂窝、麻面、空洞等不密实现象。

保水性是指混凝土拌合物保持水分，不易产生泌水的性能。

（1）和易性的指标及测定方法

一般常用坍落度定量地表示拌合物流动性的大小。根据经验，通过对试验或现场的观察，定性地判断或评定混凝土拌合物黏聚性及保水性。坍落度的测定是将混凝土拌合物按规定的方法装入标准截头圆锥筒（坍落度筒）内，将筒垂直提起后，拌合物在自身质量作用下会产生坍落现象，坍落的高度（以 mm 计）称为坍落度。坍落度越大，表明流动性越大。按坍落度大小，将混凝土拌合物分为：低塑性混凝土（坍落度为 10～40mm）、塑性混凝土（坍落度为 50～90mm）、流动性混凝土（坍落度为 100～150mm）、大流动性混凝土（坍落度 ≥ 160mm）。

在测定坍落度的同时，应检查混凝土的黏聚性及保水性。黏聚性的检查方法是用捣棒在已坍落的拌合物锥体一侧轻打，若轻打时锥体渐渐下沉，表示黏聚性良好；如果锥体突然倒塌、部分崩裂或发生石子离析，则表示黏聚性不好。保水性以混凝土拌合物中稀浆析出的程度评定，提起坍落度筒后，如有较多稀浆从底部析出，拌合物锥体因失浆而骨料外露，表示拌合物的保水性不好；如提起坍落度筒后，无稀浆析出或仅有少量稀浆在底部析出，混凝土锥体含浆饱满，则表示混凝土拌合物保水性良好。

对于干硬性混凝土拌合物（坍落度小于 10mm），采用维勃稠度（VB）作为其和易性指标。

（2）影响混凝土拌合物和易性的因素

影响拌合物和易性的因素很多，主要有水泥浆含量、水泥浆的稀稠、含砂率的大小、原材料的种类以及外加剂等。

① 水泥浆含量的影响。在混凝土的水胶比保持不变的情况下，单位体积混凝土内水泥浆含量越多，拌合物的流动性越大；但若水泥浆过多，集料不能将水泥浆很好地保持在拌合物内，混凝土拌合物将会出现流浆、泌水现象，使拌合物的黏聚性及保水性变差。因此，混凝土内水泥浆的含量，以使混凝土拌合物达到要求的流动性为准，不应任意加大。

② 含砂率的影响。混凝土含砂率（简称砂率）是指砂的用量占砂、石总用量（按质量计）的百分数。混凝土中的砂浆应包裹石子颗粒并填满石子空隙。砂率过小，砂浆量不足，不能在石子周围形成足够的砂浆润滑层，将降低拌合物的流动性，严重影响混凝土拌合物的黏聚性及保水性，使石子分离、水泥浆流失，甚至出现溃散现象；砂率过大，石子含量相对过少，集料的空隙及总表面积都较大，在水胶比及水泥用量一定的条件下，混凝土拌合物显得干稠，流动性显著降低；在保持混凝土流动性不变的条件下，会使混凝土的水泥浆用量显著增大。因此，混凝土含砂率应合理。合理砂率是在水胶比及水泥用量一定的条件下，使混凝土拌合物保持良好的黏聚性和保水性并获得最大流动性的含砂率。即在水胶比一定的条件下，当混凝土拌合物达到要求的流动性，而且具有良好的黏聚性及保水性时，水泥用量最省的含砂率，即最佳砂率。

③ 水泥浆稀稠的影响。在水泥品种一定的条件下，水泥浆的稀稠取决于水胶比的大小。当水胶比较小时，水泥浆较稠，拌合物的黏聚性较好，泌水较少，但流动性较小；相反，水胶比较大时，拌合物流动性较大但黏聚性较差，泌水较多。普通混凝土常用水胶比一般在 0.40～0.75 范围内。

④ 其他因素的影响。除上述影响因素外，拌合物和易性还受水泥品种、掺合料品种及掺量、集料种类、粒形及级配、混凝土外加剂以及混凝土搅拌工艺和环境温度等条件的影响。

2）强度

混凝土的强度包括抗压强度、抗拉强度、抗弯强度和抗剪强度等。

（1）抗压强度

① 混凝土的立方体抗压强度。按照《普通混凝土力学性能试验方法标准》GB/T 50081—2002，制作边长为 150mm 的立方体试件，在标准养护（温度 20±2℃、相对湿度 95% 以上）条件下，养护至 28d 龄期，用标准试验方法测得的极限抗压强度，称为混凝土标准立方体抗压强度，以 f_{cu} 表示。按《混凝土结构设计规范》GB 50010—2010 的规定，在立方体极限抗压强度总体分布中，具有 95% 强度保证率的立方体试件抗压强度，称为混凝土立方体抗压强度标准值（以 MPa 计），以 $f_{cu,k}$ 表示。

混凝土强度等级按混凝土立方体抗压强度标准值划分为 C15、C20、C25、C30、C35、C40、C45、C50、C55、C60、C65、C70、C75、C80 等 14 个等级。例如，强度等级为 C25 的混凝土，是指 $25MPa \leqslant f_{cu,k} < 30MPa$ 的混凝土。预应力混凝土结构的混凝土强度等级不小于 C30。

测定混凝土立方体试件抗压强度，也可以按粗集料最大粒径的尺寸选用不同的试件尺寸，但在计算其抗压强度时，应乘以换算系数。选用边长为 100mm 的立方体试件，换算系数为 0.95；边长为 200mm 的立方体试件，换算系数为 1.05。

② 混凝土棱柱体抗压强度。按棱柱体抗压强度的标准试验方法，制成边长为 150mm×150mm×300mm 的标准试件，在标准条件下养护 28d，测其抗压强度，即为棱柱体的抗压强度（f_{ck}），通过实验分析，$f_{ck} \approx 0.67 f_{cu,k}$。

（2）抗拉强度

混凝土在直接受拉时，很小的变形就会开裂，它在断裂前没有残余变形，是一种脆性破坏。混凝土的抗拉强度一般为抗压强度的 1/10～1/20。我国采用立方体的劈裂抗拉试验来测定混凝土的抗拉强度，称为劈裂抗拉强度。抗拉强度对于开裂现象有重要意义，在结构设计中抗拉强度是确定混凝土抗裂度的重要指标。对于某些工程（如混凝土路面、水槽、拱坝），在对混凝土提出抗压强度要求的同时，还应提出抗拉强度要求。

3）变形

混凝土在硬化后和使用过程中，受各种因素影响而产生变形，主要有化学收缩、干湿变形、温度变形及荷载作用下的变形等。这些变形是使混凝土产生裂缝的重要原因之一，直接影响混凝土的强度和耐久性。

4）耐久性

硬化后的混凝土除了具有设计要求的强度外，还应具有与所处环境相适应的耐久性，混凝土的耐久性是指混凝土抵抗环境条件的长期作用，并保持其稳定良好的使用性能和外观完整性，从而维持混凝土结构安全、正常使用的能力。

混凝土的耐久性是一个综合性概念，包括抗渗、抗冻、抗侵蚀、抗碳化、抗磨性、抗碱集料反应等性能。

（1）抗渗性

抗渗性是指混凝土抵抗压力水、油等液体渗透的性能。混凝土的抗渗性主要与其密实性及内部孔隙的大小和构造有关。

混凝土的抗渗性用抗渗等级（W）表示，即以 28d 龄期的标准试件，按标准试验方法进行试验所能承受的最大水压力（MPa）来确定。混凝土的抗渗等级可划分为 W2、W4、W6、W8、W10、W12 等 6 个等级，相应表示混凝土抗渗试验时一组 6 个试件中 4 个试件未出现渗水时的最大水压力分别为 0.2MPa、0.4MPa、0.6MPa、0.8MPa、1.0MPa、1.2MPa。

提高混凝土抗渗性能的措施有：提高混凝土的密实度，改善孔隙构造，减少渗水通道；减小水胶比；掺加引气剂；选用适当品种的水泥；注意振捣密实、养护充分等。

（2）抗冻性

混凝土的抗冻性是指混凝土在含水饱和状态下能经受多次冻融循环而不破坏，同时强度不严重降低的性能。混凝土的抗冻性以抗冻等级（F）表示。抗冻等级按 28d 龄期的试件用快冻试验方法测定，分为 F50、F100、F150、F200、F250、F300、F400 等 7 个等级，相应表示混凝土抗冻性试验能经受 50、100、150、200、250、300、400 次的冻融循环。

影响混凝土抗冻性能的因素主要有水泥品种、强度等级、水胶比、集料的品质等。提高混凝土抗冻性最主要的措施是：提高混凝土密实度；减小水胶比；掺外加剂；严格控制施工质量，注意捣实，加强养护等。

（3）提高混凝土耐久性的主要措施

① 严格控制水胶比。水胶比的大小是影响混凝土密实性的主要因素，为保证混凝土耐久性，必须严格控制水胶比。

② 混凝土所用材料的品质，应符合有关规范的要求。

③ 合理选择集料级配。可使混凝土在保证和易性要求的条件下，减少水泥用量，并有较好的密实性。这样不仅有利于混凝土耐久性而且也较经济。

④ 掺用减水剂及引气剂。可减少混凝土用水量及水泥用量，改善混凝土孔隙构造。这是提高混凝土抗冻性及抗渗性的有效措施。

⑤ 保证混凝土施工质量。在混凝土施工中，应做到搅拌透彻、浇筑均匀、振捣密实、加强养护，以保证混凝土耐久性。

2F311033　胶凝材料的分类和用途

能够通过自身的物理化学作用，从浆体（液态和半固态）变成坚硬的固体，并能把散粒材料（如砂、石）或块状材料（如砖和石块）胶结成为整体材料的物质称为胶凝材料。

胶凝材料根据其化学组成可分为有机胶凝材料和无机胶凝材料；无机胶凝材料按硬化条件差异又分为气硬性胶凝材料和水硬性胶凝材料。气硬性胶凝材料只能在空气中硬化、保持或发展强度，适用于干燥环境，如石灰、水玻璃等；水硬性胶凝材料不仅能在空气中硬化，而且能更好地在潮湿环境或水中硬化、保持并继续发展其强度，如水泥。沥青属于有机胶凝材料。

一、石灰

1. 石灰的原料及生产

石灰是工程中常用的胶凝材料之一，其原料石灰石主要成分是碳酸钙（$CaCO_3$），石灰石经高温煅烧分解产生以 CaO 为主要成分（少量 MgO）的生石灰。

2. 石灰的熟化

石灰的熟化又称消解，是指生石灰与水（H_2O）发生反应，生成 $Ca(OH)_2$ 的过程。生石灰的熟化过程伴随着剧烈的放热与体积膨胀现象（1.5～3.5 倍）。

3. 石灰的特点

（1）可塑性好。生石灰消解为石灰浆时，其颗粒极微细，呈胶体状态，比表面积大，表面吸附了一层较厚的水膜，因而保水性能好，同时水膜层也降低了颗粒间的摩擦力，可塑性增强。

（2）强度低。石灰硬化缓慢、强度较低，通常1:3的石灰砂浆，其28d抗压强度只有0.2～0.5MPa。

（3）耐水性差。在石灰硬化体中存在着大量尚未碳化的$Ca(OH)_2$，而$Ca(OH)_2$易溶于水，所以石灰的耐水性较差，故石灰不宜用于潮湿环境中。

（4）体积收缩大。石灰在硬化过程中蒸发掉大量的水分，引起体积显著收缩，易产生裂纹。

因此，石灰一般不宜单独使用，通常掺入一定量的集料（砂）或纤维材料（纸筋、麻刀等）或水泥以提高抗拉强度，抵抗收缩引起的开裂。

二、水玻璃

水玻璃是一种碱金属硅酸盐水溶液，俗称"泡花碱"。根据碱金属氧化物的不同，分为硅酸钠水玻璃和硅酸钾水玻璃等。常用的是硅酸钠（$Na_2O \cdot nSiO_2$）水玻璃的水溶液，硅酸钠中氧化硅与氧化钠的分子比"n"称为水玻璃模数。

1. 水玻璃的性质

水玻璃通常为青灰色或黄灰色黏稠液体，具有较强的粘结力，其模数越大，粘结力越强。同一模数的水玻璃溶液，浓度越大，密度越大；黏度越大，粘结力越强。

水玻璃硬化时析出的硅酸凝胶，可堵塞材料的毛细孔隙，具有一定的防渗作用；能抵抗多数无机酸、有机酸的腐蚀，具有很强的耐酸腐蚀性；还有着良好的耐热性，在高温下不分解、强度不降低甚至有所增加。

2. 水玻璃的用途

（1）灌浆材料。常用于加固地基，水玻璃和氯化钙溶液交替灌入地基中，两种溶液发生化学反应，析出硅酸胶体，起到胶结和填充土壤空隙的作用，增加了土的密实度和强度。

（2）涂料。天然石材、混凝土硅酸盐制品等表面涂上一层水玻璃，可提高其防水性和抗风化性；用水玻璃涂刷钢筋混凝土中的钢筋，可起到一定的阻锈作用。

（3）防水剂。水玻璃还可以与多种矾配制成防水剂，用于防水砂浆和防水混凝土。

（4）耐酸材料。水玻璃与促硬剂、耐酸粉、耐酸集料配合可制得耐酸砂浆和耐酸混凝土，对于硫酸、盐酸、硝酸等无机酸具有较好的耐腐蚀能力，常用于防腐工程。

（5）耐热材料。利用水玻璃的耐热性可配制耐热砂浆和耐热混凝土。

（6）粘合剂。液体水玻璃、粒化高炉矿渣、砂和氟硅酸钠按一定的比例配合可制得水玻璃矿渣砂浆，用于块材裂缝的修补、轻型内墙的粘结等。

三、水泥

凡磨细成粉末状，加入适量水后能成为塑性浆体，既能在空气中硬化，又能在水中硬化，并能将砂、石等材料牢固地胶结成整体材料的水硬性胶凝材料，通称为水泥。

水泥种类很多，按照主要的水硬性物质不同可分为硅酸盐水泥、铝酸盐水泥、硫铝酸盐水泥、铁铝酸盐水泥、氟铝酸盐水泥等系列。按用途和性能，又可分为通用水泥、专用水泥、特性水泥三大类。

1. 通用水泥

根据《通用硅酸盐水泥》GB 175—2007，通用硅酸盐水泥按混合材料的品种和掺量分为硅酸盐水泥、普通硅酸盐水泥、矿渣硅酸盐水泥、火山灰质硅酸盐水泥、粉煤灰硅酸盐水泥和复合硅酸盐水泥。

2. 专用水泥

专用水泥是指有专门用途的水泥。下面介绍水利工程中常用的大坝水泥和低热微膨胀水泥。

大坝水泥包括中热和低热水泥。以适当成分的硅酸盐水泥熟料，加入适量石膏，磨细制成的具有中等水化热的水硬性胶凝材料，称为中热硅酸盐水泥，简称中热水泥；以适当成分的硅酸盐水泥熟料，加入适量矿渣、石膏，磨细制成的具有低等水化热的水硬性胶凝材料，称为低热硅酸盐水泥，简称低热水泥。低热、中热水泥适用于大坝工程及大型构筑物等大体积混凝土工程。

低热微膨胀水泥（LHEC）是指以粒化高炉矿渣为主要组分，加入适量硅酸盐水泥熟料和石膏，磨细制成的具有低水化热和微膨胀性能的水硬性胶凝材料。低热微膨胀水泥由于水化热低，并且具有微膨胀的性能，对防止大体积混凝土的干缩开裂有重要作用，适用于要求低热和补偿收缩的混凝土、大体积混凝土、要求抗渗和抗硫酸盐侵蚀的工程。

3. 特性水泥

特性水泥是指其某种性能比较突出的一类水泥，如快硬硅酸盐水泥、快凝快硬硅酸盐水泥、抗硫酸盐硅酸盐水泥、白色硅酸盐水泥、自应力铝酸盐水泥、膨胀硫酸盐水泥等。

（1）快硬硅酸盐水泥是指以硅酸盐水泥熟料和适量石膏磨细制成，以 3d 抗压强度表示强度等级的水硬性胶凝材料，简称快硬水泥。快硬水泥初凝不得早于 45min，终凝不得迟于 10h。

（2）快凝快硬硅酸盐水泥是指以硅酸三钙、氟铝酸钙为主的熟料，加入适量的硬石膏、粒化高炉矿渣、无水硫酸钠，经过磨细制成的凝结快、强度增长快的水硬性胶凝材料，简称双快水泥。双快水泥初凝不得早于 10min，终凝不得迟于 60min。主要用于紧急抢修工程以及冬期施工、堵漏等工程。施工时不得与其他水泥混合使用。

（3）抗硫酸盐硅酸盐水泥是指以硅酸钙为主的特定矿物组成的熟料，加入适量石膏，磨细制成的具有一定抗硫酸盐侵蚀性能的水硬性胶凝材料。抗硫酸盐水泥适用于受硫酸盐侵蚀的海港、水利、地下隧涵等工程。

（4）白色硅酸盐水泥是指以白色硅酸盐水泥熟料加入适量石膏磨细制成的水硬性胶凝材料。

（5）铝酸盐水泥。根据《铝酸盐水泥》GB 201—2000，凡以铝酸钙为主的铝酸盐水泥熟料，磨细制成的水硬性胶凝材料均称为铝酸盐水泥，代号 CA。其主要用途有：配制不定形耐火材料；配制膨胀水泥、自应力水泥、化学建材的添加料等；抢建、抢修、抗硫酸盐侵蚀和冬期施工等特殊需要的工程。

使用铝酸盐水泥时应注意以下事项：

① 在施工过程中，为防止凝结时间失控，一般不得与硅酸盐水泥、石灰等能析出氢氧化钙的胶凝物质混合，使用前拌合设备等必须冲洗干净。

② 不得用于接触碱性溶液的工程。

③ 铝酸盐水泥水化热集中于早期释放，从硬化开始应立即浇水养护。一般不宜浇筑

大体积混凝土。

④ 铝酸盐水泥混凝土后期强度下降较大，应按最低稳定强度计算。

⑤ 若用蒸汽养护加速混凝土硬化时，养护温度不得高于 50℃。

⑥ 用于钢筋混凝土时，钢筋保护层的厚度不得小于 60mm。

⑦ 未经试验，不得加入任何外加物。

⑧ 不得与未硬化的硅酸盐水泥混凝土接触使用；可以与具有脱模强度的硅酸盐水泥混凝土接触使用，但接茬处不应长期处于潮湿状态。

水泥的选用及其技术指标应遵守下列规定：

（1）大体积混凝土宜选用中热硅酸盐水泥或低热硅酸盐水泥。

（2）环境水对混凝土有硫酸盐腐蚀性时，宜选用抗硫酸盐硅酸盐水泥。

（3）受海水、盐雾作用的混凝土，宜选用矿渣硅酸盐水泥。

（4）选用的水泥强度等级与混凝土强度等级相适应。

（5）根据工程的特殊需要，可对水泥的化学成分、矿物组成、细度等指标提出专门要求。

四、灌浆所用水泥的技术要求

1. 一般规定

灌浆工程所采用的水泥品种，应根据灌浆目的、地质条件和环境水的侵蚀作用等因素确定，通常可采用硅酸盐水泥、普通硅酸盐或复合硅酸盐水泥。当有抗侵蚀或其他要求时，应使用特种水泥。使用矿渣硅酸盐水泥或火山灰质硅酸盐水泥灌浆时，浆液水胶比不宜大于 1。灌浆水泥应妥善保存，严格防潮并缩短存放时间；不得使用受潮结块的水泥。

回填灌浆、固结灌浆和帷幕灌浆所用水泥的强度等级应不低于 32.5，坝体接缝灌浆、各类接触灌浆所用水泥的强度等级应不低于 42.5。

帷幕灌浆、坝体接缝灌浆和各类接触灌浆所用水泥的细度宜为通过 80μm 方孔筛的筛余量不大于 5%。

水泥灌浆宜使用纯水泥浆液。在特殊地质条件下或有特殊要求时，根据需要通过现场灌浆试验论证，可使用下列类型的浆液：

（1）细水泥浆液：指超细水泥浆液、干磨细水泥浆液或湿磨水泥浆液。

（2）稳定浆液：指掺有稳定剂，2h 析水率不大于 5% 的水泥浆液。

（3）水泥基混合浆液：指掺有掺合料的水泥浆液，包括黏土水泥浆、粉煤灰水泥浆、水泥砂浆等。

（4）膏状浆液：指以水泥、黏土为主要材料的初始塑性屈服强度大于 50Pa 的混合浆液。

（5）其他浆液。

2. 掺合料

根据灌浆需要，可在水泥浆液中加入下列掺合料：

（1）砂：质地坚硬的天然砂或人工砂，粒径不宜大于 1.5mm。

（2）膨润土或黏性土：膨润土品质应符合《钻井液材料规范》GB/T 5005—2010 的有关规定，黏性土的塑性指数不宜小于 14，黏粒（粒径小于 0.005mm）含量不宜小于 25%，含砂量不宜大于 5%，有机物含量不宜大于 3%。

（3）粉煤灰：品质指标应符合《水工混凝土掺用粉煤灰技术规范》DL/T 5055—2007 的规定。

（4）水玻璃：模数宜为 2.4～3.0，浓度宜为 30～45 波美度。

（5）其他掺合料。

3. 外加剂

根据灌浆需要，可在水泥浆液中加入下列外加剂：

（1）速凝剂：水玻璃、氯化钙等。

（2）减水剂：木质素磺酸盐类减水剂、萘系高效减水剂、聚羧酸类高效减水剂等。

（3）稳定剂：膨润土及其他高塑性黏土等。

（4）其他外加剂。

4. 相关试验

各类浆液中加入掺合料和外加剂的品种、性能及数量，应根据工程情况和灌浆目的，通过室内浆材试验和现场灌浆试验确定。外加剂凡能溶于水的，应以水溶液状态加入。

普通纯水泥浆液可不进行室内试验。其他类型浆液应根据设计要求和工程需要，有选择地进行下列性能试验：

（1）掺合料（或细水泥）的细度和颗分曲线。

（2）浆液的流动性或流变参数。

（3）浆液的析水率。

（4）浆液的凝结时间或丧失流动性时间。

（5）浆液结石的密度、抗压强度、抗拉强度、弹性模量和渗透系数、渗透破坏比降。

（6）其他试验。

灌浆浆液在施工现场应定期进行温度、密度、析水率和漏斗黏度等性能的检测，发现浆液性能偏离规定指标较大时，应查明原因，及时处理。

五、掺合料

在制备混凝土拌合物时，为节省水泥、改善混凝土性能等而加入的天然或人工的细粉矿物材料，其遇水本身无（或有轻微）硬化，但与水泥混合加水拌合后，不但能在空气中硬化，而且能在水中继续硬化者，称为活性矿物掺合料。

混凝土用活性矿物掺合料与硅酸盐水泥混合加水搅拌后，会通过水化作用、火山灰效应或两者共同作用对混凝土的性能起到改善和优化作用。

掺用活性矿物掺合料与高效减水剂制备高性能混凝土，目前得以广泛的应用。

混凝土用活性矿物掺合料，多为其他工业过程的弃品或副产品，它们的广泛应用，对环保、节约能源和改善混凝土性能都具有十分重大的意义。

水工混凝土掺合料可选粉煤灰、矿渣粉、硅粉、火山灰等。掺合料可单掺也可复掺，其品种和掺量应根据工程的技术要求、掺合料品质和资源条件，经试验确定。其中粉煤灰宜选用 F 类 I 级或 E 级粉煤灰。

1. 粉煤灰

粉煤灰曾是火力发电厂磨细煤粉燃烧后的废弃物，是混凝土中应用最广泛的掺合料。粉煤灰的化学组成和基本物理特性见表 2F311033-1 和表 2F311033-2。

我国电厂粉煤灰的化学组成   表 2F311033-1

成分	SiO_2	Al_2O_3	Fe_2O_3	CaO	MgO	Na_2O	K_2O	SO_3	烧失量
范围（%）	33.9~59.7	16.5~35.1	1.5~19.7	0.8~10.4	0.7~1.9	0.2~1.1	0.6~2.9	0~1.1	1.2~23.6
均值（%）	50.6	27.1	7.1	2.8	1.2	0.5	1.3	0.3	8.2

粉煤灰的基本物理特性   表 2F311033-2

项目	密度 （g/cm^3）	堆积密度 （g/cm^3）	比表面积 （cm^2/g）	原灰标准稠度 （%）	需水量比 （%）
范围	1.77~2.43	1.04~1.43	3000~5000	27.3~66.7	89~130

粉煤灰对混凝土性能的影响：

1）工作性

粉煤灰可改善混凝土拌合物的工作性能。掺入粉煤灰可延长混凝土的可操作时间，减少混凝土的用水量，减少泌水和离析。

2）节省水泥

同时掺入粉煤灰和高效减水剂，可使得拌合物的浆体数量增大，等量取代10%~15%水泥。

3）强度

掺入粉煤灰可明显提高混凝土的强度。掺入一定量粉煤灰对于强度的提高与增加等量水泥的效果相比较，以前者更加明显。

掺入粉煤灰混凝土的早期强度略低，但以后各龄期的强度均较对比混凝土有明显提高。

4）水化热

用粉煤灰取代等量或超量的水泥，可有效降低混凝土的水化热，粉煤灰的缓凝作用也可降低混凝土的水化热温升。

5）耐久性

粉煤灰细度高、比表面积大，掺入混凝土中可减少其空隙，可提高其抗渗性和抗化学腐蚀的能力，降低干缩变形。

2. 粒化高炉矿渣磨细粉

在冶炼生铁的过程中，高炉中的氧化铁矿石被焦炭还原成金属铁，而一些硅、铝组分与石灰、氧化镁等形成炉渣，经水和空气急冷而成细小颗粒状的粒化矿渣。将粒化矿渣干燥、磨细达到相应细度并具有符合要求活性的粉状材料即为粒化高炉矿渣粉。

粒化高炉矿渣粉的主要化学成分和技术指标见表2F311033-3和表2F311033-4。

粒化高炉矿渣粉的主要化学成分   表 2F311033-3

成分	Al_2O_3	CaO	SiO_2	MgO	MnS	TiO_2
范围（%）	7~20	30~50	30~40	1~18	< 2	< 10

粒化高炉矿渣粉的技术指标　　　表 2F311033-4

密度（g/cm³）	比表面积（m²/kg）	活性指数28d（%）	流动度比（%）	含水率（%）	氯离子（%）	烧失量（%）
≥ 2.8	≥ 300~500	≥ 75~105	≥ 95	≤ 1.0	≤ 0.06	≤ 3.0

注：1. 粒化高炉矿渣粉的磨细度不小于 4000 cm²/g；
　　2. 用硅酸盐水泥拌制混凝土，掺量不小于胶凝材料质量的 50%；用普通硅酸盐水泥拌制混凝土，掺量不小于胶凝材料质量的 40%。

粒化高炉矿渣粉对混凝土性能的影响：

1）改善混凝土的流动性

粒化高炉矿渣粉对混凝土有显著的流化增强效应。掺入混凝土中的磨细矿渣粉，其极微细的磨细颗粒对水泥颗粒间和水泥的絮凝体间的填充置换作用，释放出了其间的水分，增大浆体的流动性；当磨细矿渣粉与高效减水剂共同作用时，磨细矿渣粉微粒及吸附在颗粒上的高效减水剂粒子呈现有强烈的分散作用，打散水泥絮凝体，释放出被吸附和包裹的水，增大流动性。

2）提高混凝土的强度

一方面由于磨细工艺提高了混凝土胶凝材料的水化反应活性，另一方面由于微观充填置换的致密效应和减水降低水胶比，提高混凝土的强度。

3）改善混凝土的耐久性

磨细矿渣粉的微细颗粒改善了混凝土的微观结构。使其更加致密，提高了混凝土包括抗渗性、抗蚀性、抗冻融循环破坏作用等在内的耐久性以及抑制碱集料反应的性能。

3. 硅灰

硅灰是钢厂和铁合金厂生产硅钢和硅铁时产生的一种烟尘的灰色沉积物。其主要成分是 SiO_2，其含量在 90% 以上。颗粒呈极微细的玻璃球体状，粒径为 0.1~0.3μm，是水泥颗粒粒径的 1/50~1/100。

硅灰的主要化学成分及技术指标见表 2F311033-5 和表 2F311033-6。

我国铁合金硅灰的主要化学成分　　　表 2F311033-5

项目　　成分	范围（%）	上海	唐山
SiO_2	87.10~96.78	91.04	90.34
Al_2O_3	0.12~0.76	0.51	0.36
Fe_2O_3	0.20~0.97	0.60	0.6
MgO	0.20~0.70	1.26	1.10
CaO	0.13~0.67	0.47	0.98
SO_3	0.22~0.46	1.37	0.77
烧失量	0.71~9.64	2.38	3.03

硅灰的技术指标　　　　　　　表 2F311033-6

项目	SiO₂（%）	含水率（%）	烧失量（%）	火山灰活性指数（%）
指标	≥ 85	≤ 3	≤ 6	≥ 90

注：1. 细度：$45\mu m$ 筛余量 ≤ 10%；比表面积 ≥ $15m^2/g$；
　　2. 均匀性：密度指标与其均值的偏差 ≤ 5%；细度筛余量与其均值的偏差 ≤ 5%。

硅灰对混凝土性能的影响：

1）显著提高混凝土的强度

掺入 5%～10% 的硅灰或取代部分水泥，都能显著提高混凝土的强度，尤其是同时复合使用高效减水剂时强度提高更多。28d 和 91d 的强度可提高 60% 以上。

2）提高耐久性

掺加适量的硅灰提高了水泥的水化度，特别是硅灰与 $Ca(OH)_2$ 的二次水化，增加了混凝土的凝胶体数量，改善了胶凝材料与集料界面的结合性能。掺加硅灰后水泥浆体的毛细孔数量减少，直径大于 $0.1\mu m$ 的大孔在 28d 龄期时接近于 0，而不掺硅灰的水泥浆体中大孔的体积相应为 $0.225mL/g$，从而使混凝土的抗冻性、抗渗性等耐久性得到提高，例如掺入硅灰和高效减水剂的引气混凝土的耐冻融循环次数可以从 300～400 次提高到 1000 次以上。

活性矿物掺合料是配制高性能混凝土的关键条件之一。

配制高性能混凝土的活性矿物掺合料适宜的掺量见表 2F311033-7。

活性矿物掺合料适宜的掺量　　　　　　　表 2F311033-7

单掺时的品种	粒化高炉磨细矿渣粉	粉煤灰	硅灰
适宜的掺量（占胶凝材料的 %）	50～80	25～50	5～10

注：配制高性能混凝土时，掺粒化高炉磨细矿渣粉或粉煤灰时可同时掺用 2%～4% 的硅灰。

六、石油沥青

沥青是一种有机胶结材料，是由一些极其复杂的高分子碳氢化合物及碳氢化合物与氧、氮、硫的衍生物所组成的混合物。沥青在常温下呈固体、半固体或液体状态，颜色为褐色或黑褐色。沥青不溶于水，能溶于二硫化碳、四氯化碳、三氯甲烷、三氯乙烯，工程中常用的沥青材料主要是石油沥青和煤沥青，石油沥青的技术性质优于煤沥青。

石油沥青按原油的成分分为石蜡基沥青、沥青基沥青和混合基沥青；按加工方法不同分为直馏沥青、氧化沥青、裂化沥青等；按沥青用途不同分为道路石油沥青、建筑石油沥青、专用石油沥青（如防水防潮石油沥青）和普通石油沥青。其中建筑石油沥青黏性较大，耐热性较好，但塑性较小，主要用来制造油毡、油纸、防水涂料和沥青胶，主要用于屋面及地下防水、沟槽防水、工程防腐等。

2F311034　外加剂的分类和应用

一、外加剂的分类

混凝土外加剂种类繁多，按其主要功能分为四类：

（1）改善混凝土拌合物流动性能的外加剂。包括各种减水剂、引气剂和泵送剂等。

（2）调节混凝土凝结时间、硬化性能的外加剂。包括缓凝剂、早强剂和泵送剂等。

（3）改善混凝土耐久性的外加剂。包括引气剂、防水剂和阻锈剂等。

（4）改善混凝土其他性能的外加剂。包括引气剂、膨胀剂、防冻剂、着色剂等。

二、工程中常用的外加剂

目前在工程中常用的外加剂主要有减水剂、引气剂、早强剂、缓凝剂、防冻剂、速凝剂、膨胀剂等。

1. 减水剂

减水剂是在混凝土坍落度基本相同的条件下，能显著减少混凝土拌合水量的外加剂。在混凝土中加入减水剂后，根据使用目的的不同，一般可取得以下效果：在用水量及水胶比不变时，混凝土坍落度可增大 $100\sim200mm$，且不影响混凝土的强度，增加流动性；在保持流动性及水泥用量不变的条件下，可减少拌合水量 $10\%\sim15\%$，从而降低了水胶比，使混凝土强度提高 $15\%\sim20\%$，特别是早期强度提高更为显著；在保持流动性及水胶比不变的条件下，可以在减少拌合水量的同时，相应减少水泥用量，即在保持混凝土强度不变时，可节约水泥用量 $10\%\sim15\%$；掺入减水剂能显著改善混凝土的孔隙结构，使混凝土的密实度提高，透水性可降低 $40\%\sim80\%$，从而可提高抗渗、抗冻、抗化学腐蚀及抗锈蚀等能力，改善混凝土的耐久性。此外，掺用减水剂后，还可以改善混凝土拌合物的泌水、离析现象，延缓混凝土拌合物的凝结时间，减慢水泥水化放热速度和配制特种混凝土。

2. 早强剂

早强剂是指能加速混凝土早期强度发展的外加剂。早强剂可促进水泥的水化和硬化进程，加快施工进度，提高模板周转率，特别适用于冬期施工或紧急抢修工程。目前广泛使用的混凝土早强剂有三类，即氯化物（如 $CaCl_2$、$NaCl$ 等）、硫酸盐系（如 Na_2SO_4 等）和三乙醇胺系，但使用更多的是以它们为基材的复合早强剂。其中氯化物对钢筋有锈蚀作用，常与阻锈剂共同使用。

3. 引气剂

引气剂是指搅拌混凝土过程中能引入大量均匀分布、稳定而封闭的微小气泡的外加剂。引气剂能使混凝土的某些性能得到明显的改善或改变：改善混凝土拌合物的和易性，显著提高混凝土的抗渗性、抗冻性，但混凝土强度略有降低。引气剂可用于抗渗混凝土、抗冻混凝土、抗硫酸侵蚀混凝土、泌水严重的混凝土、轻混凝土以及对饰面有要求的混凝土等，但引气剂不宜用于蒸养混凝土及预应力钢筋混凝土。引气剂的掺用量通常为水泥质量的 $0.005\%\sim0.015\%$（以引气剂的干物质计算）。

4. 缓凝剂

缓凝剂是指能延缓混凝土凝结时间，并对混凝土后期强度发展无不利影响的外加剂。缓凝剂主要有四类：糖类，如糖蜜；木质素磺酸盐类，如木钙、木钠；羟基羧酸及其盐类，如柠檬酸、石酸；无机盐类，如锌盐、硼酸盐等。常用的缓凝剂是木钙和糖蜜，其中糖蜜的缓凝效果最好，糖蜜缓凝剂是制糖下脚料经石灰处理而成，糖蜜的适宜掺量为 $0.1\%\sim0.3\%$，混凝土凝结时间可延长 $2\sim4h$，掺量过大会使混凝土长期不硬，强度严重下降。

缓凝剂具有缓凝、减水和降低水化热等的作用，对钢筋也无锈蚀作用。主要适用于大体积混凝土、炎热气候下施工的混凝土，以及需长时间停放或长距离运输的混凝土。缓凝剂不宜用在日最低气温 5℃以下施工的混凝土，也不宜单独用于有早强要求的混凝土及蒸养混凝土。

5. 防冻剂

防冻剂是指在规定温度下，能显著降低混凝土的冰点，使混凝土液相不冻结或仅部分冻结，以保证水泥的水化作用，并在一定的时间内获得预期强度的外加剂。常用的防冻剂有氯盐类（氯化钙、氯化钠）；氯盐阻锈类（以氯盐与亚硝酸钠阻锈剂复合而成）；无氯盐类（以硝酸盐、亚硝酸盐、碳酸盐、乙酸钠或尿素复合而成）。

氯盐类防冻剂适用于无筋混凝土；氯盐阻锈类防冻剂适用于钢筋混凝土；无氯盐类防冻剂用于钢筋混凝土工程和预应力钢筋混凝土工程。硝酸盐、亚硝酸盐、碳酸盐易引起钢筋的腐蚀，故不适用于预应力钢筋混凝土以及与镀锌钢材或与铝铁相接触部位的钢筋混凝土结构。

防冻剂用于负温条件下施工的混凝土。目前国产防冻剂品种适用于 $-15\sim0℃$ 的气温，当在更低气温下施工时，应增加其他混凝土冬期施工的措施，如暖棚法、原料（砂、石、水）预热法等。

6. 速凝剂

速凝剂是指能使混凝土迅速凝结硬化的外加剂。速凝剂主要有无机盐类和有机物类两类。我国常用的速凝剂是无机盐类，主要型号有红星Ⅰ型、7Ⅱ型、728型、8604型等。

红星Ⅰ型速凝剂是由铝氧熟料（主要成分为铝酸钠）、碳酸钠、生石灰按质量 $1:1:0.5$ 的比例配制而成的一种粉状物，适宜掺量为水泥质量的 $2.5\%\sim4.0\%$。7Ⅱ型速凝剂是铝氧熟料与无水石膏按质量比 $3:1$ 配合粉磨而成，适宜掺量为水泥质量的 $3\%\sim5\%$。

速凝剂掺入混凝土后，能使混凝土在 5min 内初凝，10min 内终凝，1h 就可产生强度，1d 强度提高 $2\sim3$ 倍，但后期强度会下降，28d 强度约为不掺时的 $80\%\sim90\%$。速凝剂主要用于矿山井巷、铁路隧道、引水涵洞、地下工程。

7. 膨胀剂

膨胀剂是使混凝土产生一定体积膨胀的外加剂，如硫铝酸钙类、氧化钙类、氧化镁类等。掺入适量的膨胀剂可提高混凝土的抗渗性和抗裂性，而对混凝土的力学性能不会带来大的改变。

三、外加剂的选择和使用

在混凝土中掺入外加剂，可明显改善混凝土的技术性能，取得显著的技术经济效果。若选择和使用不当，会造成事故。因此，在选择和使用外加剂时，应注意以下几点：

1. 外加剂品种选择

外加剂品种、品牌很多，效果各异，特别是对于不同品种的水泥效果不同。使用时应根据工程需要和现场的材料条件，参考有关资料并通过试验确定。

2. 外加剂掺量确定

混凝土外加剂均有适宜掺量，掺量过小，往往达不到预期效果；掺量过大，则会影响混凝土质量，甚至造成质量事故，应通过试验试配确定最佳掺量。

3. 外加剂掺加方法

外加剂掺量很少，必须保证其均匀度，一般不能直接加入混凝土搅拌机内。对于可溶水的外加剂，应先配成一定浓度的水溶液，随水加入搅拌机；对不溶于水的外加剂，应与适量水泥或砂混合均匀后加入搅拌机内。另外，外加剂的掺入时间、方式对其效果的发挥也有很大影响，如为保证减水剂的减水效果，减水剂有同掺法、后掺法、分次掺入三种方法。

2F311035 钢材的分类和应用

一、钢筋的分类

1. 按化学成分分类

钢筋按化学成分不同可分为碳素结构钢和普通低合金钢两类。

（1）碳素结构钢。根据含碳量的不同又可分为低碳钢（含碳量小于 0.25%），如Ⅰ级钢；中碳钢（含碳量 0.25%～0.60%）；高碳钢（含碳量 0.60%～1.40%），如碳素钢丝、钢绞线等。随着含碳量的增加，钢材的强度提高，塑性降低。

（2）普通低合金钢（合金元素总含量小于 5%）。除了含碳素钢各种元素外，还加入少量的合金元素，如锰、硅、钒、钛等，使钢筋强度显著提高，塑性与可焊性能也可得到改善，如Ⅱ级、Ⅲ级和Ⅳ级钢筋都是普通低合金钢。

2. 按生产加工工艺分类

可分为热轧钢筋、热处理钢筋、冷拉钢筋和冷轧钢筋四类。热轧钢筋由冶金厂直接热轧制成。热处理钢筋是由强度大致相当于Ⅳ级的某些特定钢号钢筋经淬火和回火处理后制成，钢筋强度能得到较大幅度的提高，但其塑性降低并不多。冷拉钢筋由热轧钢筋经冷加工而成，其屈服强度高于相应等级的热轧钢筋，但塑性降低。

3. 按轧制外形分类

可分为光圆钢筋、带肋钢筋、冷轧扭钢筋、钢丝及钢绞线。

4. 按力学性能分类

可分为有物理屈服点的钢筋和无物理屈服点的钢筋。前者包括热轧钢筋和冷拉热轧钢筋；后者包括钢丝和热处理钢筋。

按强度不同分为Ⅰ、Ⅱ、Ⅲ和Ⅳ级，随着级别增大，钢筋的强度提高，塑性降低，其中Ⅲ级和Ⅳ级钢筋即为高强度钢筋。

二、钢筋的主要力学性能

1. 应力—应变曲线

（1）有物理屈服点钢筋的典型应力—应变曲线如图 2F311035（a）所示。

（2）无物理屈服点钢筋的应力—应变曲线如图 2F311035（b）所示。这类钢筋的抗拉强度一般都很高，但变形很小，也没有明显的屈服点，通常取相应于残余应变 $\varepsilon = 0.2\%$ 时的应力，作为名义屈服点，即条件屈服强度或条件流限，其值约相当于 0.8 倍的抗拉强度。

2. 强度和变形指标

有物理屈服点的钢筋的屈服强度是钢筋强度的设计依据。另外，钢筋的屈强比（屈服强度与极限抗拉强度之比）表示结构可靠性的潜力，抗震结构要求钢筋屈强比不大于 0.8，因而钢筋的极限强度是检验钢筋质量的另一强度指标。无物理屈服点的钢筋由于其条件屈服点不容易测定，因此这类钢筋的质量检验以极限强度作为主要强度指标。

反映钢筋塑性性能的基本指标是伸长率和冷弯性能。伸长率 δ_5 或 δ_{10} 是钢筋试件拉断后的伸长值与原长的比值，它反映了钢筋拉断前的变形能力。伸长率大的钢筋（如有物理屈服点的钢筋）在拉断前有足够的预兆，属于延性破坏。伸长率小的钢筋（如无物理屈服

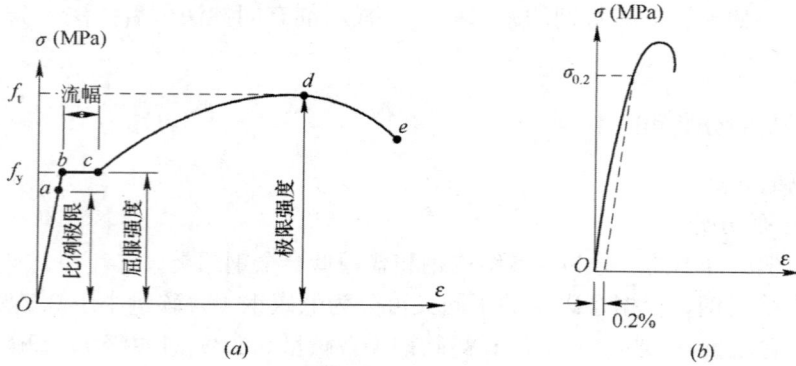

图 2F311035　钢筋的应力—应变曲线
(a) 有物理屈服点钢筋的 σ-ε 图；(b) 无物理屈服点钢筋的 σ-ε 图

点的钢筋）塑性差，拉断前变形小，破坏突然，属于脆性破坏。

钢筋的冷弯性能是钢筋在常温下承受弯曲变形的能力。在达到规定的冷弯角度时钢筋应不出现裂纹或断裂。因此冷弯性能可间接地反映钢筋的塑性性能和内在质量。

屈服强度、极限强度、伸长率和冷弯性能是有物理屈服点钢筋进行质量检验的四项主要指标，而对无物理屈服点的钢筋则只测定后三项。

三、混凝土结构用钢筋

混凝土结构用钢筋涉及规范主要包括：《钢筋混凝土用钢 第 1 部分：热轧光圆钢筋》GB/T 1499.1—2017、《钢筋混凝土用钢 第 2 部分：热轧带肋钢筋》GB/T 1499.2—2018、《钢筋混凝土用钢 第 3 部分：钢筋焊接网》GB/T 1499.3—2010、《冷轧带肋钢筋》GB/T 13788—2017、《钢筋混凝土用余热处理钢筋》GB 13014—2013、《预应力混凝土用钢丝》GB/T 5223—2014、《预应力混凝土用钢绞线》GB/T 5224—2014 等。

1．热轧光圆钢筋

热轧光圆钢筋是指经热轧成型，横截面通常为圆形，表面光滑的成品钢筋。热轧光圆钢筋牌号 HPB300，牌号中 HPB 代表热轧光圆钢筋，牌号中的数字 300 表示热轧钢筋的屈服强度特征值为 300 级。

2．热轧带肋钢筋

热轧带肋钢筋是指经热轧成型，横截面通常为圆形，且表面带肋的钢筋，包括普通热轧带肋钢筋和细晶粒热轧带肋钢筋。

普通热轧带肋钢筋是按热轧状态交货的钢筋，有 HRB400、HRB500、HRB600、HRB400E、HRB500E 五个牌号。牌号中 HRB 代表热轧带肋钢筋，牌号中的数字 400、500、600 表示热轧钢筋的屈服强度特征值分别为 400 级、500 级、600 级。E 是"地震"的英文（Earthquake）首位字母。

细晶粒热轧带肋钢筋是在热轧过程中，通过控轧和控冷工艺形成的细晶粒钢筋，其晶粒度为 9 级或更细。细晶粒热轧带肋钢筋有 HRBF400、HRBF500、HRBF400E、HRBF500E 四个牌号。牌号中 F 是"细"的英文（Fine）首位字母，其他含义同普通热轧带肋钢筋。

3．冷拉热轧钢筋

为了提高强度以节约钢筋，工程中常按施工规程对热轧钢筋进行冷拉。

冷拉Ⅰ级钢筋适用于非预应力受拉钢筋，冷拉Ⅱ、Ⅲ、Ⅳ级钢筋强度较高，可用做预应力混凝土结构的预应力筋。由于冷拉钢筋的塑性、韧性较差，易发生脆断，因此，冷拉钢筋不宜用于负温度、受冲击或重复荷载作用的结构。

4. 冷轧带肋钢筋

冷轧带肋钢筋是指热轧圆盘条经冷轧后，在其表面带有沿长度方向均匀分布的横肋的钢筋。冷轧带肋钢筋按延性高低分为两类：冷轧带肋钢筋（CRB）、高延性冷轧带肋钢筋（CRB＋抗拉强度特征值＋H），C、R、B、H分别为冷轧（Cold rolled）、带肋（Ribbed）、钢筋（Bar）、高延性（High elongation）四个词的英文首位字母。

冷轧带肋钢筋分为CRB550、CRB650、CRB800、CRB600H、CRB680H、CRB800H六个牌号，其中CRB550、CRB600H为普通钢筋混凝土用钢筋，CRB650、CRB800、CRB800H为预应力混凝土用钢筋，CRB680H既可作为普通混凝土用钢筋，也可作为预应力混凝土用钢筋。

5. 余热处理钢筋

余热处理钢筋是指热轧后利用热处理原理进行表面控制冷却，并利用芯部余热自身完成回火处理所得的成品钢筋。余热处理钢筋按屈服强度特征值分为400级、500级，按用途分为可焊和非可焊。牌号包括：RRB400、RRB500、RRB400W三种，RRB为余热处理钢筋的英文缩写，W为焊接的英文缩写。

6. 预应力混凝土用钢丝

预应力钢丝按加工状态分为冷拉钢丝及消除应力钢丝（低松弛钢丝）两种，代号分别为WCD和WLR；按外形分为光圆钢丝、刻痕钢丝、螺旋肋钢丝三种。

冷拉钢丝是盘条通过拔丝等减径工艺经冷加工而形成的产品，以盘卷供货的钢丝。消除应力钢丝（低松弛钢丝）分为低松弛钢丝和普通松弛钢丝。钢丝在塑性变形下（轴应变）进行的短时热处理，得到的应是低松弛钢丝；钢丝通过矫直工序后在适当的温度下进行的短时热处理，得到的应是普通松弛钢丝。

7. 预应力混凝土用钢绞线

钢绞线按结构分为以下8类，结构代号分别为：用两根钢丝捻制的钢绞线（1×2）、用三根钢丝捻制的钢绞线（1×3）、用三根刻痕钢丝捻制的钢绞线（1×3Ⅰ）、用七根钢丝捻制的钢绞线（1×7）、用六根刻痕钢丝和一根光圆中心钢丝捻制的钢绞线（1×7Ⅰ）、用七根钢丝捻制又经模拔的钢绞线（1×7）C、用十九根钢丝捻制的1＋9＋9西鲁式钢绞线（1×19S）、用十九根钢丝捻制的1＋6＋6/6瓦林吞式钢绞线（1×19W）。

2F311036　土工合成材料的分类和应用

《土工合成材料应用技术规范》GB/T 50290—2014把土工合成材料分为土工织物、土工膜、土工复合材料和土工特种材料四大类。

1. 土工织物

土工织物又称土工布，它是由聚合物纤维制成的透水性土工合成材料。按制造方法不同，土工织物可分为织造型（有纺）与非织造型（无纺）土工织物两大类。

2. 土工膜

土工膜是透水性极低的土工合成材料。按制作方法不同，可分为现场制作和工厂预制两大类；按原材料不同，可分为聚合物和沥青两大类，聚合物膜在工厂制造，而沥青膜则大多在现场制造；为满足不同强度和变形需要，又有加筋和不加筋之分。

3. 土工复合材料

土工复合材料是为满足工程特定需要把两种或两种以上的土工合成材料组合在一起的制品。

（1）复合土工膜。是将土工膜和土工织物复合在一起的产品，在水利工程中应用广泛。

（2）塑料排水带。由不同凹凸截面形状并形成连续排水槽的带状塑料心材，外包非织造土工织物（滤膜）构成的排水材料。在码头、水闸等软基加固工程中被广泛应用。

（3）软式排水管，又称为渗水软管。它由支撑骨架和管壁包裹材料两部分构成，如图 2F311036-1 所示。支撑骨架由高强度钢丝圈构成，高强度钢丝由钢线经磷酸防锈处理，外包一层 PVC 材料，使其与空气、水隔绝，避免氧化生锈。管壁包裹材料有三层：内层为透水层，由高强度尼龙纱作为经纱，特殊材料为纬纱制成；中层为非织造土工织物过滤层；外层为与内层材料相同的覆盖层，具有反滤、透水、保护作用。在支撑体和管壁外裹材料间、外裹各层之间都采用了强力胶粘剂粘合牢固，以确保软式排水管的复合整体性。软式排水管可用于各种排水工程中。

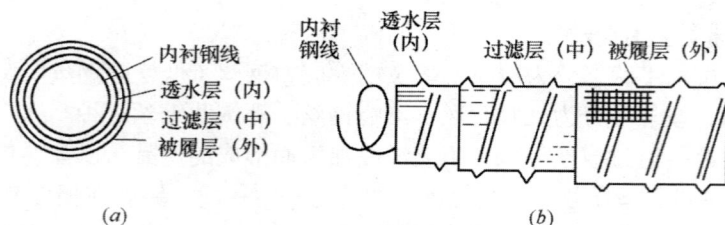

图 2F311036-1　软式排水管构造示意

4. 土工特种材料

土工特种材料是为工程特定需要而生产的产品。常见的有以下几种：

（1）土工格栅。在聚丙烯或高密度聚乙烯板材上先冲孔，然后进行拉伸而成的带长方形孔的板材。按拉伸方向不同，可分为单向拉伸（孔近矩形）和双向拉伸（孔近方形）两种，如图 2F311036-2 所示。土工格栅埋在土内，与周围土之间不仅有摩擦作用，而且由于土石料嵌入其开孔中，还有较高的啮合力，它与土的摩擦系数高达 0.8～1.0。土工格栅强度高、延伸率低，是加筋的好材料。

（2）土工网。由聚合物经挤塑成网或由粗股条编织或由合成树脂压制成的具有较大孔眼和一定刚度的平面网状结构材料，如图 2F311036-3 所示。一般土工网的抗拉强度都较低，延伸率较高。常用于坡面防护、植草、软基加固垫层和用于制造复合排水材料。

（3）土工模袋。由上下两层土工织物制成的大面积连续袋状材料，袋内充填混凝土或水泥砂浆，凝固后形成整体混凝土板，适用于护坡。模袋上下两层之间用一定长度的尼龙绳拉接，用以控制填充时的厚度。按加工工艺不同，模袋可分为工厂生产的机织模袋和手工缝制的简易模袋两类。

（4）土工格室。由强化的高密度聚乙烯宽带每隔一定间距以强力焊接而形成的网状格

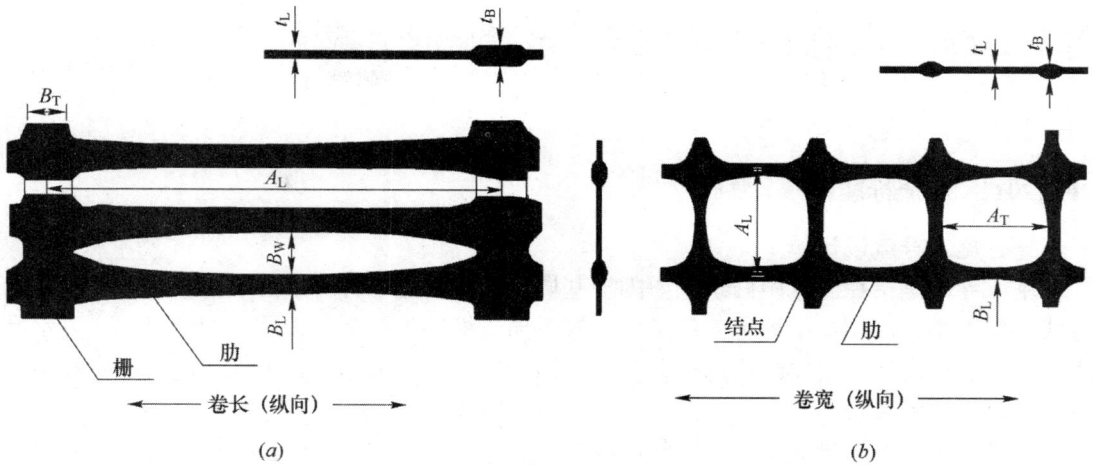

图 2F311036-2 土工格栅
(a) 单向格栅;(b) 双向格栅

室结构,闭合和张开时的形状如图 2F311036-4 所示。格室张开后,可填土料,由于格室对土的侧向位移的限制,可大大提高土体的刚度和强度。土工格室可用于处理软弱地基,增大其承载力;沙漠地带可用于固沙;也可用于护坡等。

(5)土工管、土工包。用经防老化处理的高强度土工织物制成的大型管袋及包裹体,可用于护岸、崩岸抢险和堆筑堤防。

(6)土工合成材料黏土垫层。由两层或多层土工织物或土工膜中间夹一层膨润土粉末(或其他低渗透性材料)以针刺(缝合或粘结)而成的一种复合材料。其优点是体积小、质量轻、柔性好、密封性良好、抗剪强度较高、施工简便、适应不均匀沉降,比压实黏土垫层更优越,可代替一般的黏土密封层,用于水利或土木工程中的防渗或密封设计。

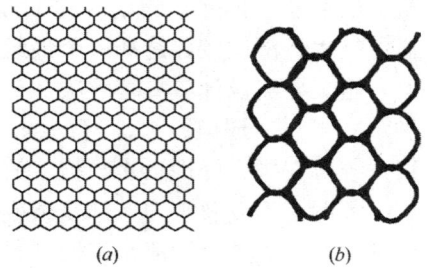

图 2F311036-3 土工网
(a) CE121;(b) CE131

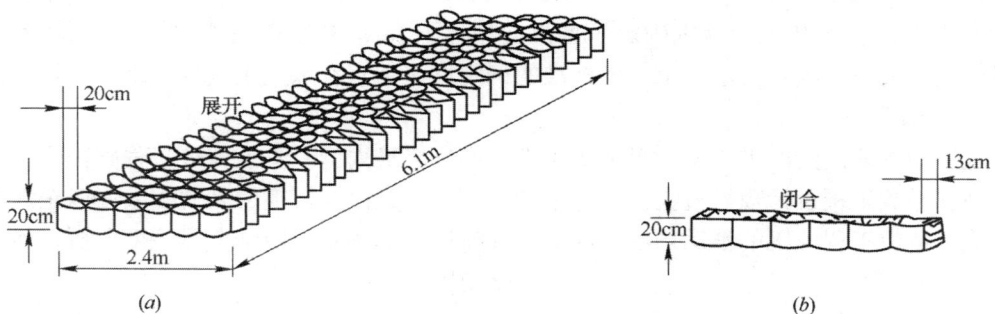

图 2F311036-4 土工格室

上述土工合成材料在土建工程中应用时,不同的部位应使用不同的材料,其功能主要可归纳为六类,即反滤、排水、隔离、防渗、防护和加筋。

2F312000　水利水电工程施工导流与河道截流

2F312010　施工导流

2F312011　导流标准

一、施工导流设计

施工导流是指在河床中修筑围堰围护基坑，并将河道中各时期的上游来水量按预定的方式导向下游，以创造干地施工的条件。施工导流贯穿于整个工程施工的全过程，是水利水电工程总体设计的重要组成部分，是选定枢纽布置、永久建筑物形式、施工程序和施工总进度的重要因素。

为了解决好施工导流问题，必须做好施工导流设计。施工导流设计的任务是分析研究当地的自然条件、工程特性和其他行业对水资源的需求来选择导流方案，划分导流时段，选定导流标准和导流设计流量，确定导流建筑物的形式、布置、构造和尺寸，拟定导流建筑物的修建、拆除、封堵的施工方法，拟定河道截流、拦洪度汛和基坑排水的技术措施，通过技术经济比较，选择一个最经济合理的导流方案。

施工导流设计应妥善解决从初期导流到后期导流施工全过程中的挡水、泄水、蓄水与供水、度汛、通航、排冰等问题。对各期导流特点和相互关系应进行系统分析，全面规划，统筹安排，处理洪水与施工的矛盾。

大型工程以及水力条件复杂或在运用中有通航、引水、冲沙、排冰等综合运用要求的中型工程，应进行导流水工模型试验。

二、导流标准

导流标准主要包括导流建筑物级别、导流建筑物设计洪水标准、施工期临时度汛洪水标准和导流泄水建筑物封堵后坝体度汛洪水标准等。导流建筑物级别根据其保护对象、失事后果、使用年限和导流建筑物规模等指标划分为3～5级。导流建筑物设计洪水标准应根据导流建筑物的级别和类型，并结合风险度分析合理确定；当坝体填筑高程超过围堰顶高程时，坝体临时度汛洪水标准应根据坝型和坝前拦洪库容确定；导流泄水建筑物封堵后，如永久泄洪建筑物尚未具备设计泄洪能力，坝体度汛洪水标准应分析坝体施工和运行要求根据坝型和大坝级别确定，且汛前坝体上升高度应满足拦洪要求，帷幕灌浆及接缝灌浆高程应能满足蓄水要求。各标准的确定详见《水利水电工程施工组织设计规范》SL 303—2017。

施工期可能遇到的洪水是一个随机事件，如果标准太低，不能保证工程施工安全；反之，则使导流工程设计规模过大，不仅增加导流费用，而且可能因其规模太大以至无法按期完成，造成工程施工的被动局面。因此，导流标准的确定，应结合风险度分析，使所选标准经济合理。

三、导流时段

导流时段就是按照导流的各个施工阶段划分的延续时间。

导流时段的划分，实际上就是解决主体建筑物在整个施工过程中各个时段的水流控制问题，也就是确定工程施工顺序、施工期间不同时段宣泄不同导流流量的方式。因此，导流时段的确定，与河流的水文特征、主体建筑物的布置与形式、导流方案、施工进度有关。

土坝、堆石坝、支墩坝一般不允许过水，因此当施工期较长，而洪水来临前又不能完建时，导流时段就要以全年为标准，其导流设计流量，就应按导流标准选择相应洪水重现期的年最大流量。如安排的施工进度能够保证在洪水来临前使坝身起拦洪作用，其导流时段应为洪水来临前的施工时段，导流设计流量则为该时段内按导流标准选择相应洪水重现期的最大流量。

2F312012　导流方式

施工导流总体上划分为一次拦断河床围堰导流和分期围堰导流。与之配合的泄水方式分为：明渠导流、隧洞导流、涵管导流、底孔导流、淹没基坑法导流以及施工过程中的坝体缺口导流和不同泄水方式的组合导流等。

一、分期围堰法导流

分期围堰法导流又称为分段围堰法，即用围堰将要施工的永久建筑物分段分期维护起来，便于干地施工。所谓分段，就是在空间上用围堰将永久建筑物分为若干段进行施工。所谓分期，就是在时间上将导流分为若干时段。一般适用于下列情况：①导流流量大，河床宽，有条件布置纵向围堰；②河床中永久建筑物便于布置导流泄水建筑物；③河床覆盖层不厚。如图 2F312012-1 所示。

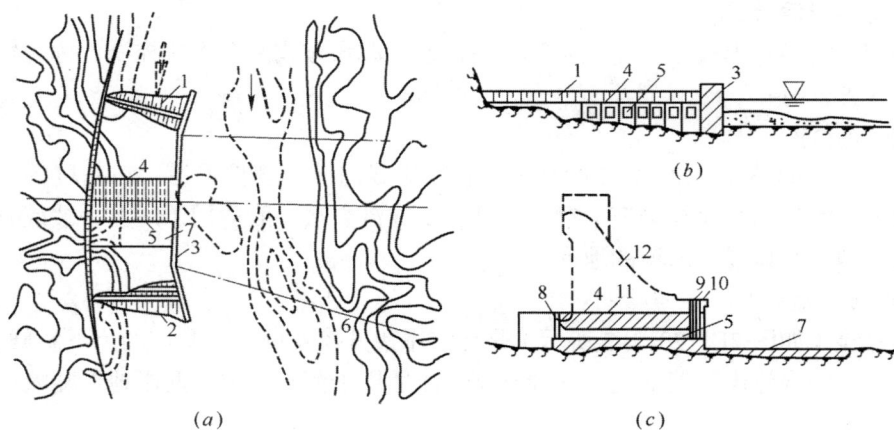

图 2F312012-1　分期围堰法导流

（*a*）平面图；（*b*）下游立视图；（*c*）导流底孔纵断面图

1——期上游横向围堰；2——期下游横向围堰；3——、二期纵向围堰；

4—预留缺口；5—导流底孔；6—二期上下游围堰轴线；7—护坦；

8—封堵闸门槽；9—工作闸门槽；10—事故闸门槽；

11—已浇筑的混凝土坝体；12—未浇筑的混凝土坝体

分期围堰法导流，前期利用被束窄河床导流，后期利用已建或在建的永久建筑物导流。

1. 束窄河床导流

束窄河床导流是通过束窄后的河床泄流，通常用于分期导流的前期阶段，特别是一期导流。

2. 通过已完建或未完建的永久建筑物导流

通过建筑物导流的主要方式包括设置在混凝土坝体中的底孔导流，混凝土坝体上预留缺口导流、梳齿孔导流，平原河道上的低水头河床式径流电站可采用厂房导流，个别高、中水头坝后式厂房，也可通过厂房导流等。这种方式多用于分期导流的后期阶段。

分期围堰导流经技术经济比较后，可选择二期导流、三期导流等，不宜超过三期。

二、一次拦断河床围堰导流

一次拦断河床围堰导流，又称为全段围堰法导流，是指在河床内距主体工程轴线（如大坝、水闸等）上下游一定的距离，修筑围堰，一次性截断河道，使河道中的水流经河床外修建的临时泄水道或永久泄水建筑物下泄，故又称河床外导流。当在湖泊出口处修建水工建筑物时，有可能只修筑上游围堰。在坡降较陡的山区河道上修建水工建筑物，当泄水建筑物出口的水位低于基坑处的河床高程时，不需修建下游围堰。一次拦断河床围堰导流一般适用于枯水期流量不大且河道狭窄的河流。根据施工期挡、泄水建筑物的不同，一次拦断河床围堰导流程序可分为初期、中期和后期导流三个阶段。

（1）初期导流为围堰挡水阶段，水流由导流泄水建筑物下泄。

（2）中期导流为坝体临时挡水阶段，坝体填筑高度超过围堰堰顶高程，洪水由导流泄水建筑物下泄，坝体满足安全度汛条件。

（3）后期导流为坝体挡水阶段导流泄水建筑物下闸封堵，水库开始蓄水，永久泄水建筑物尚未具备设计泄流能力。

三、辅助导流方式

在采用上述导流方式时，往往需要选择合适的泄水方式配合水流控制，称为辅助导流方式。主要方式有：

1. 明渠导流

明渠导流（如图 2F312012-2 所示）是在河岸或河滩上开挖渠道，在基坑的上下游修建横向围堰，河道的水流经渠道下泄。这种施工导流方法一般适用于岸坡平缓或有一岸具有较宽的台地、垭口或古河道的地形。

2. 隧洞导流

隧洞导流（如图 2F312012-3 所示）是在河岸边开挖隧洞，在基坑的上下游修筑围堰，施工期间河道的水流由隧洞下泄。这种导流方法适用于河谷狭窄、两岸地形陡峻、山岩坚实的山区河流。

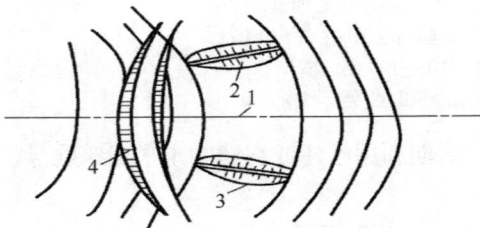

图 2F312012-2　明渠导流

1—水工建筑物轴线；2—上游围堰；
3—下游围堰；4—导流明渠

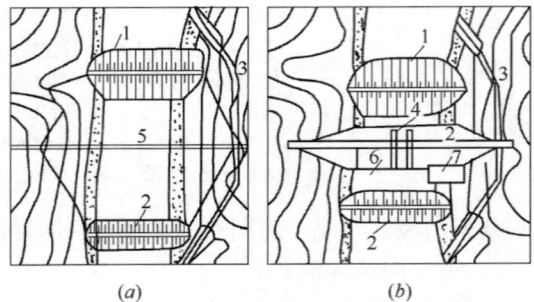

图 2F312012-3　隧洞导流示意图

（a）隧洞导流；（b）隧洞导流并配合底孔宣泄汛期洪水

1—上游围堰；2—下游围堰；3—导流隧洞；

4—底孔；5—坝轴线；6—溢流坝段；7—水电站厂房

3．涵管导流

涵管导流（如图 2F312012-4 所示）是利用涵管进行导流，适用于导流流量较小的河流或只用来担负枯水期的导流。一般在修筑土坝、堆石坝等工程中采用。由于涵管过多对坝身结构不利，且使大坝施工受到干扰，因此坝下埋管不宜过多，单管尺寸也不宜过大。涵管应在干地施工，通常涵管布置在河滩上，滩地高程在枯水位以上。

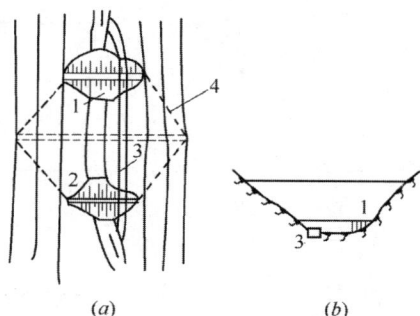

图 2F312012-4　涵管导流示意图
(a) 平面图；(b) 上游立视图
1—上游围堰；2—下游围堰；
3—涵管；4—坝体

4．淹没基坑法导流

淹没基坑法导流，指洪水来临时围堰过水，基坑被淹，待洪水退落围堰又挡水时，工程复工。当基坑淹没引起的停工时间可以接受，河道泥沙含量不大时，可以考虑。

5．底孔导流

底孔导流，指在混凝土坝体内修建临时性或永久性底孔，导流时部分或全部导流流量通过底孔下泄。在分段分期施工混凝土坝时，可以考虑。

6．坝体缺口导流

坝体缺口导流，指其他导流建筑物不足以下泄全部流量时，利用未建成混凝土坝体上的预留缺口下泄流量。

2F312013　围堰及基坑排水

围堰是保护大坝或厂房等水工建筑物干地施工的必要挡水建筑物，一般属临时性工程，但也可与主体工程结合而成为永久工程的一部分。

一、围堰的类型

围堰按其所使用的材料型式可分为土石围堰、混凝土围堰、钢板桩围堰、草土围堰、袋装土围堰等。按围堰与水流方向的相对位置可分为横向围堰、纵向围堰。按导流期间基坑淹没条件可分为过水围堰、不过水围堰。过水围堰除需要满足一般围堰的基本要求外，还要满足堰顶过水要求。

1．土石围堰

土石围堰由土石填筑而成，多用作上下游横向围堰。它能充分利用当地材料，对基础适应性强，施工工艺简单。土石围堰可做成过水围堰，允许汛期围堰过水，但需做好溢流面、堰址下游基础和两岸接头的防冲保护。土石围堰的防渗结构形式有土质心墙和斜墙、混凝土心墙和斜墙、钢板桩心墙及其他防渗墙结构。土石围堰的结构形式如图 2F312013-1 所示。

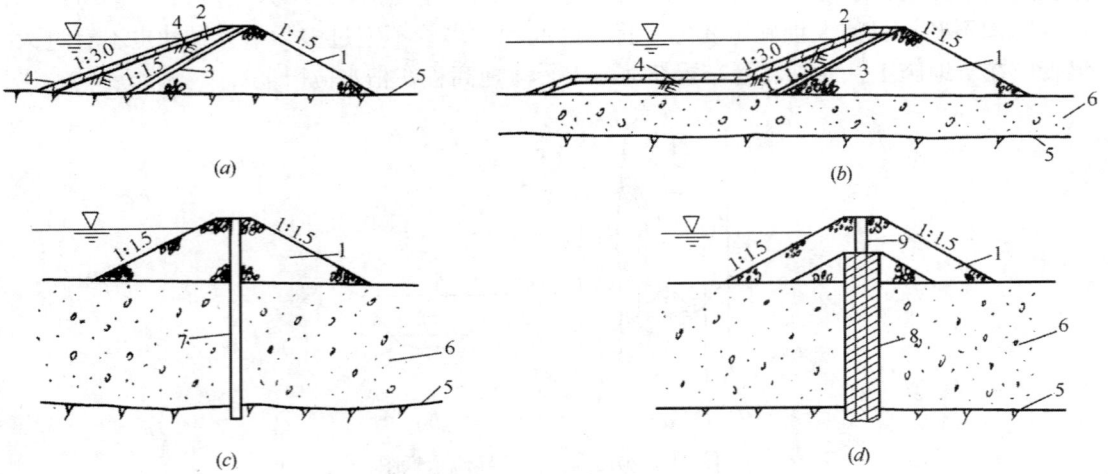

图 2F312013-1 土石围堰的结构型式示意图
（a）斜墙式；（b）斜墙带水平铺盖式；（c）垂直防渗墙式；（d）灌浆帷幕式
1—堆石体；2—黏土斜墙、铺盖；3—反滤层；4—护面；5—隔水层；
6—覆盖层；7—垂直防渗墙；8—灌浆帷幕；9—黏土心墙

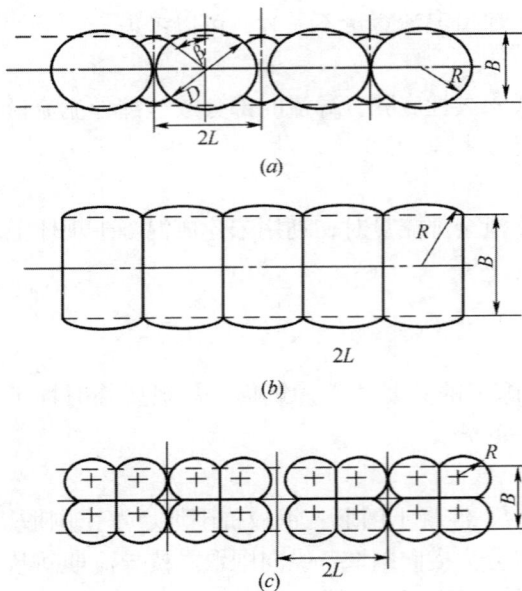

图 2F312013-2 钢板桩格形围堰平面形式
（a）圆筒形格体；（b）扇形格体；（c）花瓣形格体

2. 混凝土围堰

混凝土围堰是用常态混凝土或碾压混凝土建筑而成。混凝土围堰宜建在岩石地基上。混凝土围堰的特点是挡水水头高，底宽小，抗冲能力大，堰顶可溢流。尤其是在分段围堰法导流施工中，用混凝土浇筑的纵向围堰可以两面挡水，而且可与永久建筑物相结合作为坝体或闸室体的一部分。混凝土围堰结构形式有重力式、拱形等形式。

3. 钢板桩格形围堰

钢板桩格形围堰是由一系列彼此相连的格体形成外壳，然后在内填以土料或砂料构成。格体是土或砂料和钢板桩的组合结构，由横向拉力强的钢板桩连锁围成一定几何形状的封闭系统。钢板桩格形围堰按挡水高度不同，其平面形式有圆筒形格体、扇形格体、花瓣形格体（如图 2F312013-2 所示），应用较多的是圆筒形格体。装配式钢板桩格型围堰适用于在岩石地基或混凝土基座上建造，其最大挡水水头不宜大于 30m；打入式钢板桩围堰适用于细砂砾石层地基，其最大挡水水头不宜大于 20m。

4. 草土围堰

草土围堰是指先铺一层草捆，然后铺一层土的草与土混合结构，断面一般为矩形或边坡较陡的梯形。

5. 袋装土围堰

袋装土围堰是指用土工合成材料编织成一定规格的袋子，用泥浆泵充填沙性土，垒砌后经泌水密实成型的土方工程。在河堤的抢险、围海工程中也较常使用。

二、围堰堰顶高程的确定

堰顶高程的确定，取决于施工期水位及围堰的工作条件。

（1）下游围堰的堰顶高程由式（2F312013-1）确定：

$$H_d = h_d + h_a + \delta \qquad (2F312013-1)$$

式中　H_d——下游围堰的堰顶高程（m）；

　　　h_d——下游水位高程（m），可以直接由原河流水位流量关系曲线中找出；

　　　h_a——波浪爬高（m）；

　　　δ——围堰的安全超高（m），一般对于不过水围堰可按规定选择，对于过水围堰可不予考虑。

（2）上游围堰的堰顶高程由式（2F312013-2）确定：

$$H_u = h_d + z + h_a + \delta \qquad (2F312013-2)$$

式中　H_u——上游围堰的堰顶高程（m）；

　　　z——上下游水位差（m）。

其余符号同式（2F312013-1）。

纵向围堰堰顶高程要与束窄河段宣泄导流设计流量时的水面曲线相适应。因此，纵向围堰的顶面往往做成阶梯状或倾斜状，其上游部分与上游围堰同高，其下游部分与下游围堰同高。

三、围堰施工

1. 围堰体施工

各类围堰的围堰体施工与一般类似工程施工相同。

2. 围堰的防渗、接头和防冲

处理好围堰的防渗、接头和防冲是保证围堰工程正常发挥作用的关键问题。对于土石围堰尤为重要。

围堰的防渗基本要求与一般挡水建筑物的要求相同。

围堰的接头是指围堰与围堰之间、围堰与其他建筑物之间以及围堰与岸坡之间的连接。土石围堰与岸坡的接头，主要通过扩大接触面和嵌入岸坡的方法，以延长塑性防渗体的接触范围，防止集中绕渗破坏。土石围堰与混凝土纵向围堰的接头，通常采用刺墙形式插入土石围堰的塑性防渗体中，并将接头的防渗体断面扩大，以保证在任一高程处均能满足渗径长度要求，也可以利用土工膜进行横向围堰与纵向围堰防渗搭接。

围堰的防冲是指围堰上下游转角处由于流态发生剧烈改变，从而淘刷堰脚及基础，为防止局部淘刷导致围堰溃决等后果而采取的保护措施。一般采用抛石护底、铅丝笼护底、柴排护底等措施。在围堰转角处设置导流墙，也可以解决冲刷问题。

3. 围堰体拆除

土石围堰一般采用机械开挖或爆破等方法。通常在施工期最后一个汛期后，从围堰的背水坡开始分层拆除。草土围堰的水下部分可以在堰体上开挖缺口，让其过水冲掉或爆破拆除。混凝土围堰一般采用爆破拆除，又分为泄渣爆破和留渣爆破。泄渣爆破是利用水流的力量将爆渣冲向下游河道，下游围堰拆除常使用。留渣爆破是指爆渣利用机械进行水下清除，上游围堰拆除常用。钢板桩格型围堰的填料用抓斗或吸石器清除，用拔桩机拔出钢板桩。下游围堰拆除不彻底，会抬高尾水位，影响水轮机的利用水头。

2F312014　导流泄水建筑物

导流泄水建筑物包括导流明渠、导流隧洞、导流涵管、导流底孔、坝体预留缺口等临时建筑物和部分利用的永久泄水建筑物。

一、导流明渠

导流明渠布置应符合下列规定：

（1）泄量大，工程量小，宜优先考虑与永久建筑物结合。

（2）弯道少，宜避开滑坡、崩塌体及高边坡开挖区。

（3）应便于布置进入基坑交通道路。

（4）进出口与围堰接头应满足堰基防冲要求。

（5）弯道半径不宜小于3倍明渠底宽，进出口轴线与河道主流方向的夹角宜小于30°，避免泄洪时对上下游沿岸及施工设施产生冲刷。

明渠断面形式应根据地形、地质条件、主体建筑物结构布置和运行要求确定。明渠断面尺寸应根据导流设计流量及其允许抗冲流速等条件确定，明渠断面尺寸与上游围堰高度应通过技术经济比较确定。明渠衬护的范围和方式可根据地质和水力条件等，经技术经济比较确定。

二、导流隧洞

导流隧洞的布置应符合下列要求：

（1）洞线应综合考虑地形、地质、枢纽总布置、水流条件、施工、运行及周边环境的影响因素，并通过技术经济比较选定。

（2）导流洞进、出口与上、下游围堰堰脚的距离应满足围堰防冲要求。

（3）与枢纽总布置相协调，有条件时宜与永久隧洞结合，其结合部分的洞轴线、断面型式与衬砌结构等应同时满足永久运行与施工导流要求。

（4）导流隧洞布置尚应符合《水工隧洞设计规范》SL 279—2016 的有关规定。

导流隧洞断面形式应根据水力条件、地质条件、与永久建筑物的结合要求、施工方便等因素确定。断面尺寸应根据导流流量、截流难度、围堰规模和工程投资，经技术经济比较后确定。

导流隧洞弯曲半径不宜小于5倍洞径（或洞宽），转角不宜大于60°，且应在弯段首尾设置直线段，其长度不宜小于5倍洞径（或洞宽）。高流速有压隧洞弯曲半径和转角宜通过试验确定。

三、导流底孔

导流底孔布置应遵循下列原则：

（1）宜布置在近河道主流位置。

（2）宜与永久泄水建筑物结合布置。

（3）坝内导流底孔宽度不宜超过该坝段宽度的一半，并宜骑缝布置。

（4）应考虑下闸和封堵施工方便。

导流底孔设置数量、尺寸和高程应满足导截流、坝体度汛、下闸蓄水、下游供水、生态流量和排冰等要求。导流底孔与永久建筑物结合布置时，应同时满足永久和施工期运行要求。

四、坝体预留缺口

混凝土重力坝、拱坝等实体结构在施工过程中可预留坝体缺口与其他导流设施共同泄流，高拱坝预留缺口应专门论证其挡水安全性；支墩坝、坝内厂房等非实体结构在封腔前坝体不宜过流，如需过流应复核其结构安全。

坝体泄洪缺口宜设在河床部位，避免下泄水流冲刷岸坡。高坝设置缺口泄洪时应妥善解决缺口形态、水流流态、下游防冲及过流振动、过流面混凝土防裂等问题，并通过水工模型试验验证。利用未形成溢流面的坝段泄流，可经水工模型试验确定空蚀指数。当空蚀指数小于 0.3 时，应采取掺气措施降低坝面负压值。

2F312015　汛期施工险情判断与抢险技术

施工期间，尤其是汛期来临时，围堰以及基坑在高水头作用下发生的险情主要有漏洞、管涌和漫溢等。

一、漏洞

1. 漏洞产生的原因

漏洞产生的原因是多方面的，一般说来有：围堰堰身填土质量不好，有架空结构，在高水位作用下，土块间部分细料流失；堰身中夹有砂层等，在高水位作用下，砂粒流失。

2. 漏洞险情的判别

1）漏洞险情的特征

漏洞贯穿堰身，使水流通过孔洞直接流向围堰背水侧，如图 2F312015-1 所示。漏洞的出口一般发生在背水坡或堰脚附近。

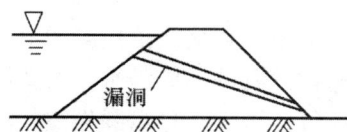

图 2F312015-1　漏洞险情示意图

2）漏洞险情进水口的探测

（1）水面观察。漏洞形成初期，进水口水面有时难以看到漩涡。可以在水面上撒一些漂浮物，如纸屑、碎草或泡沫塑料碎屑，若发现这些漂浮物在水面打漩或集中在一处，即表明此处水下有进水口。

（2）潜水探漏。漏洞进水口如水深流急，水面看不到漩涡，则需要潜水探摸。

（3）投放颜料观察水色。

3. 漏洞险情的抢护方法

1）塞堵法

塞堵漏洞进口是最有效最常用的方法。一般可用软性材料塞堵，如针刺无纺布、棉被、棉絮、草包、编织袋包、网包、棉衣及草把等，也可用预先准备的一些软楔（如图 2F312015-2 所示）、草捆塞

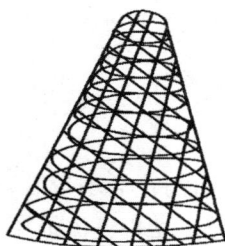

图 2F312015-2　软楔示意图

堵。在有效控制漏洞险情的发展后，还需用黏性土封堵闭气，或用大块土工膜、篷布盖堵，然后再压土袋或土枕，直到完全断流为止。

2）盖堵法

（1）复合土工膜排体（如图 2F312015-3 所示）或篷布盖堵。当洞口较多且较为集中，逐个堵塞费时且易扩展成大洞时，可采用大面积复合土工膜排体或篷布盖堵，可沿临水坡肩部位从上往下，顺坡铺盖洞口，或从船上铺放，盖堵离堤肩较远处的漏洞进口，然后抛压土袋或土枕，并抛填黏土，形成前戗截渗，如图 2F312015-4 所示。

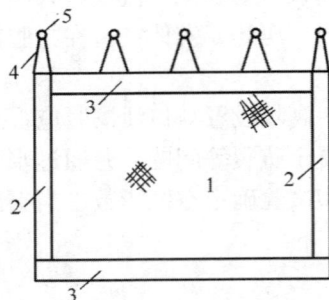

图 2F312015-3　复合土工膜排体
1—复合土工膜；2—纵向土袋筒（60cm）；
3—横向土袋筒（60cm）；
4—筋绳；5—木桩

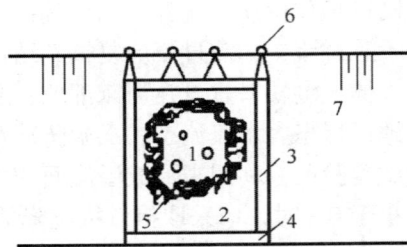

图 2F312015-4　复合土工膜排体盖堵漏洞进口
1—多个漏洞进口；2—复合土工膜排体；
3—纵向土袋枕；4—横向土袋枕；
5—正在填压的土袋；6—木桩；
7—临水堤坡

（2）就地取材盖堵。当洞口附近流速较小、土质松软或洞口周围已有许多裂缝时，可就地取材用草帘、苇箔等重叠数层作为软帘，也可临时用柳枝、秸料、芦苇等编扎软帘。软帘下沉时紧贴边坡，然后用长杆顶推，顺堤坡下滚，把洞口盖堵严密，再盖压土袋，抛填黏土，达到封堵闭气。

采用盖堵法抢护漏洞进口，需防止盖堵初始时，由于洞内断流，外部水压力增大，洞口覆盖物的四周进水。因此洞口覆盖后必须立即封严四周，同时迅速用充足的黏土料封堵闭气，否则一旦堵漏失败，洞口扩大，将增加再堵的困难。

3）戗堤法

当堤坝临水坡漏洞口多而小，且范围又较大时，在黏土料备料充足的情况下，可采用抛黏土填筑前戗或临水筑子堤的办法进行抢堵。

二、管涌

1．抢护原则

抢护管涌险情的原则是制止涌水带砂，但留有渗水出路。这样既可使砂层不再被破坏，又可以降低附近渗水压力，使险情得以控制和稳定。

2．抢护方法

1）反滤围井

在管涌口用编织袋或麻袋装土抢筑围井，井内同步铺填反滤料，从而制止涌水带砂，以防险情进一步扩大，当管涌口很小时，也可用无底水桶或汽油桶做围井。这种方法适用于发生在地面的单个管涌或管涌数目虽多但比较集中的情况。

围井内必须用透水料铺填，切忌用不透水材料。根据所用反滤料的不同，反滤围井可分为以下几种形式：

（1）砂石反滤围井

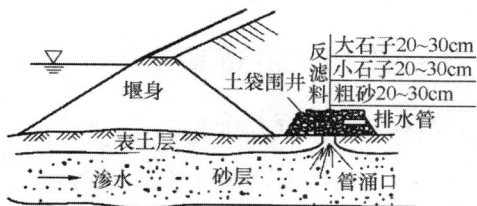

图 2F312015-5　砂石反滤围井示意图

砂石反滤围井是抢护管涌险情的最常见形式之一。选用不同级配的反滤料，可用于不同土层的管涌抢险。管涌险情基本稳定后，在围井的适当高度插入排水管（塑料管、钢管和竹管），使围井水位适当降低，以免围井周围再次发生管涌或井壁倒塌，并持续不断地观察围井及周围情况的变化，及时调整排水口高度，如图 2F312015-5 所示。

（2）土工织物反滤围井

先清理平整管涌口附近地面，清除尖锐杂物，在管涌口用粗料（碎石、砾石）充填，以消杀涌水压力，再铺一层粗砂（层厚 30～50cm），并铺上合适的土工织物。若管涌带出的土为粉砂时，一定要慎重选用土工织物（针刺型）。若为较粗的砂，一般的土工织物均可选用，土工织物铺设一定要形成封闭的反滤层，且周围应嵌入土中，土工织物之间用线缝合。再在土工织物上面用块石等强透水材料压盖，加压顺序为先四周后中间，最终中间高、四周低，最后在管涌区四周用土袋修筑围井。围井修筑方法和井内水位控制与砂石反滤围井相同。

（3）梢料反滤围井

梢料反滤围井用梢料代替砂石反滤料做围井，适用于砂石料缺少的地方。下层选用麦秸、稻草，铺设厚度 20～30cm。上层铺粗梢料，如柳枝、芦苇等，铺设厚度 30～40cm。为防止梢料上浮，梢料上面应压块石等透水材料。围井修筑方法及井内水位控制与砂石反滤围井相同。

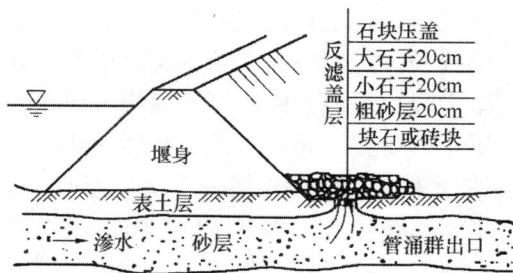

图 2F312015-6　砂石反滤层压盖示意图

2）反滤层压盖

在堰内出现大面积管涌或管涌群时，如果料源充足，可采用反滤层压盖的方法，如图 2F312015-6 所示，以降低涌水流速，制止地基泥砂流失，稳定险情。反滤层压盖应选用透水性好的砂石、土工织物、梢料等材料，切忌使用不透水材料。

三、漫溢

洪水位超过现有堰顶高程，或风浪翻过堰顶，洪水漫进基坑内即为漫溢。通常，土石围堰不允许堰身过流，因此，在汛期应采取紧急措施防止漫溢的发生。

施工期应根据上游水情和预报，对可能发生的漫溢险情，采取有效的抢护措施。较为常用的方案为在堰顶上加筑子堤，子堤顶高要超出预测的最高洪水位，但子堤也不宜过高。各种子堤的外脚一般都应距堰顶外肩 0.5～1.0m。抢筑子堤前应彻底清除表面杂物，将表层刨毛，以利新老土层结合，并在堰轴线开挖一条结合槽，深 20cm 左右，底宽 30cm 左右。

2F312020　河道截流

2F312021　截流方式

截流是指在导流泄水建筑物接近完工时，即以进占方式自两岸或一岸建筑截流戗堤形成龙口，并将龙口防护起来，待导流泄水建筑物完工以后，在有利时机，以最短时间将龙口堵住，截断河流。截流过程包括截流戗堤的进占形成龙口、龙口范围的加固、合龙和闭气等工作。截流戗堤一般与围堰结合，因此，截流实际上是修筑横向围堰的一部分。在水中修筑戗堤的工作称为进占。截流戗堤将河床束窄到一定宽度时，就形成流速较大的龙口，封堵龙口的工作称为合龙。合龙后截流戗堤虽然已经高出水面，但堤身依然漏水，需在迎水面设置防渗设施，这项工作称为闭气。

截流方式有抛投块料截流、爆破截流、下闸截流等。截流方式应综合分析水力学参数、施工条件和截流难度、抛投材料数量和性质、抛投强度等因素，进行技术经济比较后选择。

一、抛投块料截流

抛投块料截流是最常用的截流方法，特别适用于大流量、大落差的河道上的截流。该法是在龙口抛投石块或人工块体（混凝土方块、混凝土四面体、铅丝笼、竹笼、柳石枕、串石等）堵截水流，使河水经导流建筑物下泄。

采用抛投块料截流，按不同的抛投合龙方法可分为平堵、立堵、混合堵三种。

1．平堵

平堵（如图2F312021-1所示）是先在龙口建造浮桥或栈桥，由自卸汽车或其他运输工具运来抛投料，沿龙口前沿投抛。先下小料，随着流速增加，逐渐抛投大块料，使堆筑戗堤均匀地在水下上升，直至高出水面，截断河床。一般说来，平堵比立堵的单宽流量要小，最大流速也小，水流条件较好，可以减小对龙口基床的冲刷。所以特别适用于易冲刷的地基上截流。由于平堵架设浮桥及栈桥，对机械化施工有利，因而投

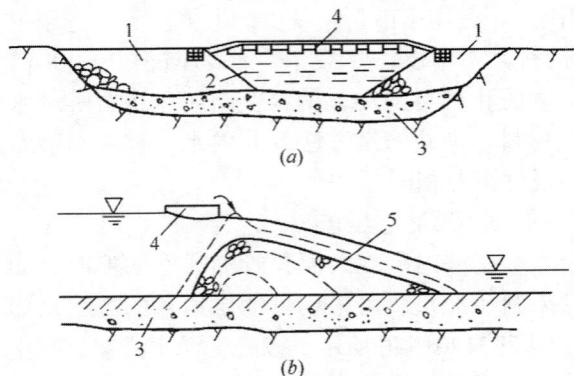

图2F312021-1　平堵法截流
(a) 立面图；(b) 横断面图
1—截流戗堤；2—龙口；3—覆盖层；4—浮桥；5—截流体

抛强度大，容易截流施工，但在深水高速的情况下，架设浮桥、建造栈桥比较困难。

2．立堵

立堵截流是用自卸汽车或其他运输工具运来抛投料，以端进法抛投（从龙口两端或一端下料）进占戗堤，逐渐束窄龙口，直至全部拦断，如图2F312021-2所示。立堵在截流过程中所发生的最大流速、单宽流量都较大，所生成的楔形水流和下游形成的立轴漩涡，对龙口及龙口下游河床将产生严重冲刷。因此立堵法截流一般适用于大流量、岩基或覆盖层较薄的岩基河床。对于软基河床，只要护底措施得当，采用立堵法截流也同样有效。立堵截流可以进一步划分为单戗立堵截流、双戗立堵截流和多戗立堵截流。截流落差不超过4m时，宜选择单戗立堵截流。截流流量大且落差大于4m时，宜选择双戗或多戗立堵截流。

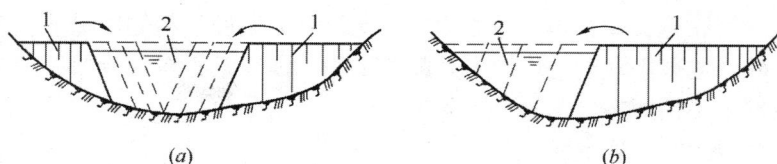

图 2F312021-2　立堵法截流

（*a*）双向进占；（*b*）单向进占

1—截流戗堤；2—龙口

3．混合堵

混合堵是采用立堵与平堵相结合的方法。有先平堵后立堵和先立堵后平堵两种。用得比较多的是首先从龙口两端下料，保护戗堤头部，同时施工护底工程并抬高龙口底槛高程到一定高度，最后用立堵截断河流。

二、爆破截流

在坝址处于峡谷地区、岩石坚硬、岸坡陡峻、交通不便或缺乏运输设备时，可采用定向爆破截流。在合龙时，为了瞬间抛入龙口大量材料封闭龙口，除了用定向爆破岩石外，还可在河床上预先浇筑巨大的混凝土块体，将其支撑体用爆破法炸断，使块体落入水中，将龙口封闭。

三、下闸截流

在泄水道中预先修建闸墩，最后采用放下闸门的方式截断水流。

2F312022　截流设计与施工

一、龙口位置的选择

龙口的位置的选择应结合截流戗堤轴线的选择统一考虑，由地形、地质、交通和水力条件等因素综合确定。确定龙口宽度及位置应遵守下列原则：

（1）截流龙口位置宜设于河床水深较浅、河床覆盖层较薄或基岩裸露部位。

（2）应考虑进占堤头稳定及河床冲刷因素，保证预进占段裹头不发生冲刷破坏。

（3）龙口工程量小。

（4）龙口预进占戗堤布置应便于施工。

二、龙口宽度的确定

原则上龙口的宽度应尽可能窄些，这样合龙的工程量就小些，截流的延续时间也短些，但以不引起龙口及其下游河床的冲刷为限。为了提高龙口的抗冲能力，减少合龙的工程量，须对龙口加以保护。龙口的保护包括护底和裹头。龙口宽度及其防护措施，可根据相应的流量及龙口的抗冲流速来确定。

三、截流材料种类选择

截流时采用当地材料在我国已有悠久的历史，主要有块石、石串、装石竹笼等。此外，当截流水力条件较差时，还须采用混凝土块体。石料重度较大，抗冲能力强，一般工程较易获得，而且通常也比较经济。因此，凡有条件者，均应优先选用石块截流。

在大中型工程截流中，混凝土块体的运用较普遍。这种人工块体的制作、使用方便，抗冲能力强，故为许多工程采用（如三峡工程、葛洲坝工程等）。在中小型工程截流中，因受起重运输设备能力限制，所采用的单个石块或混凝土块体的重量不能太大。石笼（如竹笼、铅丝笼、钢筋笼）或石串，一般使用在龙口水力条件不利的情况下。大型工程中除了石笼、石串外，也采用混凝土块体串。某些工程，因缺乏石料，或因河床易受冲刷，也可根据当地条件采用梢捆、草土等材料截流。

四、截流材料尺寸的确定

在截流中，合理选择截流材料的尺寸或重量，对于截流的成败和节省截流费用具有很大意义。尺寸或重量取决于龙口流速。采用块石和混凝土块体截流时，所需材料尺寸可通过水力计算初步确定，也可以按照经验选定，同时综合考虑该工程可能拥有的起重运输设备能力确定。

截流水力学计算应确定截流过程中的落差、单宽流量、单宽能量、流速等水力学参数及其变化规律，确定截流抛投材料的尺寸和重量。截流流量一般只考虑经由龙口和分流建筑物下泄，可不计戗堤渗流量和水库拦蓄量。

五、截流材料数量的确定

1. 不同粒径材料数量的确定

无论是平堵截流还是立堵截流，原则上都可以按合龙过程中水力参数的变化来计算相应的材料粒径和数量。常用的方法是将合龙过程按高程（平堵）或宽度（立堵）划分成若干区段，然后按分区最大流速计算出所需材料粒径和数量。实际上，每个区段也不是只用一种粒径材料，所以设计中均参照国内外已有工程经验来决定不同粒径材料的比例。例如，平堵截流时，最大粒径材料数量可按实际使用区段考虑，也可按最大流速出现时起，直到戗堤出水时所用材料总量的70%~80%考虑。立堵截流时，最大粒径材料数量，常按困难区段抛投总量的1/3考虑。

2. 备料量

备料量的计算，以设计戗堤体积为基础，并应考虑各项损失。平堵截流的设计戗堤体积计算比较复杂，需按戗堤不同阶段的轮廓计算。立堵截流戗堤断面为梯形，设计戗堤体积计算比较简单。戗堤顶宽视截流施工需要而定，通常取10~18m，可保证2~3辆汽车同时卸料。

截流备料总量应根据截流料物堆存条件、运输条件、可能流失量及戗堤沉陷等因素综合分析，并留适当备用量，备用系数可取1.2~1.3。龙口段重大抛投材料数量应考虑一定备用，备用系数宜取1.2~1.3。

六、截流时间和截流流量的选择

截流年份应结合施工进度的安排来确定。截流年份内截流时段一般选择在枯水期开始，流量有明显下降的时候，不一定是流量最小的时段。在通航的河道上截流，宜选择对通航影响较小的时段。有冰凌的河道上，截流不应选择在有流冰的时段。合龙所需时间一般从数小时到几天，须选择合理的截流设计标准和流量，估算在此时段内可能发生的流量。

2F313000   水利水电工程主体工程施工

2F313010   土石方开挖工程

2F313011   土方开挖技术

土的种类繁多，其分类方法也很多。广义的土包含岩石和一般意义的土。按土的基本物质组成分类有：岩石、碎石土、砂土、黏性土和人工填土。其中，岩石按照坚固程度可分硬质、软质；按照风化程度可分为微风化、中风化、强风化、全风化、残积土。碎石土又有漂石、块石、卵石、碎石、圆砾、角砾。砂土可分为砾砂、粗砂、中砂、细砂和粉砂；按照其密实程度又有密实、中密、稍密和松散的砂土。黏性土也可分为黏土和粉质黏土两类；并根据其状态分为坚硬、硬塑、可塑、软塑和流塑等黏性土。

一、土的工程分类

水利水电工程施工中常用土的工程分类，依开挖方法、开挖难易程度等，可分为4类。

开挖方法上，用铁锹或略加脚踩开挖的土为 I 类；用铁锹，且需用脚踩开挖的土为 II 类；用镐、三齿耙开挖或用锹需用力加脚踩开挖的土为 III 类；用镐、三齿耙等开挖的土为 IV 类，见表 2F313011。

土 的 工 程 分 类　　　　　　　　表 2F313011

土的等级	土 的 名 称	自然湿密度（kg/m³）	外观及其组成特性	开 挖 工 具
I	砂土、种植土	1650～1750	疏松、粘着力差或易进水，略有黏性	用铁锹或略加脚踩开挖
II	壤土、淤泥、含根种植土	1750～1850	开挖时能成块，并易打碎	用铁锹，需用脚踩开挖
III	黏土、干燥黄土、干淤泥、含少量碎石的黏土	1800～1950	粘手、看不见砂粒，或干硬	用镐、三齿耙开挖或用锹需用力加脚踩开挖
IV	坚硬黏土、砾质黏土、含卵石黏土	1900～2100	结构坚硬，分裂后成块状，或含黏粒、砾石较多	用镐、三齿耙等开挖

二、开挖方式

土方开挖方式包括自上而下开挖、上下结合开挖、先河槽后岸坡开挖和分期分段开挖等。

三、开挖方法

土方开挖的方法主要有机械开挖、人工开挖等。

1. 机械开挖

机械开挖施工常用的机械有挖掘机、推土机、铲运机和装载机等。

1）挖掘机

（1）单斗挖掘机

单斗挖掘机由工作装置、行驶装置和动力装置组成。按工作装置不同分为正铲、反铲、索铲和抓铲等；按行驶装置分为履带式、轮胎式两种；按动力装置可分为内燃机拖动、电力拖动和复合拖动等；按操纵方式可分为机械式（钢索）和液压操纵两种。

① 正铲挖掘机。正铲挖掘机是土方开挖中常用的一种机械。它具有稳定性好、挖掘力大、生产率高等优点。适用于 I～IV 类土及爆破石渣的挖掘。

正铲挖掘机的挖土特点是：向前向上，强制切土，主要挖掘停机面以上的掌子。按其与运输工具相对停留位置的不同，有侧向开挖和正向开挖两种方式（如图 2F313011-1 所示），采用侧向开挖时，挖掘机回转角度小，生产效率高。

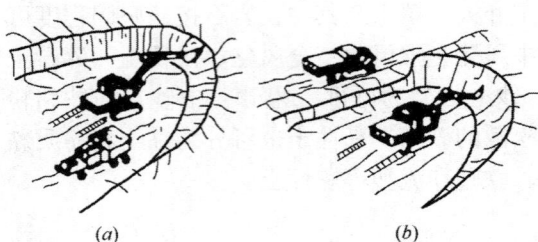

图 2F313011-1　正铲挖掘机作业方式
(a) 正向开挖；(b) 侧向开挖

② 反铲挖掘机。反铲挖掘机是正铲挖掘机的一种换用装置，一般斗容量较正铲小，工作循环时间比正铲长 8%～30%。其稳定性及挖掘力均比正铲小，适用于 Ⅰ～Ⅲ 类土。反铲挖土特点是：向后向下，强制切土。主要挖掘停机面以下的掌子，多用于开挖深度不大的基槽和水下石渣。其开挖方式分沟端开挖和沟侧开挖两种，如图 2F313011-2 所示。

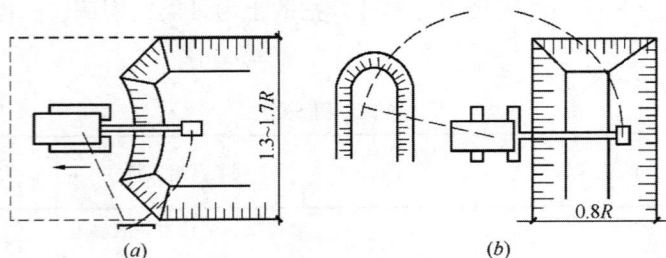

图 2F313011-2　反铲挖掘机作业方式
(a) 沟端开挖；(b) 沟侧开挖

③ 索铲挖掘机。索铲挖掘机适宜于开挖停机面以下的掌子，其斗容量较大，多用于开挖深度较大的基槽、沟渠和水下土石。

④ 抓铲挖掘机。抓铲挖掘机可以挖掘停机面以上及以下的掌子。水利水电工程中常用于开挖土质比较松软（Ⅰ～Ⅱ 类土）、施工面狭窄而深的集水井、深井及挖掘深水中的物料，其挖掘深度可达 30m 以上。

（2）多斗挖掘机

多斗挖掘机是一种连续工作的挖掘机械，从构造上可以分为链斗式、斗轮式、滚切式三种。

链斗式挖掘机的主要特点是挖斗连接在挠性构件（斗链）上，通过斗链带动斗的运动，把挖掘的土壤带出掌子面。斗轮式挖掘机的主要特点是挖斗固定在刚性构件（斗轮）上，通过轮斗带动挖斗运动，把挖掘的土壤带出掌子面。滚切式挖掘机可通过刀齿对土壤的铣切挖出成型断面的沟槽，这种挖掘机在水电工程中很少使用。

由于连续作业式挖掘机装有多只挖斗，土壤不断被挖取并不断被带出掌子面，因此它的作业过程是连续进行的。它与单斗挖掘机相比，具有下列特点：

① 连续作业式挖掘机的作业过程是连续进行的，运行不另占时间。

② 连续作业式挖掘机在作业时，工作装置在掌子面中作均匀而连续的运动，其所承受的静载荷和动载荷比单斗挖掘机小，因此，它的质量轻，在同样生产率情况下，连续作业式挖掘机的自重只有单斗挖掘机的 50%～60%。

③ 连续作业式挖掘机的动力消耗少，生产率高，在同样功率装备下，连续作业式挖掘机的生产率是单斗挖掘机的 1.5～2.5 倍。

④ 连续作业式挖掘机能够一次挖到很大的深度或高度，而且掌子面形状比较规整，

一般不需要再进行人工修整。

⑤连续作业式挖掘机操纵比较简单，装载时对车辆造成的冲击小。

但是，连续作业式挖掘机也有一些缺点，主要是挖掘能力小，不能挖掘硬土、岩石或冻土，只能挖掘不夹杂大块（尺寸大于斗宽的0.2倍）的Ⅰ～Ⅲ级土壤，或十分均匀而没有夹杂物的Ⅳ级土壤。同时连续作业式挖掘机是专用性机器，通用性差。这些缺点就限制了它的应用范围。

2）推土机

推土机是一种在拖拉机上安装有推土工作装置（推土铲）的常用的土方工程机械。它可以独立完成推土、运土及卸土三种作业。在水利水电工程中，它主要用于平整场地、开挖基坑、推平填方及压实、堆积土石料及回填沟槽等作业，宜用于100m以内运距、Ⅰ～Ⅲ类土的挖运，但挖深不宜大于1.5～2.0m，填高不宜大于2～3m。

（1）推土机按行走装置不同有履带式和轮胎式两类，履带式在工程中应用更为广泛。按传动方式不同有机械式、液力机械式和液压式三种。新型的大功率推土机多采用后两种方式。

按推土铲安装方式又可分为回转式、固定式两种。固定式推土铲仅能升降，而回转式推土铲不仅能升降，还可以在三个方向调整一定的角度。固定式推土铲结构简单，使用相对广泛。

（2）推土机开行方式基本是穿梭式的。为了提高推土机的生产效率，应力求减少推土器两侧散失土料，一般可采用槽形开挖、分段铲土、集中推运、多机并列推土及下坡推土等方法。

3）铲运机

铲运机是利用装在轮轴之间的铲运斗，在行驶中顺序进行铲削、装载、运输和铺卸土作业的铲土运输机械。它适用于Ⅳ级以下的土壤工作，要求作业地区的土壤不含树根、大石块和过多的杂草。如用于Ⅳ级以上土壤或冻土时，必须事先预松土壤。链板装载式铲运机适用范围较大，除可装普通土壤外，还可装载砂、砂砾石和小的石渣、卵石等物料。

铲运机的经济运距与行驶道路、地面条件、坡度等有关。一般拖式铲运机（用履带式机械牵引）的经济运距为500m以内，自行式轮胎铲运机的经济运距为800～1500m。

（1）按行走方式，铲运机可分为拖式和自行式两种。

（2）按操纵方式，铲运机可分为液压操纵和机械操纵两种。液压操纵以其铲刀切土效果好而逐渐代替依靠自重切土的机械操纵式。

（3）按铲运机的卸土方式又可分为强制式、半强制式和自由式三种。

（4）按铲运机的装载方式又可分为普通式和链板式两种。

（5）按铲斗容量可分为小、中、大三种。铲斗容量小于6m³为小型；6～15m³为中型；15m³以上为大型。斗容量是按堆装几何容量计量的，尖装时可多装约1/3以上。

4）装载机

装载机是装载松散物料的工程机械。它不仅可以对堆积的松散物料进行装、运、卸作业和短距离的运土，也可对岩石、硬土进行轻度挖掘和推土作业，还可以进行清理、刮平场地、起重、牵引等作业。配备相应的工作装置后又可完成松土，进行圆木、管状物料的挟持和装卸工作。

装载机按行走装置分为轮式和履带式两种。按卸载方式可分为前卸式、后卸式、侧卸式和回转式四种。按额定载重量可分为小型（＜1t）、轻型（1～3t）、中型（4～8t）、重型（＞10t）四种。

2．人工开挖

在不具备采用机械开挖的条件下或在机械设备不足的情况下，可采用人工开挖。

处于河床或地下水位以下的建筑物基础开挖，应特别注意做好排水工作。施工时，应先开挖排水沟，再分层下挖。临近设计高程时，应留出 0.2～0.3m 的保护层暂不开挖，待上部结构施工时，再予以挖除。

对于呈线状布置的工程（如溢洪道、渠道）宜采用分段施工的平行流水作业组织方式进行开挖。分段的长度可按一个工作小组在一个工作班内能完成的挖方量来考虑。

当开挖坚实黏性土和冻土时，可采用爆破松土与人工推土机、装载机等开挖方式配合来提高开挖效率。

四、土方开挖的一般技术要求

（1）合理布置开挖工作面和出土路线。确定开挖分层、分段，以便充分发挥人力、设备的生产能力，使开挖效率达到最优。

（2）合理选择和布置出土地点和弃土地点。做好挖填方平衡，充分利用开挖土方作为填方土料。

（3）开挖边坡，要防止塌滑，保证开挖安全。

（4）地下水位以下土方的开挖，应根据施工方法的要求，切实做好排水工作。

五、渠道开挖

渠道开挖的施工方法有人工开挖、机械开挖等。选择开挖方法取决于技术条件、土壤种类、渠道纵横断面尺寸、地下水位等因素。渠道开挖的土方多堆在渠道两侧用做渠堤。

1．人工开挖

在干地上开挖渠道应自中心向外，分层下挖，边坡处可按边坡比挖成台阶状，待挖至设计深度时，再进行削坡。受地下水影响的渠道应设排水沟，开挖方式有一次到底法和分层下挖法（如图 2F313011-3 所示）。

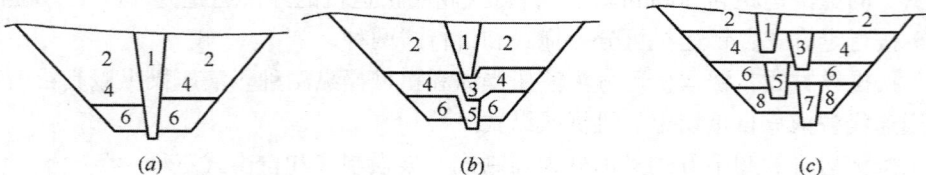

图 2F313011-3　人工开挖排水法
（a）一次到底法；（b）中心排水沟；（c）翻滚排水沟
1、3、5、7—排水沟次序；2、4、6、8—开挖顺序

2．机械开挖

机械开挖主要有推土机开挖和铲运机开挖。

推土机开挖渠道：采用推土机开挖渠道，其开挖深度不宜超过 1.5～2.0m；填筑堤顶高度不宜超过 2～3m，其坡度不宜陡于 1：2。施工中，推土机还可平整渠底，清除种植

土层，修整边坡，压实渠堤等。

铲运机开挖渠道：铲运机开挖渠道的开行方式有环形开行和"8"字形开行（如图 2F313011-4 所示）。当渠道开挖宽度大于铲土长度，而填土或弃土宽度又大于卸土长度，可采用横向环形开行。反之，则采用纵向环形开行，铲土和填土位置可逐渐错动，以完成所需断面。当工作前线较长，填挖高差较大时，则应采用"8"字形开行。

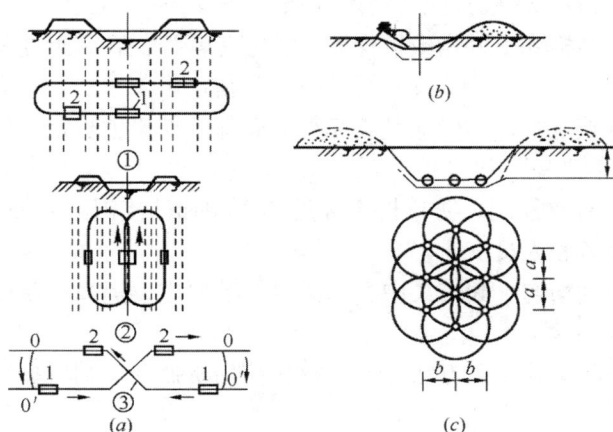

图 2F313011-4 机械开挖渠道

（a）铲运机的开行路线；（b）推土机开挖渠道；（c）渠道开挖药包布置

①—环形横向开行；②—环形纵向开行；③—"8"字形开行

1—铲土；2—填土；0-0—填方轴线；0'-0'—挖方轴线

半挖半填渠道或全挖方渠道就近弃土时，采用铲运机开挖最为有利。需要在纵向调配土方渠道，如运距不远也可用铲运机开挖。遇到岩石渠段时，施工作业可采用钻孔爆破配合挖掘机、装载机及自卸汽车进行。

2F313012 石方开挖技术

一、岩石的分类

1. 按形成条件分类

岩石由于形成条件不同，分为火成岩（岩浆岩）、水成岩（沉积岩）及变质岩三大类。

（1）火成岩又称岩浆岩，是由岩浆侵入地壳上部或喷出地表凝固而成的岩石，主要包括花岗岩、闪长岩、辉长岩、辉绿岩、玄武岩等。

（2）水成岩主要包括石灰岩和砂岩。

（3）变质岩主要有片麻岩、大理岩和石英岩。

2. 岩石的分级

岩石根据坚固系数的大小分级，前 10 级（Ⅴ～ⅩⅣ）的坚固系数在 1.5～20 之间，除Ⅴ级的坚固系数在 1.5～2.0 之间外，其余以 2 为级差。坚固系数在 20～25 之间，为ⅩⅤ级；坚固系数在 25 以上，为ⅩⅥ级。

二、石方开挖方法

石方开挖包括露天石方开挖和地下工程开挖。

1. 露天石方开挖

1）露天石方开挖的方法

（1）石方开挖普遍采用钻孔爆破松动、挖掘机或装载机配自卸汽车出渣的开挖方法。

（2）常用的爆破方法有浅孔爆破法、深孔爆破法、洞室爆破法、预裂爆破法等。

（3）爆破法开挖石方的基本工序是钻孔、装药、起爆、挖装和运卸等。

2）露天石方（岩基）爆破开挖的技术要求

（1）岩基上部除结构要求外均应按梯段爆破方式开挖，在邻近建基面预留保护层，保护层按要求进行开挖。

（2）采用减振爆破技术，以确保基岩完整，确保开挖边坡稳定，保证开挖形状符合设计要求。

（3）对爆破进行有效控制，防止损害邻近建筑物和已浇混凝土或已完工的灌浆地段，保护施工现场机械设备和人员安全。

（4）力求爆后块度均匀、爆堆集中，以满足挖装要求，提高挖装效率。

2. 地下工程开挖方法

地下工程主要采用钻孔爆破方法进行开挖，使用机械开挖则有掘进机开挖法、盾构法和顶管法（顶进法）。

三、爆破技术

爆破作业应考虑炮孔的布置、爆破方法及安全措施等。爆破方法有浅孔爆破、深孔爆破、洞室爆破、预裂爆破及光面爆破等。

1. 浅孔爆破法

（1）孔径小于75mm、深度小于5m的钻孔爆破称为浅孔爆破。

（2）浅孔爆破法能均匀破碎介质，不需要复杂的钻孔设备，操作简单，可适应各种地形条件，而且便于控制开挖面的形状和规格。但是，浅孔爆破法钻孔工作量大，每个炮孔爆下的方量不大，因此生产率较低。

（3）水利水电建设中，浅孔爆破广泛用于基坑、渠道、隧洞的开挖和采石场作业等。

（4）合理布置炮孔是提高爆破效率的关键，布置时应注意以下原则：

① 炮孔方向不宜与最小抵抗线方向重合，因为炮孔堵塞物强度弱于岩石，爆炸产生的气体容易从这里冲出，致使爆破效果大为降低。

② 充分利用有利地形，尽量利用和创造自由面，减小爆破阻力，以提高爆破效率。

③ 根据岩石的层面、节理、裂隙等情况进行布孔，一般应将炮孔与层面、节理等垂直或斜交，但不宜穿过较宽的裂隙，以免漏气。

④ 当布置有几排炮孔时，应交错布置成梅花形，第一排先爆，然后第二排等依次爆破，这样可以提高爆破效果。

（5）浅孔爆破法常采用阶梯开挖法，其炮孔布置参数如图2F313012所示。

2. 深孔爆破法

（1）孔径大于75mm、孔深大于5m的钻孔爆破称为深孔爆破。爆后有一定数量的大块石产生，往往需要二次爆破。深孔爆破法一般适用于Ⅶ～ⅩⅣ级岩石。

（2）深孔爆破法是大型基坑开挖和大型采石场开采的主要方法。与浅孔爆破法比较，其单位体积岩石所需的钻孔工作量较小，单位耗药量低，劳动生产率高，并可简化起爆操作过程及劳动组织。缺点是钻孔设备复杂，设备费高。坚硬的岩石，由于钻孔速度慢，往往会使成本提高。

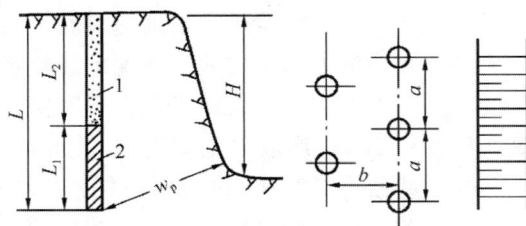

图2F313012　浅孔爆破法阶梯开挖布置
1—堵塞物；2—药包
L_1—装药深度；L_2—堵塞深度；L—炮孔深度

（3）深孔爆破法在大多数情况下均采用垂直钻孔。垂直钻孔装药比较容易，钻孔效率高，能适用于各种地质条件，但垂直钻孔爆后大块率高，易留埂坎，爆破时后冲破坏比较严重，梯段坡面稳定性差。因此，在中硬岩和软岩中已逐渐采用倾斜钻孔爆破，其岩石破碎均匀，大块率低，有利于避免产生埂坎，易于控制爆堆高度和宽度，有利于提高装渣机械的铲装效率；此外，由于钻孔至梯段坡顶线的距离较垂直钻孔时大，从而保证了操作人员和钻孔设备的安全，且爆后梯段坡面比较平整、稳定。

（4）深孔爆破的主要参数有：梯段高度 H、底盘抵抗线 w_p、炮孔间距 a 和排距 b、超钻深度 h、钻孔深度 L、堵塞长度 L_2 及单孔装药量 Q 等。

（5）提高深孔爆破的质量，可采用多排孔微差爆破和挤压爆破，还可通过合理的装药结构和采用倾斜孔爆破等措施来实现。

3．洞室爆破

洞室爆破又称为大爆破，是指在专门设计开挖的洞室内装药爆破的一种方法。洞室用平洞或竖井相连，装药后将平洞或竖井堵塞，可以进一步分为松动爆破、抛掷爆破和定向爆破。

4．预裂爆破法

预裂爆破是沿设计开挖轮廓线钻一排预裂炮孔，在主体开挖部位未爆破之前先行爆破，从而获得一条沿设计开挖轮廓线贯穿的裂缝，再在该裂缝的屏蔽下，进行主体开挖部位的爆破，防止或减弱爆破震动向开挖轮廓以外岩体的传播。

预裂炮孔的角度应与开挖轮廓边坡坡度一致，宜一次钻到设计深度。如果基础不允许产生裂缝，则预裂炮孔至设计开挖面应预留一定距离。

5．光面爆破法

光面爆破是沿设计开挖轮廓线钻一排光面爆破炮孔，再进行主体开挖部位的爆破，然后爆破设计开挖轮廓线上的光面爆破炮孔，将作为围岩保护层的"光爆层"爆除，从而获得一个平整的开挖壁面。

对于坝基和边坡开挖，预裂爆破和光面爆破的开挖效果差不多。地下洞室开挖选择光面爆破较多。对于高地应力区的地下洞室和强约束力条件下的岩体开挖，光面爆破的效果更好。

2F313020　地基处理工程

2F313021　地基开挖与清理

一、土坝地基的开挖与清理

1．土基开挖与清理

（1）坝断面范围内必须清除地基、岸坡上的草皮、树根、含有植物的表土、蛮石、垃圾及其他废料，并将清理后的地基表面土层压实。

（2）坝体断面范围内的低强度、高压缩性软土及地震时易液化的土层应清除或处理。

（3）开挖的岸坡应大致平顺，不应呈台阶状、反坡或突然变坡，岸坡上缓下陡时，变坡角应小于20°，岸坡不宜陡于1：1.5。

（4）应留有0.2～0.3m的保护层，待填土前进行人工开挖。

2. 岩基开挖与清理

（1）坝断面范围内的岩石坝基与岸坡，应清除表面松动石块、凹处积土和突出的岩石。

（2）对失水时很快风化变质的软岩石（如叶岩、泥岩等），开挖时应预留保护层，待开始回填时，随挖除、随回填，或在开挖后采用喷砂浆或混凝土保护。

（3）岩石岸坡一般不陡于1：0.5，若陡于此坡度应有专门论证，并采取必要措施。

二、混凝土坝地基的开挖与清理

坝基开挖的深度，应根据坝基应力、岩石强度及其完整性，结合上部结构对地基的要求研究确定。高坝应挖至新鲜或微风化基岩；中坝宜挖至微风化或弱风化基岩。

开挖过程中的注意事项包括：

（1）坝段的基础面上下游高差不宜过大，并尽可能开挖成大台阶状。

（2）两岸岸坡坝段基岩面，尽量开挖成有足够宽度的台阶状，以确保向上游倾斜。若基岩面高差过大或向下游倾斜，宜开挖成大台阶状，保持坝体的侧向稳定。对于靠近坝基面的缓倾角软弱夹层，埋藏不深的溶洞、溶蚀面应尽量挖除。

（3）开挖至距离基岩面0.5～1.0m时，应采用手风钻钻孔，小药量爆破，以免造成基岩产生或增大裂隙。

（4）遇到易风化的页岩、黏土岩时，应留有0.2～0.3m的保护层，待浇筑混凝土前再挖除。

基岩开挖后，在浇筑混凝土前，需进行彻底的清理和冲洗，包括清除松动的岩块、打掉凸出的尖角等。

2F313022　地基处理方法

一、地基处理的基本方法

1. 灌浆

（1）固结灌浆是通过面状布孔灌浆，以改善岩基的力学性能，减少基础的变形和不均匀沉陷，改善工作条件，减少基础开挖深度的一种方法。灌浆面积较大、深度较浅、压力较小。

（2）帷幕灌浆是在基础内平行于建筑物的轴线钻一排或几排孔，用压力灌浆法将浆液灌入到岩石的裂隙中去，形成一道防渗帷幕，截断基础渗流，降低基础扬压力的一种方法。灌浆深度较深、压力较大。

（3）接触灌浆是在建筑物和岩石接触面之间进行的灌浆，以加强两者间的结合程度和基础的整体性，提高抗滑稳定性，同时也增进岩石固结与防渗性能的一种方法。

（4）化学灌浆是一种以高分子有机化合物为主体材料的灌浆方法。这种浆材呈溶液状态，能灌入0.10mm以下的微细裂缝，浆液经过一定时间起化学作用，可将裂缝粘合起来或形成凝胶，起到堵水防渗以及补强的作用。

（5）高压喷射灌浆是采用钻孔将装上特制合金喷嘴的注浆管下到预定位置，然后用高压泵将浆液通过喷嘴喷射出来，冲击破坏土体，使土粒在喷射流束的冲击力、离心力和重力等综合作用下，与浆液搅拌混合。待浆液凝固以后，在土内就形成一定形状的固结体。

2. 防渗墙

防渗墙是使用专用机具钻凿圆孔或直接开挖槽孔，孔内浇灌混凝土、回填黏土或其他防渗材料等或安装预制混凝土构件形成连续的地下墙体。也可用板桩、灌注桩、旋喷桩或定喷桩等各类桩体连续形成防渗墙。较浅的透水地基用黏土截水槽，下游设反滤层；较深的透水地基用槽孔型和桩柱体防渗墙，槽孔型防渗墙由一段段槽孔套接而成，桩柱体防渗墙由一个个桩柱套接而成。

3. 置换法

置换法是将建筑物基础底面以下一定范围内的软弱土层挖去，换填无侵蚀性及低压缩性的散粒材料，从而加速软土固结、提高地基承载力的一种方法。

4. 排水法

排水法是采取相应措施如砂垫层、排水井、塑料多孔排水板，使软基表层或内部形成水平或垂直排水通道，然后在土壤自重或外荷压载作用下，加速土壤中水分的排除，使土壤固结的一种方法。

5. 挤实法

挤实法是将某些填料如砂、碎石或生石灰等用冲击、振动或两者兼而有之的方法压入土中，形成一个个的柱体，将原土层挤实，从而增加地基强度的一种方法。

6. 灌注桩

（1）按桩的受力情况分类

摩擦型桩：桩的承载力以侧摩擦阻力为主。摩擦型桩又分为摩擦桩和端承摩擦桩。

端承型桩：桩的承载力以桩端阻力为主。端承型桩又分为端承桩和摩擦端承桩。

（2）按桩的功能分类

承受轴向压力的桩：主要承受建筑物的竖向荷载。大多数桩都是这种作用。

承受轴向拔力的桩：用以抵抗外荷对建筑物的上拔力。如抗浮桩、塔架锚固桩等。

承受水平荷载的桩：用以支护边坡或者基坑。如挡土桩、抗滑桩等。

（3）按桩的成孔方法分类

灌注桩通常使用机械成孔，当地下水位较低、涌水量较小时，桩径较大的桩也可以人工挖孔。常用的机械成孔方法可分为挤土成孔灌注桩（如沉管灌注桩）和取土成孔灌注桩（包括少量取土的成孔方法）两大类。取土成孔灌注桩又可分为泥浆护壁钻孔灌注桩、干作业成孔灌注桩和全套管法（贝诺脱法）成孔灌注桩三类，其中泥浆护壁钻孔灌注桩包括正循环回转钻孔、反循环回转钻孔、潜水电钻钻孔、冲击钻机钻孔、旋挖钻机成孔、抓斗成孔等成孔方法的灌注桩；干作业成孔灌注桩包括长螺旋钻孔、短螺旋钻孔、洛阳铲成孔等成孔方法的灌注桩。旋挖钻机适合地质条件较好的干作业成孔灌注桩。

另外，地基处理还有水泥土搅拌桩、振冲砂桩、高压喷射灌浆、强夯法、沉井基础等。

二、不同地基处理的适用方法

（1）岩基处理适用方法有灌浆、局部开挖回填等。

（2）砂砾石地基处理的适用方法有开挖、防渗墙、帷幕灌浆、设水平铺盖等。

（3）软土地基处理的适用方法有开挖、桩基础、置换法、排水法、挤实法、高压喷射灌浆等。

（4）湿陷性黄土地基处理的适用方法有土或灰土垫层、砂或砂垫层、强夯法、重锤夯实法、桩基础、预浸法等。

（5）膨胀土地基处理的适用方法有换填、土性改良、预浸水等。

（6）岩溶地段地基处理的适用方法有回填碎石（片石）、（帷幕）灌浆等。

（7）冻土地基处理的适用方法有基底换填碎石垫层、铺设复合土工膜、设置渗水暗沟、填方设隔热板等。

2F313023　灌浆技术

一、灌浆材料

灌浆材料可分为两大类，一类是用固体颗粒的灌浆材料（如水泥、黏土或膨润土、砂等）制成的浆液；另一类是用化学灌浆材料（如硅酸盐、环氧树脂、聚氨酯、丙凝等）制成的浆液。水利水电工程中大量常用的浆液主要有水泥浆、水泥黏土浆、黏土浆、水泥黏土砂浆等。

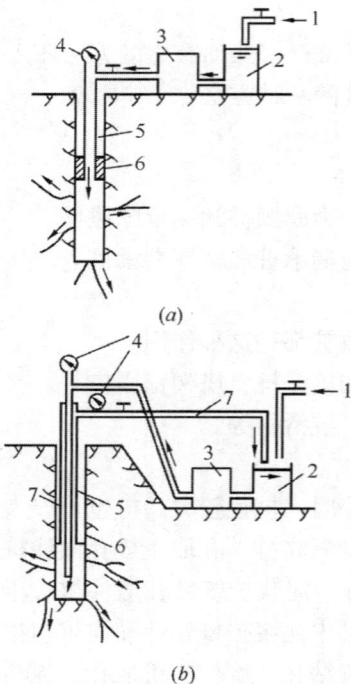

图 2F313023　浆液灌注方式
（a）纯压式；（b）循环式
1—水；2—拌浆筒；3—灌浆筒；
4—压力表；5—灌浆管；
6—灌浆塞；7—回浆管

二、灌浆方式

（1）**按浆液的灌注流动方式**，分为纯压式（如图 2F313023a 所示）和循环式（如图 2F313023b 所示）。

① 纯压式是一次把浆液压入钻孔中，扩散到地基缝隙中，灌注过程中，浆液单向从灌浆机向钻孔流动的一种灌浆方式。

② 循环式是灌浆时浆液进入钻孔，一部分被压入地基缝隙中，另一部分由回浆管路返回拌浆筒中的一种灌浆方式。

（2）按灌浆孔中灌浆程序，分为一次灌浆和分段灌浆。

① 一次灌浆是将孔一次钻完，全孔段一次灌浆。在灌浆深度不大，孔内岩性基本不变，裂隙不大而岩层又比较坚固等情况下可采用该方法。

② 分段灌浆是将灌浆孔划分为几段，采用自下而上或自上而下的方式进行灌浆。适用于灌浆孔深度较大，孔内岩性又有一定变化而裂隙又大的情况。此外，裂隙大且吸浆量大、灌浆泵不易达到冲洗和灌浆所需的压力等情况下也可采用该方法。

三、灌浆工艺与技术要求

1. 固结灌浆

1）灌浆工艺

（1）施工程序。固结灌浆施工程序依次是钻孔、压水试验、灌浆（分序施工）、封孔和质量检查等。

（2）钻孔的布置。钻孔的布置有规则布孔和随机布孔两种。规则布孔形式有正方形布孔和梅花形布孔；随机布孔形式为梅花形布孔。

（3）压水试验。灌浆前进行简易压水试验，采用单点法，试验孔数一般不宜少于总孔数的5%。

（4）灌浆（分序施工）。灌浆分序施工，应严格把握变浆标准及灌浆结束标准。

（5）封孔。封孔采用"置换和压力灌浆封孔法"，先将孔内余浆置换成浓浆，再将灌浆塞塞在孔口，进行压力灌浆封孔。

（6）质量检查。灌浆施工中应进行压水试验检查、测试孔检查及对灌浆孔、检查孔的封孔质量抽样检查，以保证灌浆施工质量。基础固结灌浆完成后，应当进行灌浆质量和固结效果的检查。不符合要求的，可通过加密钻孔，补充进行灌浆，以达到要求。

2）主要技术要求

（1）固结灌浆孔应按分序加密，浆液应按先稀后浓的原则进行。

（2）固结灌浆压力一般控制在0.3～0.5MPa。

3）施工顺序

有盖重的坝基固结灌浆应在混凝土达到要求强度后进行。基础灌浆宜按照先固结、后帷幕的顺序进行。水工隧洞中的灌浆宜按照先回填灌浆、后固结灌浆、再接缝灌浆的顺序进行。

2．帷幕灌浆

1）主要参数

帷幕灌浆主要参数有防渗标准、深度、厚度、灌浆孔排数和灌浆压力等。

2）技术要求

（1）浆液浓度的控制。灌浆过程中，必须根据吸浆量的变化情况，适时调整浆液的浓度。开始时用最稀一级浆液，在灌入一定的浆量后若吸浆量没有明显减少时，即改为用浓一级的浆液进行灌注，如此下去，逐级变浓直到结束。

（2）灌浆压力的控制。灌浆尽可能采用比较高的压力，但应控制在合理范围内。灌浆压力的大小与孔深、岩层性质和灌浆段上有无压重等因素有关，应通过试验来确定，并在灌浆施工中进一步检验和调整。

（3）回填封孔。回填材料多用水泥浆或水泥砂浆。回填封孔有机械回填法和人工回填法。

3．化学灌浆

1）化学浆液的特性

化学浆液具有黏度低、抗渗性强、稳定性和耐久性好、低毒性等特性。适用于灌注和加固混凝土结构的细微裂隙、基岩的细裂隙和断层破碎带等低渗透性地层，低温、动水状况下可固化，凝结时间可控、凝结过程不受水和空气干扰等情况下的灌浆作业。

2）化学浆液类别

化学浆液主要有水玻璃类、丙烯酸盐类、聚氨酯类、环氧树脂类、甲基丙烯酸酯类等几种类型。

3）化学灌浆施工

（1）化学灌浆的工序。化学灌浆的工序依次是：钻孔及压水试验，钻孔及裂缝的处理（包括排渣及裂缝干燥处理），埋设注浆嘴和回浆嘴以及封闭、注水和灌浆。

（2）化学灌浆方法。按浆液的混合方式分单液法灌浆和双液法灌浆两种。单液法是在灌浆前，将浆液的各组成分先混合均匀一次配成，经过气压或泵压压到孔段内。这种方法的浆液配比比较准确，施工较简单，但余浆不久就会聚合，不能再行使用。双液法是将预先已配制的两种浆液分盛在各自的容器内不相混合，然后用气压或泵压按规定比例送浆，使两液在孔口附近的混合器中混合后送到孔段内。两液混合后即起化学作用，聚合时间一到，浆液即固化成聚合体。这种方法适应性强。

（3）化学灌浆压送浆液的方式。由于化学材料配制成的浆液中不存在固体颗粒灌浆材料那样的沉淀问题，故化学灌浆都采用纯压式灌浆。化学灌浆压送浆液的方式有两种：一是气压法（即用压缩空气压送浆液）；二是泵压法（即灌浆泵压送浆液）。

2F313024 防渗墙施工技术

一、防渗墙的类型

水工混凝土防渗墙的类型可按墙体结构形式、墙体材料、布置方式、成槽方法和布置方式分类。

1. 按墙体结构形式分类

按墙体结构形式分，主要有桩柱型防渗墙、槽孔型防渗墙和混合型防渗墙三类（如图2F313024 所示），其中槽孔型防渗墙使用更为广泛。

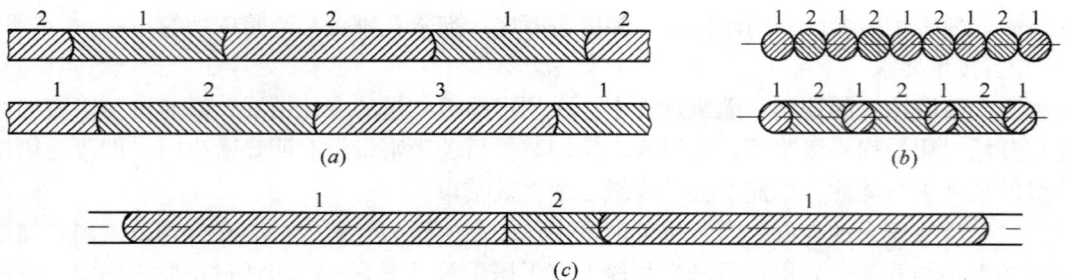

图 2F313024 水工混凝土防渗墙的结构形式
(a) 槽孔型防渗墙；(b) 桩柱型防渗墙；(c) 混合型防渗墙
1、2、3—槽孔编号

2. 按墙体材料分类

按墙体材料分，主要有普通混凝土防渗墙、钢筋混凝土防渗墙、黏土混凝土防渗墙、塑性混凝土防渗墙和灰浆防渗墙。

3. 按成槽方法分类

槽孔建造设备和方法，可根据地层情况、墙体结构形式及设备性能进行选择，必要时可选用多种设备组合施工。可采用的成槽方法有钻劈法、钻抓法、抓取法、铣削法等。

薄防渗墙的成槽可根据地质条件选用薄型抓斗成槽、冲击钻成槽、射水法成槽和锯槽机成槽等方法。槽孔的孔斜率不应大于 4‰。

4. 按布置方式分类

按布置方式分，主要有嵌固式防渗墙、悬挂式防渗墙和组合式防渗墙。

二、成槽机械

槽孔型防渗墙的施工程序包括平整场地、挖导槽、做导墙、安装挖槽机械设备、制备泥浆注入导槽、成槽、混凝土浇筑成墙等。

成槽机械有钢绳冲击钻机、冲击式反循环钻机、回转式钻机、抓斗挖槽机、射水成槽机、锯槽机及链斗式挖槽机等。

三、防渗墙质量检查

防渗墙质量检查程序应包括工序质量检查和墙体质量检查。

工序质量检查应包括造孔、终孔、清孔、接头处理、混凝土浇筑（包括钢筋笼、预埋件、观测仪器安装埋设）等检查。

各工序检查合格后，应签发工序质量检查合格证。上道工序未经检查合格，不应进行下道工序。

墙体质量检查应在成墙 28d 后进行，检查内容为必要的墙体物理力学性能指标、墙段接缝和可能存在的缺陷。检查可采用钻孔取芯、注水试验或其他检测等方法。检查孔的数量宜为每 15～20 个槽孔 1 个，位置应具有代表性。遇有特殊要求时，可酌情增加检测项目及检测频率，固化灰浆和自凝灰浆的质量检查可在合适龄期进行。

2F313030　土石方填筑工程

2F313031　土方填筑技术

一、土方填筑压实机械

土方填筑压实机械分为静压碾压（如羊脚碾、气胎碾等）、振动碾压、夯击（如夯板）三种基本类型。

二、土料压实标准

（1）土石坝的土石料压实标准是根据水工设计要求和土石料的物理力学特性提出来的，对于黏性土用干密度 ρ_d 和施工含水量控制，对于非黏性土以相对密度 D_r 控制，对于石渣和堆石体可以用孔隙率作为压实指标。控制标准随建筑物的等级不同而不同。

（2）在现场用相对密度来控制施工质量不太方便，通常将相对密度 D_r 转换成对应的干密度 ρ_d 来控制。

（3）土料颗粒越细，孔隙比就越大，就越不易压实，所以黏性土的干密度低于非黏性土的干密度。颗粒不均匀的砂砾料，比颗粒均匀的砂砾料的干密度要大。

三、压实参数的确定

（1）土料填筑压实参数主要包括碾压机具的重量、含水量、碾压遍数及铺土厚度等，振动碾压还应包括振动频率及行走速率等。

（2）在确定土料压实参数前必须对土料场进行充分调查，全面掌握各料场土料的物理力学指标，在此基础上选择具有代表性的料场进行碾压试验，作为施工过程的控制参数。当所选料场土性差异甚大，应分别进行碾压试验。因试验不能完全与施工条件吻合，在确定压实标准的合格率时，应略高于设计标准。

（3）选择具有代表性的料场，通过理论计算并参照已建类似工程经验，初选几种碾压机械和拟定的碾压参数进行试验。

（4）黏性土料压实含水量可取 $\omega_1 = \omega_p + 2\%$、$\omega_2 = \omega_p$、$\omega_3 = \omega_p - 2\%$ 三种进行试验。ω_p 为土料塑限。

（5）选取试验铺土厚度和碾压遍数，并测定相应的含水量和干密度，作出对应的关系曲线（如图 2F313031-1 所示）；再按铺土厚度 h、压实遍数 n 和最优含水量 ω_0、最大干密度 $\rho_{d, max}$ 进行整理并绘制相应的曲线（如图 2F313031-2 所示），根据设计干密度，从曲线上分别查出不同铺土厚度所对应的压实遍数和对应的最优含水量；最后再分别计算单位压实遍数的压实厚度，即比较 h_1/a、h_2/b、h_3/c，其中以单位压实遍数的压实厚度最大者为最经济合理。

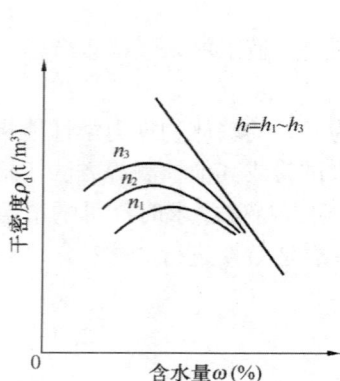

图 2F313031-1　不同铺土厚度、不同压实遍数、土料含水量和干密度的关系曲线

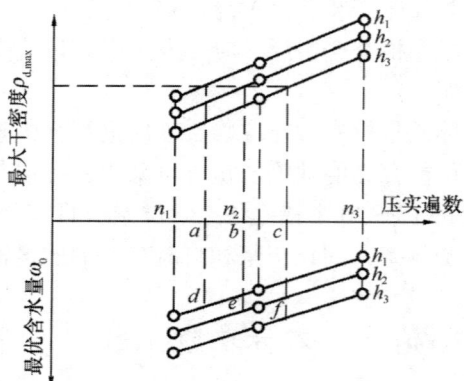

图 2F313031-2　铺土厚度、压实遍数、最优含水量、最大干密度的关系曲线

非黏性土不存在最优含水量，含水量不作专门控制，这是非黏性土与黏性土压实特性的根本区别，故对非黏性土料的试验，只需作铺土厚度、压实遍数和干密度的关系曲线，据此便可得到与不同铺土厚度对应的压实遍数，最后再分别计算单位压实遍数的压实厚度，以单位压实遍数的压实厚度最大者为最经济合理的方案。

四、土石坝、堤防填筑施工

根据施工方法的不同，土石坝分为干填碾压（碾压式）、水中填土、水力冲填（包括水坠坝）等类型。堤防的施工方法与土石坝基本一致。其中，碾压式土石坝最为普遍。这里只介绍碾压土石坝的施工。

1. 作业内容

碾压土石坝的施工作业，包括准备作业、基本作业、辅助作业和附加作业。

（1）准备作业包括："一平四通"即平整场地、通车、通水、通电、通信，修建生产、生活福利、行政办公用房以及排水清基等项工作。

（2）基本作业包括：料场土石料开采，挖、装、运、卸以及坝面铺平、压实、质检等项作业。

（3）辅助作业是保证准备作业及基本作业顺利进行，创造良好工作条件的作业，包括清除施工场地及料场的覆盖层，从上坝土石料中剔除超径石块、杂物，坝面排水，层间刨毛和加水等。

（4）附加作业是保证坝体长期安全运行的防护及修整工作，包括坝坡修整、铺砌护面块石及铺植草皮等。

2. 坝面作业

坝面作业包括铺土、平土、洒水或晾晒（控制含水量）、土料压实、修整边坡、铺筑反滤层、排水体及护坡、质量检查等工序。坝面作业的特点是工作面狭窄、工序多，因此，坝面施工应统一管理，严密组织，保证工序衔接，一般多采用流水作业组织坝面施工。

1）坝面作业的基本要求

根据施工方法、施工条件及土石料性质不同，坝面作业可以分为铺料、整平和压实三个主要工序。为了不使各工序之间相互干扰，可按流水作业进行组织。坝面作业的基本要求是：

（1）将填筑坝面划分为若干工作段或工作面。工作面的划分，应尽可能平行坝轴线方向，以减少垂直坝轴线方向的交接。同时还应考虑平面尺寸适应于压实机械工作条件的需要。

（2）坝面作业时，应按一定次序进行，以免发生漏压或过分重压。土石料压实合格后，才能铺填新料。

2）坝面划分

采用流水作业施工时，首先根据施工工序数目将坝面划分成区段，然后组织各工种的专业队依次进入所划分的区段施工。在同一区段内，各专业队按工序依次连续施工；而各专业队则不停地轮流在各个区段完成本专业的施工工作。其优点是各施工队工作专业化，有利于技术训练和提高；同时在施工过程中保证了人、地、机械工作的连续性，既避免了人员窝工和机械闲置，又避免了施工干扰。因此在坝面作业中组织施工是十分有利的。

流水作业时各施工段工作面的大小取决于各施工时段的上坝强度。而各施工时段的上坝强度，可根据施工进度计划用运输强度（松土）计算。

3）铺料与整平

（1）铺料宜平行坝轴线进行，铺土厚度要匀，超径不合格的料块应打碎，杂物应剔除。进入防渗体内铺料，自卸汽车卸料宜用进占法倒退铺土，使汽车始终在松土上行驶，避免在压实土层上开行，造成超压，引起剪力破坏。汽车穿越反滤层进入防渗体，容易将反滤料带入防渗体内，造成防渗土料与反滤料混杂，影响坝体质量。因此，应在坝面设专用"路口"，既可防止不同土料混杂，又能防止超压产生剪切破坏，若在"路口"出现质量事故，也便于集中处理，不影响整个坝面作业。

（2）按设计厚度铺料整平是保证压实质量的关键。一般采用带式运输机或自卸汽车上坝卸料，采用推土机或平土机散料平土。铺填中不应使坝面起伏不平，避免降雨积水。但平土时还应考虑排水坡度，以便排除雨水。心墙坝或斜墙坝铺筑时应向上游倾斜1%～2%的坡度；均质坝应使中部凸起，向上下游倾斜1%～2%的坡度。

（3）黏性土料含水量偏低，主要应在料场加水，若需在坝面加水，应力求"少、勤、匀"，以保证压实效果。对非黏性土料，为防止运输过程脱水过量，加水工作主要在坝面进行。石渣料和砂砾料压实前应充分加水，确保压实质量。

4）碾压

（1）土料不同，其物理力学性质也不同，因此要求密实的作用外力也不同。黏性土料粘结力是主要的，要求压实作用外力能克服粘结力；非黏性土料（砂性土料、石渣料、砾石料）内摩擦力是主要的，要求压实作用外力能克服颗粒间的内摩擦。

（2）不同的压实机械设备产生的压实作用外力不同。因此，进行碾压施工要对压实机械进行选择。

（3）碾压方式主要取决于碾压机械的开行方式。碾压机械的开行方式通常有：进退错距法和圈转套压法两种。

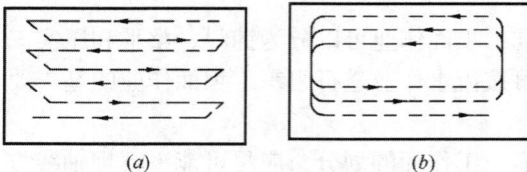

图 2F313031-3   碾压机械开行方式
（a）进退错距法；（b）圈转套压法

进退错距法操作简便，碾压、铺土和质检等工序协调，便于分段流水作业，压实质量容易保证，其开行方式如图2F313031-3（a）所示。用这种开行方式，为避免漏压，可在碾压带的两侧先往复压够遍数后，再进行错距碾压。错距宽度 b（单位：m）按式（2F313031）计算：

$$b = B/n \qquad (2F313031)$$

式中 B——碾滚净宽（m）；

n——设计碾压遍数。

圈转套压法要求开行的工作面较大，适合于多碾滚组合碾压。其优点是生产效率较高，但碾压中转弯套压交接处重压过多，易产生超压。当转弯半径小时，容易引起土层扭曲，产生剪力破坏，在转弯的四角容易漏压，质量难以保证，其开行方式如图2F313031-3（b）所示。

5）结合部位处理

（1）在坝体填筑中，层与层之间分段接头应错开一定距离，同时分段条带应与坝轴线平行布置，各分段之间不应形成过大的高差。接坡坡比一般缓于1∶3。

（2）坝体填筑中，为了保护黏土心墙或黏土斜墙不致长时间暴露在大气中遭受影响，一般都采用土、砂平起的施工方法，其分为两种：一种是先土后砂法，即先填土料后填砂砾反滤料；另一种是先砂后土法，即先填砂砾料后填土料。

无论是先砂后土法或先土后砂法，土料边仍有一定宽度未被压实合格。当采用羊脚碾与气胎碾联合作业时，土砂结合部可用气胎碾进行压实。无此条件时可采用夯实机具。在夯实土砂结合部时，宜先夯土边一侧，等合格后再夯反滤料，不得交替夯实，影响质量。

（3）对于坝身与混凝土结构物（如涵管、刺墙等）的连接部位，填土前，先将结合面的污物冲洗干净，在结合面上洒水湿润，涂刷一层厚约5mm的浓黏性浆、水泥黏性浆或水泥砂浆，要边涂刷、边铺土、边碾压，涂刷高度与铺土厚度一致。靠近混凝土结构物两侧及顶部0.5m范围内填土，不能采用大型机械压实时，可采用小型机械夯实或人工夯实。要注意混凝土结构物两侧均衡填料压实，以免对其产生过大的侧向压力。

（4）坝基结合面。对于基础部位的填土，宜采用薄层、轻碾的方法。对于黏性土、砾质土坝基，应将其表层含水量调节至施工含水量的上限范围，用与防渗体土料相同的碾压参数压实，然后刨毛3～5cm，再铺土压实。非黏性土地基应先压实，再铺第一层土料，其含水量为施工含水量的上限，采用轻型机械压实，压实干密度可略低于设计值。对于岩基，应先把局部凹凸不平的岩石进行整平，封闭岩石表面节理、裂隙，防止渗水冲蚀防渗体。若岩基干燥可适当洒水，并使用含水量略高的土料。无论何种坝基，只有填筑厚度达到 2m 以上时，才可以使用重型压实机械。

五、土方填筑质量控制

施工质量检查和控制是土石坝质量和安全的重要保证，它贯穿于土石坝施工的各个环节和施工全过程。土石坝施工质量控制主要包括料场的质量检查和控制、坝面的质量检查和控制。

1．料场的质量检查和控制

（1）对土料场应经常检查所取土料的土质情况、土块大小、杂质含量和含水量等。其中含水量的检查和控制尤为重要。

（2）若土料的含水量偏高，一方面应改善料场的排水条件和采取防雨措施，另一方面需将含水量偏高的土料进行翻晒处理，或采取轮换掌子面的办法，使土料含水量降低到规定范围再开挖。

（3）当含水量偏低时，对于黏性土料应考虑在料场加水。料场加水的有效方法是采用分块筑畦埂，灌水浸渍，轮换取土。地形高差大也可采用喷灌机喷洒。无论哪种加水方式，均应进行现场试验。对非黏性土料可用洒水车在坝面喷洒加水，避免运输时从料场至坝上的水量损失。

（4）当土料含水量不均匀时，应考虑堆筑"土牛"（大土堆），使含水量均匀后再外运。

2．坝面的质量检查和控制

（1）在坝面作业中，应对铺土厚度、土块大小、含水量、压实后的干密度等进行检查，并提出质量控制措施。对黏性土，含水量的检测是关键，可用含水量测定仪测定。干密度的测定，黏性土一般可用体积为 $200\sim500cm^3$ 的环刀测定；砂可用体积为 $500cm^3$ 的环刀测定；砾质土、砂砾料、反滤料用灌水法或灌砂法测定；堆石因其空隙大，一般用灌水法测定。当砂砾料因缺乏细料而架空时，也用灌水法测定。

（2）根据地形、地质、坝料特性等因素，在施工特征部位和防渗体中，选定一些固定取样断面，沿坝高 $5\sim10m$，取代表性试样（总数不宜少于 30 个）进行室内物理力学性能试验，作为核对设计及工程管理之根据。此外，还须对坝面、坝基、削坡、坝肩接合部、与刚性建筑物连接处以及各种土料的过渡带进行检查。对土层层间结合处是否出现光面和剪力破坏应引起足够重视，认真检查。对施工中发现的可疑问题，如上坝土料的土质、含水量不符合要求，漏压或碾压遍数不够，超压或碾压遍数过多，铺土厚度不均匀及坑洼部位等，应进行重点抽查，不合格的应进行返工。

（3）对于反滤层、过渡层、坝壳等非黏性土的填筑，主要应控制压实参数。在填筑排水反滤层过程中，每层在 $25m\times25m$ 的面积内取样 $1\sim2$ 个；对条形反滤层，每隔 50m 设一取样断面，每个取样断面每层取样不得少于 4 个，均匀分布在断面的不同部位，且层间取样位置应彼此对应。对于反滤层铺填的厚度、是否混有杂物、填料的质量及颗粒级配等应全面检查。通过颗粒分析，查明反滤层的层间系数（$D50/d50$）和每层的颗粒不均匀系数（$d60/d10$）是否符合设计要求。如不符要求，应重新筛选，重新铺填。

（4）土坝的堆石棱体与堆石体的质量检查大体相同。主要应检查上坝石料的质量、风化程度、石块的重量、尺寸、形状、堆筑过程有无离析架空现象发生等。对于堆石的级配、孔隙率大小，应分层分段取样，检查是否符合规范要求。随坝体的填筑应分层埋设沉降管，对施工过程中坝体的沉陷进行定期观测，并作出沉陷随时间的变化过程线。

（5）应及时整理坝体填料的质量检查记录，分别编号存档，编制数据库，既作为施工过程全面质量管理的依据，也作为坝体运行后进行长期观测和事故分析的佐证。

2F313032　石方填筑技术

石方填筑的施工设备、工艺和压实参数的确定与碾压式土石坝非黏性料施工没有本质区别。大规模石方填筑主要出现在堆石坝坝体填筑施工中。

一、堆石坝坝体材料分区

堆石坝坝体材料分区主要有垫层区、过渡区、主堆石区、下游堆石区（次堆石料区）等，如图 2F313032 所示。

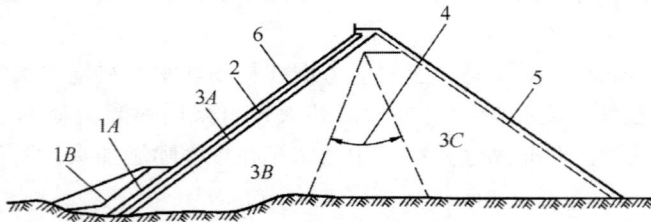

图 2F313032　堆石坝坝体分区
1A—上游铺盖区；1B—压重区；2—垫层区；
3A—过渡区；3B—主堆石区；3C—下游堆石区；
4—主堆石区和下游堆石区的可变界限；
5—下游护坡；6—混凝土面板

二、填筑工艺

（1）堆石体填筑可采用自卸汽车后退法或进占法卸料，推土机摊平。

① 后退法的优点是汽车可在压平的坝面上行驶，减轻轮胎磨损；缺点是推土机摊平工作量大，且影响施工进度。

② 进占法卸料，虽料物稍有分离，但对坝料质量无明显影响，并且显著减轻了推土机的摊平工作量，使堆石填筑速度加快。

（2）垫层料、过渡料和一定宽度的主堆石的填筑应平起施工，均衡上升。主次堆石可分区、分期填筑，其纵横坡面上均可布置施工临时道路。

① 垫层料的摊铺多用后退法，以减轻物料的分离。当压实层厚度大时，可采用混合法卸料，即先用后退法卸料呈分散堆状，再用进占法卸料铺平，以减轻物料的分离。

② 垫层料铺筑上游边线水平超宽一般为 20～30cm。采用自行式振动碾压实。水平碾压时，振动碾与上游边缘的距离不宜大于 40cm。垫层料每填筑升高 10～15m，进行垫层坡面削坡修整和碾压。如采用反铲削坡时，宜每填高 3.0～4.0m 进行一次。垫层料粒径较粗，又处于倾斜部位的，通常采用斜坡振动碾压实。

（3）坝料填筑宜采用进占法卸料，必须及时平料，每层铺料后宜用仪器检查铺料厚度，一经发现超厚应及时处理。

三、堆石体的压实参数和质量控制

1. 堆石体的压实参数

一般堆石体最大粒径不应超过层厚的 2/3。垫层料的最大粒径为 80～100mm，过渡料的最大粒径不超过 300mm，下游堆石区最大粒径 1000～1500mm。

面板堆石坝堆石体的压实参数（碾重、铺层厚和碾压遍数等）应通过碾压试验确定。

2. 堆石体施工质量控制

（1）通常堆石压实的质量指标，用压实重度换算的孔隙率 n 来表示，现场堆石密实度的检测主要采取试坑法。

（2）垫层料（包括周边反滤料）需作颗分、密度、渗透性及内部渗透稳定性检查，检查稳定性的颗分取样部位为界面处。过渡料作颗分、密度、渗透性及过渡性检查，过渡性检查的取样部位为界面处。主、副堆石作颗分、密度、渗透性检查等。

（3）垫层料、反滤料级配控制的重点是控制加工产品的级配。

（4）过渡料主要是通过在施工时清除界面上的超径石来保证对垫层料的过渡性。在垫层料填筑前，对过渡料区的界面作肉眼检查。过渡料的密度比较高，其渗透系数亦较大，一般只作简易的测定。颗分的检查主要是供记录用的。

（5）主堆石的渗透性很大，亦只作简易检查，级配的检查是供档案记录用的。密度值要作出定时的统计，如达不到设计规定值，要制定解决的办法，采取相应的措施保证达到规定要求。进行质量控制，要及时计算由水管式沉降仪测定的沉降值换算的堆石压缩模量值，以便直接了解堆石的质量。

（6）下游堆石的情况与主堆石相似，但对密度的要求相对较低。

四、土石坝施工质量控制

根据《碾压式土石坝施工规范》DL/T 5129—2013，土石坝施工质量控制的关键环节包括坝料质量控制和坝体质量控制等。

1. 坝料质量控制

坝料质量控制应以料场控制为主，不合格材料应在料场处理合格后上坝。鉴别坝料质量，一方面应采取一定数量的代表样进行试验验证，同时也可采用目测方法现场鉴别坝料质量，目测指标应满足设计要求，合格料方可开采上坝。坝料现场鉴别控制项目见表 2F313032-1。

坝料现场鉴别控制项目 表 2F313032-1

坝料类别		鉴别项目
防渗土料	黏性土	含水率，黏粒含量
	碎（砾）石土	允许最大粒径，砾石含量，含水率
反滤料、垫层料、排水料		级配，含泥量，风化软弱颗粒含量
过渡料		级配，允许最大粒径，含泥量
坝壳砾质土		小于 5mm 含量，含水率
坝壳砂砾土		级配，砾石含量，含泥量
堆石料	硬岩	允许最大块径，小于 5mm 颗粒含量，含泥量，软岩含量
	软岩	单轴抗压强度，小于 5mm 颗粒含量，含泥量

2. 坝体填筑质量控制

坝体填筑过程中应检查以下质量控制项目是否符合要求：

（1）填筑边界控制及坝料质量。

（2）与防渗体接触的岩面上石粉、泥土以及混凝土面的乳皮等杂物清除，涂刷浓泥浆等。

（3）结合部位的压实方法及施工质量。

（4）防渗体层面有无光面、剪切破坏、弹簧士、漏压或欠压土、裂缝等；铺土前，压实土体表面处理情况。

（5）防渗体与反滤料、部分坝壳料的平起关系。

（6）铺料厚度和碾压参数。

（7）碾压机具规格、质量，振动碾振动频率、激振力，气胎碾气胎压力等。

（8）过渡料、堆石料有无超径石、大块石集中和夹泥等。

（9）坝坡控制。

防渗体压实控制指标采用干密度、含水率或压实度。反滤料、过渡料、垫层料及砂砾料的压实控制指标采用干密度或相对密度。堆石料的压实控制指标采用孔隙率。

坝体压实质量应以压实参数和指标检测相结合进行控制。过程压实参数应有检测记录；当采用实时质量监控系统进行质量控制时，抽样指标检测频次应减少，且宜布置在过程参数指标不满足要求的部位。

对不同坝料密（密实）度、含水率的检测方法详见表 2F313032-2。堆石料、过渡料采用挖坑灌水（砂）法测密度，试坑直径不小于坝料最大粒径的 2～3 倍，最大不超过 2m。试坑深度为碾压层厚。环刀法测密度时，应取压实层的下部；挖坑灌水（砂）法，应挖至层间结合面。

坝料密（密实）度、含水率检测方法　　　　表 2F313032-2

坝料类别		现场密（密实）度检测方法	现场含水率检测方法
防渗土料	黏性土	挖坑灌水（砂）法、环刀法、三点击实法、核子水分—密度仪法	烘干法、烤干法、核子水分—密度仪法、酒精燃烧法、红外线烘干法、微波烘干法
	碎（砾）石土	挖坑灌水（砂）法、三点击实法、碎（砾）石土最大干密度拟合法、核子水分—密度仪法	烘干法、烤干法、核子水分—密度仪法、红外线烘干法
反滤料、过渡料、垫层料、排水层料、砂砾石料		挖坑灌水（砂）法、附加质量法、瑞雷波法、压沉值法	烘干法、烤干法
堆石料		挖坑灌水（砂）法、附加质量法、瑞雷波法、压沉值法	烘干法、风干法

坝体压实检测项目及取样检测频次按表 2F313032-3 的要求执行。采用实时质量监控系统时，防渗土料、反滤料、过渡料抽样指标检测频次可减少为表 2F313032-3 要求的 20%～50% 或每层 1 次，堆石料可根据情况抽检或者按 1 次/（20 万～40 万 m^3）频次抽检。应按坝体填筑要求回填取样试坑后，方可继续填筑。

坝体压实检查次数				表 2F313032-3
坝料类别及部位			检查项目	取样（检测）次数
防渗体	黏性土	边角夯实部位	干密度、含水率	2～3 次 / 每层
		碾压面		1 次 /100～200m³
		均质坝		1 次 /200～500m³
	砾质土	边角夯实部位	干密度、含水率、大于 5mm 砾石含量	2～3 次 / 每层
		碾压面		1 次 /200～500m³
反滤料			干密度、颗粒级配、含泥量	1 次 /200～500m³，每层至少一次
过渡料			干密度、颗粒级配	1 次 /500～1000m³，每层至少一次
坝壳砂砾（卵）料			干密度、颗粒级配	1 次 /5000～10000m³，每层至少一次
坝壳砾质土			干密度、含水率小于 5mm 含量	1 次 /3000～6000m³，每层至少一次
堆石料 *			干密度、颗粒级配	1 次 /10000～100000m³，每层至少一次

* 堆石料颗粒级配试验组数可为干密度试验的 30%～50%。

对于进入防渗体填筑面上的路口段处土层，应进行检查，如有剪切破坏应处理。雨期施工，应检查施工措施落实情况。雨前，应检查防渗体表面松土是否已平整和压实、压光；雨后复工前填筑面土料是否合格。

当日平均气温低于 0℃时，黏性土料应按低温季节进行施工管理。当日平均气温低于 -10℃时，不宜填筑土料。负温施工注意以下：

（1）黏性土含水量略低于塑性，防渗体土料含水量不大于塑性的 90%。压实土料温度应在 -1℃以上。宜采用重型碾压机械。坝体分段结合处不得存在冻土层、冰块。

（2）砂砾料的含水量应小于 4%，不得加水。填筑时应基本保持正温，冻料含量控制在 10% 以下，冻块粒径不超过 10cm，且均匀分布。

（3）当日最低气温低于 -10℃时，可以采用搭建暖棚进行施工。

2F313040　混凝土工程

2F313041　模板制作与安装

一、模板的作用

水工建筑物混凝土施工流程如图 2F313041-1 所示。

模板的主要作用是对新浇混凝土起成型和支撑作用，同时还具有保护和改善混凝土表面质量的作用。

二、模板的基本类型

（1）按制作材料，模板可分为木模板、钢模

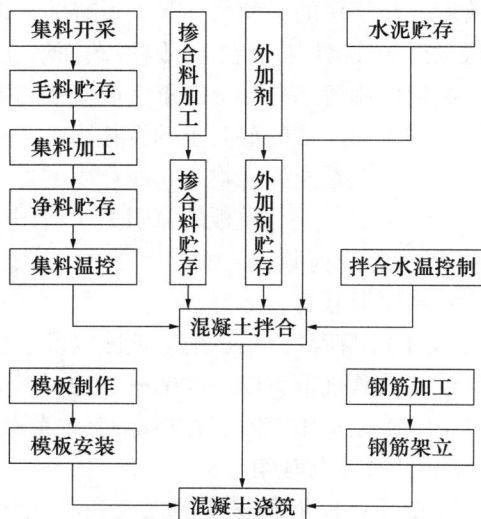

图 2F313041-1　水工建筑物混凝土施工流程

板、混凝土和钢筋混凝土预制模板。

（2）按模板形状可分为平面模板和曲面模板。

（3）按受力条件模板可分为承重模板和侧面模板。侧面模板按其支撑受力方式，又分为简支模板、悬臂模板和半悬臂模板。

（4）按架立和工作特征，模板可分为固定式、拆移式、移动式和滑动式。固定式模板多用于起伏的基础部位或特殊的异形结构如蜗壳或扭曲面，因大小不等，形状各异，难以重复使用。拆移式、移动式和滑动式模板可重复或连续在形状一致或变化不大的结构上使用，有利于实现标准化和系列化。

三、模板设计

大中型混凝土工程模板通常由专门的加工厂制作，采用机械化流水作业，以利于提高模板的生产率和加工质量。

模板及其支撑结构应具有足够的强度、刚度和稳定性，必须能承受施工中可能出现的各种荷载的最不利组合，其结构变形应在允许范围以内。模板及其支架承受的荷载分基本荷载和特殊荷载两类。

1. 基本荷载

基本荷载包括：

（1）模板及其支架的自重。根据设计图确定。木材的密度，针叶类按 $600kg/m^3$ 计算，阔叶类按 $800kg/m^3$ 计算。

（2）新浇筑混凝土重量。通常可按 $24\sim25kN/m^3$ 计算。

（3）钢筋和预埋件重量。对一般钢筋混凝土，可按 $1kN/m^3$ 计算。

（4）工作人员及浇筑设备、工具等荷载。计算模板及直接支撑模板的楞木时，可按均布活荷载 $2.5kN/m^2$ 及集中荷载 $2.5kN$ 验算。计算支撑楞木的构件时，可按 $1.5kN/m^2$ 计；计算支架立柱时，可按 $1kN/m^2$ 计。

（5）振捣混凝土产生的荷载。可按 $1kN/m^2$ 计。

（6）新浇筑混凝土的侧压力。与混凝土初凝前的浇筑速度、捣实方法、凝固速度、坍落度及浇筑块的平面尺寸等因素有关，以前三个因素关系最密切。在振动影响范围内，混凝土因振动而液化，可按静水压力计算其侧压力，但应用流态混凝土的重度取代水的重度，如图 2F313041-2 所示。

（7）新浇筑的混凝土的浮托力。

（8）混凝土拌合物入仓所产生的冲击荷载。

（9）混凝土与模板的摩阻力（适用于滑动模板）。

2. 特殊荷载

特殊荷载有：

（1）风荷载，根据施工地区以及立模部位离地高度，按现行《建筑结构荷载规范》GB 50009—2012 确定。

（2）以上 10 项荷载以外的其他荷载。

3. 基本荷载组合

在计算模板及支架的强度和刚度时，应根据模板的种类，选择表 2F313041-1 的基本荷载组合。特殊荷载可按实际情况计算，如平

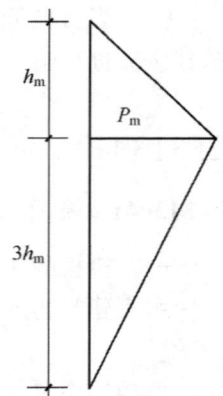

图 2F313041-2
混凝土侧压力分布图
h_m—混凝土新浇面
至初凝面的距离；
P_m—最大侧压力

仓机、非模板工程的脚手架、工作平台、混凝土浇筑过程中不对称的水平推力及重心偏移、超过规定堆放的材料等。

各种模板结构的基本荷载组合　　表 2F313041-1

模板类别	荷载组合（荷载按前述次序）	
	计算承载能力	验算刚度
薄板和薄壳的底模板	（1）、（2）、（3）、（4）	（1）、（2）、（3）、（4）
厚板、梁和拱的底模板	（1）、（2）、（3）、（4）、（5）	（1）、（2）、（3）、（4）、（5）
梁、拱、柱（边长≤300mm）、墙、（厚≤400mm）的侧面垂直模板	（5）、（6）	（6）
大体积结构、厚板、柱（边长＞300mm）、墙、（厚＞400mm）的侧面垂直模板	（5）、（6）、（8）	（6）、（8）
悬臂模板	（1）、（2）、（3）、（4）、（5）、（6）、（8）	（1）、（2）、（3）、（4）、（5）、（6）、（8）
隧洞衬砌模板台车	（1）、（2）、（3）、（4）、（5）、（6）、（7）	（1）、（2）、（3）、（4）、（5）、（6）、（7）

4．抗倾稳定性

承重模板及支架的抗倾稳定性应该验算倾覆力矩、稳定力矩和抗倾稳定系数。稳定系数应大于1.4。当承重模板的跨度大于4m时，其设计起拱值通常取跨度的0.3%左右。

5．模板附件的安全

模板附件的安全系数，应按表 2F313041-2 采用。

模板附件的最小安全系数　　表 2F313041-2

附件名称	结　构　形　式	安全系数
模板拉杆及锚定头	所有使用的模板	2.0
模板锚定件	仅支承模板重量和混凝土压力的模板	2.0
	支承模板和混凝土重量、施工活荷载和冲击荷载的模板	3.0
模板吊钩	所有使用的模板	4.0

四、模板的安装

模板安装必须按设计图纸测量放样，对重要结构应多设控制点，以利检查校正。模板安装好后，要进行质量检查，检查合格后，才能进行下一道工序。应经常保持足够的固定设施，以防模板倾覆。支架必须支承在稳固的地基或已经凝固的混凝土上，并有足够的支承面积，防止滑动。支架的立柱必须在两个互相垂直的方向上用撑拉杆固定，以确保稳定。对于大体积混凝土浇筑块，成型后的偏差不应超过木模安装允许偏差的50%～100%，取值大小视结构物的重要性而定。

混凝土浇筑过程中，必须安排专人负责经常检查、调整模板的形状及位置，使其与设计线的偏差不超过模板安装允许偏差绝对值的1.5倍，并每班做好记录。对承重模板，必须加强检查、维护；对重要部位的承重模板，还必须由有经验的人员进行监测。模板如有变形、位移，应立即采取措施，必要时停止混凝土浇筑。

五、模板的拆除

1. 拆模时间

拆模的迟早直接影响混凝土质量和模板使用的周转率。拆模时间应根据设计要求、气温和混凝土强度增长情况而定。

（1）施工规范规定，非承重侧面模板，混凝土强度应达到 $25 \times 10^5 Pa$ 以上，其表面和棱角不因拆模而损坏时方可拆除。一般情况，夏天需 2～4d，冬天需 5～7d。混凝土表面质量要求高的部位，拆模时间宜晚一些。

（2）根据《水工混凝土施工规范》SL 677—2014，钢筋混凝土结构的承重模板，要求达到下列规定值（按混凝土设计强度等级的百分率计算）时才能拆模：

① 悬臂板、梁：跨度≤2m，75%；跨度＞2m，100%。

② 其他梁、板、拱：跨度≤2m，50%；跨度 2～8m，75%；跨度＞8m，100%。

2. 拆模的程序和方法

在同一浇筑仓的模板，按"先装的后拆，后装的先拆"的原则，按次序、有步骤地进行。拆模时，应尽量减少对模板的损坏，以提高模板的周转次数。要注意防止大片模板坠落；高处拆组合钢模板，应使用绳索逐块下放。模板、连接件、支撑件及时清理，分类堆存。

2F313042　钢筋制作与安装

一、钢筋图

1. 普通钢筋的表示方法

普通钢筋的表示方法见表 2F313042-1。

普通钢筋的表示方法　　　　　　　　　　　表 2F313042-1

序号	名称	图例	说明
1	钢筋横断面	●	—
2	无弯钩的钢筋端部		下图表示长、短钢筋投影重叠时，短钢筋的端部用45°斜划线表示
3	带半圆形弯钩的钢筋端部		—
4	带直钩的钢筋端部		—
5	带丝扣的钢筋端部		—
6	无弯钩的钢筋搭接		—
7	带半圆形弯钩的钢筋搭接		—
8	带直钩的钢筋搭接		—
9	花篮螺丝钢筋接头		—
10	机械连接的钢筋接头		用文字说明机械连接的方式（如冷挤压或直螺纹等）

2. 钢筋图的画法

（1）钢筋图中钢筋用粗实线表示，钢筋的截面用小黑圆点表示，钢筋采用编号进行分类；结构轮廓应用细实线表示，如图 2F313042-1 所示。

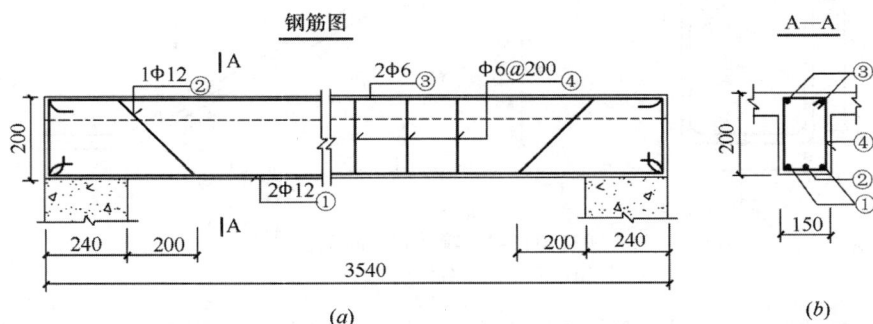

图 2F313042-1　钢筋图
（a）立面图；（b）断面图

（2）钢筋图一般附有钢筋表和材料表，其格式见表 2F313042-2 和表 2F313042-3。

钢　筋　表　　　　　　　　　　　　　表 2F313042-2

编号	直径	形式	单根长（cm）	根数	总长（m）	备注
①	Φ12	75　3500　75	365	2	7.30	
②	Φ12	220　220　75　230　α　2600　α　230　75	371	1	3.71	α = 135°
③	Φ6	3500　160　50　50　160	392	2	7.84	
④	Φ^R6	160　110　160　110	64	18	11.52	

材　料　表　　　　　　　　　　　　　表 2F313042-3

规格	总长度（m）	单位重（kg/m）	总重（kg）	合计（t）
Φ12	12.09	0.888	10.736	0.0150
Φ6	19.36	0.222	4.298	

（3）钢筋图中标注结构的主要尺寸，如图 2F313042-1 所示。钢筋图中钢筋的标注形式如图 2F313042-2 所示。

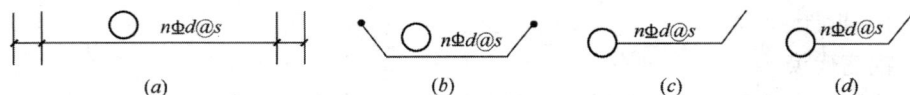

注：圆圈内填写钢筋编号；n 为钢筋的根数；Φ 为钢筋直径及种类的代号；d 为钢筋直径的数值；@ 为钢筋间距的代号；s 为钢筋间距的数值。

图 2F313042-2　钢筋标注形式

（4）箍筋尺寸为内皮尺寸，弯起钢筋的弯起高度为外皮尺寸，单根钢筋的长度应为钢筋中心线的长度，如图 2F313042-3 所示。

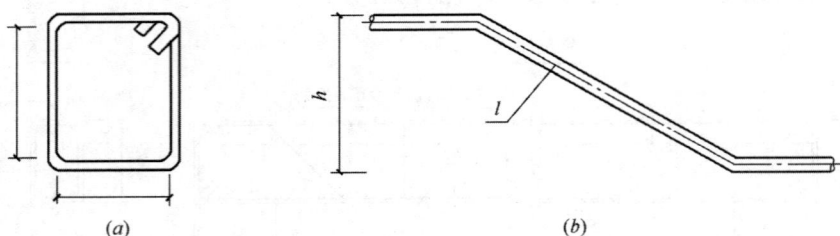

图 2F313042-3　箍筋和弯起钢筋尺寸
(a) 箍筋尺寸；(b) 弯起钢筋尺寸

（5）平面图中配置双层钢筋的底层钢筋向上或向左弯折，顶层钢筋向下或向右弯折，如图 2F313042-4 所示。配有双层钢筋的墙体钢筋立面图中，远面钢筋的弯折向上或向左，近面钢筋的弯折向下或向右，如图 2F313042-5 所示。标注远面的代号为"YM"，近面的代号为"JM"。

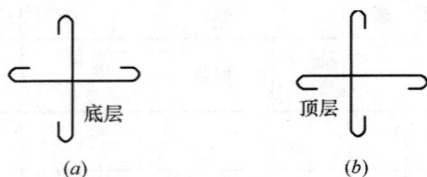

图 2F313042-4　平面图中的双层钢筋　　　图 2F313042-5　立面图中的双层钢筋
(a) 底层钢筋；(b) 顶层钢筋

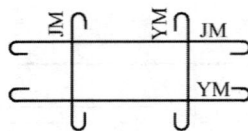

二、钢筋检验

根据《水工混凝土钢筋施工规范》DL/T 5169—2013，现场钢筋检验内容应包括资料核查、外观检查和力学性能试验等。

（1）核查每捆钢筋出厂时标牌注明的生产厂家、生产日期、牌号、产品批号、规格、尺寸等标记，是否与该批钢筋的质量合格证明书及检测报告相符。

（2）检查每批钢筋的外观质量，查看锈蚀程度及有无裂缝、结疤、麻坑、气泡、砸碰伤痕等，并应测量钢筋的直径。

（3）从每批钢筋中任选两根钢筋，每根取两个试件分别进行拉伸试验（包括屈服点、抗拉强度和伸长率）和冷弯试验。当有一项试验结果不符合要求时，则从同一批钢筋中另取双倍数量的试件重做各项试验。如仍有一个试件不合格，则该批钢筋为不合格。

（4）钢筋取样时，钢筋端部应先截去 500mm 再取试件，每组试件应分别标记，不得混淆。钢筋应按批号进行检查和验收，同一批号钢筋，每 60t 宜作为一个检验批，不足 60t 时仍按一批计。

三、钢筋代换

钢筋代换时，必须充分了解设计意图和代换材料性能，并严格遵守水工钢筋混凝土设计规范的各项规定。重要结构中的钢筋代换，应征得设计单位同意。

若以另一种牌号或直径的钢筋代替设计文件中规定的钢筋时，应遵守以下规定：

（1）应按钢筋承载力设计值相等的原则进行，钢筋代换后应满足规范规定的钢筋间距、锚固长度、最小钢筋直径等构造要求。

（2）以高一级钢筋代换低一级钢筋时，宜采用改变钢筋直径方法减少钢筋截面积。

用同牌号钢筋代换时，其直径变化范围不宜超过4mm，代换后钢筋总截面面积与设计文件中规定的钢筋截面面积之比不得小于98%或大于103%。

设计主筋采取同牌号的钢筋代换时，应保持间距不变，可以用直径比设计钢筋直径大一级和小一级的两种型号钢筋间隔配置代换，满足钢筋最小间距要求。

当构件按最小配筋率配筋时，可按钢筋的面积相等的原则进行代换。

当钢筋受裂缝开展宽度或挠度控制时，代换后还应进行裂缝或挠度验算。

四、钢筋加工

钢筋的加工包括清污除锈、调直、下料剪切、接头加工及弯折、钢筋连接等工序。钢筋按其直径大小分为两类，直径大于12mm呈棒状的叫重筋，等于或小于12mm卷成盘条的叫轻筋。加工工艺有所不同，如图2F313042-6所示。

1. 钢筋去污除锈

钢筋表面应洁净，使用前应将表面油渍、漆污、锈皮、鳞锈等清除干净，但对钢筋表面浮锈可不做专门处理。钢筋表面有严重锈蚀、麻坑、斑点等现象时，应经鉴定后视损伤情况确定降级使用或剔除不用。钢筋可在调直或冷拉过程中除锈，可采用手工除锈、机械除锈、喷砂除锈和酸洗除锈等方法。

2. 钢筋调直

钢筋应平直，无局部弯折。成盘的钢筋或弯曲的钢筋应调直后，才允许使用。钢筋调直后如发现钢筋有劈裂现象，应作为废品处理，并应鉴定该批钢筋质量。钢筋的调直宜采用机械调直和冷拉方法调直，严禁采用氧气、乙炔焰烘烤取直。

3. 钢筋下料剪切

钢筋下料长度应根据结构尺寸、混凝土保护层厚度、钢筋弯曲调整值和弯钩增加长度等要求确定。同直径、同钢号且不同长度的各种钢筋编号（设计编号）应先按顺序编制配料表，再根据调直后的钢筋长度和混凝土结构对钢筋接头的要求，统一配料。钢筋切断应根据配料表中编号、直径、长度和数量，长短搭配。

钢筋接头的切割方式应符合下列规定：

（1）采用绑扎接头、帮条焊、搭接焊的接头宜用机械切断机切割。

（2）采用电渣压力焊的接头，应采用砂轮锯或气焊切割。

（3）采用冷挤压连接和螺纹连接的机械连接钢筋端头宜采用砂轮锯或钢锯片切割，不得采用电气焊切割。

（4）采用熔槽焊、窄间隙焊和气压焊连接的钢

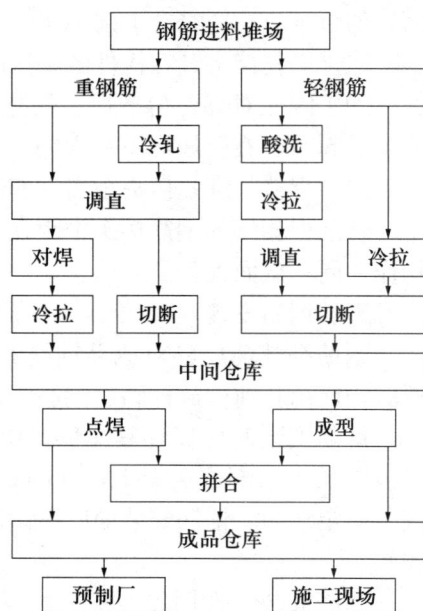

图2F313042-6　钢筋加工流程

筋端头宜选用砂轮锯切割。

4．钢筋接头加工及弯折

钢筋的弯折宜采用钢筋弯曲机加工，弯曲形状复杂的钢筋应画线、放样后进行。

5．钢筋连接

现场施工钢筋连接宜采用绑扎搭接、手工电弧焊、气压焊、竖向钢筋接触电渣焊和机械连接等。

钢筋机械连接接头类型包括：套筒挤压连接、锥螺纹连接和直螺纹连接。其中直螺纹连接分为镦粗直螺纹连接和滚压直螺纹连接（直接滚压直螺纹连接、挤肋滚压直螺纹连接、剥肋滚压直螺纹连接）。

钢筋绑扎连接应符合以下要求：

（1）受拉钢筋直径小于或等于22mm，受压钢筋直径小于或等于32mm，其他钢筋直径小于等于25mm，可采用绑扎连接。

（2）受拉区域内的光圆钢筋绑扎接头的末端应做弯钩，螺纹钢筋的绑扎接头末端不做弯钩。

（3）轴心受拉、小偏心受拉及直接承受动力荷载的构件纵向受力钢筋不得采用绑扎连接。

（4）钢筋搭接处，应在中心和两端用绑丝扎牢，绑扎不少于3道。

（5）钢筋采用绑扎搭接接头时，纵向受拉钢筋的接头搭接长度按受拉钢筋最小锚固长度值控制。

钢筋接头应分散布置，宜设置在受力较小处，同一构件中的纵向受力钢筋接头宜相互错开，结构构件中纵向受力钢筋的接头应相互错开35d（d为纵向受力钢筋的较大直径），且不小于500mm。

配置在同一截面内的下述受力钢筋，其焊接与绑扎接头的截面面积占受力钢筋总截面面积的百分比，应符合下列规定：

（1）绑扎接头，在构件的受拉区中不超过25%，在受压区不宜超过50%。

（2）闪光对焊、熔槽焊、电渣压力焊、气压焊、窄间隙焊接头在受弯构件的受拉区，不超过50%，在受压区不受限制。

（3）焊接与绑扎接头距离钢筋弯头起点不小于10d，也不应位于最大弯矩处。

若两根相邻的钢筋接头中距在500mm以内或两绑扎接头的中距在绑扎搭接长度以内，均作为同一截面处理。

五、钢筋安装

钢筋绑扎前应核对成品钢筋的型号规格、外形尺寸和数量等是否与配料表、料牌相符。钢筋绑扎前应放样画出钢筋中心线位置。

钢筋安装时应保证其净保护层厚度满足设计或规范要求，在钢筋与模板之间应设置强度不低于该部位混凝土强度的垫块，垫块的高度与净保护层厚度相同，应均匀分散布置，固定牢固。锚筋安装前应按设计要求验收孔位、孔向、孔深、孔径，清洗钻孔，排干积水。

锚筋安装宜选用先注浆后插锚筋的施工方法，钻孔直径应比插筋直径大15mm以上；采用先插锚筋后注浆的方法安装时，钻孔直径宜比锚筋直径大40mm。

六、质量检查与控制

钢筋工程质量检查应按照钢筋施工工艺的相关要求，采取直观检查、实测检查、仪器测试等。钢筋安装前应检查成品钢筋型号规格、外形尺寸和数量等与设计和料单、料牌的相符性，检查方法包括尺量、核对数量和目测；应检查放线位置的准确性和完好性，检查方法为仪器测量和尺量。

锚筋安装前应按设计要求检查孔位、孔向、孔深、孔径及清洗钻孔，检查工具有罗盘、测斜仪、钢丝、钢卷尺；检查方法为测量和观察。

钢筋绑扎安装完成后应严格进行检查，核对钢筋位置、钢号、直径、根数、间距、接头位置、搭接长度是否符合规定，绑扎是否牢固，有无松脱变形现象，经终检验收合格后，方可进入下道工序。

2F313043　混凝土拌合与运输

一、拌合方式

混凝土拌合必须按照试验部门签发并经审核的混凝土配料单进行配料，严禁擅自更改。混凝土组成材料的配料量均以重量计。称量的允许偏差，不应超过表 2F313043-1 规定。

混凝土材料称量的允许偏差　　　　　　　表 2F313043-1

材料名称	称量的允许偏差（%）
水泥、掺合料、水、冰、外加剂溶液	±1
集料	±2

（1）一次投料法（常用方法），将砂、石、水、水泥同时加入搅拌筒中进行搅拌。

（2）二次投料法可分为预拌水泥砂浆及预拌水泥净浆法。与一次投料法相比，混凝土强度可提高 15%，也可节约水泥 15%～20%。

（3）水泥裹砂法

①砂子先经砂处理机，使表面含水率保持在 2% 左右。

②向拌合机加入砂和石子，加入一部分拌合水。

③加入水泥，开始拌合，在砂石表面裹上一层水泥浆膜，其水胶比控制在 0.15～0.35 范围内。

④最后加入剩余的拌合水和高效减水剂，直至拌合成均匀混凝土。

与一次投料法相比，强度可提高 20%～30%，混凝土不易产生离析现象，泌水少，工作性能好。

二、拌合设备生产能力的确定

拌合设备生产能力主要取决于设备容量、台数与生产率等因素。

（1）每台拌合机的小时生产率可用每台拌合机每小时平均拌合次数与拌合机出料容量的乘积来计算确定。

（2）拌合设备的小时生产能力可按混凝土月高峰强度计算确定。

（3）确定混凝土拌合设备容量和台数，还应满足如下要求：

①能满足同时拌制不同强度等级的混凝土。

②拌合机的容量与集料最大粒径相适应。

③ 考虑拌合、加水和掺合料以及生产干硬性或低坍落度混凝土对生产能力的影响。

④ 拌合机的容量与运载重量和装料容器的大小相匹配。

⑤ 适应施工进度，有利于分批安装，分批投产，分批拆除转移。

三、混凝土的运输设备

通常混凝土的水平运输设备主要有有轨运输和无轨运输两种；垂直运输设备主要有门式起重机、塔式起重机、缆式起重机和履带式起重机。

使用的运输设备，应使混凝土在运输过程中不致发生分离、漏浆、严重泌水、过多温度回升和坍落度损失。混凝土在运输过程中，应尽量缩短运输时间和转运次数。转运时，混凝土自由跌落高度不大于 2m，否则，应加设缓降器（料槽等）以防止混凝土集料分离。掺普通减水剂的混凝土运输时间不宜超过表 2F313043-2 的规定。因故停歇过久，混凝土已初凝或已失去塑性时，应作废料处理。严禁在运输途中和卸料时加水。

混凝土运输时间   表 2F313043-2

运输时平均气温（℃）	混凝土运输时间（min）
20~30	45
10~20	60
5~10	90

四、混凝土运输方案

混凝土运输过程包括水平和垂直运输。从混凝土出机口到浇筑仓前，主要是水平运输，从浇筑仓前到仓内主要是垂直运输。大坝等建筑物的混凝土运输浇筑，主要有：门、塔机运输方案，缆机运输方案以及辅助运输浇筑方案。

1. 门、塔机运输方案

采用门、塔机浇筑混凝土可分为有栈桥和无栈桥方案。

所谓栈桥就是行驶起重运输机械，直接为施工服务的临时桥梁。施工栈桥一般由桥墩、梁跨结构和桥面系统三部分组成。设置栈桥的目的有两个：一是为了扩大起重机的控制范围，增加浇筑高度；二是为起重机和混凝土运输提供开行线路，使之与浇筑工作面分开，避免相互干扰。

2. 缆机运输方案

缆机的塔架常安设于河谷两岸，通常布置在所浇建筑物外，故可提前安装，一次架设，在整个施工期间长期发挥作用。

3. 辅助运输浇筑方案

通常一个混凝土坝枢纽工程，很难用单一的运输浇筑方案完成，总要辅以其他运输浇筑方案配合施工。有主有辅，相互协调。常用的辅助运输浇筑方案有履带式起重机浇筑方案、汽车运输浇筑方案、皮带运输机浇筑方案、混凝土输送泵浇筑方案等，其中，混凝土输送泵因其高性能、使用方便等优点，在混凝土坝之外的水利工程中往往作为混凝土的主要运输方案。

4. 选择混凝土运输浇筑方案的原则

（1）运输效率高，成本低，转运次数少，不易分离，质量容易保证。

（2）起重设备能够控制整个建筑物的浇筑部位。

（3）主要设备型号要少，性能良好，配套设备能使主要设备的生产能力充分发挥。

（4）在保证工程质量前提下能满足高峰浇筑强度的要求。

（5）除满足混凝土浇筑要求外，同时能最大限度地承担模板、钢筋、金属结构及仓面小型机具的吊运工作。

（6）在工作范围内能连续工作，设备利用率高，不压浇筑块，或不因压块而延误浇筑工期。

2F313044 混凝土浇筑与温度控制

一、混凝土浇筑与养护

混凝土浇筑的施工过程包括：浇筑前的准备作业，浇筑时入仓铺料、平仓振捣和浇筑后的养护。

1. 浇筑前的准备作业

浇筑前的准备作业包括：

1）基础面的处理

对于砂砾地基，应清除杂物，整平建基面，再浇10～20cm低强度等级混凝土作垫层，以防漏浆；对于土基，应先铺碎石，盖上湿砂，压实后，再浇混凝土；对于岩基，爆破后用人工清除表面松软岩石、棱角和反坡，并用高压水枪冲洗，若粘有油污和杂物，可用金属刷刷洗，直至洁净为止。

2）施工缝处理

施工缝是指浇筑块间临时的水平和垂直结合缝，也是新老混凝土的结合面。在新混凝土浇筑之前，必须采用高压水枪或风砂枪将老混凝土表面含游离石灰的水泥膜（乳皮）清除，并使表层石子半露，形成有利于层间结合的麻面。对纵缝表面可不凿毛，但应冲洗干净，以利灌浆。采用高压水冲毛，视气温高低，可在浇筑后5～20h进行；风砂枪打毛时，一般应在浇筑后一两天进行。施工缝凿毛后，应冲洗干净使其表面无渣、无尘，才能浇筑混凝土。

3）模板、钢筋及预埋件安设。

4）开仓前全面检查

仓面准备就绪，风、水、电及照明布置妥当后，才允许开仓浇筑。一经开仓则应连续浇筑，避免因中断而出现冷缝。

2. 入仓铺料

（1）混凝土入仓铺料多用平浇法。

（2）层间间歇超过混凝土初凝时间，会出现冷缝，使层间的抗渗、抗剪和抗拉能力明显降低。

（3）分块尺寸和铺层厚度受混凝土运输浇筑能力的限制，若分块尺寸和铺层厚度已定，要使层间不出现冷缝，应采取措施增大运输浇筑能力。倘若设备能力难以增加，则应考虑改变浇筑方法，将平浇法改变为斜层浇筑或台阶浇筑，以避免出现冷缝。为避免砂浆流失、集料分离，此时宜采用低坍落度混凝土。

3. 平仓与振捣

卸入仓内成堆的混凝土料，按规定要求均匀铺平称为平仓。平仓可用插入式振捣器插入料堆顶部振动，使混凝土液化后自行摊平，也可用平仓振捣机进行平仓振捣。

振捣是保证混凝土密实的关键。为了避免漏振，应使振点均匀排列，有序进行振捣，并使振捣器插入下层混凝土约5cm，以利上下层结合。

混凝土拌合物出现下列情况之一者，按不合格料处理：

（1）错用配料单已无法补救，不能满足质量要求。

（2）混凝土配料时，任意一种材料计量失控或漏配，不符合质量要求。

（3）拌合不均匀或夹带生料。

（4）出机口混凝土坍落度超过最大允许值。

4. 混凝土检查与养护

混凝土拆模后，应检查其外观质量。有混凝土裂缝、蜂窝、麻面、错台和模板走样等质量问题或事故时应及时检查和处理。对混凝土强度或内部质量有怀疑时，可采取无损检测法（如回弹法、超声回弹综合法等）或钻孔取芯、压水试验等进行检查。

养护是保证混凝土强度增长，不发生开裂的必要措施，通常采用洒水养护或安管喷雾。养护时间与浇筑结构特征和水泥发热特性有关，正常养护28天，有时更长。对于已经拆模的混凝土表面，应用草垫、锯末或保温板等覆盖，也可以采用化学防护膜进行养护。

二、大体积混凝土温控与监测

根据《混凝土坝温度控制设计规范》NB/T 35092—2017，大体积混凝土温度控制与监测有关要求如下。

1. 混凝土温度控制措施

1）总体要求

（1）施工期应对混凝土原材料、混凝土生产过程、混凝土运输和浇筑过程及浇筑后的温度进行全过程控制。对高坝宜采用具有信息自动采集、分析、预警、动态调整等功能的温度控制系统进行全过程控制。

（2）混凝土温度控制应提出符合坝体分区容许最高温度及温度应力控制标准的混凝土温度控制措施，并提出出机口温度、浇筑温度、浇筑层厚度、间歇期、表面冷却、通水冷却和表面保护等主要温度控制指标。

（3）气候温和地区宜在气温较低月份浇筑基础混凝土；高温季节宜利用早晚、夜间气温低的时段浇筑混凝土。

（4）常态混凝土浇筑应采取短间歇均匀上升、分层浇筑的方法。基础约束区的浇筑层厚度宜为1.5～2.0m，有初期通水冷却的浇筑层厚度可适当加厚；基础约束区以上浇筑层厚度可采用1.5～3.0m。浇筑层间歇期宜采用5～7d。在基础约束区内应避免出现薄层长期停歇的浇筑块。宜在下层混凝土最高温度出现后，开始浇筑上层混凝土。

（5）碾压混凝土宜薄层浇筑连续上升。

2）原材料温度控制

（1）水泥运至工地的入罐或入场温度不宜高于65℃。

（2）应控制成品料仓内集料的温度和含水率，细集料表面含水率不宜超过6%，应采取下列主要措施：

① 成品料仓宜采用筒仓；料仓除有足够的容积外，宜维持集料不小于6m的堆料厚度，或取料温度不受日气温变幅的影响；细集料料仓的数量和容积应够细集料脱水轮换使用。

② 料仓搭设遮阳防雨棚，粗集料可采取喷雾降温。

③ 宜通过地垄取料，采取其他运料方式时应减少转运次数。

（3）拌合水储水池应有防晒设施，储水池至拌合楼的水管应包裹保温材料。

3）混凝土生产过程温度控制

（1）降低混凝土出机口温度宜采取下列措施：

① 常态混凝土的粗集料可采用风冷、浸水、喷淋冷水等预冷措施，碾压混凝土的粗集料宜采用风冷措施。采用风冷时冷风温度宜比集料冷却终温低10℃，且经风冷的集料终温不应低于0℃。喷淋冷水的水温不宜低于2℃。

② 拌合楼宜采用加冰、加制冷水拌合混凝土。加冰时宜采用片冰或冰屑，常态混凝土加冰率不宜超过总水盘的70%，碾压混凝土加冰率不宜超过总水量的50%。加冰时可适当延长拌合时间。

（2）混凝土出机口温度可按规范《混凝土坝温度控制设计规范》NB/T 35092—2017附录 E 的方法计算。

4）混凝土运输和浇筑过程温度控制

（1）应提出混凝土运输及卸料时间要求。混凝土运输机具应采取隔热、保温、防雨等措施。应提出混凝土坯层覆盖时间要求。混凝土入仓后、初凝前应及时进行平仓、振捣或辗压。混凝土出拌合楼机口至振捣或辗压结束，温度回升值不宜超过5℃，且混凝土浇筑温度不宜大于28℃。入仓温度和浇筑温度可按规范《混凝土坝温度控制设计规范》NB/T 35092—2017附录 E 的方法计算。

（2）混凝土平仓、振捣或碾压后，应及时覆盖聚乙烯泡沫塑料板、聚乙烯气垫薄膜、保温被等保温材料；浇筑或碾压上坯层混凝土时应揭去保温材料。

（3）浇筑仓内气温高于25℃时应采用喷雾措施，喷雾应覆盖整个仓面，雾滴直径应达到40～80μm，同时应防止混凝土表面积水。喷雾后仓内气温较仓外气温降低值不宜小于3℃。混凝土终凝后，可结束喷雾。

5）浇筑后温度控制

（1）混凝土浇筑后温度控制宜采用冷却水管通水冷却、表面流水冷却、表面蓄水降温等措施。坝体有接缝灌浆要求时，应采用水管通水冷却方法。

（2）高温季节，常态混凝土终凝后可采用表面流水冷却或表面蓄水降温措施。表面流水冷却的仓面宜设置花管喷淋，形成表面流动水层；表面蓄水降温应在混凝土表面形成厚度不小于5cm 的覆盖水层。

（3）坝高大于200m 或温度控制条件复杂时，宜采用自动调节通水降温的冷却控制方法。

6）养护

（1）坝体混凝土施工中出现的所有临时或永久暴露面均应进行养护。常态混凝土应在初凝后3h 开始保湿养护；碾压混凝土可在收仓后进行喷雾养护，并尽早开始保湿养护。养护期内应始终使混凝土表面保持湿润状态。

（2）混凝土养护可采用喷雾、旋喷洒水、表面流水、表面蓄水、花管喷淋、盖潮湿草袋、铺湿砂层或湿砂袋、涂刷养护剂、人工洒水等方式。

（3）混凝土宜养护至设计龄期，养护时间不宜少于28d。闸墩、抗冲磨混凝土等特殊部位宜适当延长养护时间。

2. 施工期温度监测与分析

为做好大体积混凝土的温控，应对施工期混凝土温度控制全过程进行监测。监测内容主要包括原材料温度监测、混凝土温度监测、通水冷却监测、浇筑仓气温及保温层温度监测等。施工期温度监测原始记录应完整有效。

测温仪器应经过率定，其测温误差为 ±0.3℃。

1）原材料温度监测

（1）水泥、掺合料、集料、水和外加剂等原材料的温度应至少每4h测量1次，低温季节施工宜加密至每1h测量1次。

（2）测量水、外加剂溶液和细集料的温度时，温度传感器或温度计插入深度不小于10cm；测量粗集料温度时，插入深度不小于10cm并大于集料粒径的1.5倍，周围用细粒径料充填。

2）混凝土出机口温度、入仓温度和浇筑温度监测

（1）混凝土出机口温度应每4h测量1次；低温季节施工时宜加密至每2h测量1次。

（2）混凝土入仓后平仓前，应测量深5～10cm处的入仓温度。入仓温度应每4h测量1次；低温季节施工时，宜加密至每2h测量1次。

（3）混凝土经平仓、振捣或辗压后、覆盖上坯混凝土前，应测量本坯混凝土面以下5～10cm处的浇筑温度。浇筑温度测温点应均匀分布，且应覆盖同一仓面不同品种的混凝土；同一坯层每100m² 仓面面积应有1个测温点，且每个坯层应不少于3个测温点。

3）混凝土内部温度监测

（1）施工期坝体混凝土温度监测应充分利用坝内埋设的永久观测仪器。

（2）混凝土温度监测可采用电阻式温度计、数字式温度计等观测仪器；也可采用预设测温孔灌水方法，孔深大于15cm,用温度计测量。

（3）各坝段基础约束区每1～2个浇筑层宜布置1个测温点，非约束区每2～3个浇筑层宜布置1个测温点；自开始浇筑至最高温度出现期间每8h或12h测量1次，最高温度出现后至上层混凝土覆盖前每12h或24h测量1次；高坝宜增加测温点和测温频次。

4）通水冷却监测

（1）应在每仓混凝土中选择1～3根冷却水管进行进出口水温、流量、压力的测量，并记录各期通水开始时间、结束时间。水温、流量、压力宜每6～12h测量1次。

（2）各期通水冷却结束时，宜采用水管闷水测温方法监测混凝土温度，闷水时间宜采用5～7d,并记录闷水开始日期、结束日期及测温结果。

5）浇筑仓气温及保温层温度监测

（1）混凝土施工过程中，应测量仓内中心点附近距混凝土表面高度1.5m处的气温，并同时测量仓外气温。宜采用自动测温仪器；人工测温时，每天应至少测量4次。

（2）混凝土表面保温期间，应选择典型保温部位及保温方法进行保温层下的混凝土表面温度测量，可在混凝土最高温度出现前每8h观测1次，最高温度出现至28d每24h观测1次，28d至保温材料拆除前每周观测1次。

（3）气温骤降期间，宜增加仓内外气温和保温层下的混凝土表面温度监测频次。

6）数据分析与反馈

（1）应对监测得到的温度控制数据进行整编、分析和处理。

（2）应按仓位统计混凝土出机口温度、浇筑温度、最高温度；埋设冷却水管的部位，应按仓位或冷却批次统计各期水管冷却的降温速率、降温幅度。

（3）应绘制各坝段、各部位的温度控制状况图表，分析评价温度控制效果。

（4）应依据温度控制实施效果进行温度过程预测，对可能超出控制标准的部位提出预警。

三、碾压混凝土施工

1. 混凝土配合比设计的要求

碾压混凝土配合比应满足工程设计的各项技术指标及施工工艺要求。配合比设计参数选定：

（1）掺合料掺量：应通过试验确定，掺量超过65%时，应做专门试验论证。

（2）水胶比：应根据设计提出的混凝土强度、抗渗性、抗冻性和拉伸变形等要求确定，其值宜不大于0.65。

（3）砂率：应通过试验选取最佳砂率值。使用天然砂石料时，三级配碾压混凝土的砂率为28%～32%，二级配时为32%～37%；使用人工砂石料时，砂率应增加3%～6%。

（4）单位用水量：可根据碾压混凝土VC值（拌合物工作度，按试验规程规定的方法测得的时间，以秒为计量单位）、集料的种类及最大粒径、砂率、石粉含量、掺合料以及外加剂等选定。

（5）外加剂：外加剂品种和掺量应通过试验确定。

2. 碾压施工的要求

在摊铺碾压混凝土前，通常先在建基面铺一层常态混凝土垫层进行找平，厚度一般1.0～2.0m，在常态混凝土中可以布置灌浆廊道和排水廊道。由于垫层混凝土收到岩基约束力影响，极易开裂，故尽可能减薄。碾压混凝土应采用大仓面薄层（厚度一般为30mm）连续浇筑。铺筑方法宜采用平层通仓法，也可采用斜层平推法。铺筑面积应与铺筑强度及碾压混凝土允许层间间隔时间相适应。

碾压混凝土仓面常用推土机摊铺找平，宜平行坝轴线方向摊铺。碾压混凝土铺筑层应以固定方向逐条带铺筑。坝体迎水面3～5m范围内，碾压方向应垂直于水流方向。碾压作业宜采用搭接法，碾压条带间搭接宽度为10～20cm；端头部位搭接宽度宜为100cm左右。

振动碾机型的选择，应考虑碾压效率、激振力、滚筒尺寸、振动频率、振幅、行走速度、维护要求和运行的可靠性。振动碾行走速度应控制在1.0～1.5km/h。

每个碾压条带作业结束后，应及时按网格布点，检测混凝土的表观密度。低于规定指标时，应立即重复检测，必要时可增加测点，并查找原因，采取处理措施。碾压后出现弹簧土现象的部位，如果检测的表观密度满足要求，可不进行处理。

连续上升铺筑的碾压混凝土，层间间隔时间应控制在直接铺筑允许时间内。超过直接铺筑允许时间的层面，应先在层面上铺垫层拌合物，再铺筑上一层碾压混凝土。超过了加垫层铺筑允许时间的层面应按施工缝处理。

施工缝及冷缝必须进行缝面处理，缝面处理可用刷毛、冲毛等方法清除混凝土表面的浮浆及松动集料，达到微露粗砂即可。层面处理完成并清洗干净，经验收合格后，先铺垫层拌合物（1～1.5cm砂浆或水泥浆），然后立即铺筑上一层混凝土，并在垫层拌合物初凝前碾压完毕。对于连续碾压的临时施工层面（混凝土未初凝），可以不作处理，但在全断面碾压混凝土坝上游面防渗区，应当铺砂浆或水泥浆，防止层面漏水。

3．施工质量控制的要求

碾压混凝土拌合物质量的检测，可在搅拌机口随机取样进行，检测项目和频率执行表2F313044-1的规定。

碾压混凝土的检测项目和频率　　　　　　　　　　表 2F313044-1

检测项目	检测频率	检测目的
VC 值	每 2h 一次 *	控制工作度变化
含气量	使用引气剂时，每班（1～2）次	调整引气剂掺量
温度	每 2～4h 一次	温度控制要求
抗压强度	28d 龄期每 500m³ 成型一组，设计龄期每 1000m³ 成型一组；不足 500m³，至少每班取样一次	检验碾压混凝土拌合质量及施工质量

* 气候条件变化较大（大风、雨天、高温）时应适当增加检测次数。

碾压混凝土铺筑时，应按表 2F313044-2 的规定进行检测，并做好记录。

碾压混凝土铺筑现场检测项目和标准　　　　　　　表 2F313044-2

检测项目	检测频率	控制标准
VC 值	每 2h 一次	允许偏差 ±5s（且满足 DL/T 5112—2009 第 6.0.4 条要求）
抗压强度	相当于机口取样数量的 5%～10%	设计指标
表观密度	按 DL/T 5112—2009 第 8.3.2 条规定	每个铺筑层测得的表观密度应全部达到 DL/T 5112—2009 第 8.3.4 条规定的相对密实度指标
集料分离情况	全过程控制	不允许出现集料集中现象
两个碾压层间隔时间	全过程控制	由试验确定不同气温条件下的允许层间隔时间，并按其判定
混凝土加水拌合至碾压完毕时间	全过程控制	小于 2h 或通过试验确定
入仓温度	2～4h 一次	设计指标

注：气候条件变化较大（大风、雨天、高温）时，应适当增加 VC 值、入仓温度的检测次数。

表观密度检测采用核子水分密度仪或压实密度计。每铺筑 100～200m² 至少应有一个检测点，每一铺筑层仓面内应不少于 3 个检测点。以碾压完毕 10min 后的核子水分密度仪测试结果作为表观密度判定依据。

对于建筑物的外部混凝土，相对密实度不得小于 98%；对于内部混凝土，相对密实度不得小于 97%。

钻孔取样是评定碾压混凝土质量的综合方法。钻孔取样可在碾压混凝土达到设计龄期后进行。钻孔的部位和数量应根据需要确定。钻孔取样评定的内容如下：

（1）芯样获得率：评价碾压混凝土的均质性。

（2）压水试验：评定碾压混凝土抗渗性。

（3）芯样的物理力学性能试验：评定碾压混凝土的均质性和力学性能。

（4）芯样断口位置及形态描述：评价层间结合是否符合设计要求。

（5）芯样外观描述：评定碾压混凝土的均质性和密实性。

测定抗压强度的芯样直径以 150～200mm 为宜。混凝土的最大集料粒径大于 80mm 的部位，宜采用直径 200mm 或更大直径的芯样。

2F313045　分缝与止水的施工要求

为了适应地基的不均匀沉降和伸缩变形，在水闸、涵洞等水工结构设计中均设置温度缝与沉降缝，并常用沉陷缝取代温度缝作用。缝有铅直和水平两种，缝宽一般为 1.0～2.5cm。缝中填料及止水设施，在施工中应按设计要求确保质量。

1. 填料的施工

沉降缝的填充材料，常用的有沥青油毛毡、沥青杉木板及泡沫板等多种。其安装方法有先装法和后装法两种。

（1）先装法是将填充材料用铁钉固定在模板内侧后，再浇筑混凝土，这样拆模后填充材料即可贴在混凝土上，然后立沉降缝的另一侧模板和浇筑混凝土，具体过程如图 2F313045-1 所示。如果沉降缝两侧的结构需要同时浇灌，则沉降缝的填充材料在安装时要竖立平直，浇筑时沉降缝两侧流态混凝土的上升高度要一致。

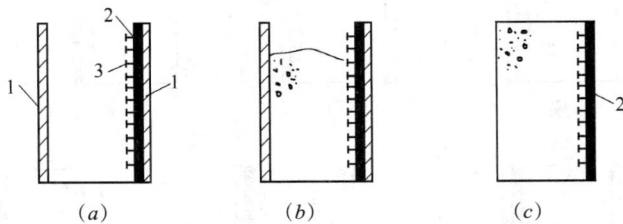

图 2F313045-1　先装法施工
(*a*) 立模；(*b*) 浇筑；(*c*) 拆模
1—模板；2—填料；3—铁钉

（2）后装法是先在缝的一侧立模浇筑混凝土，并在模板内侧预先钉好安装填充材料的长铁钉数排，并使铁钉的 1/3 留在混凝土外面，然后安装填料、敲弯铁尖，使填料固定在混凝土面上，再立另一侧模板和浇筑混凝土，具体过程如图 2F313045-2 所示。

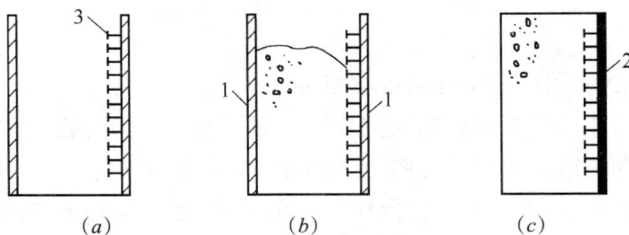

图 2F313045-2　后装法施工
(*a*) 立模；(*b*) 浇筑；(*c*) 拆模
1—模板；2—填料；3—铁钉

2. 止水的施工

凡是位于防渗范围内的缝，都有止水设施，止水包括水平止水和垂直止水。

1）水平止水

水平止水形式如图 2F313045-3 所示。水平止水大都采用塑料（或橡胶）止水带，其安装与填料的安装方法一样，具体如图 2F313045-4 所示。

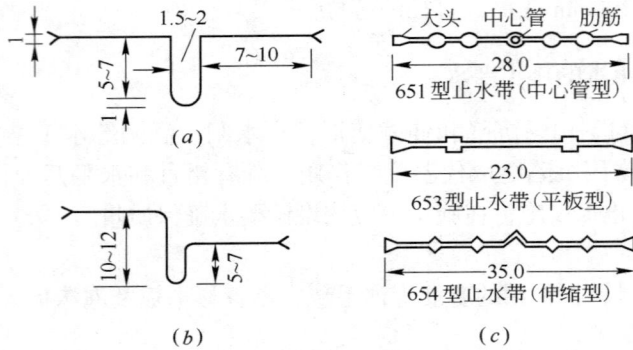

图 2F313045-3　水平止水片与塑料止水带（单位：cm）
（a）、（b）金属止水片；（c）塑料止水带

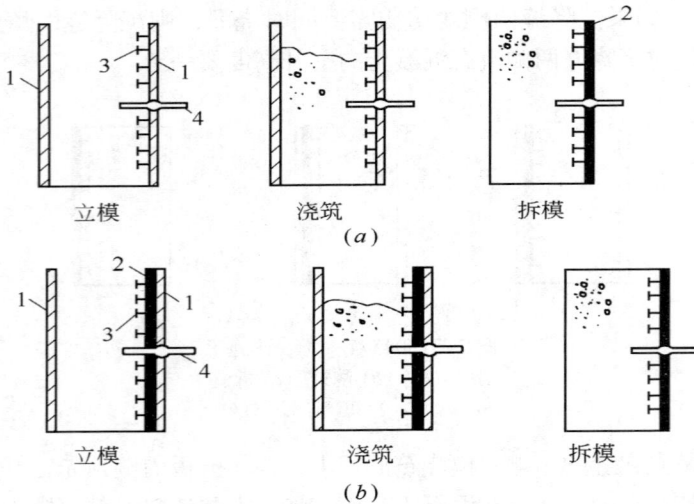

图 2F313045-4　水平止水安装示意图
（a）后装法；（b）先装法
1—模板；2—填料；3—嵌钉；4—止水带

2）垂直止水

常用的垂直止水构造如图 2F313045-5 所示。

止水部分的金属片，重要部分用紫铜片，一般用铝片、镀锌铁皮或镀铜铁皮等。

对于需灌注沥青的结构形式，如图 2F313045-5（a）、（b）、（c）所示，可按照沥青井的形状预制混凝土槽板，每节长度可为 0.3～0.5m，与流态混凝土的接触面应凿毛，以利结合。安装时需涂抹水泥砂浆，随缝的上升分段接高。沥青井的沥青可一次灌注，也可分段灌注。止水片接头要进行焊接。

3）接缝交叉的处理

止水交叉有两类：一是铅直交叉，二是水平交叉。交叉处止水片的连接方式也可分为两种：一种是柔性连接，即将金属止水片的接头部分埋在沥青块体中；另一种是刚性连

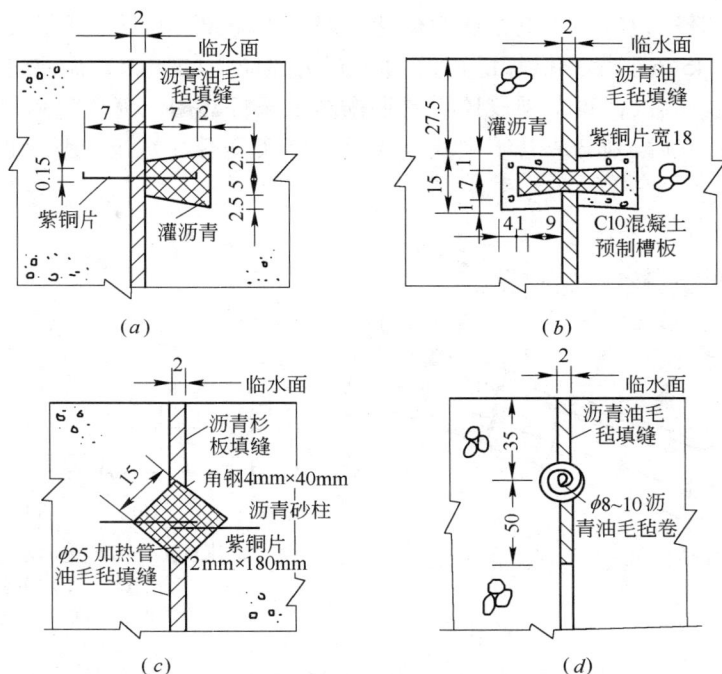

图 2F313045-5　垂直止水构造图（单位：cm）

接，即将金属止水片剪裁后焊接成整体。在实际工程中可根据交叉类型及施工条件决定连接方式，铅直交叉常用柔性连接，而水平交叉则多用刚性连接。

3. 止水缝部位的混凝土浇筑

浇筑止水缝部位混凝土的注意事项包括：

（1）水平止水片应在浇筑层的中间，在止水片高程处，不得设置施工缝。

（2）浇筑混凝土时，不得冲撞止水片，当混凝土将要淹没止水片时，应再次清除其表面污垢。

（3）振捣器不得触及止水片。

（4）嵌固止水片的模板应适当推迟拆模时间。

4. 混凝土面板堆石坝面板混凝土分缝及止水施工

混凝土面板纵缝的间距决定了面板的宽度，由于面板通常采用滑模连续浇筑，因此，面板的宽度决定了混凝土浇筑能力，也决定了钢模的尺寸及其提升设备的能力。面板通常有宽、窄块之分。应根据坝体变形及施工条件进行面板分缝分块。垂直缝的间距可为12~18m。垂直缝砂浆条一般宽50cm，是控制面板体型的关键。一般采用人工抹平，其平整度要求较高，砂浆铺设完成后，再在其上铺设止水，架立侧模。

接缝止水结构是面板堆石坝安全运行的关键问题之一，面板坝接缝包括趾板缝、周边缝、垂直缝（张性和压性缝）、防浪墙体缝、防浪墙底缝以及施工缝（水平缝）等，接缝止水材料包括金属止水片、塑料止水带、缝面嵌缝材料及保护膜等。所用止水材料，其性能应符合国家标准或行业标准，暂无标准者，由设计提出性能要求。

5. 混凝土坝分缝及止水施工

混凝土坝的分缝分块，首先是沿坝轴线方向，将坝的全长划分为15~24m的若干坝段，坝段之间的缝称为横缝。重力坝的横缝一般是不需要进行接缝灌浆的，故称为永久缝，如图 2F313045-6 所示。拱坝的横缝由于有传递应力的要求，需要进行接缝灌浆处理，称为临时缝。其次，每个坝段还需要根据施工条件，用纵缝（包括竖缝、斜缝、错缝等形式）将一个坝段划分成若干坝块，或者整个坝段不再分缝而进行通仓浇筑。如图 2F313045-7 所示。

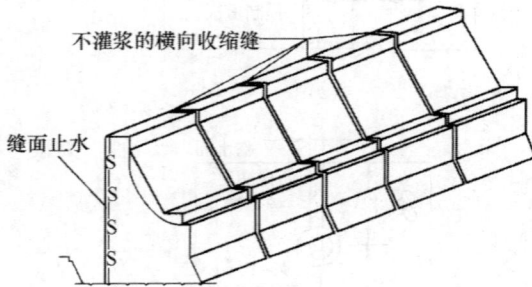

图 2F313045-6　重力坝横缝形式

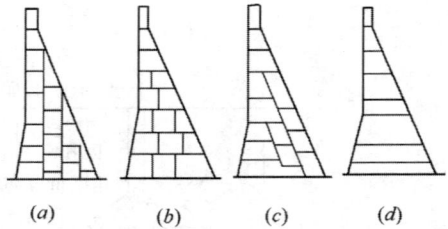

图 2F313045-7　重力坝分缝分块
(a) 竖缝分块；(b) 错缝分块；
(c) 斜缝分块；(d) 通仓分块

坝体的分缝分块，一般是根据坝高、坝型、结构要求、施工条件、环境温度等因素进行布置。

1）分缝的形式

（1）横缝形式

横缝按缝面形式分主要有三种，即缝面不设键槽、不灌浆；缝面设竖向键槽和灌浆系统；缝面设键槽，但不进行灌浆。

（2）纵缝的形式

纵缝形式主要有竖缝、斜缝及错缝等。

2）分缝的特点

（1）横缝分段

① 横缝一般是自地基垂直贯穿至坝顶，在上、下游坝面附近设置止水系统。

② 有灌浆要求的横缝，缝面一般设置竖向梯形键槽。

③ 不灌浆的横缝，接缝之间通常采用沥青杉木板、泡沫塑料板或沥青填充。

（2）竖缝分块

① 竖缝分块，是用平行于坝轴线的铅直纵缝，把坝段分成为若干柱状体进行浇筑，又称柱状分块。施工中一般从上游到下游将一个坝段的几个柱状块体依次编号。这种分缝分块形式始于 20 世纪 30 年代末美国胡佛坝的施工，因而，它被西方称为传统的分缝分块形式，也是我国使用最广泛的一种分缝分块形式。

② 为了恢复因纵缝而破坏的坝体整体性，纵缝须设置键槽，并进行接缝灌浆处理，或设置宽缝回填膨胀混凝土。

③ 在施工中为了避免出现冷缝，块体大小必须与混凝土制备、运输和浇筑的生产能力相适应，即要保证在混凝土初凝时间内所浇筑的混凝土方量，必须等于或大于块体的一个浇筑层的混凝土方量。

④ 采用竖缝分块时，纵缝间距越大，块体水平断面越大，则纵缝数目和缝的总面积越小，接缝灌浆及模板作业的工作量也就越少，但要求温控越严，否则可能引起裂缝。

⑤ 浇块高度一般在 3m 以内。

（3）斜缝分块

① 斜缝分块，是大致沿坝体两组主应力之一的轨迹面设置斜缝。

② 斜缝分块的缝面上出现的剪应力很小，使坝体能保持较好的整体性，因此，斜缝可以不进行接缝灌浆。

③ 斜缝不能直通到坝的上游面，以避免库水渗入缝内。在斜缝的终止处，应采取并缝措施，如布置骑缝钢筋，或设置并缝廊道，以免因应力集中导致斜缝沿缝尖端向上发展裂缝而贯穿。

④ 斜缝分块，施工中要注意均匀上升和控制相邻块的高差。高差过大将导致两块温差过大，易于在后浇块的接触面上产生不利的拉应力而出现裂缝。遇特殊情况，如作临时断面挡水，下游块进度赶不上而出现过大高差时，则应在下游块采取较严的温控措施，减少两块温差，避免裂缝，保持坝体整体性。

⑤ 斜缝分块，坝块浇筑的先后程序，有一定的限制，必须是上游块先浇，下游块后浇，不如纵缝分块在浇筑先后程序上的机动灵活。

（4）错缝分块

① 坝体尺寸较小，一般长 8～14m，分层厚度 1～4m。

② 缝面一般不灌浆，但在重要部位如水轮机蜗壳等重要部位需要骑缝钢筋，垂直缝和水平施工缝上必要时需设置键槽。

③ 水平缝的搭接部分一般为层厚的 1/3～1/2，且搭接部分的水平缝要求抹平，以减少坝块两端的约束。块体浇筑的先后次序，需按一定规律排列，对施工进度影响较大。

2F313046　混凝土工程加固技术

混凝土工程普遍存在的质量问题主要有：混凝土表层损坏、混凝土裂缝、结构渗漏、结构失稳等。

一、混凝土表层损坏

1. 混凝土表层损坏的原因

（1）施工质量缺陷。混凝土表面有蜂窝、麻面、集料外露、接缝不平等。

（2）混凝土表面碳化、气蚀破坏、水流冲刷、撞击等。

（3）冻胀、侵蚀性水的化学侵蚀。

2. 混凝土表层损坏的危害

混凝土表层损坏造成的危害有表层混凝土强度降低、局部剥蚀、钢筋锈蚀等。如任其发展，势必向内部深入，缩短建筑物的使用年限，甚至直接导致建筑物失稳和破坏。

3. 混凝土表层损坏的加固

在混凝土表层损坏的加固之前，不论采用什么办法，均应先凿除已损坏的混凝土，并对修补面进行凿毛和清洗，然后再进行修补加固。

凿除的方法，主要包括人工凿除，人工结合风镐凿除，小型爆破为主结合人工凿除，机械切割凿除等。在清除表面混凝土时，既要保证不破坏下层完好混凝土、钢筋、管道及观测设备等埋件，又要保证破坏区域附近的机械设备和建筑物的安全。

混凝土表层加固，有以下几种常用方法：

1）水泥砂浆修补法

对凿毛、清洗过的湿润表面，用铁抹子将拌制好的砂浆抹到修补部位，反复压光、养护。当修补深度较大时，可掺适量砾料，以增强砂浆强度和减少砂浆干缩。砂浆强度不得低于原混凝土强度，以相同为宜。

2）预缩砂浆修补法

修补处于高流速区的表层缺陷，为保证强度和平整度，减少砂浆干缩，可采用预缩砂浆修补法。预缩砂浆，是经拌合好之后再归堆放置 30～90min 才使用的干硬性砂浆。预缩砂浆配置时，水胶比为 0.3～0.34，灰砂比为 1：2～1：2.5，并掺入水泥重量 1/1000 的加气剂，以提高砂浆的流动性。修补时，对凿毛、清洗过的湿润表面，先涂一层水泥浆，然后再填入预缩砂浆，分层以木锤捣实，直至表面出现浆液为止。每次铺料层厚 4～5cm，捣实后为 2～3cm，层与层之间用硬刷刷毛，最后一层表面必须用铁抹子反复压实抹光，并与原混凝土接头平顺密实。施工完成 4～8h 内进行养护。

3）喷浆修补法

喷浆修补法，有干料法和湿料法两种。湿料法是将水泥、砂、水按一定比例拌合后，利用高压空气喷射至修补部位；干料法是把水泥和砂的混合物，通过压缩空气，在喷头中与水混合喷射。工程中一般多用干料法。

喷浆修补法，按其结构特点，又可分为刚性网喷浆、柔性网喷浆、无筋素喷浆三种。刚性网喷浆，指喷浆层有承受结构中全部或部分应力的金属网；柔性网指金属网只起加固连接作用，不承担结构应力；无筋素喷浆，多用于浅层缺陷的修补。

当喷浆层较厚时，应分层喷射，每次喷射厚度，应根据喷射条件而定，仰喷为 20～30mm，侧喷为 30～40mm，俯喷为 50～60mm。层间间歇时间为 2～3h。每次喷射前先洒水，已凝固的应刷毛，保证层间结合牢固。

喷浆修补工效快、强度大、密实性好、耐久性高，但由于水泥用量多、层薄、不均匀等因素，喷浆层易产生裂缝，影响使用寿命，因此使用上受到了一定限制。

4）喷混凝土修补法

喷混凝土与普通混凝土相比，具有密实性大、快速、高效、不用模板以及把运输、浇筑、振捣结合在一起的优点，因此得到广泛应用。

喷混凝土的工作原理、施工方法、养护要求与喷浆基本相同。一次喷射层厚，一般不宜超过最大集料粒径（一般不大于 25mm）的 1.5 倍。为防止混凝土因自重而脱落，可掺用适量速凝剂。

5）钢纤维喷射混凝土修补法

钢纤维混凝土是用一定量乱向分布的钢纤维增强的以水泥为胶结料的混凝土，属于一种新型的复合材料，其抗裂性特强、韧性很大、抗冲击与耐疲劳强度高、抗拉与抗弯强度高。

搅拌是保证钢纤维在混凝土中均匀分布的重要环节。由于钢纤维混凝土在拌制过程中容易结团而影响混凝土性能，故在拌制过程中要采取合理的投料顺序以及正确的拌制方法。在施工中采用以下投料顺序：砂、石、钢纤维、水泥、外加剂、水。采用强制式搅拌机拌合，先加砂、石、钢纤维干拌，钢纤维逐渐洒散加入，再加入胶凝材料和外加剂干拌，最后加水湿拌。加料时不允许直接将钢纤维加到胶凝材料中，以防结团。

6）压浆混凝土修补法

压浆混凝土，是将有一定级配的洁净集料预先埋入模板内，并埋入灌浆管，然后通过灌浆管用泵把水泥砂浆压入粗集料的间隙中，通过胶结而形成密实的混凝土。压浆混凝土与普通混凝土相比，具有收缩率小，拌合工作量小，可用于水下加固等优点。同时对于钢筋稠密、埋件复杂不易振捣或埋件底部难以密实的部位，也能满足质量要求。

7）环氧材料修补法

环氧树脂是含有环氧基的树脂的总称。它具有强度高、粘结力大、收缩性小、抗冲耐磨抗渗和化学稳定性好的特点。对金属和非金属有很强的粘合力，俗称万能胶，但它有毒、易燃且价格高。用于混凝土表面修补的有环氧基液、环氧石英膏、环氧砂浆和环氧混凝土等。

二、混凝土裂缝

1．混凝土工程裂缝的类型

按产生原因不同，混凝土工程裂缝有以下五类：沉降缝、干缩缝、温度缝、应力缝和施工缝（竖向为主）。

2．裂缝处理的目的和一般要求

1）裂缝处理的目的

混凝土坝裂缝处理的目的，主要是为了恢复其整体性，保持混凝土的强度、耐久性和抗渗性。

2）裂缝处理的一般要求

（1）一般裂缝宜在低水头或地下水位较低时修补，而且要在适宜于修补材料凝固的温度或干燥条件下进行。

（2）水下裂缝如果必须在水下修补时，应选用相应的材料和方法。

（3）对受气温影响的裂缝，宜在低温季节裂缝开度较大的情况下修补；对不受气温影响的裂缝，宜在裂缝已经稳定的情况下选择适当的方法修补。

3．裂缝修补的方法

（1）龟裂缝或开度小于 0.5mm 的裂缝，可在表面涂抹环氧砂浆或表面贴条状砂浆，有些缝可以表面凿槽嵌补或喷浆处理。

（2）渗漏裂缝，可视情节轻重在渗水出口处进行表面凿槽嵌补水泥砂浆或环氧材料，有些需要进行钻孔灌浆处理。

（3）沉降缝和温度缝的处理，可用环氧砂浆贴橡皮等柔性材料修补，也可用钻孔灌浆或表面凿槽嵌补沥青砂浆或者环氧砂浆等方法。

（4）施工（冷）缝，一般采用钻孔灌浆处理，也可采用喷浆或表面凿槽嵌补。

三、混凝土结构失稳

混凝土结构失稳的加固方法有外粘钢板加固法、粘贴纤维复合材加固法等，与结构加固方法配合使用的技术有植筋（锚栓）技术。

1．外粘钢板加固法

（1）外粘钢板的施工环境应符合下列要求：

① 现场的环境温度应符合胶粘剂产品使用说明书的规定。若未作具体规定，应按不

低于15℃的要求进行控制。

② 作业场地应无粉尘，且不受日晒、雨淋和化学介质污染。

（2）粘贴钢板部位的混凝土，其表层含水率不应大于4%。对含水率超限的混凝土和浇筑不满90d的混凝土应进行人工干燥处理。

（3）混凝土粘合面上胶前，应进行喷砂糙化或砂轮打磨处理，角部应打磨成圆弧状，糙化或打磨的纹路应均匀，且应尽量垂直于受力方向。

（4）钢板粘合面上胶前，应进行除锈、糙化和展平。打磨后的表面应显露出金属光泽；糙化的纹路应尽量垂直于钢板受力方向；展平后的钢板与混凝土表面应平整服帖，且轮廓尺寸与划线基本吻合。

（5）拌合好的胶粘剂应依次反复刮压在钢板和混凝土粘合面上，胶层厚度1～3mm。俯贴时，胶层宜中间厚、边缘薄；竖贴时，胶层宜上厚下薄；仰贴时，胶液的下垂度不应大于3mm。经检查胶粘剂无漏抹后即可将钢板与混凝土粘贴。

（6）钢板粘贴应均匀加压，顺序由钢板的一端向另一端加压，或由钢板中间向两端加压，不得由钢板两端向中间加压。

（7）混凝土与钢板粘接的养护温度和固化时间按产品使用说明书的规定执行，若未作具体规定，一般不低于15℃时，固化24h后即可卸除夹具或支撑；72h后可进入下一工序。养护温度低于15℃时，应适当延长养护时间。养护温度低于5℃时，应采取人工升温措施。

2. 粘贴纤维复合材加固法

（1）粘贴纤维复合材的施工环境应符合下列要求：

① 现场的环境温度应符合胶粘剂产品使用说明书的规定。若未作具体规定，应按不低于15℃进行控制。

② 作业场地应无粉尘，且不受日晒、雨淋和化学介质污染。

（2）纤维材料应为连续纤维，禁止在承重结构上使用单位面积质量大于$300g/m^2$的碳纤维织物或预浸法生产的碳纤维织物。

（3）裁剪好的碳纤维布不应折叠，应成卷状妥善保管；裁剪好的碳纤维板应平直存放，避免产生翘曲、变形。不得粘染上灰尘或油污。

（4）已粘贴纤维增强复合材料的构件周围，不得有持续1000℃以上的高温，严禁在粘贴表面焊接施工。

（5）经清理、修整后的混凝土结构、构件，其粘贴部位若有局部缺陷和裂缝应按设计要求进行灌缝或封闭处理；对有高差、错台及内转角的部位应打磨或抹成平滑的曲面；然后对粘贴表面进行打磨和糙化处理。

（6）沿纤维方向应使用特制滚筒在已贴好纤维的面上多次滚压，使胶液充分浸渍纤维织物，并使织物的铺层均匀压实，无气泡发生；多层粘贴纤维织物时，应在纤维织物表面所浸渍的胶液达到指干状态时立即粘贴下一层。若延误时间超过1h，则应等待12h后，方可重复上述步骤继续进行粘贴，但粘贴前应重新将织物粘合面上的灰尘擦拭干净。

（7）碳纤维布沿纤维受力方向的搭接长度不应小于100mm。当采用多条或多层碳纤维布加固时，各条或各层碳纤维布的搭接位置宜相互错开。

3. 植筋（锚栓）技术

（1）采用植筋锚固时，其锚固部位经凿除处理后混凝土面不应有缺陷，当有局部缺陷时，应先进行补强或加固处理后再植筋。

（2）钻孔植筋或锚栓前，应在植筋部位放线定位，避开受力主筋，在钻孔过程中遇到钢筋或预埋件时应立即停钻，并适当调整钻孔位置。

施工中钻出的废孔，应采用高于结构混凝土一个强度等级的水泥砂浆、树脂水泥砂浆或锚固胶粘剂进行填实。

（3）当植筋时，应使用热轧带肋钢筋，不得使用光圆钢筋；当锚固件为钢螺杆时，应采用全螺纹的螺杆，不得采用锚入部位无螺纹的螺杆。

（4）锚孔应先用硬毛刷清孔，然后用洁净的压缩空气将孔内粉屑清除干净。孔壁的干湿程度应符合产品使用说明书的要求。

植入孔内部分钢筋上的锈迹、油污应打磨清除干净。

（5）清孔后，当因故未能在规定时间内安装锚栓时，应随即暂时封闭锚孔，防止尘土、碎屑。油污和水分等落入孔内影响锚固质量。

（6）注入胶粘剂时，应使用专门的灌注器进行灌注，灌注量应保证在植入钢筋后有少许胶粘剂溢出。

（7）植筋应在胶粘剂初凝前完成，否则，应拔掉钢筋立即清除失效的胶粘剂，按原步骤重新植筋。

（8）化学植筋的安装应根据锚固胶施用形态（管装式、机械注入式、现场配制式）和方向（向上、向下、水平）的不同采用相应的方法。化学植筋的焊接，应考虑焊高温对胶的不良影响，采取有效的降温措施，离开基面的钢筋预留长度应不小于20d，且不小于200mm。

（9）化学锚栓在固化完成前，应按安装要求进行养护，固化期间禁止扰动。固化后不得进行焊接。

2F313050　水利水电工程机电设备及金属结构安装工程

2F313051　机电设备分类及安装要求

一、水利水电工程机电设备的种类

水利水电工程中机电设备主要有水泵及其动力设备、水轮发电机组及接力器等。

1. 水泵机组类型

水泵机组包括水泵、动力机和传动设备。它是泵站工程的主要设备，又称主机组。

水泵按工作原理分主要有叶片泵、容积泵和其他类型泵。泵站工程中常用的水泵类型是叶片泵，属这一类的有离心泵、轴流泵和混流泵。

水泵按泵轴安装形式分为卧式、立式和斜式；按电机是否能在水下运行分为常规泵机组和潜水泵机组等。

2. 水轮机类型

水轮机是将水体机械能转换为旋转机械能的水力机械。

水轮机按水流能量的转换特征分为反击式和冲击式。反击式水轮机按转轮区内水流相对于主轴流动方向的不同分为混流式、轴流式、斜流式和贯流式。冲击式水轮机按射流冲击转轮的方向不同分为水斗式、斜击式和双击式。

二、机电设备安装的基本要求

1. 卧式机组的安装

卧式机组分为有底座和无底座两种，小型机组的水泵和电动机一般多采用直接传动，其底座是共用的。

（1）有底座机组安装。先将底座放于浇筑好的基础上，套上地脚螺栓和螺帽，调整位置，使底座的纵横中心位置和浇筑基础时所定的纵横中心线一致。若由于地脚螺栓的限制，不能调整好位置时，其误差不能超过 ±5mm。然后调水平，拧紧地脚螺母。机座安好后，再将水泵安装在机座上。而后安装动力机（电动机），当采用直接传动时，在动力机固定之前，应先进行同心度量测和调整，再进行轴向间隙量测和调整，两者反复进行，直到满足规定要求为止，最后固定动力机。

（2）无底座的大型水泵安装。先将水泵吊到基础上，与基础上的地脚螺栓对正并穿入泵体地脚螺孔使水泵就位。然后在水泵底脚的四角各垫一块楔形垫片，进行水泵的中心线校正、水平校正及标高校正。反复校正好后，再用水泥砂浆从缝口填塞进基础与泵体底脚间的空隙内。灌浆时为不使水泥砂浆流出，四周应用木板挡住，并保证内部不得存有空隙。待砂浆凝固后，拧紧地脚螺母。动力机的安装与水泵安装基本相同，即先将动力机吊到基础上就位，再采用与水泵相同的调整方法反复进行同心度和轴向间隙的量测与调整，最后进行灌浆固定。

无底座直接传动的卧式机组安装流程是吊水泵、中心线校正、水平校正、标高校正、拧紧地脚螺栓、水泵安装、动力机安装、验收。其他类型的卧式机组安装可参考应用。

2. 立式机组安装

立式机组的安装与卧式机组有所不同，其水泵是安装在专设的水泵梁上，动力机安装在水泵上方的电机梁上。中小型立式轴流泵机组安装流程是安装前准备、泵体就位、电机座就位、水平校正、同心校正、固定地脚螺栓、泵轴和叶轮安装、传动轴安装、电动机吊装、验收。

水平校正以电机座的轴承座平面为校准面，泵体以出水弯管上橡胶轴承座平面为校准面。一般是将方形水平仪放在校准面上，按水平要求调整机座下的垫片，直至水平。同心校正是校正电机座上传动轴孔与水泵弯管上泵轴孔的同心度，施工中通常称为找正或找平校正。

测量与调整传动轴、泵轴摆度，目的是使机组轴线各部位的最大摆度在规定的允许范围内。当测算出的摆度值不满足规定要求时，通常是采用刮磨推力盘底面的方法进行调整。

2F313052　金属结构分类及安装要求

一、水利水电工程中的金属结构的类型

水利水电工程金属结构主要有闸门、阀门、拦污栅、压力钢管、启闭机和清污机等，主要钢材有碳素结构钢和低合金结构钢等。

1. 闸门分类

闸门按作用分为工作闸门、事故闸门、检修闸门、露顶闸门、潜孔闸门。闸门按结构形式分为平面闸门（按行走支承方式和运行轨迹不同可分为平面定轮闸门、平面滑动闸门、平面链轮闸门、升卧式平面闸门、横拉式闸门和反钩式闸门等）、弧形闸门（又分为

竖轴弧形闸门、反向弧形闸门、偏心铰弧形闸门、充压式弧形闸门）、人字闸门、一字闸门、圆筒闸门、环形闸门、浮箱闸门等。

2. 启闭机分类

启闭机按结构形式分为固定卷扬式启闭机、液压启闭机、螺杆式启闭机、轮盘式启闭机、移动式启闭机（包括门式启闭机、桥式启闭机和台车式启闭机）等。

启闭机型号的表示方法如图 2F313052-1～图 2F313052-3 所示。

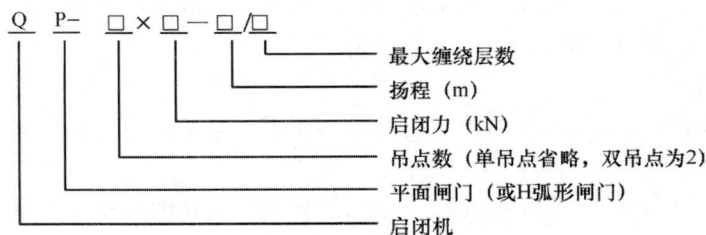

Q P- □×□—□/□
最大缠绕层数
扬程（m）
启闭力（kN）
吊点数（单吊点省略，双吊点为2）
平面闸门（或H弧形闸门）
启闭机

图 2F313052-1　卷扬式启闭机型号的表示方法

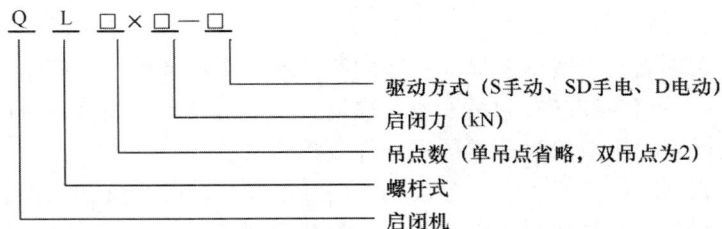

Q L □×□—□
驱动方式（S手动、SD手电、D电动）
启闭力（kN）
吊点数（单吊点省略，双吊点为2）
螺杆式
启闭机

图 2F313052-2　螺杆式启闭机型号的表示方法

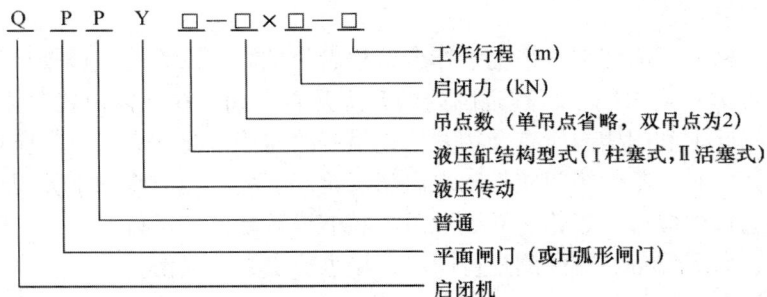

Q P P Y □—□×□—□
工作行程（m）
启闭力（kN）
吊点数（单吊点省略，双吊点为2）
液压缸结构型式（Ⅰ柱塞式，Ⅱ活塞式）
液压传动
普通
平面闸门（或H弧形闸门）
启闭机

图 2F313052-3　液压启闭机型号的表示方法

3. 清污机分类

清污机按结构形式分为耙斗式清污机（多用于水电站进水口拦污栅的清污）、回转式清污机（多用于泵站进水口的清污）、抓斗式清污机等。

二、金属结构安装的基本要求

1. 闸门的安装

闸门应有标志，标志内容包括：制造厂名、产品名称、生产许可证标志及编号、制造日期、闸门中心位置和总重量。

闸门及埋件安装前应具备下列资料：

（1）设计图样、施工图样和技术文件。

（2）闸门出厂合格证。

（3）闸门制造验收资料和出厂检验资料。

（4）闸门制造竣工图或能反映闸门出厂时实际结构尺寸的图样。

（5）发货清单、到货验收文件及装配编号图。

（6）安装用控制点位置图。

主要介绍平面闸门和弧形闸门安装要求。

闸门安装前，检查闸门和支承导引部件的几何尺寸，消除出现的损伤，清理闸门的泥土和锈迹，润滑支承导向部件。

1）平面闸门安装

平面闸门有直升式和升卧式两种，门叶均由面板、梁格、横向和竖向联接系、行走支承以及止水等组成。

平面闸门可采用现场已有起吊设备、移动式起重机或其他简易设备吊装。

平面闸门安装的顺序是：闸门放到门底坎、按照预埋件调整止水和支承导向部件、安装闸门拉杆、在门槽内试验闸门的提升和关闭、将闸门处于试验水头并投入试运行。

2）弧形闸门安装

弧形闸门由弧形面板、梁格、横向和竖向联接系、支臂和支承铰等组成。

露顶式弧门可采用现场已有起吊设备、移动式起重机或其他简易设备吊装。潜孔式弧门采用预埋锚钩措施，用滑轮组、卷扬机分件或整体吊装。

弧形闸门吊装顺序：支臂吊装、穿铰轴、门叶吊装、门叶与支臂相连和附件安装。由于运输条件的限制，需分件运至工地的闸门，为减少现场吊装工作量，在吊装前对主要构件进行预组装，或拼装成整体后吊装。

3）闸门安装试验

闸门安装合格后，应在无水情况下作全行程启闭试验。试验前应检查自动挂脱梁挂钩脱钩是否灵活可靠；充水阀在行程范围内的升降是否自如，在最低位置时止水是否严密；同时还须清除门叶上和门槽内所有杂物并检查吊杆的连接情况。启闭时，应在止水橡皮处浇水润滑。有条件时，工作闸门应作动水启闭试验，事故闸门应作动水关闭试验。

闸门启闭过程中应检查滚轮、支铰及顶、底枢等转动部位运行情况，闸门升降或旋转过程有无卡阻，启闭设备左右两侧是否同步，止水橡皮有无损伤。

闸门全部处于工作部位后，应用灯光或其他方法检查止水橡皮的压缩程度，不应有透亮或有间隙。如闸门为上游止水，则应在支承装置和轨道接触后检查。

闸门在承受设计水头的压力时，通过任意 1m 长度的水封范围内漏水量不应超过 0.1L/s。

2. 闸门预埋件的安装

1）闸门预埋件安装方法

按照混凝土浇筑方法，闸门预埋件的安装方法分为：在预留二期混凝土块的安装方法和不设二期混凝土块的安装方法。宜采用预留二期混凝土块的安装方法。

（1）预留二期混凝土的安装方法：在建筑物大体积混凝土中，在安装闸门工作轨道、支承铰和预埋件的位置预留二期混凝土块，暂不浇筑混凝土，用于下一步在此处装配预埋件。在一期混凝土中，为固定预埋件，常将它的钢筋外露。二期混凝土块的尺寸应保证预埋件装配、调整和固定等施工正常进行，同时还要保证能完成焊接施工和二期混凝土的浇筑。

浇筑二期混凝土时，应采用较细集料混凝土，并细心捣固，不要振动已装好的金属构件。门槽较高时，不要直接从高处下料，可以分段安装和浇筑。二期混凝土拆模后，应对埋件进行复测，并做好记录，同时检查混凝土表面尺寸，清除遗留的杂物、钢筋头，以免影响闸门启闭。

（2）不设二期混凝土的安装方法：是在已完成的建筑物上安装预埋件，预埋件被牢固地固定在设计位置，同时装有闸墩钢筋，并且一次完成全部混凝土浇筑。为了使不设二期混凝土方法安装的预埋件整体刚度较好，要预先加固门槽结构件，使之具有一定的空间刚度。不设二期混凝土安装预埋件的另一种方法是将该预埋件临时固定预装在闸门上。当闸门在设计位置装配和定位后，把预埋件固定在闸门上并浇筑混凝土。

2）埋件安装

闸门埋件包括主轨、反轨、侧轨、门楣、底坎、铰座基础螺栓架、铰座钢梁及混凝土棱角保护装置等。

埋件安装前应完成以下工作：

（1）埋件检查和变形校正。校正一般有两种方法：一种用油压机或千斤顶借外力来矫正；另一种用氧气乙炔火焰加热。

（2）门槽一期混凝土凿毛，调整预埋插筋或基础螺栓。

（3）清除门槽内渣土、积水。

（4）设置孔口中心、高程及里程测量控制点，用红铅油标示。控制点是闸门安装的基准点，控制点应设的可靠牢固。

（5）搭设脚手架及安全防护设施。

（6）清理埋件堆放场地。

（7）布置电焊机、起吊设备及作业室。

（8）配合吊装用的锚栓应在一期混凝土浇筑时预埋。

埋件安装的主要内容有基础螺栓调整、埋件就位、调整、固定、检查、验收、接头焊接、磨平、复测等；埋件安装完，经检查合格，应在5~7d内浇筑二期混凝土。二期混凝土一次浇筑高度不宜超过5m，浇筑时，应注意防止撞击埋件和模板，并采取措施捣实混凝土，应防止二期混凝土离析、跑模和漏浆。

埋件的二期混凝土强度达到70%以后方可拆模，拆模后，应对埋件进行复测，并做好记录；同时检查混凝土结构尺寸，清除遗留的外露钢筋头和模板等杂物，以免影响闸门启闭。

工程挡水前，应对全部检修门槽和共用门槽进行试槽。

3. 启闭机的安装

在启闭机明显部位设置标牌，其内容包括：产品规格及名称、许可证标号与有效期、出厂编号、主要技术参数、制造日期和制造厂名称。

主要介绍固定式启闭机安装，包括卷扬式启闭机和螺杆式启闭机。

1）安装前应具备的条件

（1）启闭机安装位置的土建工作应全部结束，排架混凝土达到允许承受荷载的强度。

（2）应有出厂验收资料、启闭机产品合格证。

（3）应有制造正式图样、安装图样和技术文件、产品使用和维护说明书。

（4）应有产品发货清单。

（5）现场到货交接清单。

2）卷扬式启闭机安装

卷扬式启闭机一般由起升机构、机架及电气控制系统组成。安装按以下顺序进行：

（1）在水工建筑物混凝土浇筑时埋入机架基础螺栓和支承垫板，在支承垫板上放置调整用楔形板；保证基础螺栓埋设位置及螺栓伸出部分的长度满足安装要求。

（2）安装机架。按闸门实际起吊中心线找正机架的中心、水平、高程，拧紧基础螺母，浇筑基础二期混凝土，固定机架。

（3）在机架上安装、调试传动装置，包括：电动机、弹性联轴器、制动器、减速器、传动轴、齿轮联轴器、开式齿轮、轴承、卷筒等。

安装完成的启闭机，在试验前要检查启闭机在混凝土上或其他基础上的安装与固定的质量，以及启闭机械润滑、行程开关和制动器的调整情况。

3）螺杆式启闭机安装

螺杆式启闭机一般由起重螺杆、承重螺母、传动机构、机架及安全保护装置等部分组成。

安装过程包括基础埋件的安装、启闭机安装和启闭机负荷试验。安装应按下列要求进行：

（1）检查基础螺栓埋设位置及螺栓伸出部分的长度情况。

（2）机箱清洗后应注入新的润滑油，满足油位要求，其油封和结合面处不得漏油。

（3）检查启闭机平台的安装高程和水平偏差。

（4）检查启闭机各传动轴、轴承及齿轮的转动灵活性和啮合情况。

（5）检查螺杆的平直度；螺杆螺纹容易碰伤，要逐圈进行检查和修正；对双吊点的螺杆式启闭机，当两侧螺杆找正后，安装中间轴，最后把机座固定。

4）安装竣工验收

按图样和《水利水电工程启闭机制造安装及验收规范》SL 381—2007 进行检查，检查合格后方能进行验收。安装单位除移交制造厂提供全部资料外，还应提供下列技术资料：安装竣工图；设计修改通知书；安装尺寸的最后测定记录和调试记录；安装焊缝的检验报告及有关记录；安装重大缺陷的处理记录；出厂验收时，制造厂提供的全部资料；现场试验记录和试验报告。

制造厂所供应的产品在用户妥善保管和合理安装及使用的条件下，自设备安装验收合格后起 12 个月内为产品质量保证期。产品在质量保证期内能正常工作，否则，制造厂应无偿给予修理或更换。

2F313060　水利水电工程施工安全技术

2F313061　施工场区安全管理

一、施工道路及交通

（1）施工生产区内机动车辆临时道路应符合道路纵坡不宜大于 8%，进入基坑等特殊部位的个别短距离地段最大纵坡不得超过 15%；道路最小转弯半径不得小于 15m；路面宽度不得小于施工车辆宽度的 1.5 倍，且双车道路面宽度不宜窄于 7.0m，单车道不宜窄于4.0m。单车道应在可视范围内设有会车位置等要求。

（2）施工现场临时性桥梁，应根据桥梁的用途、承重载荷和相应技术规范进行设计修建，并符合宽度应不小于施工车辆最大宽度的1.5倍；人行道宽度应不小于1.0m，并应设置防护栏杆等要求。

（3）施工现场架设临时性跨越沟槽的便桥和边坡栈桥，应符合以下要求：

① 基础稳固、平坦畅通。

② 人行便桥、栈桥宽度不得小于1.2m。

③ 手推车便桥、栈桥宽度不得小于1.5m。

④ 机动翻斗车便桥、栈桥，应根据荷载进行设计施工，其最小宽度不得小于2.5m。

⑤ 设有防护栏杆。

（4）施工现场工作面、固定生产设备及设施处所等应设置人行通道，并符合宽度不小于0.6m等要求。

二、消防

（1）根据施工生产防火安全的需要，合理布置消防通道和各种防火标志，消防通道应保持通畅，宽度不得小于3.5m。

（2）闪点在45℃以下的桶装、罐装易燃液体不得露天存放，存放处应有防护栅栏，通风良好。

（3）施工生产作业区与建筑物之间的防火安全距离，应遵守下列规定：

① 用火作业区距所建的建筑物和其他区域不得小于25m。

② 仓库区、易燃、可燃材料堆集场距所建的建筑物和其他区域不小于20m。

③ 易燃品集中站距所建的建筑物和其他区域不小于30m。

（4）加油站、油库，应遵守下列规定：

① 独立建筑，与其他设施、建筑之间的防火安全距离应不小于50m。

② 周围应设有高度不低于2.0m的围墙、栅栏。

③ 库区内道路应为环形车道，路宽应不小于3.5m，并设有专门消防通道，保持畅通。

④ 罐体应装有呼吸阀、阻火器等防火安全装置。

⑤ 应安装覆盖库（站）区的避雷装置，且应定期检测，其接地电阻不大于10Ω。

⑥ 罐体、管道应设防静电接地装置，接地网、线用40mm×4mm扁钢或ϕ10圆钢埋设，且应定期检测，其接地电阻不大于30Ω。

⑦ 主要位置应设置醒目的禁火警示标志及安全防火规定标识。

⑧ 应配备相应数量的泡沫、干粉灭火器和砂土等灭火器材。

⑨ 应使用防爆型动力和照明电器设备。

⑩ 库区内严禁一切火源、吸烟及使用手机。

⑪ 工作人员应熟悉使用灭火器材和消防常识。

⑫ 运输使用的油罐车应密封，并有防静电设施。

（5）木材加工厂（场、车间），应遵守下列规定：

① 独立建筑，与周围其他设施、建筑之间的安全防火距离不小于20m。

② 安全消防通道保持畅通。

③ 原材料、半成品、成品堆放整齐有序，并留有足够的通道，保持畅通。

④ 木屑、刨花、边角料等弃物及时清除，严禁置留在场内，保持场内整洁。

⑤ 设有 $10m^3$ 以上的消防水池、消火栓及相应数量的灭火器材。

⑥ 作业场所内禁止使用明火和吸烟。

⑦ 明显位置设置醒目的禁火警示标志及安全防火规定标识。

三、低温季节施工

根据《水工混凝土施工规范》SL 677—2014，日平均气温连续 5d 稳定在 5℃以下或最低气温连续 5d 稳定在 –3℃以下时，应按低温季节施工。

四、施工排水

1. 土方开挖应注重边坡和坑槽开挖的施工排水。坡面开挖时，应根据土质情况，间隔一定高度设置戗台，台面横向应为反向排水坡，并在坡脚设置护脚和排水沟。

2. 石方开挖工区施工排水应合理布置，选择适当的排水方法，并应符合以下要求：

（1）一般建筑物基坑（槽）的排水，采用明沟或明沟与集水井排水时，应在基坑周围，或在基坑中心位置设排水沟，每隔 30～40m 设一个集水井，集水井应低于排水沟至少 1m 左右，井壁应做临时加固措施。

（2）厂坝基坑（槽）深度较大，地下水位较高时，应在基坑边坡上设置 2～3 层明沟，进行分层抽排水。

（3）大面积施工场区排水时，应在场区适当位置布置纵向深沟作为干沟，干沟沟底应低于基坑 1～2m，使四周边沟、支沟与干沟连通将水排出。

（4）岸坡或基坑开挖应设置截水沟，截水沟距离坡顶安全距离不小于 5m；明沟距道路边坡距离应不小于 1m。

（5）工作面积水、渗水的排水，应设置临时集水坑，集水坑面积宜为 $2～3m^2$，深 1～2m，并安装移动式水泵排水。

3. 边坡工程排水设施，应遵守下列规定：

（1）周边截水沟，一般应在开挖前完成，截水沟深度及底宽不宜小于 0.5m，沟底纵坡不宜小于 0.5%；长度超过 500m 时，宜设置纵排水沟，跌水或急流槽。

（2）急流槽与跌水，急流槽的纵坡不宜超过 1∶1.5；急流槽过长时宜分段，每段不宜超过 10m；土质急流槽纵度较大时，应设多级跌水。

（3）边坡排水孔宜在边坡喷护之后施工，坡面上的排水孔宜上倾 10% 左右，孔深 3～10m，排水管宜采用塑料花管。

（4）挡土墙宜设有排水设施，防止墙后积水形成静水压力，导致墙体坍塌。

（5）采用渗沟排除地下水措施时，渗沟顶部宜设封闭层，寒冷地区沟顶回填土层小于冻层厚度时，宜设保温层；渗沟施工应边开挖、边支撑、边回填，开挖深度超过 6m 时，应采用框架支撑；渗沟每隔 30～50m 或平面转折和坡度由陡变缓处宜设检查井。

4. 土质料场的排水宜采取截、排结合，以截为主的排水措施。对地表水宜在采料高程以上修截水沟加以拦截，对开采范围的地表水应挖纵横排水沟排出。

5. 基坑排水，应满足以下要求：

（1）采用深井（管井）排水方法时，应符合以下要求：

① 管井水泵的选用应根据降水设计对管井的降深要求和排水量来选择，所选择水泵的出水量与扬程应大于设计值的 20%～30%。

② 管井宜沿基坑或沟槽一侧或两侧布置，井位距基坑边缘的距离应不小于 1.5m，管

埋置的间距应为 15～20m。

（2）采用井点排水方法时，应满足以下要求：

① 井点布置应选择合适方式及地点。

② 井点管距坑壁不得小于 1.0～1.5m，间距应为 1.0～2.5m。

③ 滤管应埋在含水层内并较所挖基坑底低 0.9～1.2m。

④ 集水总管标高宜接近地下水位线，且沿抽水水流方向有 2‰～5‰ 的坡度。

五、施工通风，散烟及除尘

地下工程施工时，做好通风，可以有效控制工作面的有害气体和粉尘含量，及时给工作面提供新鲜空气，改善工作面的温度、湿度和气流速度等状况，创造满足有关标准的工作环境。通风方式分为两种，即自然通风与机械通风，自然通风适用于长度不超过 40m 的短洞。机械通风分为三种基本形式，即压入式、吸出式和混合式。

（1）压入式通风。通过风管将新鲜空气直接送至工作面，冲淡污浊空气，并经过洞身排至洞外。优点是工作面集中的施工人员可以较快获得新鲜空气；缺点是工作面的污浊空气扩散至全部洞身。竖井、斜井和短洞开挖宜采用。

（2）吸出式通风。通过风管将工作面的污浊空气吸走并排至洞外，新鲜空气由洞身输入工作面。优点是工作面的污浊空气能较快通过管道吸出，避免污浊空气扩散至全部洞身；缺点是新鲜空气流到工作面比较慢，且易受到污染。小断面长洞开挖宜采用。

（3）混合式通风。工作面经常性供风采用压入式，爆破后通风采用吸出式。大断面长洞开挖宜采用。

（4）洞内施工禁止使用汽油动力设备。湿钻凿岩、爆破后喷雾、出渣前喷水可以有效降低空气中的粉尘含量。

2F313062 建筑安装工程施工安全技术

一、施工用电要求

1. 基本规定

（1）施工单位应编制施工用电方案及安全技术措施。

（2）从事电气作业的人员，应持证上岗；非电工及无证人员禁止从事电气作业。

（3）从事电气安装、维修作业的人员应掌握安全用电基本知识和所用设备的性能，按规定穿戴和配备好相应的劳动防护用品，定期进行体检。

（4）在建工程（含脚手架）的外侧边缘与外电架空线路的边线之间应保持安全操作距离。最小安全操作距离应不小于表 2F313062-1 的规定。

在建工程（含脚手架）的外侧边缘与外电架空线路的边线之间
最小安全操作距离 　　表 2F313062-1

外电线路电压（kV）	<1	1～10	35～110	154～220	330～500
最小安全操作距离（m）	4	6	8	10	15

注：上、下脚手架的斜道严禁搭设在有外电线路的一侧。

（5）施工现场的机动车道与外电架空线路交叉时，架空线路的最低点与路面的垂直距离应不小于表 2F313062-2 的规定。

施工现场的机动车道与外电架空线路交叉时的最小垂直距离		表 2F313062-2	
外电线路电压（kV）	＜1	1～10	35
最小垂直距离（m）	6	7	7

（6）机械如在高压线下进行工作或通过时，其最高点与高压线之间的最小垂直距离不得小于表 2F313062-3 的规定。

机械最高点与高压线间的最小垂直距离					表 2F313062-3	
线路电压（kV）	＜1	1～20	35～110	154	220	330
机械最高点与高压线间的垂直距离（m）	1.5	2	4	5	6	7

（7）旋转臂架式起重机的任何部位或被吊物边缘与 10kV 以下的架空线路边线最小水平距离不得小于 2m。

（8）施工现场开挖非热管道沟槽的边缘与埋地外电缆沟槽边缘之间的距离不得小于 0.5m。

（9）对达不到规定的最小距离的部位，应采取停电作业或增设屏障、遮拦、围栏、保护网等安全防护措施，并悬挂醒目的警示标志牌。

（10）用电场所电器灭火应选择适用于电气的灭火器材，不得使用泡沫灭火器。

2．现场临时变压器安装

施工用的 10kV 及以下变压器装于地面时，应有 0.5m 的高台，高台的周围应装设栅栏，其高度不低于 1.7m，栅栏与变压器外廓的距离不得小于 1m，杆上变压器安装的高度应不低于 2.5m，并挂"止步、高压危险"的警示标志。变压器的引线应采用绝缘导线。

3．施工照明

（1）现场照明宜采用高光效、长寿命的照明光源。对需要大面积照明的场所，宜采用高压汞灯、高压钠灯或混光用的卤钨灯。照明器具选择应遵守下列规定：

① 正常湿度时，选用开启式照明器。

② 潮湿或特别潮湿的场所，应选用密闭型防水防尘照明器或配有防水灯头的开启式照明器。

③ 含有大量尘埃但无爆炸和火灾危险的场所，应采用防尘型照明器。

④ 对有爆炸和火灾危险的场所，应按危险场所等级选择相应的防爆型照明器。

⑤ 在振动较大的场所，应选用防振型照明器。

⑥ 对有酸碱等强腐蚀的场所，应采用耐酸碱型照明器。

⑦ 照明器具和器材的质量均应符合有关标准、规范的规定，不得使用绝缘老化或破损的器具和器材。

（2）一般场所宜选用额定电压为 220V 的照明器，对下列特殊场所应使用安全电压照明器：

① 地下工程，有高温、导电灰尘，且灯具离地面高度低于 2.5m 等场所的照明，电源电压应不大于 36V。

② 在潮湿和易触及带电体场所的照明电源电压不得大于 24V。

③ 在特别潮湿的场所、导电良好的地面、锅炉或金属容器内工作的照明电源电压不得不大于 12V。

（3）使用行灯应遵守下列规定：

①电源电压不超过 36V。

②灯体与手柄连接坚固、绝缘良好并耐热耐潮湿。

③灯头与灯体结合牢固，灯头无开关。

④灯泡外部有金属保护网。

⑤金属网、反光罩、悬吊挂钩固定在灯具的绝缘部位上。

（4）照明变压器应使用双绕组型，严禁使用自耦变压器。

（5）地下工程作业、夜间施工或自然采光差等场所，应设一般照明、局部照明或混合照明，并应装设自备电源的应急照明。

二、高空作业要求

1. 高处作业的标准

（1）凡在坠落高度基准面 2m 和 2m 以上有可能坠落的高处进行作业，均称为高处作业。高处作业的级别：高度在 2～5m 时，称为一级高处作业；高度在 5～15m 时，称为二级高处作业；高度在 15～30m 时，称为三级高处作业；高度在 30m 以上时，称为特级高处作业。

（2）高处作业的种类分为一般高处作业和特殊高处作业两种。其中特殊高处作业又分为以下几个类别：强风高处作业、异温高处作业、雪天高处作业、雨天高处作业、夜间高处作业、带电高处作业、悬空高处作业、抢救高处作业。一般高处作业系指特殊高处作业以外的高处作业。

2. 安全防护措施

（1）高处作业下方或附近有煤气、烟尘及其他有害气体，应采取排除或隔离等措施，否则不得施工。

（2）高处作业前，应检查排架、脚手板、通道、马道、梯子和防护设施，符合安全要求方可作业。高处作业使用的脚手架平台，应铺设固定脚手板，临空边缘应设高度不低于 1.2m 的防护栏杆。

（3）在坝顶、陡坡、屋顶、悬崖、杆塔、吊桥、脚手架以及其他危险边沿进行悬空高处作业时，临空面应搭设安全网或防护栏杆。

（4）安全网应随着建筑物升高而提高，安全网距离工作面的最大高度不超过 3m。安全网搭设外侧比内侧高 0.5m，长面拉直拴牢在固定的架子或固定环上。

（5）在带电体附近进行高处作业时，距带电体的最小安全距离，应满足表 2F313062-4 的规定，如遇特殊情况，应采取可靠的安全措施。

高处作业时与带电体的安全距离　　　　　　　　　表 2F313062-4

电压等级（kV）	10 及以下	20～35	44	60～110	154	220	330
工器具、安装构件、接地线等与带电体的距离（m）	2.0	3.5	3.5	4.0	5.0	5.0	6.0
工作人员的活动范围与带电体的距离（m）	1.7	2.0	2.2	2.5	3.0	4.0	5.0
整体组立杆塔与带电体的距离（m）	应大于倒杆距离（自杆塔边缘到带电体的最近侧为塔高）						

（6）在2m以下高度进行工作时，可使用牢固的梯子、高凳或设置临时小平台，禁止站在不牢固的物件（如箱子、铁桶、砖堆等物）上进行工作。

（7）从事高处作业时，作业人员应系安全带。高处作业的下方，应设置警戒线或隔离防护棚等安全措施。

（8）上下脚手架、攀登高层构筑物，应走斜马道或梯子，不得沿绳、立杆或栏杆攀爬。

（9）高处作业时，不得坐在平台、孔洞、井口边缘，不得骑坐在脚手架栏杆、躺在脚手板上或安全网内休息，不得站在栏杆外的探头板上工作和凭借栏杆起吊物件。

（10）特殊高处作业，应有专人监护，并有与地面联系信号或可靠的通信装置。

（11）在石棉瓦、木板条等轻型或简易结构上施工及进行修补、拆装作业时，应采取可靠的防止滑倒、踩空或因材料折断而坠落的防护措施。

（12）高处作业周围的沟道、孔洞井口等，应用固定盖板盖牢或设围栏。

（13）遇有六级及以上的大风，禁止从事高处作业。

（14）进行三级、特级、悬空高处作业时，应事先制定专项安全技术措施。施工前，应向所有施工人员进行技术交底。

3. 脚手架

（1）脚手架应根据施工荷载经设计确定，施工常规负荷量不得超过3.0kPa。脚手架搭成后，须经施工及使用单位技术、质检、安全部门按设计和规范检查验收合格，方准投入使用。

（2）高度超过25m和特殊部位使用的脚手架，应专门设计并报建设单位（监理）审核、批准，并进行技术交底后，方可搭设和使用。

（3）钢管材料脚手架应符合下列要求：

① 钢管外径应为48.3mm，壁厚3.6mm，有严重锈蚀、弯曲或裂纹的钢管不得使用。

② 扣件应有出厂合格证明，脆裂、气孔、变形滑丝的扣件不得使用。

（4）脚手架安装搭设应严格按设计图纸实施，遵循自下而上、逐层搭设、逐层加固、逐层上升的原则，并应符合下列要求：

① 脚手架底脚扫地杆、水平横杆离地面距离为20～30cm。

② 脚手架各节点应连接可靠，拧紧，各杆件连接处相互伸出的端头长度要大于10cm，以防杆件滑脱。

③ 外侧及每隔2～3道横杆设剪刀撑，排架基础以上12m范围内每排横杆均应设置剪刀撑。

④ 剪刀撑、斜撑等整体拉结件和连墙件与脚手架应同步设置，剪刀撑的斜杆与水平面的交角宜在45°～60°之间，水平投影宽度应不小于2跨或4m和不大于4跨或8m。

⑤ 脚手架与边坡相连处应设置连墙杆，每18m设一个点，且连墙杆的竖向间距应不大于4m。连墙杆采用钢管横杆，与墙体预埋锚筋相连，以增加整体稳定性。

⑥ 脚手架相邻立杆和上下相邻平杆的接头应相互错开，应置于不同的框架格内。搭接杆接头长度，扣件式钢管排架应不小于1.0m。

⑦ 钢管立杆、大横杆的接头应错开，搭接长度不小于50cm，承插式的管接头不得小于8cm，水平承插或接头应穿销，并用扣件连接，拧紧螺栓，不得用铁丝绑扎。

⑧脚手架的两端，转角处以及每隔6～7根立杆，应设剪刀撑及支杆，剪刀撑和支杆与地面的角度应不大于60°，支杆的底端埋入地下深度应不小于30cm。架子高度在7m以上或无法设支杆时，竖向每隔4m，水平每隔7m，应使脚手架牢固地连接在建筑物上。

（5）脚手架的立杆、大横杆及小横杆的间距不得大于表2F313062-5的规定。

脚手架各杆的间距（m）　　　　　　　　　　　表 2F313062-5

脚手架类别	立杆	大横杆	小横杆
钢脚手架	2.0	1.2	1.5

（6）脚手架的外侧、斜道和平台，应搭设防护栏杆、挡脚板或防护立网。在洞口、牛腿、挑檐等悬臂结构搭设挑架（外伸脚手架）时，斜面与墙面夹角不宜大于30°，并应支撑在建筑物的牢固部分，不得支撑在窗台板、窗檐、线脚等地方。

（7）斜道板、跳板的坡度不得大于1:3，宽度不得小于1.5m，防滑条的间距不得大于0.3m。

（8）井架、门架等的脚手架，凡高度10～15m的要设一组缆风绳（4～6根），每增高10m加设一组。在搭设时应先设临时缆风绳，待固定缆风绳设置稳妥后，再拆除临时缆风绳。缆风绳与地面的角度应为45°～60°，要单独牢固地拴在地锚上，并用花篮螺栓调节松紧，调节时应对角交错进行。缆风绳禁止拴在树木或电杆等物上。

（9）平台脚手板铺设，应遵守下列规定：

①脚手板应满铺，与墙面距离不得大于20cm，不得有空隙和探头板。

②脚手板搭接长度不得小于20cm。

③对头搭接时，应架设双排小横杆，其间距不大于20cm，不得在跨度间搭接。

④在架子的拐弯处，脚手板应交叉搭接。

⑤脚手板的铺设应平稳，绑牢或钉牢，脚手板垫木应用木块，并且钉牢。

（10）拆除架子前，应将电气设备和其他管、线路，机械设备等拆除或加以保护。

（11）拆除架子时，应统一指挥，按顺序自上而下地进行，严禁上下层同时拆除或自下而上地进行。严禁用将整个脚手架推倒的方法进行拆除。

（12）拆下的材料，禁止往下抛掷，应用绳索捆牢，用滑车卷扬等方法慢慢放下，集中堆放在指定地点。

（13）三级、特级及悬空高处作业使用的脚手架拆除时，应事先制订出安全可靠的措施才能进行拆除。

（14）拆除脚手架的区域内，无关人员禁止逗留和通过，在交通要道应设专人警戒。

4. 常用安全工具

（1）安全帽、安全带、安全网等施工生产使用的安全防护用具，应符合国家规定的质量标准，具有厂家安全生产许可证、产品合格证和安全鉴定合格证书，否则不得采购、发放和使用。

（2）常用安全防护用具应经常检查和定期试验，其检查试验的要求和周期见表2F313062-6。

常用安全用具的检验标准与试验周期 表 2F313062-6

名称	检查与试验质量标准要求	检查试验周期
塑料安全帽	1. 外表完整、光洁； 2. 帽内缓冲带、帽带齐全无损； 3. 耐 40～120℃高温不变形； 4. 耐水、油、化学腐蚀性良好； 5. 可抗 3kg 的钢球从 5m 高处垂直坠落的冲击力	每年一次
安全带	检查： 1. 绳索无脆裂，断脱现象； 2. 皮带各部接口完整、牢固，无霉朽和虫蛀现象； 3. 销口性能良好。 试验： 1. 静荷：使用 255kg 重物悬吊 5min 无损伤； 2. 动荷：将 120kg 的重物从 2～2.8m 高架上冲击安全带，各部件无损伤	1. 每次使用前均应检查； 2. 新带使用一年后抽样试验； 3. 旧带每隔 6 个月抽查试验一次
安全网	1. 绳芯结构和网筋边绳结构符合要求； 2. 两件各 120kg 的重物同时由 4.5m 高处坠落冲击完好无损	每年一次，每次使用前进行外表检查

（3）高处临空作业应按规定架设安全网，作业人员使用的安全带，应挂在牢固的物体上或可靠的安全绳上，安全带严禁低挂高用。拴安全带用的安全绳，不宜超过 3m。

（4）在有毒有害气体可能泄漏的作业场所，应配置必要的防毒护具，以备急用，并及时检查维修更换，保证其处在良好待用状态。

（5）电气操作人员应根据工作条件选用适当的安全电工用具和防护用品，电工用具应符合安全技术标准并定期检查，凡不符合技术标准要求的绝缘安全用具、登高作业安全工具、携带式电压和电流指示器以及检修中的临时接地线等，均不得使用。

三、爆破作业

1. 爆破器材的运输

（1）气温低于 10℃运输易冻的硝化甘油炸药时，应采取防冻措施；气温低于 −15℃运输难冻的硝化甘油炸药时，也应采取防冻措施。

（2）禁止用翻斗车、自卸汽车、拖车、机动三轮车、人力三轮车、摩托车和自行车等运输爆破器材。

（3）运输炸药雷管时，装车高度要低于车厢 10cm。车厢、船底应加软垫。雷管箱不许倒放或立放，层间也应垫软垫。

（4）水路运输爆破器材，停泊地点距岸上建筑物不得小于 250m。

（5）汽车运输爆破器材，汽车的排气管宜设在车前下侧，并应设置防火罩装置。汽车在视线良好的情况下行驶时，时速不得超过 20km（工区内不得超过 15km）；在弯多坡陡、路面狭窄的山区行驶，时速应保持在 5km 以内。行车间距：平坦道路应大于 50m，上下坡应大于 300m。

2. 爆破

1）明挖爆破音响信号规定如下：

（1）预告信号：间断鸣三次长声，即鸣 30s、停、鸣 30s、停、鸣 30s，此时现场停止作业，人员迅速撤离。

（2）准备信号：在预告信号 20min 后发布，间断鸣一长、一短三次，即鸣 20s、鸣 10s、停、鸣 20s、鸣 10s、停、鸣 20s、鸣 10s。

（3）起爆信号：准备信号 10min 后发出，连续三短声，即鸣 10s、停、鸣 10s、停、鸣 10s。

（4）解除信号：应根据爆破器材的性质及爆破方式，确定炮响后到检查人员进入现场所需等待的时间。检查人员确认安全后，由爆破作业负责人通知警报房发出解除信号：一次长声，鸣 60s；在特殊情况下，如准备工作尚未结束，应由爆破负责人通知警报房拖后发布起爆信号，并用广播器通知现场全体人员。

2）装药和堵塞应使用木、竹制作的炮棍。严禁使用金属棍棒装填。

3）进行爆破时，人员应撤至飞石、有害气体和冲击波的影响范围之外，且无落石威胁的安全地点。单向开挖隧洞，安全地点至爆破工作面的距离，应不少于 200m。

洞内施工不应使用汽油机械，使用柴油机械时，宜加设废气净化装置。柴油机械燃料中宜掺添加剂，以减少有毒气体的排放量。

4）地下相向开挖的两端在相距 30m 以内时，装炮前应通知另一端暂停工作，退到安全地点。当相向开挖的两端相距 15m 时，一端应停止掘进，单头贯通。斜井相向开挖，除遵守上述规定外，并应对距贯通尚有 5m 长地段自上端向下打通。

5）爆破后人员进入工作面检查等待时间应按下列规定执行：

（1）明挖爆破时，应在爆破后 5min 进入工作面；当不能确认有无盲炮时，应在爆破后 15min 进入工作面。

（2）地下洞室爆破应在爆破后 15min，并经检查确认洞室内空气合格后，方可准许人员进入工作面。

（3）拆除爆破应等待倒塌建（构）筑物和保留建（构）筑物稳定之后，方可准许人员进入现场。

6）火花起爆，应遵守下列规定：

（1）深孔、竖井、倾角大于 30° 的斜井、有瓦斯和粉尘爆炸危险等工作面的爆破，禁止采用火花起爆。

（2）炮孔的排距较密时，导火索的外露部分不得超过 1.0m，以防止导火索互相交错而起火。

（3）一人连续单个点火的火炮，暗挖不得超过 5 个，明挖不得超过 10 个。并应在爆破负责人指挥下，作好分工及撤离工作。

（4）当信号炮响后，全部人员应立即撤出炮区，迅速到安全地点掩蔽。

（5）点燃导火索应使用香或专用点火工具，禁止使用火柴、香烟和打火机。

7）电力起爆，应遵守下列规定：

（1）用于同一爆破网路内的电雷管，电阻值应相同。康铜桥丝雷管的电阻极差不得超过 0.25Ω，镍铬桥丝雷管的电阻极差不得超过 0.5Ω。

（2）网路中的支线、区域线和母线彼此连接之前各自的两端应短路、绝缘。

（3）装炮前工作面一切电源应切除，照明至少设于距工作面 30m 以外，只有确认炮区无漏电、感应电后，才可装炮。

（4）雷雨天严禁采用电爆网路。

（5）供给每个电雷管的实际电流应大于准爆电流，具体要求是：

① 直流电源：一般爆破不小于 2.5A；对于洞室爆破或大规模爆破不小于 3A。

② 交流电源：一般爆破不小于 3A；对于洞室爆破或大规模爆破不小于 4A。

（6）网路中全部导线应绝缘。有水时导线应架空。各接头应用绝缘胶布包好，两条线的搭接口禁止重叠，至少应错开 0.1m。

（7）测量电阻只许使用经过检查的专用爆破测试仪表或线路电桥。严禁使用其他电气仪表进行量测。

（8）通电后若发生拒爆，应立即切断母线电源，将母线两端拧在一起，锁上电源开关箱进行检查。进行检查的时间：对于即发电雷管，至少在 10min 以后；对于延发电雷管，至少在 15min 以后。

8）导爆索起爆，应遵守下列规定：

（1）导爆索只准用快刀切割，不得用剪刀剪断导火索。

（2）支线要顺主线传爆方向连接，搭接长度不应少于 15cm，支线与主线传爆方向的夹角应不大于 90°。

（3）起爆导爆索的雷管，其聚能穴应朝向导爆索的传爆方向。

（4）导爆索交叉敷设时，应在两根交叉导爆索之间设置厚度不小于 10cm 的木质垫板。

（5）连接导爆索中间不应出现断裂破皮、打结或打圈现象。

9）导爆管起爆，应遵守下列规定：

（1）用导爆管起爆时，应有设计起爆网路，并进行传爆试验，网路中所使用的连接元件应经过检验合格。

（2）禁止导爆管打结，禁止在药包上缠绕，网路的连接处应牢固，两元件应相距 2m，敷设后应严加保护，防止冲击或损坏。

（3）一个 8 号雷管起爆导爆管的数量不宜超过 40 根，层数不宜超过 3 层。

（4）只有确认网路连接正确，与爆破无关人员已经撤离，才准许接入引爆装置。

2F320000　水利水电工程项目施工管理

2F320010　水利工程建设程序

2F320011　水利工程建设项目的类型和建设阶段划分

根据水利部《水利工程建设项目管理规定（试行）》（2016年修订）（水建〔1995〕128号）和有关规定，水利工程建设项目的实施，必须执行工程建设程序。水利工程建设程序一般分为：项目建议书、可行性研究报告、施工准备、初步设计、建设实施、生产准备、竣工验收、后评价等阶段，各阶段工作实际开展时间可以重叠。一般情况下，项目建议书、可行性研究报告、初步设计称为前期工作。立项过程包括项目建议书和可行性研究报告阶段。根据目前管理现状，项目建议书、可行性研究报告、初步设计由水行政主管部门或项目法人组织编制。

1. 水利工程建设项目按其功能和作用分为公益性、准公益性和经营性三类。

2. 水利工程建设项目按其对社会和国民经济发展的影响分为中央水利基本建设项目（简称中央项目）和地方水利基本建设项目（简称地方项目）。

3. 水利工程建设项目根据其建设规模和投资额分为大中型和小型项目。

4. 根据《水利工程建设项目管理规定（试行）》（2016年修订）（水建〔1995〕128号），水利工程建设项目管理实行统一管理、分级管理和目标管理。实行水利部、流域机构和地方水行政主管部门以及建设项目法人分级、分层次管理的管理体系。

5. 根据《水利工程建设项目管理规定（试行）》（2016年修订）（水建〔1995〕128号），水利工程建设程序中各阶段的工作要求是：

1）项目建议书阶段

项目建议书应根据国民经济和社会发展规划、流域综合规划、区域综合规划、专业规划，按照国家产业政策和国家有关投资建设方针进行编制，是对拟进行建设项目提出的初步说明，解决项目建设的必要性问题。

项目建议书应按照《水利水电工程项目建议书编制规程》SL 617—2021编制。

项目建议书编制一般委托有相应资格的工程咨询单位或设计单位承担。

2）可行性研究报告阶段

根据批准的项目建议书，可行性研究报告应对项目进行方案比较，对技术上是否可行、经济上是否合理和环境以及社会影响是否可控进行充分的科学分析和论证，解决项目建设技术、经济、环境、社会可行性问题。经过批准的可行性研究报告，是项目决策和进行初步设计的依据。

可行性研究报告应按照《水利水电工程可行性研究报告编制规程》SL 618—2021编制。

可行性研究报告编制一般委托有相应资格的工程咨询单位或设计单位承担。可行性研究报告经批准后，不得随意修改或变更，在主要内容上有重要变动，应经过原批准机关复审同意。

可行性研究报告，按国家现行规定的审批权限报批。申报项目可行性研究报告，必须同时提出项目法人组建方案及运行机制、资金筹措方案、资金结构及回收资金的办法。

3）施工准备阶段

施工准备阶段是指建设项目的主体工程开工前，必须完成的各项准备工作。

4）初步设计阶段

初步设计是根据批准的可行性研究报告和必要而准确的勘察设计资料，对设计对象进行全面研究，进一步阐明拟建工程在技术上的可行性和经济上的合理性，确定项目的各项基本技术参数、编制项目的总概算。其中概算静态总投资原则上不得突破已批准的可行性研究报告估算的静态总投资。由于工程项目基本条件发生变化，引起工程规模、工程标准、设计方案、工程量的改变，其静态总投资超过可行性研究报告相应估算静态总投资在15%以下时，要对工程变化内容和增加投资提出专题分析报告。超过15%以上（含15%）时，必须重新编制可行性研究报告并按原程序报批。

初步设计报告应按照《水利水电工程初步设计报告编制规程》SL 619—2021 编制。初步设计报告经批准后，主要内容不得随意修改或变更，并作为项目建设实施的技术文件基础。在工程项目建设标准和概算投资范围内，依据批准的初步设计原则，一般非重大设计变更、生产性子项目之间的调整，由主管部门批准。在主要内容上有重要变动或修改（包括工程项目设计变更、子项目调整、建设标准调整、概算调整）等，应按程序上报原批准机关复审同意。

初步设计报告编制应选择具有相应资质的设计单位承担。初步设计文件报批前，一般须由项目法人对初步设计中的重大问题组织论证。设计单位根据论证意见，对初步设计文件进行补充、修改、优化。初步设计由项目法人组织审查后，按国家现行规定权限向主管部门申报审批。

5）建设实施阶段

建设实施阶段是指主体工程的建设实施，项目法人按照批准的建设文件，组织工程建设，保证项目建设目标的实现。

6）生产准备（运行准备）阶段

生产准备（运行准备）指为工程建设项目投入运行前所进行的准备工作，完成生产准备（运行准备）是工程由建设转入生产（运行）的必要条件。项目法人应按照建管结合和项目法人责任制的要求，适时做好有关生产准备（运行准备）工作。

7）竣工验收阶段

竣工验收是工程完成建设目标的标志，是全面考核建设成果、检验设计和工程质量的重要步骤。竣工验收按照《水利水电建设工程验收规程》SL 223—2008 进行。

8）后评价阶段

根据《水利建设项目后评价管理办法（试行）》，水利建设项目后评价是水利建设投资管理程序的重要环节，是在项目竣工验收且投入使用后，或未进行竣工验收但主体工程已建成投产多年后，对照项目立项及建设相关文件资料，与项目建成后所达到的实际效果进行对比分析，总结经验教训，提出对策建议。也可针对项目的某一问题进行专题评价。

项目后评价工作必须遵循独立、公正、客观、科学的原则，做到分析合理、评价公正。

项目后评价的主要依据：

（1）国家和行业的有关法律、法规及技术标准；

（2）流域或区域的相关规划；

（3）批准的项目立项、投资计划、建设实施及运行管理有关文件资料；

（4）水利建设投资统计有关资料等。

项目后评价的主要内容：

（1）过程评价：前期工作、建设实施、运行管理等；

（2）经济评价：财务评价、国民经济评价等；

（3）社会影响及移民安置评价：社会影响和移民安置规划实施及效果等；

（4）环境影响及水土保持评价：工程影响区主要生态环境、水土流失问题，环境保护、水土保持措施执行情况，环境影响情况等；

（5）目标和可持续性评价：项目目标的实现程度及可持续性的评价等；

（6）综合评价：对项目实施成功程度的综合评价。

水利部或项目主管部门通过项目后评价工作，认真总结同类项目的经验教训，将后评价成果作为规划制定、项目审批、投资决策、项目建设和管理的重要参考依据。

后评价的成果性文件是"水利建设项目后评价报告"，按照《水利建设项目后评价报告编制规程》SL 489—2010编制。

2F320012　建设项目管理专项制度

一、"三项"制度

《水利工程建设项目管理规定（试行）》（2016年修订）（水建〔1995〕128号）明确，水利工程项目建设实行项目法人责任制、招标投标制和建设监理制，简称"三项"制度。

1. 项目法人责任制

项目法人责任制作为水利工程建设项目管理的基本制度之一，对保障水利工程建设的有序实施发挥了重要作用。《水利部关于印发水利工程建设项目法人管理指导意见的通知》（水建设〔2020〕258号）提出如下要求：

1）项目法人组建

政府出资的水利工程建设项目，应由县级以上人民政府或其授权的水行政主管部门或者其他部门负责组建项目法人。政府与社会资本方共同出资的水利工程建设项目，由政府或其授权部门和社会资本方协商组建项目法人。社会资本方出资的水利工程建设项目，由社会资本方组建项目法人，但组建方案需按照国家关于投资管理的法律法规及相关规定经工程所在地县级以上人民政府或其授权部门同意。水利工程建设项目可行性研究报告中应明确项目法人组建主体，提出建设期项目法人机构设置方案。

2）项目法人组建部门

在国家确定的重要江河、湖泊建设的流域控制性工程及中央直属水利工程，原则上由水利部或流域管理机构负责组建项目法人。

其他项目的项目法人组建层级，由省级人民政府或其授权部门结合本地实际，根据项目类型、建设规模、技术难度、影响范围等因素确定。其中，新建库容10亿 m^3 以上或坝高大于70m的水库、跨地级市的大型引调水工程，应由省级人民政府或其授权部门组建项目法人，或由省级人民政府授权工程所在地市级人民政府组建项目法人。

跨行政区域的水利工程建设项目，一般应由工程所在地共同的上一级政府或其授权部门组建项目法人，也可分区域由所在地政府或其授权部门分别组建项目法人。分区域组建项目法人的，工程所在地共同的上一级政府或其授权部门应加强对各区域项目法人的组织协调。

鼓励各级政府或其授权部门组建常设专职机构，履行项目法人职责，集中承担辖区内政府出资的水利工程建设。

积极推行按照建设运行管理一体化原则组建项目法人。对已有工程实施改、扩建或除险加固的项目，可以以已有的运行管理单位为基础组建项目法人。

3）回避要求

各级政府及其组成部门不得直接履行项目法人职责；政府部门工作人员在项目法人单位任职期间不得同时履行水利建设管理相关行政职责。

4）项目法人职责

项目法人对工程建设的质量、安全、进度和资金使用负首要责任，应承担以下主要职责：

（1）组织开展或协助水行政主管部门开展初步设计编制、报批等相关工作。

（2）按照基本建设程序和批准的建设规模、内容，依据有关法律法规和技术标准组织工程建设。

（3）根据工程建设需要组建现场管理机构，任免其管理、技术及财务等重要岗位负责人。

（4）负责办理工程质量、安全监督及开工备案手续。

（5）参与做好征地拆迁、移民安置工作，配合地方政府做好工程建设其他外部条件落实等工作。

（6）依法对工程项目的勘察、设计、监理、施工、咨询和材料、设备等组织招标或采购，签订并严格履行有关合同。

（7）组织施工图设计审查，按照有关规定履行设计变更的审查或审核与报批工作。

（8）负责监督检查现场管理机构和参建单位建设管理情况，包括工程质量、安全生产、工期进度、资金支付、合同履约、农民工工资保障以及水土保持和环境保护措施落实等情况。

（9）负责组织设计交底工作，组织解决工程建设中的重大技术问题。

（10）组织编制、审核、上报项目年度建设计划和资金预算，配合有关部门落实年度工程建设资金，按时完成年度建设任务和投资计划，依法依规管理和使用建设资金。

（11）负责组织编制、审核、上报在建工程度汛方案和应急预案，落实安全度汛措施，组织应急预案演练，对在建工程安全度汛负责。

（12）组织或参与工程及有关专项验收工作。

（13）负责组织编制竣工财务决算，做好资产移交相关工作。

（14）负责工程档案资料的管理，包括对各参建单位相关档案资料的收集、整理、归档工作进行监督、检查。

（15）负责开展项目信息管理和参建各方信用信息管理相关工作。

（16）接受并配合有关部门开展的审计、稽察、巡查等各类监督检查，组织落实整改要求。

（17）法律法规规定的职责及应当履行的其他职责。

5）协调机制

县级以上人民政府可根据工作需要建立工程建设工作协调机制，加强对水利工程建设的组织领导，协调落实工程建设地方资金和征地拆迁、移民安置等工程建设相关的重要事项，为项目法人履职创造良好的外部条件。

6）项目法人基本条件

水利工程建设项目法人应具备以下基本条件：

（1）具有独立法人资格，能够承担与其职责相适应的法律责任。

（2）具备与工程规模和技术复杂程度相适应的组织机构，一般可设置工程技术、计划合同、质量安全、财务、综合等内设机构。

（3）总人数应满足工程建设管理需要，大、中、小型工程人数一般按照不少于 30 人、12 人、6 人配备，其中工程专业技术人员原则上不少于总人数的 50%。

（4）项目法人的主要负责人、技术负责人和财务负责人应具备相应的管理能力和工程建设管理经验。其中，技术负责人应为专职人员，有从事类似水利工程建设管理的工作经历和经验，能够独立处理工程建设中的专业问题，并具备与工程建设相适应的专业技术职称。大型水利工程和坝高大于 70m 的水库工程项目法人技术负责人应具备水利或相关专业高级职称或执业资格，其他水利工程项目法人技术负责人应具备水利或相关专业中级以上职称或执业资格。

（5）水利工程建设期间，项目法人主要管理人员应保持相对稳定。

7）社会资源利用

不能按照基本条件组建项目法人的，应通过委托代建、项目管理总承包、全过程咨询等方式，引入符合相关要求的社会专业技术力量，协助项目法人履行相应管理职责。代建、项目管理总承包和全过程咨询单位，如具备相应监理资质和能力，可依法承担监理业务。代建、项目管理总承包和全过程咨询单位，按照合同约定承担相应职责，不替代项目法人的责任和义务。

2. 招标投标制

招标投标制是指通过招标投标的方式，选择水利工程建设的勘察设计、施工、监理、材料设备供应等单位。

水利建设工程是我国建设领域最早推广建设工程采购实行招标投标方式的行业。1982 年 7 月鲁布革水电站、1986 年板桥水库复建工程建设的施工招标投标，在当时曾引起强烈震动。

水利部 20 世纪 80 年代曾颁发《水利工程施工招标投标工作管理规定》，1995 年颁发《水利工程建设项目施工招标投标管理规定》，1998 年对此规定进行修改后重新发布，该规定对于水利工程建设项目的招标投标工作起了重要的推进作用，但上述所列文件主要针对施工招标。

1999 年《中华人民共和国招标投标法》颁布后，水利部陆续发布《水利工程建设项目招标投标管理规定》（水利部令第 14 号）、《水利工程建设项目勘察（测）设计招标投标管理办法》《水利工程建设项目重要设备材料采购招标投标管理办法》《水利工程建设项目监理招标投标管理办法》等文件，同时与国家发展改革委、住房和城乡建设部等部委联合发布一系列招标投标办法，故实际工作应将水利部规定与水利部与其他部委联合发布的规定结合使用。

3. 建设监理制

水利工程建设监理是指具有相应资质的水利工程建设监理单位，受项目法人（或建设单位）委托，按照监理合同对水利工程建设项目实施中的质量、进度、资金、安全生产、环境保护等进行的管理活动，包括水利工程施工监理、水土保持工程施工监理、机电及金属结构设备制造监理、水利工程建设环境保护监理。

水利工程建设项目依法实行建设监理。总投资 200 万元以上且符合下列条件之一的水利工程建设项目，必须实行建设监理：

（1）关系社会公共利益或者公共安全的。

（2）使用国有资金投资或者国家融资的。

（3）使用外国政府或者国际组织贷款、援助资金的。

铁路、公路、城镇建设、矿山、电力、石油天然气、建材等开发建设项目的配套水土保持工程，符合前款规定条件的，应当按照水利部规定开展水土保持工程施工监理。

根据《水利部关于修改〈水利工程建设监理单位资质管理办法〉的决定》（水利部令第 40 号），水利工程监理单位及其人员的有关要求如下：

（1）水利工程监理单位资质分类与分级

水利工程建设监理单位资质分为水利工程施工监理、水土保持工程施工监理、机电及金属结构设备制造监理、水利工程建设环境保护监理四个专业。其中，水利工程施工监理、水土保持工程施工监理专业资质等级分为甲级、乙级、丙级三个等级，机电及金属结构设备制造监理专业资质分为甲级、乙级两个等级，水利工程建设环境保护监理专业资质暂不分级。

（2）监理人员的工作原则

水利工程建设监理实行总监理工程师负责制。总监理工程师负责全面履行监理合同约定的监理单位职责，发布有关指令，签署监理文件，协调有关各方之间的关系。监理工程师在总监理工程师授权范围内开展监理工作，具体负责所承担的监理工作，并对总监理工程师负责。监理员在监理工程师或者总监理工程师授权范围内从事监理辅助工作。

二、代建制

根据《中共中央国务院关于加快水利改革发展的决定》《国务院关于投资体制改革的决定》等有关规定，水利部发布了《关于水利工程建设项目代建制管理的指导意见》，在水利建设项目特别是基层中小型项目中推行代建制等新型建设管理模式，发挥市场机制作用，增强基层管理力量，实现专业化的项目管理。

水利工程建设项目代建制，是指政府投资的水利工程建设项目通过招标等方式，选择具有水利工程建设管理经验、技术和能力的专业化项目建设管理单位（以下简称代建单位），负责项目的建设实施，竣工验收后移交运行管理单位的制度。

水利工程建设项目代建制为建设实施代建，代建单位对水利工程建设项目施工准备至竣工验收的建设实施过程进行管理。代建单位按照合同约定，履行工程代建相关职责，对代建项目的工程质量、安全、进度和资金管理负责。地方政府负责协调落实地方配套资金和征地移民等工作，为工程建设创造良好的外部环境。

代建单位应具备以下条件：

（1）具有独立的事业或企业法人资格。

（2）具有满足代建项目规模等级要求的水利工程勘测设计、咨询、施工总承包一项或多项资质以及相应的业绩；或者是由政府专门设立（或授权）的水利工程建设管理机构并具有同等规模等级项目的建设管理业绩；或者是承担过大型水利工程项目法人职责的单位。

（3）具有与代建管理相适应的组织机构、管理能力、专业技术与管理人员。

近3年在承接的各类建设项目中发生过较大以上质量、安全责任事故或者有其他严重违法、违纪和违约等不良行为记录的单位不得承担项目代建业务。

拟实施代建制的项目应在可行性研究报告中提出实行代建制管理的方案，经批复后在施工准备前选定代建单位。代建单位由项目主管部门或项目法人（以下简称项目管理单位）负责选定。招标选择代建单位应严格执行招标投标相关法律法规，并进入公共资源交易市场交易。不具备招标条件的，经项目主管部门同级政府批准，可采取其他方式选择代建单位。

代建单位确定后，项目管理单位应与代建单位依法签订代建合同。代建合同内容应包括项目建设规模、内容、标准、质量、工期、投资和代建费用等控制指标，明确双方的责任、权利、义务、奖惩等法律关系及违约责任的认定与处理方式。代建合同应报项目管理单位上级水行政主管部门备案。

代建单位不得将所承担的项目代建工作转包或分包。代建单位可根据代建合同约定，对项目的勘察、设计、监理、施工和设备、材料采购等依法组织招标，不得以代建为理由规避招标。代建单位（包括与其有隶属关系或股权关系的单位）不得承担代建项目的施工以及设备、材料供应等工作。

代建项目资金管理要严格执行国家有关法律法规和基本建设财务管理制度，落实《财政部关于切实加强政府投资项目代建制财政财务管理有关问题的指导意见》（财建〔2004〕300号）有关要求。

代建管理费要与代建单位的代建内容、代建绩效挂钩，计入项目建设成本，在工程概算中列支。代建管理费由代建单位提出申请，由项目管理单位审核后，按项目实施进度和合同约定分期拨付。依据财政部《基本建设项目建设成本管理规定》，同时满足按时完成代建任务、工程质量优良、项目投资控制在批准概算总投资范围内3个条件的，可以支付代建单位利润或奖励资金，一般不超过代建管理费的10%。未完成代建任务的，应当扣减代建管理费。

三、政府和社会资本合作（PPP模式）

为进一步规范社会资本参与重大水利工程建设运营，提升政府和社会资本合作（PPP）质量和效果，根据《中共中央国务院关于深化投融资体制改革的意见》（中发〔2016〕18号）、《国务院关于创新重点领域投融资机制鼓励社会投资的指导意见》（国发〔2014〕60号）、《基础设施和公用事业特许经营管理办法》（国家发展改革委等部门令2015年第25号）、国家发展改革委、财政部、水利部《关于鼓励和引导社会资本参与重大水利工程建设运营的实施意见》（发改农经［2015］488号）等文件要求，结合重大水利工程建设运营实际，发改委和水利部于2017年组织制定《政府和社会资本合作建设重大水利工程操作指南（试行）》。

1. 总则

1）指南适用范围

本指南用于指引政府负有提供责任、需求长期稳定和较适宜市场化运作、采用PPP模式建设运营的重大水利工程项目（以下简称水利PPP项目）操作，包括重点水源工程、重大引调水工程、大型灌区工程、江河湖泊治理骨干工程等。采用PPP模式建设的其他水利工程可参照做好相关工作。

除特殊情形外，水利工程建设运营一律向社会资本开放，原则上优先考虑由社会资本参与建设运营。

2）PPP项目实施程序与原则

水利PPP项目实施程序主要包括项目储备、项目论证、社会资本方选择、项目执行等。

各参与方按照依法合规、诚信守约、利益共享、风险共担、合理收益、公众受益的原则，规范、务实、高效实施水利PPP项目。

2. 项目储备

1）PPP项目库

水利PPP项目需具备相关规划依据。地方各级水行政主管部门汇总整理本地区水利PPP项目，并依托投资项目在线审批监管平台（国家重大项目库），建立本地统一、共享的PPP项目库，及时向社会发布相关信息，做好项目储备、动态管理、滚动推进、实施监测等工作。

项目合作期低于10年及没有现金流，或通过保底承诺、回购安排等方式违法违规融资、变相举债的项目，不纳入PPP项目库。

2）项目实施机构

水利PPP项目由项目所在地县级以上人民政府授权的部门或单位作为实施机构。

项目实施机构在授权范围内负责水利PPP项目实施方案编制、社会资本方选择、项目合同签署、项目组织实施和合作期满项目移交等工作。

3. 项目论证

1）PPP项目实施方式

水利PPP项目实施方式根据各项目情况合理选择，灵活运用。

对新建项目，其中经济效益较好，能够通过使用者付费方式平衡建设经营成本并获取合理收益的经营性水利工程，一般采用特许经营合作方式。社会效益和生态效益显著，向社会公众提供公共服务为主的公益性水利工程，可通过与经营性较强项目组合开发、授予与项目实施相关的资源开发收益权、按流域或区域统一规划项目实施等方式，提高项目综合盈利能力，吸引社会资本参与工程建设与管护。既有显著的社会效益和生态效益，又具有一定经济效益的准公益性水利工程，一般采用政府特许经营附加部分投资补助、运营补贴或直接投资参股的合作方式，也可按照模块化设计的思路，在保持项目完整性、连续性的前提下，将主体工程、配套工程等不同建设内容划分为单独的模块，根据各模块的主要功能和投资收益水平，相应采用适宜的合作方式。

对已建成项目，可通过项目资产转让、改建、委托运营、股权合作等方式将项目资产所有权、股权、经营权、收费权等全部或部分转让给社会资本，规范有序盘活基础设施存量资产，提高项目运营管理效率和效益。

对在建项目，也可积极探索引入社会资本负责项目投资、建设、运营和管理。

对拟采用 PPP 模式的政府或企业投资新建重大水利工程项目，要将项目是否适用 PPP 模式的论证纳入项目可行性研究或项目申请报告论证和决策。对拟采用 PPP 模式的已建成项目和在建项目，涉及新增投资建设的，应依法依规履行投资管理程序。要充分考虑项目的战略价值、功能定位、预期收益、可融资性以及管理要求，科学分析项目采用 PPP 模式的必要性和可行性。

当前，优先选择以使用者付费为主的特许经营项目和盘活存量资产的已建成项目，严格防范地方政府债务风险。

2）PPP 项目实施方案

纳入 PPP 项目库及年度实施计划的水利 PPP 项目，由实施机构组织编制 PPP 项目实施方案。实施方案可以单独编制，也可在项目可行性研究报告或项目申请报告中包括 PPP 项目实施专章。

水利 PPP 项目实施方案编制需符合相关法律法规、技术标准和政策文件要求，与项目可行性研究报告或项目申请报告等衔接，采用最新、统一的数据。主要包括以下内容：

（1）项目概况。

（2）实施方式。

（3）社会资本方选择方案。

（4）投融资和财务方案。

（5）建设运营和移交方案。

（6）合同体系和主要内容。

（7）风险识别与分担。

（8）保障措施与监管架构。

水利 PPP 项目实施方案编制过程中，可视情况以发布公告等方式征询潜在社会资本方的意见和建议，引导社会资本方形成合理的收益预期，建立主要依靠市场的投资回报机制。涉及政府定价管理、投资补助、政府付费等事项的，应当征求相关主管部门的意见。

水利 PPP 项目实施方案编制完成后，可由项目所在地发展改革部门和同级水行政主管部门牵头，按照"多评合一、统一评审"的要求，会同项目涉及的同级财政、规划、国土、价格、国有资产管理、公共资源交易管理、审计、法制等政府相关部门，对 PPP 项目实施方案进行联合评审。项目可行性研究报告或项目申请报告中包含 PPP 项目实施专章的，可结合项目审批或核准一并审查。

初审未通过的水利 PPP 项目，可进一步优化调整实施方案，重新报审。经重新报审仍不能通过的，原则上不再采用 PPP 模式。通过审查的水利 PPP 项目实施方案，应按程序报项目所在地政府审批。

3）PPP 项目合同草案

水利 PPP 项目实施机构依据经批准的实施方案，组织起草 PPP 项目合同草案。

（1）项目实施机构拟与中选社会资本方签署的PPP项目合同。主要确认双方的合作意向、内容和方式，约定项目公司组建、投资及实施主要事项，并明确项目实施机构与项目公司后续签署的PPP项目合同生效后是否承继该合同。政府参股项目公司的，需约定政府持有股份享有的分配权益和股东代表在公司法人治理结构中的安排，如是否享有与其他股东同等权益，是否在利润分配顺序上予以优先安排，是否在特定事项上拥有否决权等。

（2）项目实施机构拟与项目公司签署的PPP项目合同。约定各方的责任、权利和义务，明确政府和社会资本合作的内容、期限、履约担保、分年度投资计划及融资方案、风险分担、项目建设和运营管理、回报方式、项目移交、违约处理、信息披露等事项。

根据水利PPP项目特点，PPP项目合同通常包括以下关键条款和内容：① 项目股权和资产处置；② 风险管理；③ 排他性约定；④ 回报机制；⑤ 债务性质；⑥ 退出机制；⑦ 其他相关承诺。

4. 社会资本方选择

1）选择方式

项目实施机构可依法采用公开招标、邀请招标、竞争性谈判等方式，综合考虑投资能力、管理经验、专业水平、融资实力以及信用状况等因素，公开公平公正择优选择社会资本方作为水利PPP项目合作伙伴。其中，拟由社会资本方自行承担工程项目勘察、设计、施工、监理以及与工程建设有关的重要设备、材料等采购的，按照《中华人民共和国招标投标法》规定，必须通过招标的方式选择社会资本方。

2）选择程序

（1）确定主要评标因素

项目实施机构根据水利PPP项目实施方案和项目合同草案，准备社会资本方遴选的相关法律文本，包括资格预审文件、招标文件等。

在社会资本方资格要求及评标标准设定等方面，需客观、公正、详细、透明，禁止排斥、限制或歧视民间资本和外商投资。对于具有较好投资收益的项目，在招标约定收入计算及价格机制等条件下，可将不同投标人项目收益等利益分享承诺作为主要评标因素。

对于需要政府投资补助或运营补贴等政策支持的项目，可将不同投标人对支持政策的需求要价作为主要评标因素。

（2）资格预审

项目实施机构可根据需要组织资格预审，验证项目能否获得社会资本响应和实现充分竞争，并将资格预审结果提交项目主管部门。预审合格社会资本方数量不满足相关法律法规规定的，可依法调整实施方案确定的社会资本方选取方式。

（3）确认谈判

项目实施机构可根据需要，在招标文件中明确项目公司组建、投资及实施等主要事项，作为社会资本方投标时必须响应的内容。开标、评标后，实施机构可组织项目谈判小组，与评标委员会推荐排名第一的中标候选人，进行确认谈判；中标候选人提出的主要条款与招标文件、中标人的投标文件内容不一致的，可终止其谈判资格并没收投标保证金，然后与评标委员会推荐排名第二的中标候选人进行确认谈判，依次类推。

确认谈判完成后，项目实施机构与谈判确认的社会资本方签署确认谈判备忘录，并根据信息公开相关规定公示招标结果和拟与社会资本方签署的项目合同文本及相关文件，明确相关申诉渠道和方式。

（4）签署水利 PPP 项目合同

项目实施机构按相关规定做好公示期间异议的解释、澄清和回复等工作。公示期满无异议的，由项目实施机构将项目合同报经当地政府或其授权的部门和单位审核同意后，与谈判确认的社会资本方正式签署水利 PPP 项目合同。

项目可行性研究报告或项目申请报告批复、核准时已明确项目法人的，可以根据社会资本方选择结果依法变更。

5. 项目执行

1）成立项目公司

社会资本方与项目实施机构签署水利 PPP 项目合同后，按约定在规定期限内成立项目公司，负责项目建设与运营管理。

项目公司可由社会资本方单独出资组建，也可由政府授权单位（不包括项目实施机构）与社会资本方共同出资组建，作为水利 PPP 项目的直接实施主体。

2）合同签订及履约

项目公司成立后，由项目实施机构与项目公司签署水利 PPP 项目合同，或签署关于承继此前 PPP 项目合同的补充合同。对项目合同与项目实施方案核心内容有重大变更的，项目实施机构需报项目实施方案批准机构审核同意后再签署。

项目公司按照项目合同，履行约定的义务和职责，依法开展项目建设、经营和管理活动，自主经营、自负盈亏。按约定和相关法律法规要求接受项目实施机构、政府相关部门的监管，定期报告项目进展情况。

项目实施机构、相关政府部门根据水利 PPP 项目合同和有关规定，对项目公司履行 PPP 项目建设与运行管理责任进行监管。

3）项目移交

水利 PPP 项目合作期满后，如需继续合作的，原合作方有优先续约权。合同约定期满移交的，及时组织开展项目移交工作，由项目公司按照约定的形式、内容和标准，将项目资产无偿移交指定的政府部门。

除另有约定外，合同期满前 12 个月为项目公司向政府移交项目的过渡期，项目实施机构或政府指定的其他机构与社会资本方在过渡期内共同组建项目移交工作组，启动移交准备工作。移交工作组按合同约定的移交标准，组织进行资产评估和性能测试，确保项目处于良好状态。经评估和性能测试，项目状况符合约定的移交条件和标准的，项目公司按合同要求及有关规定完成移交工作并办理移交手续；项目状况不符合约定的移交条件和标准的，项目公司按要求出具移交维修保函，对相关设施进行恢复性修理、更新重置，在满足移交条件和标准后，及时办理移交手续。

4）项目后评价及信息公开

水利 PPP 项目移交完成后，政府有关主管部门可组织对项目开展后评价，对项目全生命周期的效率、效果、影响和可持续性等进行评价。评价结果及时反馈给项目利益相关方，并按有关规定公开。

除涉及国家秘密、商业秘密外，地方政府相关部门依法公开水利 PPP 项目入库、社会资本方选择、项目合同订立、工程建设进展、运营绩效等信息。

2F320013 施工准备阶段的工作内容

水利工程施工准备阶段的主要工作根据《水利工程建设程序管理暂行规定》（2017 年修订）（水建［1998］16 号）有关要求进行。

1. 施工准备阶段的主要工作有：

（1）施工现场的征地、拆迁。

（2）完成施工用水、电、通信、路和场地平整等工程。

（3）必需的生产、生活临时建筑工程。

（4）实施经批准的应急工程、试验工程等专项工程。

（5）组织招标设计、咨询、设备和物资采购等服务。

（6）组织相关监理招标，组织主体工程招标准备工作。

2. 工程建设项目施工，除某些不适合招标的特殊工程项目外（须经水行政主管部门批准），均须实行招标投标。

3. 施工准备工作开始前，项目法人或其代理机构，须依照《水利工程建设项目管理规定（试行）》（2016 年修订）（水建［1995］128 号）中"管理体制和职责"明确的分级管理权限，向水行政主管部门汇报施工准备工作情况。

《水利工程建设项目管理规定（试行）》（2016 年修订）（水建［1995］128 号）中"管理体制和职责"明确的分级管理权限是指：水利部是国务院水行政主管部门，对全国水利工程建设实行宏观管理；水利部所属流域机构（长江水利委员会、黄河水利委员会、淮河水利委员会、珠江水利委员会、海河水利委员会、松辽河水利委员会和太湖流域管理局）是水利部的派出机构，对其所在的流域行使水行政主管部门的职责，负责本流域水利工程建设的行业管理；省（自治区、直辖市）水利（水电）厅（局）是本地区的水行政主管部门，负责本地区水利工程建设的行业管理。

4. 根据水利部《关于调整水利工程建设项目施工准备开工条件的通知》（水建管［2017］177 号），将水利工程建设项目施工准备开工条件调整为：项目可行性研究报告已经批准，环境影响评价文件等已经批准，年度投资计划已下达或建设资金已落实；项目法人即可开展施工准备，开工建设。该文件从 2017 年 4 月 28 日起施行，《关于调整水利工程建设项目施工准备条件的通知》（水建管［2015］433 号）同时废止。

主体工程施工招标的准备工作，包括研究并确定标段划分、选择招标代理机构、编制招标文件以及招标公告等。

2F320014 建设实施阶段的工作内容

根据《水利工程建设程序管理暂行规定》（2017 年修订）（水建［1998］16 号），建设实施阶段是指主体工程的建设实施，项目法人按照批准的建设文件，组织工程建设，保证项目建设目标的实现。在建设实施阶段的主要工作是：

1. 关于主体工程开工的规定

根据《水利工程建设项目管理规定（试行）》（2016 年修订）（水建［1995］128 号），项目法人（或项目建设责任主体、建设单位、代建机构，下同）必须按审批权限，向主管部门提出主体工程开工申请报告，经批准后，主体工程方能正式开工。

水利部《关于加强水利工程建设项目开工管理工作的通知》（水建管［2006］144号），对主体工程开工须具备的条件进行了进一步的补充和明确。

根据《水利部关于废止和修改部分规章的决定》（水利部令2014年第46号），主体工程开工的有关规定修改如下：

水利工程具备开工条件后，主体工程方可开工建设。项目法人或建设单位应当自工程开工之日起15个工作日之内，将开工情况的书面报告报项目主管单位和上一级主管单位备案。

主体工程开工，必须具备以下条件：

（1）项目法人或者建设单位已经设立。

（2）初步设计已经批准，施工详图设计满足主体工程施工需要。

（3）建设资金已经落实。

（4）主体工程施工单位和监理单位已经确定，并分别订立合同。

（5）质量安全监督单位已经确定，并办理了质量安全监督手续。

（6）主要设备和材料已经落实来源。

（7）施工准备和征地移民等工作满足主体工程开工需要。

2. 项目法人要按照批准的建设文件，充分发挥建设管理的主导作用，协调设计、监理、施工以及地方等方面的关系，实行目标管理。项目法人与设计、监理、施工等单位是合同关系，各方应严格履行合同。其中：

（1）项目法人要建立严格的现场协调或调度制度。及时研究解决设计、施工的关键技术问题。从工程整体效益以及目标出发，认真履行合同，积极处理好工程建设各方的关系，为施工创造良好的外部建设条件。

（2）监理单位受项目法人的委托，按照合同规定在现场独立负责项目的建设工期、质量、投资的控制和现场施工的组织协调工作。

（3）设计单位应按照合同及时提供施工详图，并确保设计质量。按工程规模，派出设计代表进驻施工现场解决施工中出现的设计问题。

施工详图经监理单位审核后交施工单位施工。设计单位对不涉及重大设计原则问题的合理意见应当采纳并修改设计。若有分歧意见，由项目法人决定。如涉及重大设计变更问题，应当由原初步设计批准部门审定。

（4）施工单位要加强施工管理，严格履行签订的施工合同。

3. 要按照"政府监督、项目法人负责、社会监理、企业保证"的要求，建立健全质量管理体系。

水利工程质量由项目法人（建设单位）负全面责任。监理、施工、设计单位按照合同及有关规定对各自承担的工作负责。质量监督机构履行政府部门监督职能，不代替项目法人（建设单位）、监理、设计、施工单位的质量管理工作。水利工程建设各方均有责任和权利向有关部门和质量监督机构反映工程质量问题。

水利工程项目法人（建设单位）、监理、设计、施工等单位的负责人，对本单位的质量工作负领导责任。各单位在工程现场的项目负责人对本单位在工程现场的质量工作负直接领导责任。各单位的工程技术负责人对质量工作负技术责任。具体工作人员为直接责任人。

4. 根据《水利工程设计变更管理暂行办法》，设计变更需注意以下要求：

1）设计变更是指自水利工程初步设计批准之日起至工程竣工验收交付使用之日止，对已批准的初步设计所进行的修改活动。

2）水利工程设计变更应按照《水利工程设计变更管理暂行办法》规定的程序进行审批。建设征地和移民安置、水土保持设计、环境保护设计变更按国家有关规定执行。

3）水利工程设计变更分为重大设计变更和一般设计变更。重大设计变更以外的其他设计变更，为一般设计变更。

4）重大设计变更是指工程建设过程中，对初步设计批复的有关建设任务和内容进行调整，导致工程任务、规模、工程等级及设计标准发生变化，工程总体布置方案、主要建筑物布置及结构形式、重要机电与金属结构设备、施工组织设计方案等发生重大变化，对工程质量、安全、工期、投资、效益、环境和运行管理等产生重大影响的设计变更。主要包括以下方面：

（1）工程任务和规模

① 工程任务

工程防洪、治涝、灌溉、供水、发电等主要设计任务的变化和调整。

② 工程规模

A. 水库总库容、防洪库容、死库容、调节库容的变化。

B. 正常蓄水位、汛期限制水位、防洪高水位、死水位、设计洪水位、校核洪水位，以及分洪水位、挡潮水位等特征水位的变化。

C. 供水、灌溉及排水工程的范围、面积、工程布局发生重大变化；干渠（管）及以上工程设计流量、设计供（引、排）水量发生重大变化。

D. 大中型电站或泵站的装机容量发生重大变化。

E. 河道治理、堤防及蓄滞洪区工程中河道及堤防治理范围、治导线形态和宽度、整治流量，蓄滞洪区及安全区面积、容量、数量，分洪工程规模等发生重大变化。

（2）工程等级及设计标准

① 工程防洪标准、除涝（治涝）标准的变化。

② 工程等别、主要建筑物级别的变化。

③ 主要建筑物洪水标准、抗震设计等安全标准的变化。

（3）工程布置及建筑物

① 水库、水闸工程

A. 挡水、泄水、引（供）水、过坝等主要建筑物位置、轴线、工程布置、主要结构型式的变化。

B. 主要挡水建筑物高度、防渗型式、筑坝材料和分区设计、结构设计的重大变化。

C. 主要泄水建筑物设计、消能防冲设计的重大变化。

D. 引水建筑物进水口结构设计的重大变化。

E. 主要建筑物基础处理方案、重要边坡治理方案的重大变化。

② 电站、泵站工程

A. 主要建筑物位置、轴线的重大变化。

B．厂区布置、主要建筑物组成的重大变化。

C．电（泵）站主要建筑物型式、基础处理方案的重大变化。

D．重要边坡治理方案的重大变化。

③供水、灌溉及排水工程

A．水源、取水方式及输水方式的重大变化。

B．干渠（线）及以上工程线路、主要建筑物布置及结构型式，以及建筑物基础处理方案、重要边坡治理方案的重大变化。

C．干渠（线）及以上工程有压输水管道管材、设计压力及调压设施的重大变化。

④堤防工程及蓄滞洪区工程

A．堤线及建筑物布置、堤顶高程的重大变化。

B．堤防防渗型式、筑堤材料、结构设计、护岸和护坡型式的重大变化。

C．对堤防安全有影响的交叉建筑物设计方案的重大变化。

D．防洪以及安全建设工程型式、分洪工程型式的重大变化。

（4）机电及金属结构

①水力机械

A．水电站水轮机型式、布置型式、台数的变化。

B．大中型泵站水泵型式、布置型式、台数的变化。

C．压力输水系统调流调压设备型式、数量的重大变化。

②电气工程

A．出线电压等级在110kV及以上的电站接入电力系统接入点、主接线型式、进出线回路数以及高压配电装置型式变化。

B．110kV及以上电压等级的泵站供电电压、主接线型式、进出线回路数、高压配电装置形式变化。

C．大型泵站高压主电动机型式、起动方式的变化。

③金属结构

A．具有防洪、泄水功能的闸门工作性质、闸门门型、布置方案、启闭设备型式的重大变化。

B．电站、泵站等工程应急闸门工作性质、闸门门型、布置方案、启闭设备型式的重大变化。

C．导流封堵闸门的门型、结构、布置方案的重大变化。

（5）施工组织设计

①水库枢纽和水电站工程的混凝土集料、土石坝填筑料、工程回填料料源发生重大变化。

②水库枢纽工程主要建筑物的导流建筑物级别、导流标准及导流方式的重大变化。

5）涉及工程开发任务变化和工程规模、设计标准、总体布局等方面的重大设计变更，应征得可行性研究报告批复部门的同意。

6）项目法人、施工单位、监理单位不得修改建设工程勘察、设计文件。根据建设过程中出现的问题，施工单位、监理单位及项目法人等单位可以提出设计变更建议。项目法人应当对设计变更建议及理由进行评估，必要时，可以组织勘察设计单位、施工单位、监理单位及有关专家对设计变更建议进行技术、经济论证。

7）工程勘察、设计文件的变更，应委托原勘察、设计单位进行。经原勘察、设计单位书面同意，项目法人也可以委托其他具有相应资质的勘察、设计单位进行修改。修改单位对修改的勘察、设计文件承担相应责任。涉及其他地区和行业的水利工程设计变更，必须事先征求有关地区和部门的意见。

8）重大设计变更文件编制应当满足初步设计阶段的设计深度要求，有条件的可按施工图设计阶段的设计深度进行编制。

9）工程设计变更审批采用分级管理制度。重大设计变更文件，由项目法人按原报审程序报原初步设计审批部门审批。报水利部审批的重大设计变更，应附原初步设计文件报送单位的意见。一般设计变更文件由项目法人组织有关参建方研究确认后实施变更，并报项目主管部门核备，项目主管部门认为必要时可组织审批。

10）特殊情况重大设计变更的处理

（1）对需要进行紧急抢险的工程设计变更，项目法人可先组织进行紧急抢险处理，同时通报项目主管部门，并按照本办法办理设计变更审批手续，并附相关的资料说明紧急抢险的情形。

（2）若工程在施工过程中不能停工，或不继续施工会造成安全事故或重大质量事故的，经项目法人、勘察设计单位、监理单位同意并签字认可后即可施工，但项目法人应将情况在 5 个工作日内报告项目主管部门备案，同时按照《水利工程设计变更管理暂行办法》办理设计变更审批手续。

2F320015 水利水电工程安全鉴定的有关要求

为加强水工建筑物安全管理，保障水工建筑物安全运行，国家实施对水工建筑物安全鉴定制度，主要要求有：

一、水工建筑物实行定期安全鉴定

1. 水闸首次安全鉴定应在竣工验收后 5 年内进行，以后应每隔 10 年进行一次全面安全鉴定。

2. 水库大坝实行定期安全鉴定制度，首次安全鉴定应在竣工验收后 5 年内进行，以后应每隔 6～10 年进行一次。

3. 水工建筑物运行中遭遇特大洪水、强烈地震、工程发生重大事故或出现影响安全的异常现象后，应组织专门的安全鉴定。

4. 闸门等单项工程达到折旧年限，应按有关规定和规范适时进行单项安全鉴定。

二、水工建筑的安全类别

1. 根据《水闸安全鉴定管理办法》，水闸安全类别划分为四类：

一类闸：运用指标能达到设计标准，无影响正常运行的缺陷，按常规维修养护即可保证正常运行。

二类闸：运用指标基本达到设计标准，工程存在一定损坏，经大修后，可达到正常运行。

三类闸：运用指标达不到设计标准，工程存在严重损坏，经除险加固后，才能达到正常运行。

四类闸：运用指标无法达到设计标准，工程存在严重安全问题，需降低标准运用或报废重建。

2. 根据《水库大坝安全鉴定办法》，大坝（包括永久性挡水建筑物，以及与其配合运用的泄洪、输水和过船等建筑物）安全状况分为三类，分类标准如下：

一类坝：实际抗御洪水标准达到《防洪标准》GB 50201—2014规定，大坝工作状态正常；工程无重大质量问题，能按设计正常运行的大坝。

二类坝：实际抗御洪水标准不低于部颁水利枢纽工程除险加固近期非常运用洪水标准，但达不到《防洪标准》GB 50201—2014规定；大坝工作状态基本正常，在一定控制运用条件下能安全运行的大坝。

三类坝：实际抗御洪水标准低于部颁水利枢纽工程除险加固近期非常运用洪水标准，或者工程存在较严重安全隐患，不能按设计正常运行的大坝。

三、水工建筑物安全鉴定程序

水工建筑安全鉴定包括安全评价、安全评价成果审查和安全鉴定报告书审定三个基本程序。其中：

1. 鉴定组织单位（水工建筑物管理单位）负责委托满足规定要求的安全评价单位（简称鉴定承担单位）对建筑物安全状况进行分析评价，并提出安全评价报告。

2. 由鉴定审定部门（县级以上地方人民政府水行政主管部门或水利部流域管理机构）或委托有关单位组织并主持召开水工建筑物安全鉴定会，组织专家审查安全评价报告，形成安全鉴定报告书。

3. 鉴定审定部门审定并印发安全鉴定报告书。

4. 安全评价包括工程质量评价、运行管理评价、防洪标准复核、结构安全、稳定评价、渗流安全评价、抗震安全复核、金属结构安全评价和建筑物安全综合评价等。安全评价过程中，应根据需要补充地质勘探与土工试验，补充混凝土与金属结构检测，对重要工程隐患进行探测等。

四、验收前蓄水安全鉴定

根据《水利水电建设工程蓄水安全鉴定暂行办法》以及《水利水电建设工程验收技术鉴定导则》SL 670—2015，对蓄水安全鉴定作了如下规定：

1. 项目法人认为工程符合蓄水安全鉴定条件时，可决定组织蓄水安全鉴定。蓄水安全鉴定，由项目法人委托具有相应鉴定经验和能力的单位承担，与之签订蓄水安全鉴定合同，并报工程验收主持单位核备。接受委托负责蓄水安全鉴定的单位（即鉴定单位）应成立专家组，并将专家组组成情况报工程验收主持单位和相应的水利工程质量监督部门核备。

2. 项目法人应负责组织参建单位准备有关资料，并提供建设管理工作报告，设计、监理、土建施工、设备制造与安装、安全监测等单位应分别提供自检报告及相关资料，第三方检测单位应提供检测报告。建设各方应对所提供资料的准确性负责。

3. 蓄水安全鉴定工作依据应包括有关法律、法规、规章和技术标准，批准的初步设计报告、专题报告、设计变更及修改文件，以及合同规定的质量和安全标准等。

4. 蓄水安全鉴定工作的任务是对与蓄水安全有关的工程设计、施工、设备制造与安装的质量进行检查，对影响工程安全的因素进行评价，提出蓄水安全鉴定意见，明确是否具备蓄水验收的条件。

5. 蓄水安全鉴定的范围包括挡水建筑物、泄水建筑物、引水建筑物进水口工程、涉及蓄水安全的库岸和边坡等有关工程项目。

6. 蓄水安全鉴定工作的重点是检查工程设计、施工、设备制造与安装是否存在影响工程蓄水安全的因素，以及工程建设期发现的影响工程安全的问题是否得到妥善解决，并提出工程安全评价意见；对不符合有关技术标准、设计文件并涉及工程安全的问题，应分析其影响程度，并提出评价意见；对鉴定发现的符合设计文件、但可能对工程安全运行构成隐患的问题，也应对其进行分析和评价。

7. 蓄水安全鉴定包括下列主要工作内容：

（1）检查工程形象面貌是否满足下闸蓄水要求，是否具备蓄水验收条件。

（2）检查建设征地与移民安置和库底清理是否满足蓄水条件并通过验收。

（3）检查主要设计依据及工程建设标准强制性条文落实情况。

（4）延长水文系列资料、复核设计洪水；根据工程泄洪能力、泄洪设施、大坝挡水条件，评价下闸蓄水方案和度汛方案的可靠性。

（5）根据施工揭示的工程地质及水文地质条件，对照初步设计成果，检查与蓄水安全有关的水工建筑物地质条件、地质参数变化情况；评价地质缺陷处理情况；检查评价料场变化情况。

（6）依据批复的初步设计报告，检查初步设计审查审批遗留问题落实情况；根据初步设计成果、初步设计以后有关设计变更，检查与蓄水安全有关的建筑物设计情况，评价施工图设计与初步设计主要变化；检查设计变更是否按建设管理程序履行了有关审批程序。

（7）检查土建工程施工质量、金属结构设备制造与安装质量，对关键部位、出现过质量缺陷和质量事故的部位，以及有必要检查的其他部位进行重点检查；抽查工程施工原始资料和施工安装、设备制造验收签证，必要时提出补充质量检测和试验等要求；对土建工程施工质量、金属结构设备制造与安装质量，以及质量缺陷、质量事故处理情况进行检查评价。对与水库蓄水及泄洪有关的启闭设备供电可靠性进行检查评价。

（8）检查导流建筑物封堵工程设计及施工方案。

（9）检查工程安全监测设施的埋设、安装及观测是否符合设计要求；对施工期监测成果及反映的工程性状进行评价。

（10）提出工程是否具备水库蓄水验收条件的意见。

8. 蓄水安全鉴定工作程序包括工作大纲编制、自检报告编写、现场鉴定与鉴定报告编写、鉴定报告审定等四个阶段。

2F320016　水利工程建设稽察、决算及审计的内容

一、水利建设项目稽察的基本内容

水利建设项目稽察，是指水行政主管部门依据有关法律、法规、规章、规范性文件和技术标准等，对水利建设项目组织实施情况进行监督检查的活动。稽察工作依据水利部《水利建设项目稽察办法》进行。

稽察坚持监督检查与指导帮助并重，遵循依法监督、严格规范、客观公正、廉洁高效的原则。稽察实行分级组织、分工负责，其中：

1. 水利部负责指导全国水利稽察工作，组织对重大水利工程项目和有中央投资的其他水利建设项目进行稽察，对整改情况进行监督检查。

2. 流域机构负责对所管辖的水利建设项目进行稽察，组织落实整改工作；受水利部委托对地方水利建设项目进行稽察，对流域内水利建设项目稽察整改情况进行监督检查。

3. 省级水行政主管部门负责本行政区域水利稽察工作，对辖区内水利建设项目进行稽察，组织落实整改工作。

稽察工作有派出的稽察组具体承担现场稽察任务，稽察组由稽察特派员或组长（以下统称特派员）、稽察专家和特派员助理等稽察人员组成。特派员对现场稽察工作负总责，专家分工负责相应现场稽察工作，特派员助理协助特派员做好相关工作。稽察人员执行稽察任务实行回避原则，不得稽察与其有利害关系的项目。

根据《水利部办公厅关于印发水利建设项目稽察常见问题清单（2021年版）的通知》（办监督〔2021〕195号），工程参建单位接受稽察时，需注意以下事项：

1. 稽察发现的问题是指工程建设过程中在设计、施工、建设管理等各阶段及各环节，违反或不满足法律法规、部门规章、规范性文件和技术标准、政策性文件等要求，对工程的建设、功能发挥、安全运行等可能造成影响的问题。问题性质可分为"严重""较重"和"一般"三个类别。

2. 稽察主要包括前期与设计、建设管理、计划管理、建设资金使用与管理、质量管理（包括质量管理体系与行为、工程实体质量两个方面）、安全管理（包括安全管理体系、风险管控与事故隐患排查、安全技术管理、现场作业安全管理、防洪度汛、应急与事故管理等6个方面）等6个专业内容。

3. 稽察组对照《水利建设项目稽察常见问题清单（2021年版）》合理确定稽察主要内容与重点，"备注"栏标注"★"的问题要重点查找、尽量覆盖。

4. 问题认定。根据工程类型和规模、建设进度、问题可能造成的影响和后果等，问题性质可由稽察组结合现场实际情况提出建议，报经水利部建设管理与质量安全中心、监督司及有关业务部门审定。问题性质可参考以下原则认定：

（1）根据问题可能产生的影响程度、潜在风险等认定。可能对主体工程的质量、安全、进度或投资规模等产生较大影响的问题认定为"严重"，产生较小影响的认定为"较重"或"一般"。

（2）根据工程等别和建筑物级别等认定。属于大、中型工程（Ⅰ、Ⅱ、Ⅲ）的认定为"严重"或"较重"，属于小型工程（Ⅳ、Ⅴ）的认定为"较重"或"一般"。

（3）结合问题发生所处的工程部位认定。发生在关键部位及重要隐蔽工程的认定为"严重"或"较重"，发生在一般部位的认定为"较重"或"一般"。

（4）根据工作深度认定。如某项管理制度未建立、未编制等认定为"较重"，制度不健全、内容不完整、缺少针对性等认定为"一般"。

5. 根据有关单位在工程建设中承担的职责，《水利建设项目稽察常见问题清单（2021年版）》列举了每个问题发生可能涉及的责任主体。稽察时应结合问题发生原因及有关单位尽职履责情况确定责任主体，如有关单位已按要求尽职履责，则免除该单位责任；如需新增责任主体，可由稽察组结合现场实际情况提出建议，报经水利部建设管理与质量安全中心、监督司及有关业务部门审定。

6. 对稽察发现问题有疑问的，被稽察单位可当场或现场稽察工作结束前提供相关材料进行申诉；稽察组应充分与其沟通，并对相关说明和材料进行复核。

稽察组应于现场稽察结束 5 个工作日内，提交由稽察特派员签署的稽察报告。稽察工作机构应根据稽察发现的问题，及时下达整改通知，提出整改要求，必要时可向有关地方人民政府通报相关情况。被稽察单位应根据整改通知要求，明确责任单位和责任人，制定整改措施，认真整改，在规定时间内上报整改情况。稽察工作机构对稽察发现的问题要建立台账，跟踪整改落实情况，必要时组织复查，及时通报相关情况。

二、竣工决算的基本内容

竣工财务决算是确认水利基本建设项目投资支出、资产价值和结余资金、办理资产移交和投资核销的最终依据。

利用基本建设投资和财政专项资金安排的水利工程基本建设项目应按照《水利基本建设项目竣工财务决算编制规程》SL 19—2014（替代的标准历次版本为 SL 19—1990、SL 19—2001、SL 19—2008）规定的内容、格式编制竣工财务决算。

水利基本建设项目竣工财务决算由项目法人（或项目责任单位）组织编制。设计、监理、施工、征地和移民安置实施等单位配合。在竣工财务决算批复之前，项目法人已经撤销的，由撤销该项目法人的单位指定有关单位承接相关的责任。

项目法人的法定代表人对竣工财务决算的真实性、完整性负责。

竣工财务决算的编制依据主要包括以下几个方面：

1. 国家有关法律法规等相关规定。

2. 经批准的设计文件。

3. 年度投资和资金安排文件。

4. 合同（协议）。

5. 会计核算及财务管理资料。

建设项目编制竣工财务决算宜具备以下条件：

1. 经批准的初步设计所确定的内容已完成。

2. 建设资金全部到位。

3. 竣工（完工）结算已完成。

4. 未完工程投资和预留费用不超过规定的比例。

5. 涉及法律诉讼、工程质量、征地及移民安置的事项已处理完毕。

6. 其他影响竣工财务决算编制的重大问题已解决等。

竣工财务决算应按大中型、小型项目分别编制。项目规模以批复的设计文件为准。设计文件未明确的，非经营性项目投资额在 3000 万元（含 3000 万元）以上、经营性项目投资额在 5000 万元（含 5000 万元）以上的为大中型项目；其他项目为小型项目。

建设项目未完工程投资及预留费用可预计纳入竣工财务决算。大中型项目应控制在总概算的 3% 以内，小型项目应控制在 5% 以内。

竣工财务决算应反映项目从筹建到竣工验收的全部费用。

决算编制过程中，应注意以下几点：

1. 竣工财务决算基准日宜确定为月末。

2. 未完工程投资和预留费用，已签订合同（协议）的，应按相关条款的约定进行测算；尚未签订合同（协议）的，不应突破相应的概（预）算标准。

3. 待摊投资应由受益的各项交付使用资产共同负担。其中，能够确定由某项资产负担的待摊投资，应直接计入该资产成本；不能确定负担对象的待摊投资，应分摊计入受益的各项资产成本。待摊投资的分摊对象主要为房屋及构筑物，需要安装的专用设备，需要安装的通用设备以及其他分摊对象。待摊方法有按实际发生数的比例分摊，或按概算数的比例分摊。

4. 交付使用资产应以具有独立使用价值的固定资产、流动资产、无形资产和递延资产作为计算和交付对象。独立使用价值的确定依据应是具有较完整的使用功能，能够按照设计要求，独立地发挥作用。

5. 具有防洪、发电、灌溉、供水等多种效益的项目，应将建设成本在效益之间分摊，为工程运行定价提供依据。宜采用枢纽指标系数分摊法，分摊程序如下：

（1）按建设成本与工程效益的关系，确定专用投资、共用投资和间接投资。

（2）依据设计文件或实际生产能力，计算工程效益之间的库容或用水比例。

（3）按计算的比例在工程效益之间分摊共用投资。

（4）按已归集的专业投资和共用投资比重分摊间接投资。

（5）确定各工程效益的总成本和单位成本。

6. 填列报表应注意以下几点：

（1）报表的完整性。

（2）报表数据与账簿记录的相符性。

（3）表内的平衡关系。

（4）报表之间的勾稽关系。

（5）关联指标的逻辑关系。

三、竣工审计的基本内容

水利工程基本建设项目审计按建设管理过程分为开工审计、建设期间审计和竣工决算审计。其中开工审计、建设期间审计，水利审计部门可根据项目性质、规模和建设管理的需要进行；竣工决算审计在项目正式竣工验收之前必须进行。

竣工决算审计是指水利基本建设项目（以下简称建设项目）竣工验收前，水利审计部门对其竣工决算的真实性、合法性和效益性进行的审计监督和评价。

水利工程基本建设项目竣工决算审计应按照《水利基本建设项目竣工决算审计规程》SL 557—2012 执行。

1. 竣工审计的内容

水利工程基本建设项目竣工决算审计具体包括：建设项目批准及建设管理体制审计；项目投资计划、资金来源及概算执行审计；基本建设支出审计；土地征用及移民安置资金管理使用审计；未完工程投资及预留费用审计；交付使用资产审计；基建收入审计；建设项目竣工决算时资金构成审计；竣工财务决算编制审计；招标、投标及政府采购审计；合同管理审计；建设监理审计；财务管理审计；历次审计检查审计等 14 个方面。

2. 审计组织形式

建设项目竣工验收主持单位的水利审计部门是其竣工决算审计的审计主体。水利审计部门在开展竣工决算审计时，应根据实际情况确定审计组织形式，可分为自行开展和委托社会审计机构两种形式。

3．审计程序

竣工决算审计的程序应包括以下四个阶段：

（1）审计准备阶段。包括审计立项、编制审计实施方案、送达审计通知书等环节。

（2）审计实施阶段。包括收集审计证据、编制审计工作底稿、征求意见等环节。

（3）审计报告阶段。包括出具审计报告、审计报告处理、下达审计结论等环节。

（4）审计终结阶段。包括整改落实和后续审计等环节。

审计结论应直接下达项目法人或项目主管部门，必要时可抄送相关单位。审计结论下达后，水利审计部门应将审计报告、审计结论文件及相关审计资料及时归档。项目法人和相关单位应按照水利审计部门下达的审计结论进行整改落实，并将整改落实情况书面报送水利审计部门。项目法人和相关单位必须执行审计决定，落实审计意见，采纳审计建议。

项目法人和相关单位应在收到审计结论 60 个工作日内执行完毕，并向水利审计部门报送审计整改报告；确需延长审计结论整改执行期的，应报水利审计部门同意。

4．审计方法

审计方法应包括详查法、抽查法、核对法、调查法、分析法、其他方法等。其中其他方法包括：

（1）按照审查书面资料的技术，可分为审阅法、复算法、比较法等。

（2）按照审查资料的顺序，可分为逆查法和顺查法等。

（3）实物核对的方法，可分为盘点法、调节法和鉴定法等。

竣工决算审计是建设项目竣工结算调整、竣工验收、竣工财务决算审批及项目法人法定代表人任期经济责任评价的重要依据。

2F320020　水利水电工程施工组织设计

2F320021　施工总布置的要求

一、施工分区规划

1．施工总布置分区

根据主体工程施工需求及现场地形条件，水利水电工程施工场地一般分为以下几个分区：

（1）主体工程施工区。

（2）施工工厂设施区。

（3）当地建材开采和加工区。

（4）仓库、站、场、厂、码头等储运系统。

（5）机电、金属结构和大型施工机械设备安装场地。

（6）工程存、弃料堆放区。

（7）施工管理及生活营区。

（8）工程建设管理及生活区。

2．施工分区规划布置原则

（1）应按对外交通运输方案，拟定场内、外交通连接方式，拟定车站、码头和各施工区的位置，并确定场内永久交通主干线走向。

（2）应根据建筑物布置、施工导流特点和当地建筑材料产地，以及工程主要土石方和混凝土运输流向，结合场地分布情况拟定场内主要交通干线。

（3）以混凝土建筑物为主的枢纽工程，施工区布置宜以砂、石料的开采、加工和混凝土的拌合、浇筑系统为主；以当地材料坝为主的枢纽工程，施工区布置宜以土石料采挖和加工、堆料场和上坝运输线路为主。

（4）机电设备、金属结构安装场地宜靠近主要安装地点。

（5）工程建设管理区宜结合生产运行和工程建设管理需要统筹规划，场地应具用良好的外部环境，且交通方便，避免施工干扰。

（6）主要物资仓库、站场等储运系统宜布置在场内外交通衔接处。外来物资的转运站远离施工区时，应按独立系统设置仓库、堆场、道路、管理及生活设施。

（7）施工管理及生活营区的布置应考虑风向、日照、噪声、水源水质等因素，其生活设施与生产设施之间应有明显的界限。

（8）施工分区规划布置考虑施工活动对周围环境的影响，避免噪声、粉尘等污染对敏感区（如学校、住宅区等）的危害。

（9）火工材料、油料等特种材料仓库布置应符合国家有关安全标准的规定。

（10）施工工厂、站场和仓库的建筑标准应满足生产工艺流程、技术要求及有关安全规定，宜采用定型化、标准化和装配式结构。

二、施工总平面图

1. 施工总平面图的主要内容

（1）施工用地范围。

（2）一切地上和地下的已有和拟建的建筑物、构筑物及其他设施的平面位置与外轮廓尺寸。

（3）永久性和半永久性坐标位置，必要时标出建筑场地的等高线。

（4）场内取土和弃土的区域位置。

（5）为施工服务的各种临时设施的位置。这些设施包括：

① 施工导流建筑物，如围堰、隧洞等。

② 交通运输系统，如公路、铁路、车站、码头、车库、桥涵等。

③ 料场及其加工系统，如土料场、石料场、砂砾料场、集料加工厂等。

④ 各种仓库、料堆、弃料场等。

⑤ 混凝土制备及浇筑系统。

⑥ 机械修配系统。

⑦ 金属结构、机电设备和施工设备安装基地。

⑧ 风、水、电供应系统。

⑨ 其他施工工厂，如钢筋加工厂、木材加工厂、预制构件厂等。

⑩ 办公及生活用房，如办公室、宿舍等。

⑪ 安全防火设施及其他，如消防站、警卫室、安全警戒线等。

2. 施工总平面图的设计要求

（1）在保证施工顺利进行的前提下，尽量少占耕地。

在进行大规模水利水电工程施工时，要根据各阶段施工平面图的要求，分期分批地征用土地，以便做到少占土地或缩短占用土地时间。

（2）临时设施最好不占用拟建永久性建筑物和设施的位置，以避免拆迁这些设施所引起的损失和浪费。在特殊情况下，当被占用位置上的建筑物施工时期较晚，并与其上所布置的设施使用时间不冲突时，才可以使用该场地。

（3）在满足施工要求的前提下，最大限度地降低工地运输费。

为了降低运输费用，必须合理地布置各种仓库、起重设备、加工厂及其他工厂设施，正确地选择运输方式和铺设工地运输道路。

（4）在满足施工需要的条件下，临时工程的费用应尽量减少。

为了降低临时工程的费用，首先应该力求减少临时建筑和设施的工程量，主要方法是尽最大可能利用现有的建筑物以及可供施工使用的设施，争取提前修建拟建的永久性建筑物、道路以及供电线路等。

（5）工地上各项设施应尽量使工人在工地上因往返而损失的时间最少，应合理规划行政管理及文化福利用房的相对位置，并考虑卫生、防火安全等方面的要求。

（6）遵循劳动保护和安全生产等要求。

必须使各房屋之间保持一定的距离。如储存燃料及易燃物品的仓库，如汽油、柴油等，距拟建工程及其他临时性建筑物不得小于 50m。

在铁路与公路及其他道路交叉处应设立明显的标志；在工地内应设立消防站、消火栓、警卫室等。

三、施工材料、设备仓库面积的确定

1. 各种材料储存量的估算

各种材料储存量应根据施工、供应和运输条件确定。对受季节影响的材料，应考虑施工和生产中断因素；水运应考虑洪水、枯水和严寒等季节影响。材料储存量按式（2F320021-1）估算：

$$q = QdK/n \qquad （2F320021-1）$$

式中　q——需要材料储存量（t 或 m^3）；

　　　Q——高峰年材料总需要量（t 或 m^3）；

　　　n——年工作日数；

　　　d——需要材料的储存天数；

　　　K——材料总需要量的不均匀系数，一般取 1.2～1.5。

2. 施工仓库建筑面积

（1）材料、器材仓库建筑面积按式（2F320021-2）估算：

$$W = q/PK_1 \qquad （2F320021-2）$$

式中　W——材料、器材仓库面积（m^2）；

　　　q——需要材料储量（t 或 m^3）；

　　　K_1——面积利用系数；

　　　P——每平方米有效面积的材料存放量（t 或 m^3）。

（2）施工设备仓库建筑面积按式（2F320021-3）估算：

$$W = na/K_2 \qquad （2F320021-3）$$

式中　W——施工设备仓库面积（m^2）；

　　n——储存施工设备台数；

　　a——每台设备占地面积（m²）；

　　K_2——面积利用系数，库内有行车时取 0.3，无行车时取 0.17。

　　3. 永久机电设备仓库建筑面积按式（2F320021-4）和式（2F320021-5）估算：

$$F_总 = 2.8Q \qquad （2F320021-4）$$
$$F_保 = 0.5F_总 \qquad （2F320021-5）$$

式中　$F_总$——设备库总面积（包括铁路与卸货场的占地面积）（m²）；

　　　　$F_保$——仓库保管净面积（指仓库总面积中扣除与卸货场占地后的部分）（m²）；

　　　　Q——同时保管仓库内的机组设备总重量（t）。

　　4. 施工仓库占地面积

　　仓库占地面积按式（2F320021-6）估算：

$$A = \sum WK_3 \qquad （2F320021-6）$$

式中　A——仓库占地面积（m²）；

　　　　W——仓库建筑面积或堆存场面积（m²）；

　　　　K_3——占地面积系数，参照有关规范选用。

2F320022　临时设施的要求

一、临时设施设计的主要内容

　　水利水电工程施工临时设施是指为辅助主体工程施工所必须修建的生产和生活用临时性工程。主要包括：导流工程、施工交通工程、施工场外供电工程、施工房屋建筑工程以及其他施工临时工程。

　　其他施工临时工程所涉及的施工工厂设施的任务包括：

　　（1）制备施工所需的建筑材料。

　　（2）供应水、电和压缩空气。

　　（3）建立工地内外通信联系。

　　（4）维修和保养施工设备。

　　（5）加工制作非标准金属构件等。

二、主要施工工厂设施

　　1. 砂石料加工系统

　　砂石加工厂通常有破碎、筛分、制砂等车间和堆场组成，同时还设有供配电、给排水和污水处理等辅助设施。

　　砂石料加工系统生产规模可按毛料处理能力划分为特大型、大型、中型、小型，划分标准见表 2F320022-1。

砂石料加工系统生产规模划分标准　　　　　　表 2F320022-1

类　型	砂石料加工系统处理能力（t/h）
特大型	≥1500
大　型	<1500 ≥500

续表

类　型	砂石料加工系统处理能力（t/h）
中　型	< 500 ≥ 120
小　型	< 120

砂石加工系统设计中应采取除尘、降低或减少噪声措施以及废水处理措施。砂石加工生产过程中产生的弃渣应运至指定地点堆存。

2. 混凝土生产系统

混凝土生产系统的规模应满足质量、品种、出机口温度和浇筑强度的要求，单位小时生产能力可按月高峰强度计算，月有效生产时间可按500h计，不均匀系数按1.5考虑，并按充分发挥浇筑设备的能力校核。

混凝土生产系统规模按生产能力可划分为特大型、大型、中型、小型，划分标准见表2F320022-2。

混凝土生产系统规模划分标准　　　　　　　　表 2F320022-2

类型	设计生产能力（m³/h）
特大型	≥ 480
大型	< 480 ≥ 180
中型	< 180 ≥ 45
小型	< 45

根据设计进度计算的高峰月浇筑强度，计算混凝土浇筑系统单位小时生产能力可按式（2F320022-1）计算：

$$P = K_h Q_m / (MN) \qquad (2F320022-1)$$

式中　P——混凝土系统所需小时生产能力（m³/h）；

Q_m——高峰月混凝土浇筑强度（m³/月）；

M——月工作日数（d），一般取25d；

N——日工作时数（h），一般取20h；

K_h——时不均匀系数，一般取1.5。

按施工分块仓面强度计算法对混凝土生产系统规模进行核算时，计算公式见式（2F320022-2）：

$$P \geq K \sum (F\delta)_{max} / (t_1 - t_2) \qquad (2F320022-2)$$
$$t_2 = L_{max}/v + t_3$$
$$\sum (F\delta)_{max} = (F_1\delta_1 + F_2\delta_2 + \cdots + F_n\delta_n)_{max}$$

式中　　　P——混凝土系统拌合楼所需生产能力（m³/h）；

K——浇筑生产不均匀系数（一般为1.1～1.2），当开仓浇筑量大时取大值，反之取小值；

$\sum (F\delta)_{max}$——同时浇筑的各浇筑块面积与浇筑层厚度的乘积的最大总值（m³）；

F_1，F_2，…，F_n——同时开仓浇筑的各块面积（m²）；

δ_1，δ_2，…，δ_n——同时开仓浇筑的各块浇筑层厚度（m）；

t_1——混凝土初凝时间（h），按有关水工混凝土技术规范和标准考虑；

t_2——混凝土从拌合楼至最远浇筑点的运输时间（包括起吊入仓时间）（h），按有关水工混凝土技术规范和标准考虑；

L_{max}——从拌合楼到浇筑点最长运距（km）；

v——混凝土运输工具的平均行驶速度（km/h）；

t_3——从运输工具吊运混凝土料罐到浇筑地点的时间（h）。

3. 混凝土制冷（热）系统

1）混凝土制冷系统

混凝土的拌合出机口温度较高不能满足温度控制要求时，拌合料应进行预冷。选择混凝土预冷材料时，主要考虑用冷水拌合、加冰搅拌、预冷集料等，一般不把胶凝材料（水泥、粉煤灰等）选作预冷材料。

预冷集料是降低混凝土温度的有效措施，水利水电工程中常用的集料预冷方法有水冷法、风冷法、真空汽化法及液氮预冷法等几种方式。

水冷法。将粗集料装入集料预冷罐，用低温水（地下水或机制冷水）浸泡或循环冷却，或者在通过冷却廊道输送集料的胶带表面淋洒低温水。

风冷法。用循环冷风吹入集料仓进行冷却。

真空汽化法。在储料罐（或密闭罐）中抽成真空（适度真空）使集料表面的附着水汽化，吸取集料热量，以降低集料温度。

2）混凝土制热系统

低温季节混凝土施工时，提高混凝土拌合料温度宜用热水拌合及进行集料预热，水泥不应直接加热。

低温季节混凝土施工气温标准为，当日平均气温连续 5d 稳定在 5℃以下或最低气温连续 5d 稳定在 -3℃以下时，应按低温季节进行混凝土施工。

4. 机械修配及综合加工系统

综合加工厂是由混凝土预制构件厂、钢筋加工厂和木材加工厂等组成。

机械修配厂的厂址应靠近施工现场，便于施工机械和原材料运输，附近有足够场地存放设备、材料，并靠近汽车修配厂。

5. 施工供电系统

为了保证施工供电必要的可靠性和合理地选择供电方式，将用电负荷按其重要性和停电造成的损失程度分为三类，即一类负荷、二类负荷和三类负荷。

水利水电工程施工现场一类负荷主要有井、洞内的照明、排水、通风和基坑内的排水、汛期的防洪、泄洪设施以及医院的手术室、急诊室、重要的通信站以及其他因停电即可能造成人身伤亡或设备事故引起国家财产严重损失的重要负荷。由于单一电源无法确保连续供电，供电可靠性差，因此大中型工程应具有两个以上的电源，否则应建自备电厂。

除隧洞、竖井以外的土石方开挖施工、混凝土浇筑施工、混凝土搅拌系统、制冷系统、供水系统、供风系统、混凝土预制构件厂等主要设备属二类负荷。

木材加工厂、钢筋加工厂的主要设备属三类负荷。

砂石加工系统、金属结构及机电安装、机修系统、施工照明等主要设备中，部分属二类负荷，部分属三类负荷。

2F320023   施工总进度的要求

1. 施工进度计划安排

1）施工期的划分

根据《水利水电工程施工组织设计规范》SL 303—2017，工程建设全过程可划分为工程筹建期、工程准备期、主体工程施工期和工程完建期四个施工时段。编制施工总进度时，工程施工总工期应为后三项工期之和。工程建设相邻两个阶段的工作可交叉进行。

（1）工程筹建期：工程正式开工前应完成对外交通、施工供电和通信系统、征地、移民以及招标、评标、签约等工作所需的时间。

（2）工程准备期：准备工程开工起至关键线路上的主体工程开工或河道截流闭气前的工期，一般包括"四通一平"、导流工程、临时房屋和施工工厂设施建设等。

（3）主体工程施工期：自关键线路上的主体工程开工或一期截流闭气后开始，至第一台机组发电或工程开始发挥效益为止的工期。

（4）工程完建期：自水电站第一台发电机组投入运行或工程开始受益起，至工程竣工的工期。

2）编制施工总进度应遵循的原则

（1）遵守基本建设程序。

（2）采用国内平均先进施工水平合理安排工期。

（3）资源（人力、物资和资金等）均衡分配。

（4）单项工程施工进度与施工总进度相互协调，各项目施工程序前后兼顾、衔接合理、干扰少、施工均衡。

（5）在保证工程施工质量、总工期的前提下，充分发挥投资效益。

（6）确保工程安全、连续、稳定、均衡施工。

3）施工进度安排的有关具体要求

（1）导流工程

① 河道截流宜安排在枯水期或汛后期进行，但不宜安排在封冻期和流水期，截流时间应根据围堰施工所需施工时段和安全度汛要求，结合所选时段各月或旬的平均流量大小，合理分析确定。

② 围堰闭气和堰基防渗完成后，即可进行基坑抽水作业。对土石围堰与软质基础的基坑，应考虑对排水下降速度的控制。

③ 导流泄水建筑物完成导流任务后，封堵时段宜选在汛后，使封堵工程能在一个枯水期内完成。如汛前封堵，应有充分论证和确保工程安全度汛措施。

（2）基础处理工程

不良地质基础处理宜安排在建筑物覆盖前完成。固结灌浆宜在混凝土浇筑1～2层后进行，但经过论证，也可在混凝土浇筑前进行。帷幕灌浆应在本坝段和相邻坝段基固结灌浆完成后进行。帷幕灌浆宜在坝基混凝土浇筑面或廊道内进行，不宜占直线工期。

（3）混凝土工程

① 混凝土浇筑进度有两个主要指标，一个是浇筑强度，它是反映机械设备容量与混凝土不均匀系数的指标；另一个是坝体平均升高速度，它是反映形象面貌和施工程序的指标。这两个指标都能满足要求，才能实现工程进度计划。

常态混凝土的平均升高速度与坝型、浇筑块数量、浇筑高度、浇筑设备能力及温度控制要求等因素有关，宜通过浇筑排块或工程类比确定。

碾压混凝土平均升高速度应综合分析仓面面积、铺筑层厚度、混凝土生产和运输能力、碾压等因素后确定。

② 对于混凝土工程是关键工程的情况应重点分析三大系统建设的施工工期。

③ 混凝土的接缝灌浆进度（包括厂坝间接缝灌浆）应满足施工期度汛与水库蓄水安全要求。

④ 应对施工总进度进行资源优化，提出劳动力、主要施工设备总表和主要材料分年度供应计划表。

2. 施工进度计划表达方法

工程设计和施工阶段常采用的进度计划表达方法有：① 横道图；② 工程进度曲线；③ 施工进度管理控制曲线；④ 形象进度图；⑤ 网络进度计划。

1）横道图

用横道图表示的施工进度计划，一般包括两个基本部分，即左侧的工程项目（工作名称）及工程（工作）的持续时间等基本数据部分和右侧的横道线部分。图 2F320023-1 即为用横道图表示的某水闸工程的施工进度计划。该计划明确表示出各项工作的划分、工作的开始时间和完成时间、工作的持续时间、工作之间的相互搭接关系，以及整个工程项目的开工时间、完工时间等。

项次	工程项目	持续时间	第一年				第二年							
			9	10	11	12	1	2	3	4	5	6	7	8
1	基坑土方开挖	30												
2	C10混凝土垫层	20												
3	C25混凝土闸底板	30												
4	C25混凝土闸墩	55												
5	C40混凝土闸上公路桥板	30												
6	二期混凝土	25												
7	闸门安装	15												
8	底槛、导轨等埋件安装	20												

图 2F320023-1　某水闸工程施工进度计划横道图

横道计划的优点是形象、直观，且易于编制和理解，因而长期以来被广泛应用于建设工程进度控制中。但利用横道图表示工程进度计划，存在下列缺点：

（1）不能明确反映出各项工作之间错综复杂的相互关系，因而在计划执行的过程中，当某些工作的进度由于某种原因提前或拖延时，不便于分析其对其他工作及总工期的影响程度，不利于建设工程进度的动态控制。

（2）不能明确地反映出影响工期的关键工作和关键线路，无法反映出整个工程项目的关键所在，不便于进度控制人员抓住主要矛盾。

（3）不能反映出工作所具有的机动时间，看不到计划的潜力所在，无法进行最合理的组织和指挥。

（4）不能反映工程费用与工期之间的关系，不便于缩短工期和降低成本。

2）工程进度曲线

该方法是以时间为横轴，以完成累计工作量（该工作量的具体表示内容可以是实物工程量的大小、工时消耗或费用支出额，也可以用相应的百分比来表示）为纵轴，按计划时间累计完成任务量的曲线作为预定的进度计划。从整个项目的实施进度来看，由于项目的初期和后期进度比较慢，因而进度曲线大体呈 S 形。该方法如图 2F320023-2 所示。

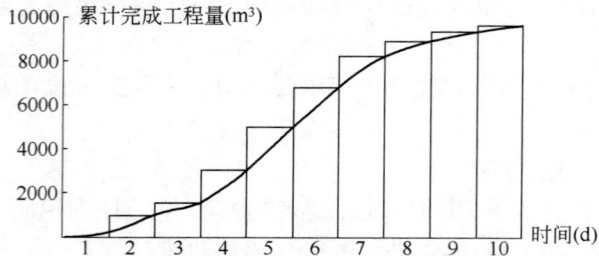

图 2F320023-2 以进度曲线形式表示的进度计划

按计划时间累计完成任务量的曲线作为预定的进度计划，将工程项目实施过程中各检查时间实际累计完成任务量的 S 曲线也绘制于同一坐标系中，对实际进度与计划进度进行比较，如图 2F320023-3 所示。

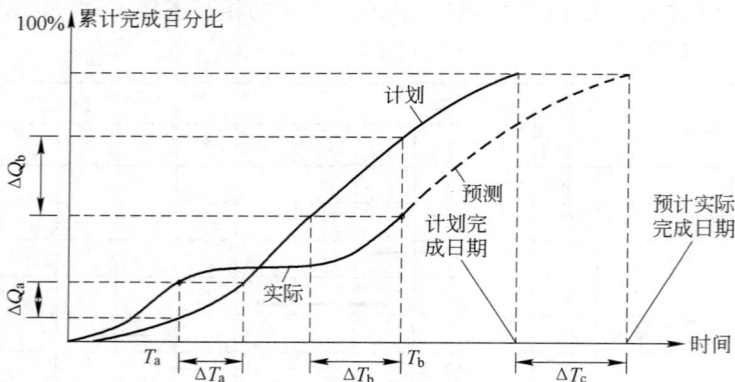

图 2F320023-3　S 形曲线比较图

图中：ΔT_a——T_a 时刻实际进度超前的时间；

ΔQ_a——T_a 时刻超额完成的任务量；

ΔT_b——T_b 时刻实际进度拖后的时间；

ΔQ_b——T_b 时刻拖欠的任务量；

ΔT_c——工期拖延预测值。

通过比较可以获得如下信息：

（1）实际工程进展速度。

（2）进度超前或拖延的时间。

（3）工程量的完成情况。

（4）后续工程进度预测。

2F320024 专项施工方案

一、专项施工方案的内容

根据《水利水电工程施工安全管理导则》SL 721—2015，施工单位应在施工前，对达到一定规模的危险性较大的单项工程编制专项施工方案；对于超过一定规模的危险性较大的单项工程，施工单位应组织专家对专项施工方案进行审查论证。

专项施工方案应包括以下内容：

（1）工程概况：危险性较大的单项工程概况、施工平面布置、施工要求和技术保证条件等。

（2）编制依据：相关法律、法规、规章、制度、标准及图纸（国标图集）、施工组织设计等。

（3）施工计划：包括施工进度计划、材料与设备计划等。

（4）施工工艺技术：技术参数、工艺流程、施工方法、质量标准、检查验收等。

（5）施工安全保证措施：组织保障、技术措施、应急预案、监测监控等。

（6）劳动力计划：专职安全生产管理人员、特种作业人员等。

（7）设计计算书及相关图纸等。

二、专项施工方案有关程序要求

专项施工方案应由施工单位技术负责人组织施工技术、安全、质量等部门的专业技术人员进行审核。经审核合格的，应由施工单位技术负责人签字确认。实行分包的，应由总承包单位和分包单位技术负责人共同签字确认。

不需专家论证的专项施工方案，经施工单位审核合格后应报监理单位，由项目总监理工程师审核签字，并报项目法人备案。

超过一定规模的危险性较大的单项工程专项施工方案应由施工单位组织召开审查论证会。审查论证会应有下列人员参加：

（1）专家组成员。

（2）项目法人单位负责人或技术负责人。

（3）监理单位总监理工程师及相关人员。

（4）施工单位分管安全的负责人、技术负责人、项目负责人、项目技术负责人、专项施工方案编制人员、项目专职安全生产管理人员。

（5）勘察、设计单位项目技术负责人及相关人员等。

专家组应由 5 名及以上符合相关专业要求的专家组成，各参建单位人员不得以专家身份参加审查论证会。

施工单位应根据审查论证报告修改完善专项施工方案，经施工单位技术负责人、总监理工程师、项目法人单位负责人审核签字后，方可组织实施。

施工单位应严格按照专项施工方案组织施工，不得擅自修改、调整专项施工方案。

如因设计、结构、外部环境等因素发生变化确需修改的，修改后的专项施工方案应当重新审核。对于超过一定规模的危险性较大的单项工程的专项施工方案，施工单位应重新组织专家进行论证。

三、专项施工方案的实施与监督

监理、施工单位应指定专人对专项施工方案实施情况进行旁站监理。发现未按专项施工方案施工的，应要求其立即整改；存在危及人身安全紧急情况的，施工单位应立即组织作业人员撤离危险区域。

总监理工程师、施工单位技术负责人应定期对专项施工方案实施情况进行巡查。

对于危险性较大的单项工程，施工单位、监理单位应组织有关人员进行验收。验收合格的，经施工单位技术负责人及总监理工程师签字后，方可进入下一道工序。

监理单位应编制危险性较大的单项工程监理规划和实施细则，制定工作流程、方法和措施。

监理单位发现未按专项施工方案实施的，应责令整改；施工单位拒不整改的，应及时向项目法人报告；如有必要，可直接向有关主管部门报告。

项目法人接到监理单位报告后，应立即责令施工单位停工整改；施工单位仍不停工整改的，项目法人应及时向有关主管部门和安全监督机构报告。

四、危险性较大单项工程的规模标准

1. 达到一定规模的危险性较大的单项工程

（1）基坑支护、降水工程。开挖深度达到 3（含 3m）～5m 或虽未超过 3m 但地质条件和周边环境复杂的基坑（槽）支护、降水工程。

（2）土方和石方开挖工程。开挖深度达到 3（含 3m）～5m 的基坑（槽）的土方和石方开挖工程。

（3）模板工程及支撑体系

① 各类工具式模板工程：包括大模板、滑模、爬模、飞模等工程。

② 混凝土模板支撑工程：搭设高度 5～8m，搭设跨度 10～18m，施工总荷载 10～15kN/m²，集中线荷载 15～20kN/m，高度大于支撑水平投影宽度且相对独立无联系构件的混凝土模板支撑工程。

③ 承重支撑体系：用于钢结构安装等满堂支撑体系。

（4）起重吊装及安装拆卸工程

① 采用非常规起重设备、方法，且单件起吊重量在 10～100kN 的起重吊装工程。

② 采用起重机械进行安装的工程。

③ 起重机械设备自身的安装、拆卸。

（5）脚手架工程

① 搭设高度 24～50m 的落地式钢管脚手架工程。

② 附着式整体和分片提升脚手架工程。

③ 悬挑式脚手架工程。

④ 吊篮脚手架工程。

⑤ 自制卸料平台、移动操作平台工程。

⑥ 新型及异型脚手架工程。

（6）拆除、爆破工程。

（7）围堰工程。

（8）水上作业工程。

（9）沉井工程。

（10）临时用电工程。

（11）其他危险性较大的工程。

2．超过一定规模的危险性较大的单项工程

（1）深基坑工程

① 开挖深度超过5m（含5m）的基坑（槽）的土方开挖、支护、降水工程。

② 开挖深度虽未超过5m，但地质条件、周围环境和地下管线复杂，或影响毗邻建筑（构筑）物安全的基坑（槽）的土方开挖、支护、降水工程。

（2）模板工程及支撑体系

① 工具式模板工程：包括滑模、爬模、飞模工程。

② 混凝土模板支撑工程：搭设高度8m及以上，搭设跨度18m及以上，施工总荷载15kN/m^{2}及以上，集中线荷载20kN/m及以上。

③ 承重支撑体系：用于钢结构安装等满堂支撑体系，承受单点集中荷载700kg以上。

（3）起重吊装及安装拆卸工程

① 采用非常规起重设备、方法，且单件起吊重量在100kN及以上的起重吊装工程。

② 起重量300kN及以上的起重设备安装工程；高度200m及以上内爬起重设备的拆除工程。

（4）脚手架工程

① 搭设高度50m及以上落地式钢管脚手架工程。

② 提升高度150m及以上附着式整体和分片提升脚手架工程。

③ 架体高度20m及以上悬挑式脚手架工程。

（5）拆除、爆破工程

① 采用爆破拆除的工程。

② 可能影响行人、交通、电力设施、通信设施或其他建、构筑物安全的拆除工程。

③ 文物保护建筑、优秀历史建筑或历史文化风貌区控制范围的拆除工程。

（6）其他

① 开挖深度超过16m的人工挖孔桩工程。

② 地下暗挖工程、顶管工程、水下作业工程。

③ 采用新技术、新工艺、新材料、新设备及尚无相关技术标准的危险性较大的单项工程。

2F320030　水利水电工程造价与成本管理

2F320031　造价编制依据

一、造价构成

为适应社会主义市场经济的发展和水利工程基本建设投资管理的需要，根据《建筑安装工程费用项目组成》（建标〔2013〕14号），水利部在《水利工程设计概（估）算编制规定》（水总〔2002〕116号）的基础上，修订形成了《水利工程设计概（估）算编制规定（工程部分）》（水总〔2014〕429号），该规定配套水利行业现行系列定额，是投标报价的依据。根据《水利工程设计概（估）算编制规定（工程部分）》（水总［2014］429号），水利工程工程部分费用由工程费、独立费用、预备费、建设期融资利息组成。工程费由建筑及安装工程费和设备费组成。建筑及安装工程费由直接费、间接费、利润、材料补差和税金组成。施工企业的施工成本不等同于工程费用或工程造价。工程费用或工程造价是从项目法人角度来说，而施工企业的施工成本则与合同内容密切相关。施工企业的施工成本由直接费和间接费组成。施工企业可根据企业管理水平，参照《水利工程设计概（估）算编制规定（工程部分）》（水总［2014］429号）及《水利部办公厅关于印发〈水利工程营业税改征增值税计价依据调整办法〉的通知》（办水总［2016］132号），结合市场情况调整相关费用标准后，合理确定施工成本和利润，提高竞争力。

1. 直接费

直接费指建筑安装工程施工过程中直接消耗在工程项目上的活劳动和物化劳动。由基本直接费、其他直接费组成。

基本直接费包括人工费、材料费、施工机械使用费。

其他直接费包括冬雨期施工增加费、夜间施工增加费、特殊地区施工增加费、临时设施费、安全生产措施费和其他。

（1）人工费

指直接从事建筑安装工程施工的生产工人开支的各项和，内容包括基本工资和辅助工资。基本工资由岗位工资和生产工人年应工作天数以内非作业天数的工资组成。辅助工资指在基本工资之外，以其他形式支付给生产工人的工资性收入，包括根据国家有关规定属于工资性质的各种津贴，如艰苦边远地区津贴、施工津贴、夜餐津贴、节假日加班津贴等。

（2）材料费

指用于建筑安装工程项目上的消耗性材料、装置性材料和周转性材料摊销费。包括定额工作内容规定应计入的未计价材料和计价材料。

（3）施工机械使用费

指消耗在建筑安装工程项目上的机械磨损、维修和动力燃料费用等。包括折旧费、修理及替换设备费、安装装卸费、机上人工费和动力燃料费等。

（4）冬雨期施工增加费

指在冬雨期施工期间为保证工程质量和安全生产所需增加的费用。

（5）夜间施工增加费

指施工场地和公用施工道路的照明费用。照明线路工程费用包括在"临时设施费"中；施工附属企业系统，加工厂、车间的照明，列入相应的产品中，均不包括在本项费用之内。

（6）特殊地区施工增加费

指在高海拔、原始森林、沙漠等特殊地区施工而增加的费用。

（7）临时设施费

指施工企业为进行建筑安装工程施工所必需的但又未被划入施工临时工程的临时建筑物、构筑物和各种临时设施的建设、维修、拆除、摊销等费用。如：供风、供水（支线）、场内供电、夜间照明、供热系统及通信支线，土石料场，简易砂石料加工系统，小型混凝土拌合浇筑系统，木工、钢筋、机修等辅助加工厂，混凝土预制构件厂，场内施工排水，场地平整、道路养护及其他小型临时设施。

（8）安全生产措施费

安全生产措施费指为了保证施工现场安全作业环境及安全施工、文明施工需要，在工程设计已考虑的安全支护措施外发生的安全生产、文明施工相关费用。

（9）其他

包括施工工具用具使用费、检验试验费、工程定位复测、工程点交、竣工场地清理、工程项目及设备仪表移交生产前的维护费，工程验收检测费等。其中，施工工具用具使用费，指施工生产所需，但不属于固定资产的生产工具，检验、试验用具等的购置、摊销和维护费。检验试验费，指对建筑材料、构件和建筑安装物进行一般鉴定、检查所发生的费用，包括自设试验室所耗用的材料和化学药品费用，以及技术革新和研究试验费，不包括新结构、新材料的试验费和建设单位要求对具有出厂合格证明的材料进行试验、对构件进行破坏性试验，以及其他特殊要求检验的费用。

2．间接费

间接费指施工企业为建筑安装工程施工而进行组织与经营管理所发生的各项费用。它构成产品成本，包括规费和企业管理费。

（1）规费

规费指政府和有关部门规定必须缴纳的费用，包括社会保险费（养老保险费、失业保险费、医疗保险费、工伤保险费、生育保险费）和住房公积金。

（2）企业管理费。指施工企业为组织施工生产和经营活动所发生的费用，包括管理人员工资、差旅交通费、办公费、固定资产使用费、工具用具使用费、职工福利费、劳动保护费、工会经费、职工教育经费、保险费、财务费用、税金（房产税、管理用车辆使用税、印花税、城市维护建设税、教育费附加、地方教育附加）和其他等。

二、造价分析

1．基础单价

基础单价是计算工程单价的基础，包括人工预算单价，材料预算价格，电、风、水预算价格，施工机械使用费，混凝土材料单价。

1）人工预算单价

人工预算单价是指生产工人在单位时间（工时）的费用。根据工程性质的不同，人工预算单价有枢纽工程、引水及河道工程三种计算方法和标准。每种计算方法将人工均划分为工长、高级工、中级工、初级工 4 个档次。人工预算单价计算标准不同类别地区，其标准不同。水利工程中将建设项目地区划分为以下几类，包括一般地区、一类区、二类区、三类区、四类区、五类区（西藏二类区）、六类区（西藏三类区）、西藏四类区。人工预算单价通常以元／工时为单位，一般地区人工预算单价计算标准见表 2F320031–1。

一般地区人工预算单价计算标准　　　　　　表 2F320031–1
单位：元／工时

等级	枢纽工程	引水工程	河道工程
工长	11.55	9.27	8.02
高级工	10.67	8.57	7.40
中级工	8.90	6.62	6.16
初级工	6.13	4.64	4.26

2）材料预算价格

材料预算价格是指购买地运到工地分仓库（或堆放场地）的出库价格。材料预算价格一般包括材料原价、运杂费、运输保险费、采购及保管费四项，个别材料若规定另计包装费的另行计算。

材料原价、运杂费、运输保险费和采购及保管费等分别按不含增值税进项税额的价格计算，采购及保管费，按现行计算标准乘以1.10调整系数。

（1）材料原价

除电及火工产品外，材料原价按工程所在地区就近的大物资供应公司、材料交易中心的市场成交价或设计选定的生产厂家的出厂价格计算。有时也可以工程所在地建设工程造价管理部门公布的信息价计算。电及火工产品执行国家定价。包装费一般包含在材料原价中。若材料原价中未包括包装费用，而在运输和保管过程中必须包装的材料，则应另计包装费，按照包装材料的品种、规格、包装费用和正常的折旧摊销费，包装费按工程所在地实际资料和有关规定计算。

根据《水利部办公厅关于印发〈水利工程营业税改征增值税计价依据调整办法〉的通知》（办水总〔2016〕132号），材料价格应采用不含增值税进项税额的价格。投标报价文件采用含税价格编制时，材料价格可以采用将含税价格除以调整系数的方式调整为不含税价格。结合《水利部办公厅关于调整水利工程计价依据增值税计算标准的通知》（办财务函〔2019〕448号），调整系数的规定如下：主要材料（水泥、钢筋、柴油、汽油、炸药、木材、引水管道、安装工程的电缆、轨道、钢板等未计价材料、其他占工程投资比例高的材料）除以1.13调整系数；次要材料除以1.03调整系数；购买的砂、石料、土料暂按除以1.02调整系数；商品混凝土除以1.03调整系数。

（2）运杂费

指材料由交货地点运至工地分仓库（或相当于工地分仓库的堆放场地）所发生的各种运载车辆的运费、调车费、装卸费和其他杂费等费用。一般分铁路、公路、水路几种运输方式计算其运杂费。

（3）运输保险费

指材料在运输过程中发生的保险费，按工程所在省、自治区、直辖市或中国人民保险公司的有关规定计算。运输保险费＝材料原价×材料运输保险费率。

（4）采购及保管费

指材料采购和保管过程中所发生的各项费用，依材料运到工地仓库价格不包括运输保险费为基准计算。各材料的采购及保管费费率见表2F320031-2。

采购及保管费费率   表2F320031-2

序号	材料名称	费率（%）
1	水泥、碎石、砂、块石	3.3
2	钢材	2.2
3	油料	2.2
4	其他材料	2.75

注：本表已根据《水利部办公厅关于印发〈水利工程营业税改征增值税计价依据调整办法〉的通知》（办水总〔2016〕132号）调整。

采用材料补差方式计算工程单价时，主要材料基价按表 2F320031-3 调整。如主要材料预算价格超过材料基价时，应按基价计入工程单价参与取费，预算价与基价的差值以材料补差方式计算，材料补差列入单价表中并计取税金。如主要材料预算价格低于基价时，按预算价参与计算。

主要材料基价 表 2F320031-3

序号	材料名称	单位	基价（元）
1	柴　　油	t	2990
2	汽　　油	t	3075
3	钢　　筋	t	2560
4	水　　泥	t	255
5	炸　　药	t	5150

3）施工机械使用费

施工机械使用费是计算建筑安装工程单价中机械使用费的基础，指一台施工机械正常工作 1h 所支出和分摊的各项费用之和，由第一、第二类费用组成。第一类费用分为折旧费、修理及替换设备费（含大修理费、经常性修理费）和安装拆卸费，按 2000 年度价格水平计算并用金额表示；第二类费用分为人工、动力、燃料或消耗材料，以工时数量和实物量消耗量表示，其费用按国家规定的人工工资计算办法和工程所在地的物价水平分别计算，人工按中级工计算。施工机械使用费应根据《水利工程施工机械台时费定额》计算。

根据《水利部办公厅关于印发〈水利工程营业税改征增值税计价依据调整办法〉的通知》（办水总〔2016〕132 号）和《水利部办公厅关于调整水利工程计价依据增值税计算标准的通知》（办财务函〔2019〕448 号），施工机械台时费定额的折旧费除以 1.13 调整系数，修理及替换设备费除以 1.09 调整系数，安装拆卸费不变。施工机械使用费按调整后的施工机械台时费定额和不含增值税进项税额的基础价格计算。

4）混凝土材料单价

混凝土配合比的各项材料用量，已考虑了材料的场内运输及操作损耗（至拌合楼进料仓止），混凝土拌制后的熟料运输、操作损耗，已反映在不同浇筑部位定额的"混凝土"材料量中。混凝土配合比的各项材料用量应根据工程试验提供的资料计算，若无试验资料时也可按有关定额规定计算。混凝土材料单价按混凝土配合比中各项材料的数量和不含增值税进项税额的材料价格进行计算。根据《水利工程设计概（估）算编制规定（工程部分）》（水总〔2014〕429 号），当采用商品混凝土时，商品混凝土单价采用不含增值税进项税额的价格，其材料单价应按基价 200 元 /m³ 计入工程单价取费，预算价格与基价的差额以材料补差形式进行计算，材料补差列入单价表中并计取税金。

5）施工用电、水、风单价

施工用电、水、风的价格组成基本相同，由基本价、能量损耗摊销费、设施维修摊销费组成。

电网供电价格中的基本电价应不含增值税进项税额；柴油发电机供电价格中的柴油发

电机组（台）时总费用应按调整后的施工机械台时费定额和不含增值税进项税额的基础价格计算。施工用水、用风价格中的机械组（台）时总费用应按调整后的施工机械台时费定额和不含增值税进项税额的基础价格计算。

2. 取费标准

取费标准包括计算其他直接费、间接费需要确定的费率。施工企业在计算施工成本时可参考《水利工程设计概（估）算编制规定（工程部分）》（水总［2014］429号）和《水利工程营业税改征增值税计价依据调整办法》有关规定。

3. 单价分析

工程单价是指以价格形式表示的完成单位工程量（如1m³、1t、1套等）所耗用的全部费用。包括直接费、间接费、企业利润和税金等四部分内容，分为建筑和安装工程单价两类，由"量、价、费"三要素组成。建筑工程单价以实物量形式表现，并计算材料补差；安装工程单价以实物量或费率两种形式表现。

量：指完成单位工程量所需的人工、材料和施工机械台时数量。须根据设计图纸及施工组织设计等资料，正确选用定额相应子目的规定量。

价：指人工预算单价、材料预算价格和施工机械台时费等基础单价。

费：指按规定计入工程单价的其他直接费、间接费、企业利润和税金。参照《水利工程设计概（估）算编制规定（工程部分）》（水总［2014］429号）的取费标准计算。

建筑工程单价计算一般采用表2F320031-4"单价分析表"的形式计算：

建筑工程单价分析表（格式）　　　　　　　　　　　表 2F320031-4

1	直接费	1）+2）
1）	基本直接费	（1）+（2）+（3）
（1）	人工费	Σ定额人工工时数×人工预算单价
（2）	材料费	Σ定额材料用量×材料预算价格
（3）	机械使用费	Σ定额机械台时用量×机械台时费
2）	其他直接费	1）×其他直接费率
2	间接费	1×间接费率
3	利润	（1+2）×利润率
4	材料补差	（材料预算价格－材料基价）×材料消耗量
5	税金	（1+2+3+4）×税率
6	工程单价	1+2+3+4+5

注：1. 材料补差是《水利工程设计概（估）算编制规定（工程部分）》（水总［2014］429号）规范概（估）算管理时用到的方法。施工单位投标或成本核算时可根据自身情况参照本表格式。需要注意的是若不采用材料补差方式，在选取间接费率、其他直接费率、利润率、税率时应考虑价格竞争性，合理调整《水利工程设计概（估）算编制规定（工程部分）》（水总［2014］429号）规定的费率。

　　2. 根据《水利部办公厅关于印发〈水利工程营业税改征增值税计价依据调整办法〉的通知》（办水总［2016］132号），其他直接费、利润计算标准不变，税金指应计入建筑安装工程费用内的增值税销项税额，税率为9%，间接费按表2F320031-5标准调整。

间接费费率表 表 2F320031-5

序号	工程类别	计算基础	间接费费率（%）		
			枢纽工程	引水工程	河道工程
一	建筑工程				
1	土方工程	直接费	8.5	5～6	4～5
2	石方工程	直接费	12.5	10.5～11.5	8.5～9.5
3	砂石备料工程（自采）	直接费	5	5	5
4	模板工程	直接费	9.5	7～8.5	6～7
5	混凝土浇筑工程	直接费	9.5	8.5～9.5	7～8.5
6	钢筋制安工程	直接费	5.5	5	5
7	钻孔灌浆工程	直接费	10.5	9.5～10.5	9.25
8	锚固工程	直接费	10.5	9.5～10.5	9.25
9	疏浚工程	直接费	7.25	7.25	6.25～7.20
10	掘进机施工隧洞工程（1）	直接费	4	4	4
11	掘进机施工隧洞工程（2）	直接费	6.25	6.25	6.25
12	其他工程	直接费	10.5	8.5～9.5	7.25
二	机电、金属结构设备安装	人工费	75	70	70

三、水利水电工程施工定额

定额是指在一定的外部条件下，预先规定完成某项合格产品所需要素（人力、物力、财力、时间等）的标准额度。它反映了一定时间的社会生产水平。

1. 水利工程定额分类

1）按应用范围划分

（1）全国统一定额

全国统一定额指工程建设中，各行业、部门普遍使用，需要全国统一执行的定额。如全国市政工程预算定额、送电线路工程预算定额、电气工程预算定额、通信设备安装预算定额、通风及空调工程预算定额等。

（2）水利行业定额

水利行业定额指水利工程建设使用的，经国家发展和改革委员会批准由水利部编制颁发的定额。

（3）水利地方定额

一般指省、自治区、直辖市根据地方工程特点编制的地方通用定额和地方专业定额，在该地区执行。

（4）企业定额

企业定额指建筑、安装企业在其生产经营过程中用自己积累的资料，结合本企业情况自行编制的定额，供该企业内部管理和企业投标报价使用。

2）按定额的编制程序和用途划分

（1）投资估算指标。投资估算指标主要用于项目建议书及可行性研究阶段技术经济比较和预测（估算）造价，它的概略程度与可行性研究阶段的深度相一致。

（2）概算定额。概算定额主要用于初步设计阶段预测工程造价。

（3）预算定额。预算定额主要用于编制施工图预算时计算工程造价和计算工程中劳动力、材料、机械台时需要的一种定额，也是招标阶段编制标底、报价的依据。

（4）施工定额。施工定额是施工企业组织生产和管理在企业内部使用的一种定额，属于企业生产定额性质，是企业编制投标报价和成本管理的重要依据。

3）按费用性质划分

（1）直接费定额。直接费定额指直接用于施工生产的人工、材料、成品、半成品、机械消耗的定额。如水利水电建筑工程预算定额、水利水电设备安装工程预算定额等。

（2）间接费定额。间接费定额指施工企业经营管理所需费用定额。

（3）其他基本建设费用定额。其他基本建设费用定额指不属于建筑安装工作量的独立费用定额，如勘测设计费定额等。

4）按定额的内容划分

（1）劳动定额。劳动定额是指具有某种专长和规定的技术水平的工人，在一定的施工组织条件下，在单位时间内应当完成合格产品的数量或完成单位合格产品所需的劳动时间。

（2）材料消耗定额。材料消耗定额指完成合格的单位产品所需材料、成品、半成品的合理数量。

（3）机械作业定额。机械作业定额指某种机械在一定的施工组织条件下，在单位时间内应当完成合格产品的数量，称机械产量定额，或完成单位合格产品所需时间，称机械时间定额。

（4）综合定额。综合定额指在一定的施工组织条件下，完成单位合格产品所需人工、材料、机械台时数量。

（5）机械台时定额。机械台时定额指施工过程中使用施工机械一个台时所需机上人工、动力、燃料、折旧、修理、替换配件、安装拆卸以及牌照税、车船使用税、养路费的定额。

（6）费用定额。费用定额指除以上定额以外的其他直接费定额、间接费定额、其他费用定额等。

2．工程定额的内容和作用

不同的定额有不同的内容和作用，常用的定额的内容和作用如下：

1）施工定额

施工定额有人工定额、材料定额、机械使用定额三种。

施工定额基本上是按工制定的定额。以混凝土工程为例，现行水利水电建设工程施工定额分模板工程、混凝土工程两册。模板工程又按木材加工、模板制作、安装、拆除、运输等工序分别设节。混凝土工程又按配运集料、水泥运输、凿毛、清仓、混凝土拌合、运输、浇筑、养护等工序分别设节。

施工定额是施工企业管理工作的基础，主要用于施工企业内部经济核算，编制施工预算、施工作业计划，是实行内部经济核算（或承包）的依据。施工定额也是编制预算定额和编制补充单价表的基础。

2）预算定额

预算定额将完成单位分部分项工程项目所需的各个工序综合在一起，以前述混凝土工程为例，将完成100m³混凝土浇筑所需的混凝土配料、拌合、运输、浇筑、养护等综合在一起，按其部位、结构类型分别设节，如板、墙、墩、梁等。模板制作、安装、拆卸、运输另有定额。

预算定额是编制预算的依据，是编制标底、报价的参考定额，也是编制概算定额的基础。

3）概算定额

概算定额是在预算定额的基础上进一步综合而成的。以水闸混凝土工程为例，概算定额将预算定额中的导水墙、阻滑板、溢流堰、护坦、闸墩、胸墙、工作桥等定额综合在一起，以适应概算编制的需要。概算定额是编制初设概算和修改概算的依据，是编制估算指标的基础，它也是施工组织设计确定劳动力、材料、施工机械用量的依据之一。

3. 使用定额应注意的问题

1）专业专用

水利水电工程除水工建筑物和水利水电设备安装外，一般还有房屋建筑、公路、铁路、输电线路、通信线路等永久性设施。水工建筑物和水利水电设备安装应采用水利、电力主管部门颁发的定额。其他永久性工程应分别采用所属主管部门颁发的定额，如铁路工程应采用国家铁路局颁发的铁路工程定额，公路工程应采用交通运输部颁发的公路工程定额。

2）工程定额与费用定额配套使用

在计算各类永久性设施工程投资时，采用的工程定额应执行专业专用的原则，其费用定额也应遵照专业专用的原则，与工程定额相配套。如采用公路工程定额计算永久性公路投资时，应相应采用交通行业颁发的费用定额。

3）定额的种类应与设计阶段相适应

可行性研究阶段编制投资估算应采用估算指标；初设阶段编制概算应采用概算定额；施工图设计阶段编制施工图预算应采用预算定额。如因本阶段定额缺项，需采用下一阶段定额时，应按规定乘阶段系数。如采用概算定额编制投资估算时，应乘1.10的投资估算调整系数，采用预算定额编制概算时应乘以1.03～1.05的概算调整系数。

4.《水利建筑工程预算定额》（2002版）使用

《水利建筑工程预算定额》（2002版）是投标人编制投标报价、成本控制广泛采用的依据之一，分为土方工程、石方工程、砌石工程、混凝土工程、模板工程、砂石备料工程、钻孔灌浆及锚固工程、疏浚工程、其他工程，共九章及附录。

1）定额使用总要求

使用本定额应注意：

（1）定额"工作内容"仅扼要说明各章节的主要施工过程及工序。次要的施工过程及工序和必要的辅助工作所需要的人工、材料、机械已包括在定额内。

（2）定额中人工是指完成该定额子目工作内容所需的人工耗用量。包括基本用工和辅助用工，并按其所需技术等级，分别列出工长、高级工、中级工、初级工的工时及其合计数。

（3）材料定额中，未列明品种、规格的，可根据设计选定的品种、规格计算，但定额数量不做调整。凡材料已列示品种、规格的，编制预算单价时不予调整。

（4）材料定额中，凡一种材料名称之后，同时并列了几种不同型号规格的，如石方工程导线的火线和电线，表示这种材料只能选用其中一种型号规格的定额进行计价；凡一种材料分几种型号规格与材料名称同时并列的，如石方工程中同时并列导火线和导电线，则表示这些名称相同、规格不同的材料都应同时计价。机械定额相似情况以此类推（如运输定额中的自卸汽车）。

（5）其他材料费和零星材料费是指完成一个定额子目的工作内容，所必需的未列量材料费。如工作面内的脚手架、排架、操作平台等的摊销费，地下工程的照明费，混凝土工程的养护用材料，石方工程的钻杆、空心钢等以及其他用量较少的材料。

（6）材料从分仓库或相当于分仓库材料堆放地至工作面的场内运输所需的人工、机械及费用，已包括在各定额子目中。

（7）机械台时定额（含其他机械费）是指完成一个定额子目工作内容所需的主要机械和次要辅助机械使用费。其他直接费是指完成一个定额子目工作内容所必需的次要机械使用费。如混凝土浇筑现场运输中次要机械、疏浚工程中的油驳等辅助生产船舶等。

（8）其他材料费、零星材料费、其他机械费，均以费率形式表示，其计算基数如下：

①其他材料费，以主要材料费之和为计算基数。

②零星材料费，以人工费机械费之和为计算基数。

③其他机械费以主要机械费之和为计算基数。

（9）挖掘机定额均按液压挖掘机拟定。

（10）汽车运输定额，适用于水利工程施工路况10km以内的场内运输。运距超过10km，超过部分按增运1km的台时数乘0.75系数计算。

（11）定额不含超挖超填量。

2）土方工程定额使用要求

土方工程定额适用于水利建筑工程的土方工程，包括土方开挖、运输、压实等定额。土方工程定额应用应注意下述规定：

（1）土方定额的计量单位，除注明外，均按自然方计算。自然方指未经扰动的自然状态的土方。松方指自然方经人工或机械开挖而松动过的土方。实方指填筑（回填）并经过压实后的成品方。

（2）土方工程定额，除定额规定的工作内容外，还包括挖小排水沟、修坡、清除场地草皮杂物、交通指挥、安全设施及取土场和卸土场的小路修筑与维护工作。

（3）挖掘机、装载机挖土定额系按挖装自然方拟定的，如挖装松土时，人工及挖装机械乘0.85调整系数。砂砾（卵）石开挖和运输，按Ⅳ类土定额计算。

（4）推土机的推土距离和铲运机的铲运距离是指取土中心至卸土中心的平均距离。推土机推土定额是按自然方拟定的，如推松土时，定额乘0.80调整系数。

（5）挖掘机、轮斗挖掘机或装载机挖装土（含渠道土方）自卸汽车运输定额，适用于Ⅲ类土。Ⅰ、Ⅱ类土人工、机械调整系数均取0.91，Ⅳ类土人工、机械调整系数均取1.09。

（6）压实定额均按压实成品方计。根据技术要求和施工必需的损耗，在计算压实工程的备料量和运输量时，按式（2F320031）计算：

$$每100压实成品方需要的自然方量＝（100＋A）设计干密度／天然干密度$$

（2F320031）

其中A为土料损耗综合系数，包括开挖、上坝运输、雨后清理、边坡削坡、接缝削坡、施工沉陷、取土坑、试验坑和不可避免的压坏等损耗因素。土料损耗综合系数根据不同的施工方法和坝料按规定取值，使用时不再调整。

3）混凝土工程定额的使用要求

混凝土定额包括现浇混凝土、碾压混凝土、预制混凝土、沥青混凝土等定额。混凝土定额的计量单位除注明外，均为建筑物或构筑物的成品实体方。使用混凝土工程定额应注意：

（1）现浇筑混凝土包括：冲（凿）毛、冲洗、清仓、铺水泥砂浆、平仓浇筑、振捣、养护，工作面运输及辅助工作。预制混凝土包括：预制场冲洗、清理、配料、拌制、浇筑、振捣养护，模板制作、安装、拆除、修整，预制场内运输，材料场内运输和辅助工作，预制场内吊移、堆放。

（2）现浇筑混凝土定额不含模板制作、安装、拆除、修整；预制混凝土定额中的模板材料均按预算消耗量计算，包括制作（钢模为组装）、安装、拆除、维修的消耗，并考虑了周转和回收。

（3）钢筋制作安装定额，不分部位、规格型号综合计算。

（4）混凝土浇筑的仓面清洗及养护用水，地下工程混凝土浇筑施工照明用电，已分别计入浇筑定额的用水量及其他材料费中。

（5）预制混凝土构件（吊）安装定额仅系（吊）安装过程中所需的人工、材料、机械使用量。制作、运输的费用按预制构件制作和运输定额计算。

（6）关于混凝土材料的规定

① 材料定额中的"混凝土"一项，指完成单位产品所需的混凝土半成品量，其中包括：冲（凿）毛、干缩、施工损耗、运输损耗和接缝砂浆等的消耗量在内。

② 混凝土半成品的单价，只计算配制混凝土所需水泥、砂石骨料、水、掺和料及其外加剂等的用量及价格各项材料的用量，应按试验资料计算；没有试验资料时，可采用定额附录中的混凝土材料配合表列示量。

③ 混凝土的配料和拌制损耗已含在配合比材料用量中。定额中的混凝土用量，包括了运输、浇筑、凿毛、模板变形、干缩等损耗。

（7）关于混凝土拌制的规定

① 浇筑定额中单独列出"混凝土及砂浆拌制"项目，编制混凝土浇筑单价时，应先根据施工组织设计选定的搅拌机或搅拌楼的容量，选用拌制定额编制拌制单价（只计直接费）。

② 混凝土拌制定额按拌制常态混凝土拟定，若拌制加冰、加掺和料等其他混凝土以及碾压混凝土等，则按定额调整系数对拌制定额进行调整。

③ 混凝土拌制定额均以半成品方为单位计算，不含施工损耗和运输损耗所消耗的人工、材料、机械的数量和费用。混凝土拌制及浇筑定额中，不包括加冰、集料预冷、通水等温控所需的费用。

（8）关于混凝土运输的规定

混凝土运输是指混凝土自搅拌楼（机）出料口至浇筑现场工作面的全部水平运输和垂直运输。运输方式与运输机械由施工组织设计确定。

① 混凝土水平运输，指混凝土从搅拌楼（机）出料口至浇筑仓面（或至垂直吊运起吊点）水平距离的运输；混凝土垂直运输，指混凝土从垂直吊运起点至浇筑仓面垂直距离

的运输。

② 混凝土运输定额均以半成品方为单位计算，不含施工损耗和运输损耗所消耗的人工、材料、机械的数量和费用。

③ 编制混凝土综合单价时，一般应将运输定额中的工、料、机用量分类合并到浇筑混凝土定额中统一计算综合单价，也可按混凝土运输数量乘以每 m^3 混凝土运输单价（只计直接费）计入混凝土浇筑综合单价。

④ 预算定额各节现浇混凝土定额中的"混凝土运输"数量，已包括完成每一定额单位（通常为 $100m^3$）有效实体混凝土所需增加的超填量及施工附加量等的数量。

2F320032 投标阶段成本管理

施工投标阶段成本控制管理工作是编制科学合理、具有竞争力的投标报价，中标后作为成本控制的上限指标。

一、投标报价编制依据

工程量清单是投标报价的重要依据。根据《水利工程工程量清单计价规范》GB 50501—2007（以下简称《工程量清单》），工程量清单由分类分项工程量清单、措施项目清单、其他项目清单和零星工作项目清单组成。

1. 分类分项工程量清单

分类分项工程量清单分为水利建筑工程工程量清单和水利安装工程工程量清单。水利建筑工程工程量清单共分为土方开挖工程、石方开挖工程、土石方填筑工程、疏浚和吹填工程、砌筑工程、锚喷支护工程、钻孔和灌浆工程、基础防渗和地基加固工程、混凝土工程、模板工程、钢筋、钢构件加工及安装工程、预制混凝土工程、原料开采及加工工程和其他建筑工程等 14 类；水利安装工程工程量清单共分为机电设备安装工程、金属结构设备安装工程和安全监测设备采购及安装工程等 3 类。

分类分项工程量清单项目编码采用十二位阿拉伯数字表示（由左至右计位）。一至九位为统一编码，其中，一、二位为水利工程顺序码，三、四位为专业工程顺序码，五、六位为分类工程顺序码，七、八、九位为分项工程顺序码，十至十二位为清单项目名称顺序码。清单项目名称顺序码自 001 起顺序编制。图 2F320032 所示为编码 500101002001 各部分所代表的含义。

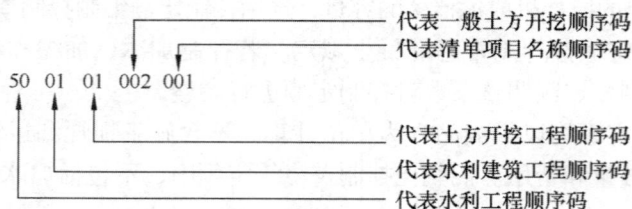

图 2F320032 编码各部分含义

分类分项工程量清单计价采用工程单价计价。工程单价应根据单价组成内容、招标文件、图纸及主要工作内容确定。除另有约定外，对有效工程量以外的超挖、超填工程量，施工附加量，加工损耗量等，所消耗的人工、材料和机械费用，均应摊入相应有效工程量的工程单价中。

2．措施项目清单

措施项目指为完成工程项目施工，发生于该工程项目施工前和施工过程中招标人不要求列明工程量的项目。措施项目清单，主要包括环境保护、文明施工、安全防护措施、小型临时工程、施工企业进退场费、大型施工设备安拆费等。措施项目清单项目名称应按招标文件确定的措施项目名称填写。措施项目清单的金额，应根据招标文件的要求以及工程的施工方案，以每一项措施项目为单位，按项计价。

3．其他项目清单

其他项目指为完成工程项目施工，发生于该工程施工过程中招标人要求计列的费用项目。其他项目清单中的暂列金额和暂估价两项，指招标人为可能发生的合同变更而预留的金额和暂定项目。其中，暂列金额一般可为分类分项工程项目和措施项目合价的 5%。

4．零星工作项目清单

零星工作项目指完成招标人提出的零星工作项目所需的人工、材料、机械单价，也称"计日工"。

零星工作项目清单列出人工（按工种）、材料（按名称和规格型号）、机械（按名称和规格型号）的计量单位，单价由投标人确定。

二、投标报价编制程序

投标报价一般按下列程序编制：

1．研究招标文件

投标人取得招标文件之后，首要的工作就是认真仔细地研究招标文件，充分了解其内容和要求，以便有针对性地安排投标工作。

2．调查投标环境

招标工程项目的自然、经济和社会条件，以及招标人、可能的合作伙伴等情况，影响到工程成本，是投标报价时必须考虑的。

3．制定施工方案

施工方案是投标报价的一个前提条件，也是评标时要考虑的重要因素之一。

4．计算投标报价初步数据

投标报价初步数据计算是对承建招标工程所要发生的各种费用的计算。在进行投标报价初步数据计算时，基础工作是根据招标文件复核或计算工程量。

5．确定投标策略

制订投标策略对提高中标率并获得较高的利润有重要作用。常用的投标策略有以信誉取胜、以低价取胜、以缩短工期取胜、以改进设计取胜，同时也可采取以退为进策略、以长远发展为目标策略等。

6．编制投标文件

投标报价通常是决定是否中标的核心指标之一，在上述研究的基础上确定。

三、投标报价编写要求

1．投标报价表组成

投标报价表由以下表格组成：

（1）投标总价。

（2）工程项目总价表。

（3）分类分项工程量清单计价表。

（4）措施项目清单计价表。

（5）其他项目清单计价表。

（6）零星工作项目清单计价表。

（7）工程单价汇总表。

（8）工程单价费（税）率汇总表。

（9）投标人生产电、风、水、砂石基础单价汇总表。

（10）投标人生产混凝土配合比材料费表。

（11）招标人供应材料价格汇总表（若招标人提供）。

（12）投标人自行采购主要材料预算价格汇总表。

（13）招标人提供施工机械台时（班）费汇总表（若招标人提供）。

（14）投标人自备施工机械台时（班）费汇总表。

（15）总价项目分类分项工程分解表。

（16）工程单价计算表。

（17）人工费单价汇总表。

上述 17 个表中，（1）～（6）称为主表，（7）～（17）称为辅表。需要注意的是，由于招标文件不给出零星工作项目清单工程量，零星工作项目清单计价表只填报单价，不计入工程项目总价表。表 2F320032-1～表 2F320032-3 是工程项目报价表示例。

工程项目总价表

表 2F320032-1

工程名称：××××分洪道拓浚工程施工 I 标段施工标

序号	工程项目名称	金额 (元)
一	分类分项工程部分	
1	河道工程	
2	××××分洪道建筑物土建工程	
3	水土保持工程	
二	措施项目	
三	暂列金	
合　计		

分类分项工程量清单计价表

表 2F320032-2

工程名称：××××分洪道拓浚工程施工 I 标段施工标

序号	项目编码	项目名称	计量单位	工程数量	单价（元）	合价（元）	主要技术条款编码	备注
1		河道工程						
1.1		××××分洪道拓浚工程	m³	2505204				
1.1.1	500101003001	土方开挖	m³	1543078			6	
1.1.2	500101003002	土方开挖	m³	962126			6	
1.2		桥梁防护工程						
1.2.1	500101002001	土方开挖	m³	2983				

续表

序号	项目编码	项目名称	计量单位	工程数量	单价（元）	合价（元）	主要技术条款编码	备注
1.2.2	500103001001	土方回填	m³	232				
小　计								

措施项目清单计价表　　　　　　表 2F320032-3

工程名称：××××分洪道拓浚工程施工 I 标段施工标

序号	项目名称	金额（元）	备注
1	安全生产费用		应不低于工程建安造价的2%。总价承包，专款专用
2	临时工程		总价承包
2.1	导流工程		
2.2	施工期降水、排水（临时排涝、灌溉）		
2.3	施工交通设施		
2.4	施工及生活供电设施		
2.5	施工及生活供水设施		
2.6	施工照明设施		
2.7	临时生产管理及生活设施		
2.8	施工期间的防汛、度汛		
……	……		
3	环境保护及水土保持专项措施费		总价承包
4	工程完工验收至投入使用前的防汛度汛措施费		总价承包
5	工程完工验收至投入使用前的安全防护措施费		总价承包
合　计			

2. 投标报价表填写规定

招标文件提供工程量清单，投标人须根据招标文件有关工程量清单报价表的填写规定填报单价和合价。工程量清单报价表填写规定如下：

（1）除招标文件另有规定外，投标人不得随意增加、删除或涂改招标文件工程量清单中的任何内容。工程量清单中列明的所有需要填写的单价和合价，投标人均应填写；未填写的单价和合价，视为已包括在工程量清单的其他单价和合价中。

（2）工程量清单中的工程单价是完成工程量清单中一个质量合格的规定计量单位项目所需的直接费（包括人工费、材料费、机械使用费和季节、夜间、高原、风沙等原因增加的直接费）、间接费、利润和税金，并考虑到风险因素。

（3）投标金额（价格）均应以人民币表示。

（4）投标总价应按工程项目总价表合计金额填写。

（5）工程项目总价表中一级项目名称按招标文件工程项目总价表中的相应名称填写，并按分类分项工程量清单计价表中相应项目合计金额填写。

（6）分类分项工程量清单计价表中的序号、项目编码、项目名称、计量单位、工程数量和合同技术条款章节号，按招标文件分类分项工程量清单计价表中的相应内容填写，并填写相应项目的单价和合价。

（7）措施项目清单计价表中的序号、项目名称按招标文件措施项目清单计价表中的相应内容填写，并填写相应措施项目的金额和合计金额。

（8）其他项目清单计价表中的序号、项目名称、金额，按招标文件其他项目清单计价表中的相应内容填写。

（9）零星工作项目清单计价表的序号、人工、材料、机械的名称、型号规格以及计量单位，按招标文件零星工作项目清单计价表中的相应内容填写，并填写相应项目单价。

3. 投标报价计算方法

1）工料单价法

即根据已审定的工程量，按照定额的或市场的单价，逐项计算每个项目的合价，分别填入招标文件提供的工程量清单内，计算出全部工程直接费。再根据企业自定的各项费率及法定税率，依次计算出其他直接费、间接费、利润及税金，得出工程总造价。对整个计算过程，要反复进行审核，保证据以报价的基础和工程总造价的正确无误。

2）综合单价法

即所填入工程量清单中的单价，应包括人工费、材料费、机械使用费、其他直接费、间接费、利润、税金以及材料价差及风险金等全部费用。将全部单价汇总后，即得出工程总造价。

四、投标报价策略

报价策略是指在投标报价中采用一定的手法或技巧使招标人可以接受，而中标后又能获得更多的利润。常用的投标报价策略主要有：

1. 投标报价高报

下列情形可以将投标报价高报：

（1）施工条件差的工程。

（2）专业要求高且公司有专长的技术密集型工程。

（3）合同估算价低自己不愿做、又不方便不投标的工程。

（4）风险较大的特殊的工程。

（5）工期要求急的工程。

（6）投标竞争对手少的工程。

（7）支付条件不理想的工程。

（8）计日工单价可高报。

2. 投标报价低报

下列情形可以将投标报价低报：

（1）施工条件好、工作简单、工程量大的工程。

（2）有策略开拓某一地区市场。

（3）在某地区面临工程结束，机械设备等无工地转移时。

（4）本公司在待发包工程附近有项目，而本项目又可利用该工程的设备、劳务，或有条件短期内突击完成的工程。

（5）投标竞争对手多的工程。

（6）工期宽松工程。

（7）支付条件好的工程。

3．不平衡报价

一个工程项目总报价基本确定后，可以调整内部各个项目的报价，以期既不提高总报价、不影响中标，又能在结算时得到更理想的经济效益。一般可以考虑在以下几方面采用不平衡报价：

（1）能够早日结账收款的项目（如临时工程费、基础工程、土方开挖等）可适当提高。

（2）预计今后工程量会增加的项目，单价适当提高。

（3）招标图纸不明确，估计修改后工程量要增加的，可以提高单价；对工程内容不清楚的，则可适当降低一些单价，待澄清后可再要求提价。

采用不平衡报价一定要建立在对工程量仔细核对分析的基础上，特别是对报低单价的项目，如工程量执行时增多将造成承包商的重大损失；不平衡报价过多和过于明显，可能会导致报价不合理等后果。

4．无利润报价

缺乏竞争优势的承包商，在不得已的情况下，可不考虑利润去竞争。这种办法一般是处于以下条件时采用：

（1）中标后，拟将大部分工程分包给报价较低的一些分包商。

（2）对于分期建设的项目，先以低价获得首期工程，而后赢得机会创造第二期工程中的竞争优势，并在以后的实施中赚得利润。

（3）较长时期内，承包商没有在建的工程项目，如果再不中标，企业亏损会更大。

2F320033　施工阶段计量与支付

施工实施阶段成本管理的核心是控制计量和支付，准确处理变更和索赔处理事项。施工企业投标前应当充分了解水利工程工程量计量和支付规则，并在合同实施阶段结合工程实际，做好基础资料收集整理工作。

一、土方开挖工程

（1）场地平整按施工图纸所示场地平整区域计算的有效面积以平方米为单位计量，按《工程量清单》相应项目有效工程量的每平方米工程单价支付。

（2）一般土方开挖、淤泥流砂开挖、沟槽开挖和柱坑开挖按施工图纸所示开挖轮廓尺寸计算的有效自然方体积以立方米为单位计量，按《工程量清单》相应项目有效工程量的每立方米工程单价支付。

（3）塌方清理按施工图纸所示开挖轮廓尺寸计算的有效塌方堆方体积以立方米为单位计量，按《工程量清单》相应项目有效工程量的每立方米工程单价支付。

（4）承包人完成"植被清理"工作所需的费用，包含在《工程量清单》相应土方明挖项目有效工程量的每立方米工程单价中，不另行支付。

（5）土方明挖工程单价包括承包人按合同要求完成场地清理，测量放样，临时性排水措施（包括排水设备的安拆、运行和维修），土方开挖、装卸和运输，边坡整治和稳定观测，基础、边坡面的检查和验收，以及将开挖可利用或废弃的土方运至监理人指定的堆放区并加以保护、处理等工作所需的费用。

（6）土方明挖开始前，承包人应根据监理人指示，测量开挖区的地形和计量剖面，经监理人检查确认后，作为计量支付的原始资料。土方明挖按施工图纸所示的轮廓尺寸计算有效自然方体积以立方米为单位计量，按《工程量清单》相应项目有效工程量的每立方米工程单价支付。施工过程中增加的超挖量和施工附加量所需的费用，应包含在《工程量清单》相应项目有效工程量的每立方米工程单价中，不另行支付。

（7）除合同另有约定外，开采土料或砂砾料（包括取土、含水量调整、弃土处理、土料运输和堆放等工作）所需的费用，包含在《工程量清单》相应项目有效工程量的工程单价或总价中，不另行支付。

（8）除合同另有约定外，承包人在料场开采结束后完成开采区清理、恢复和绿化等工作所需的费用，包含在《工程量清单》"环境保护和水土保持"相应项目的工程单价或总价中，不另行支付。

二、地基处理工程

1. 振冲地基

（1）振冲加密或振冲置换成桩按施工图纸所示尺寸计算的有效长度以米为单位计量，按《工程量清单》相应项目有效工程量的每米工程单价支付。

（2）除合同另有约定外，承包人按合同要求完成振冲试验、振冲桩体密实度和承载力检验等工作所需的费用，包含在《工程量清单》相应项目有效工程量的每米工程单价中，不另行支付。

2. 混凝土灌注桩基础

（1）钻孔灌注桩或者沉管灌注桩按施工图纸所示尺寸计算的桩体有效体积以立方米为单位计量，按《工程量清单》相应项目有效工程量的每立方米工程单价支付。

（2）除合同另有约定外，承包人按合同要求完成灌注桩成孔成桩试验、成桩承载力检验、校验施工参数和工艺、埋设孔口装置、造孔、清孔、护壁以及混凝土拌合、运输和灌注等工作所需的费用，包含在《工程量清单》相应灌注桩项目有效工程量的每立方米工程单价中，不另行支付。

（3）灌注桩的钢筋按施工图纸所示钢筋强度等级、直径和长度计算的有效重量以吨为单位计量，由发包人按《工程量清单》相应项目有效工程量的每吨工程单价支付。

三、土方填筑工程

（1）坝（堤）体填筑按施工图纸所示尺寸计算的有效压实方体积以立方米为单位计量，按《工程量清单》相应项目有效工程量的每立方米工程单价支付。

（2）坝（堤）体全部完成后，最终结算的工程量应是经过施工期间压实并经自然沉陷后按施工图纸所示尺寸计算的有效压实方体积。若分次支付的累计工程量超出最终结算的工程量，应扣除超出部分工程量。

（3）黏土心墙、接触黏土、混凝土防渗墙顶部附近的高塑性黏土、上游铺盖区的土料、反滤料、过渡料和垫层料均按施工图纸所示尺寸计算的有效压实方体积以立方米为单位计量，由发包人按《工程量清单》相应项目有效工程量的每立方米工程单价支付。

（4）坝体上、下游面块石护坡按施工图纸所示尺寸计算的有效体积以立方米为单位计量，按《工程量清单》相应项目有效工程量的每立方米工程单价支付。

（5）除合同另有约定外，承包人对料场（土料场、石料场和存料场）进行复核、复勘、取样试验、地质测绘以及工程完建后的料场整治和清理等工作所需的费用，包含在每立方米（吨）材料单价或《工程量清单》相应项目工程单价或总价中，不另行支付。

（6）坝体填筑的现场碾压试验费用，按《工程量清单》相应项目的总价支付。

四、混凝土工程

1. 模板

（1）除合同另有约定外，现浇混凝土的模板费用，包含在《工程量清单》相应混凝土或钢筋混凝土项目有效工程量的每立方米工程单价中，不另行计量和支付。

（2）混凝土预制构件模板所需费用，包含在《工程量清单》相应预制混凝土构件项目有效工程量的工程单价中，不另行支付。

2. 钢筋

按施工图纸所示钢筋强度等级、直径和长度计算的有效重量以吨为单位计量，由发包人按《工程量清单》相应项目有效工程量的每吨工程单价支付。施工架立筋、搭接、套筒连接、加工及安装过程中操作损耗等所需费用，均包含在《工程量清单》相应项目有效工程量的每吨工程单价中，不另行支付。

3. 普通混凝土

（1）普通混凝土按施工图纸所示尺寸计算的有效体积以立方米为单位计量，按《工程量清单》相应项目有效工程量的每立方米工程单价支付。

（2）混凝土有效工程量不扣除设计单体体积小于 $0.1m^3$ 的圆角或斜角，单体占用的空间体积小于 $0.1m^3$ 的钢筋和金属件，单体横截面积小于 $0.1m^2$ 的孔洞、排水管、预埋管和凹槽等所占的体积，按设计要求对上述孔洞回填的混凝土也不予计量。

（3）不可预见地质原因超挖引起的超填工程量所发生的费用，按《工程量清单》相应项目或变更项目的每立方米工程单价支付。除此之外，同一承包人由于其他原因超挖引起的超填工程量和由此增加的其他工作所需的费用，均应包含在《工程量清单》相应项目有效工程量的每立方米工程单价中，不另行支付。

（4）混凝土在冲（凿）毛、拌合、运输和浇筑过程中的操作损耗，以及为临时性施工措施增加的附加混凝土量所需的费用，应包含在《工程量清单》相应项目有效工程量的每立方米工程单价中，不另行支付。

（5）施工过程中，承包人进行的各项混凝土试验所需的费用（不包括以总价形式支付的混凝土配合比试验费），均包含在《工程量清单》相应项目有效工程量的每立方米工程单价中，不另行支付。

（6）止水、止浆、伸缩缝等按施工图纸所示各种材料数量以米（或平方米）为单位计量，按《工程量清单》相应项目有效工程量的每米（或平方米）工程单价支付。

（7）混凝土温度控制措施费（包括冷却水管埋设及通水冷却费用、混凝土收缩缝和冷却水管的灌浆费用，以及混凝土坝体的保温费用）包含在《工程量清单》相应混凝土项目有效工程量的每立方米工程单价中，不另行支付。

（8）混凝土坝体的接缝灌浆（接触灌浆），按设计图纸所示要求灌浆的混凝土施工缝（混凝土与基础、岸坡岩体的接触缝）的接缝面积以平方米为单位计量，按《工程量清单》相应项目有效工程量的每平方米工程单价支付。

（9）混凝土坝体内预埋排水管所需的费用，应包含在《工程量清单》相应混凝土项目有效工程量的每立方米工程单价中，不另行支付。

五、砌体工程

（1）浆砌石、干砌石、混凝土预制块和砖砌体按施工图纸所示尺寸计算的有效砌筑体积以立方米为单位计量，按《工程量清单》相应项目有效工程量的每立方米工程单价支付。

（2）砌筑工程的砂浆、拉结筋、垫层、排水管、止水设施、伸缩缝、沉降缝及埋设件等费用，包含在《工程量清单》相应砌筑项目有效工程量的每立方米工程单价中，不另行支付。

（3）承包人按合同要求完成砌体建筑物的基础清理和施工排水等工作所需的费用，包含在《工程量清单》相应砌筑项目有效工程量的每立方米工程单价中，不另行支付。

2F320040 水利水电工程施工招标投标管理

2F320041 施工招标投标管理要求

2001 年，为加强水利工程建设项目招标投标工作的管理，规范水利工程建设项目招标投标活动，依据《中华人民共和国招标投标法》，水利部发布了《水利工程建设项目招标投标管理规定》（中华人民共和国水利部令第 14 号）。

2003 年，为进一步规范水利工程建设项目施工领域的招标投标活动，水利部与原国家计委等七部委联合颁布了《工程建设项目施工招标投标办法》（中华人民共和国国家发展和改革委员会令第 30 号）。

2009 年，在《标准施工招标文件》和《标准施工招标资格预审文件》（国家发展改革委等九部委局令第 56 号）基础上，结合水利工程建设项目施工招标投标管理实际，水利部颁发了《水利水电工程标准施工招标资格预审文件》和《水利水电工程标准施工招标文件》，依招标文件为抓手，有序推进招标文件编制标准化。

2012 年，《中华人民共和国招标投标法实施条例》（中华人民共和国国务院令第 613 号）颁布实施后，水利部等九部委局颁发了《关于废止和修改部分招标投标规章和规范性文件的决定》（国家发展和改革委员会等九部委局令第 23 号），对原《工程建设项目施工招标投标办法》（中华人民共和国国家发展和改革委员会令第 30 号）和《评标委员会和评标方法暂行规定》（国家发展计划委员会等八部委令第 12 号）等部门规章和规范性文件进行了清理。

同年，为推动水利工程建设项目招标投标进入（公共资源交易市场）有形市场，水利部印发了《关于推进水利工程建设项目招标投标进入公共资源交易市场的指导意见》，明确规定水利工程招标投标全部按照属地管理和权限管理原则进入公共资源交易市场。

2013 年，为了规范电子招标投标活动，促进电子招标投标健康发展，国家发展和改革委员会、水利部等 8 部委联合制定了《电子招标投标办法》及相关配套实施办法。

2015 年，《国务院办公厅关于印发整合建立统一的公共资源交易平台工作方案的通知》（国办发［2015］63 号）要求建设项目招标投标进入统一平台进行交易，实现公共资源交易平台从依托有形场所向以电子化平台为主转变。

2016 年，为推动信用体系建设，国务院发布《关于建立完善守信联合激励和失信联合惩戒制度加快推进社会诚信建设的指导意见》（国发［2016］33 号）。

2017年，国家发展和改革委员会发布《招标公告和公示信息发布管理办法》（国家发展和改革委员会令第10号）对《招标公告发布暂行办法》（国家发展计划委员会令第4号）进行修订。

2018年，国家发展改革委会同国务院有关部门对《工程建设项目招标范围和规模标准》（国家发展计划委员会令第3号）进行修订，形成了《必须招标的工程项目规定》（国家发展改革委员会令第16号）和《必须招标的基础设施和公用事业项目范围规定》（发改法规〔2018〕843号），2020年10月发布《国家发展改革委办公厅关于进一步做好〈必须招标的工程项目规定〉和〈必须招标的基础设施和公用事业项目范围规定〉实施工作的通知》（发改办法规〔2020〕770号）。2018年，为优化营商环境，国务院办公厅发布《国务院办公厅关于聚焦企业关切进一步推动优化营商环境政策落实的通知》（国办发〔2018〕104号）。根据上述通知，国家发展改革委员会联合水利部、交通部等8部委局出台了《工程建设项目招投标领域营商环境专项整治方案》。

2019年，为了充分发挥政府投资作用，提高政府投资效益，规范政府投资行为，激发社会投资活力，国务院发布《政府投资条例》（中华人民共和国国务院令第712号）。同年，鉴于优化营商环境的现实重要性，国务院颁发《优化营商环境条例》（中华人民共和国国务院令第722号），从更高层级对优化营商环境做出要求。

2020年，根据《优化营商环境条例》（中华人民共和国国务院令第722号），因应新冠疫情对我国带来的国内外冲击，更好服务内外双循环，国务院办公厅发布《国务院办公厅关于进一步优化营商环境更好服务市场主体的实施意见》（国办发〔2020〕24号）对招投标市场中的环境提出更具体更现实的要求。同年6月，为贯彻落实《优化营商环境条例》（中华人民共和国国务院令第722号）要求，深化招标投标领域"放管服"改革，推进"证照分离"改革，依法保障企业经营自主权，破除招标投标领域各种隐性壁垒和不合理门槛，维护公平竞争的招标投标营商环境，《国家发展改革委办公厅 市场监管总局办公厅关于进一步规范招标投标过程中企业经营资质资格审查工作的通知》（发改办法规〔2020〕727号）就进一步规范招标投标过程中企业经营资质资格审查提出有关要求。

2021年，为深入贯彻党中央、国务院决策部署，全面落实公平竞争审查制度，市场监管总局、国家发展改革委、财政部、商务部、司法部会同有关部门修订了《公平竞争审查制度实施细则》。同年，为深入贯彻党的十九届五中全会关于坚持平等准入、公正监管、开放有序、诚信守法，形成高效规范、公平竞争的国内统一市场的决策部署，落实《优化营商环境条例》（中华人民共和国国务院令第722号）精神，进一步深化招标投标领域营商环境专项整治，切实维护公平竞争秩序，根据国务院办公厅政府职能转变办公室深化"放管服"改革优化营商环境工作安排，国家发展改革委发布《关于建立健全招标投标领域优化营商环境长效机制的通知》（发改法规〔2021〕240号）。

上述制度构成现行水利工程建设项目施工招标投标管理的基本体系。

一、施工招标的主要管理要求

1. 必须招标的规模和标准

根据《必须招标的工程项目规定》（国家发展改革委员会令第16号）和《必须招标的基础设施和公用事业项目范围规定》，符合下列条件之一且施工单项合同估算价在400万元人民币以上的防洪、灌溉、排涝、引（供）水等水利基础设施项目必须招标，同一项目中可以合并进行的勘察、设计、施工、监理以及与工程建设有关的重要设备、材料等的采购，合同估算价合计达到前款规定标准的，必须招标：

（1）使用预算资金（包括一般公共预算资金、政府性基金预算资金、国有资本经营预算资金、社会保险基金预算资金）200万元人民币以上，并且该资金占投资额10%以上的项目。

（2）使用国有企业事业单位资金，并且该资金占控股或者主导地位的项目，"占控股或者主导地位"参照《公司法》第二百一十六条关于控股股东和实际控制人的理解执行，即"其出资额占有限责任公司资本总额百分之五十以上或者其持有的股份占股份有限公司股本总额百分之五十以上的股东；出资额或者持有股份的比例虽然不足百分之五十，但依其出资额或者持有的股份所享有的表决权已足以对股东会、股东大会的决议产生重大影响的股东"；国有企业事业单位通过投资关系、协议或者其他安排，能够实际支配项目建设的，也属于占控股或者主导地位。

项目中国有资金的比例，应当按照项目资金来源中所有国有资金之和计算。

《国家发展改革委办公厅关于进一步做好〈必须招标的工程项目规定〉和〈必须招标的基础设施和公用事业项目范围规定〉实施工作的通知》（发改办法规〔2020〕770号）进一步明确了相关事项：

（1）关于项目与单项采购的关系。《必须招标的工程项目规定》（国家发展改革委员会令第16号）第二～第四条及《必须招标的基础设施和公用事业项目范围规定》（发改法规规〔2018〕843号）第二条规定范围的项目，其勘察、设计、施工、监理以及与工程建设有关的重要设备、材料等的单项采购分别达到《必须招标的工程项目规定》（国家发展改革委员会令第16号）第五条规定的相应单项合同价估算标准的，该单项采购必须招标；该项目中未达到前述相应标准的单项采购，不属于《必须招标的工程项目规定》（国家发展改革委员会令第16号）规定的必须招标范畴。

（2）关于招标范围列举事项。依法必须招标的工程建设项目范围和规模标准，应当严格执行《招标投标法》第三条和《必须招标的工程项目规定》（国家发展改革委员会令第16号）、《必须招标的基础设施和公用事业项目范围规定》（发改法规规〔2018〕843号）规定；法律、行政法规或者国务院对必须进行招标的其他项目范围有规定的，依照其规定。没有法律、行政法规或者国务院规定依据的，对《必须招标的工程项目规定》（国家发展改革委员会令第16号）第五条第一款第（三）项中没有明确列举规定的服务事项、《必须招标的基础设施和公用事业项目范围规定》（发改法规规〔2018〕843号）第二条中没有明确列举规定的项目，不得强制要求招标。

（3）关于同一项目中的合并采购。《必须招标的工程项目规定》（国家发展改革委员会令第16号）第五条规定的"同一项目中可以合并进行的勘察、设计、施工、监理以及与工程建设有关的重要设备、材料等的采购，合同估算价合计达到前款规定标准的，必须招标"，目的是防止发包方通过化整为零方式规避招标。其中"同一项目中可以合并进行"，是指根据项目实际，以及行业标准或行业惯例，符合科学性、经济性、可操作性要求，同一项目中适宜放在一起进行采购的同类采购项目。

（4）关于总承包招标的规模标准。对于《必须招标的工程项目规定》（国家发展改革委员会令第16号）第二～第四条规定范围内的项目，发包人依法对工程以及与工程建设有关的货物、服务全部或者部分实行总承包发包的，总承包中施工、货物、服务等各部分的估算价中，只要有一项达到《必须招标的工程项目规定》（国家发展改革委员会令第 16 号）第五条规定相应标准，即施工部分估算价达到 400 万元以上，或者货物部分达到 200 万元以上，或者服务部分达到 100 万元以上，则整个总承包发包应当招标。

（5）关于规范规模标准以下工程建设项目的采购。《必须招标的工程项目规定》（国家发展改革委员会令第 16 号）第二～第四条及《必须招标的基础设施和公用事业项目范围规定》（发改法规规〔2018〕843 号）第二条规定范围的项目，其施工、货物、服务采购的单项合同估算价未达到《必须招标的工程项目规定》（国家发展改革委员会令第 16 号）第五条规定规模标准的，该单项采购由采购人依法自主选择采购方式，任何单位和个人不得违法干涉；其中，涉及政府采购的，按照政府采购法律法规规定执行。国有企业可以结合实际，建立健全规模标准以下工程建设项目采购制度，推进采购活动公开透明。

（6）严格执行依法必须招标制度。各地方应当严格执行《必须招标的工程项目规定》（国家发展改革委员会令第 16 号）和《必须招标的基础设施和公用事业项目范围规定》（发改法规规〔2018〕843 号）规定的范围和规模标准，不得另行制定必须进行招标的范围和规模标准，也不得作出与《必须招标的工程项目规定》（国家发展改革委员会令第 16 号）、《必须招标的基础设施和公用事业项目范围规定》（发改法规规〔2018〕843 号）和本通知相抵触的规定，持续深化招标投标领域"放管服"改革，努力营造良好市场环境。

2. 招标投标市场环境

国家保障公平竞争，建立公平竞争审查机制。关于公平竞争，国家陆续出台相关法规和规章，主要包括《招标投标实施条例》（中华人民共和国国务院令第 613 号）、《国务院关于禁止在市场经济活动中实行地区封锁的规定》（中华人民共和国国务院令第 303 号）、《国务院关于在市场体系建设中建立公平竞争审查制度的意见》（国发〔2016〕34 号）和《公平竞争审查制度实施细则》《水利部关于促进市场公平竞争维护水利建设市场正常秩序的实施意见》《工程项目招投标领域营商环境专项整治工作方案》。

1）《招标投标实施条例》（中华人民共和国国务院令第 613 号）

根据《招标投标实施条例》（中华人民共和国国务院令第 613 号），招标人有下列行为之一的，属于以不合理条件限制、排斥潜在投标人或者投标人：

（1）就同一招标项目向潜在投标人或者投标人提供有差别的项目信息。

（2）设定的资格、技术、商务条件与招标项目的具体特点和实际需要不相适应或者与合同履行无关。

（3）依法必须进行招标的项目以特定行政区域或者特定行业的业绩、奖项作为加分条件或者中标条件。

（4）对潜在投标人或者投标人采取不同的资格审查或者评标标准。

（5）限定或者指定特定的专利、商标、品牌、原产地或者供应商。

（6）依法必须进行招标的项目非法限定潜在投标人或者投标人的所有制形式或者组织形式。

（7）以其他不合理条件限制、排斥潜在投标人或者投标人。

2）《国务院关于禁止在市场经济活动中实行地区封锁的规定》（中华人民共和国国务院令第 303 号）

《国务院关于禁止在市场经济活动中实行地区封锁的规定》（中华人民共和国国务院令第303号）进一步列举了7种主要的地区封锁行为，可以认定和判断非法干涉、限制投标人：

（1）以任何方式限定、变相限定单位或者个人只能经营、购买、使用本地生产的产品或者只能接受本地企业、指定企业、其他经济组织或者个人提供的服务。

（2）在道路、车站、港口、航空港或者本行政区域边界设置关卡，阻碍外地产品进入或者本地产品运出。

（3）对外地产品或者服务设定歧视性收费项目、规定歧视性价格，或者实行歧视性收费标准。

（4）对外地产品或者服务采取与本地同类产品或者服务不同的技术要求、检验标准，或者对外地产品或者服务采取重复检验、重复认证等歧视性技术措施，限制外地产品或者服务进入本地市场。

（5）采取专门针对外地产品或者服务的专营、专卖、审批、许可等手段，实行歧视性待遇，限制外地产品或者服务进入本地市场。

（6）通过设定歧视性资质要求、评审标准或者不依法发布信息等方式限制或者排斥外地企业、其他经济组织或者个人参加本地的招投标活动。

（7）以采取同本地企业、其他经济组织或者个人不平等的待遇等方式，限制或者排斥外地企业、其他经济组织或者个人在本地投资或者设立分支机构，或者对外地企业、其他经济组织或者个人在本地的投资或者设立的分支机构实行歧视性待遇，侵害其合法权益。

3）《公平竞争审查制度实施细则》

根据《市场监管总局等五部门关于印发〈公平竞争审查制度实施细则〉的通知》（国市监反垄规〔2021〕2号），招标投标相关主体应遵守的公平竞争审查标准包括：

（1）市场准入和退出标准

① 设置明显不必要或者超出实际需要的准入和退出条件，排斥或者限制经营者参与市场竞争。具体包括：

A. 没有法律、行政法规或者国务院规定依据，对不同所有制、地区、组织形式的经营者实施不合理的差别化待遇，设置不平等的市场准入和退出条件。

B. 没有法律、行政法规或者国务院规定依据，以备案、登记、注册、目录、年检、年报、监制、认定、认证、认可、检验、监测、审定、指定、配号、复检、复审、换证、要求设立分支机构以及其他任何形式，设定或者变相设定市场准入障碍。

C. 没有法律、行政法规或者国务院规定依据，对企业注销、破产、挂牌转让、搬迁转移等设定或者变相设定市场退出障碍。

D. 以行政许可、行政检查、行政处罚、行政强制等方式，强制或者变相强制企业转让技术，设定或者变相设定市场准入和退出障碍。

② 未经公平竞争不得授予经营者特许经营权，包括但不限于：

A. 在一般竞争性领域实施特许经营或者以特许经营为名增设行政许可。

B. 未明确特许经营权期限或者未经法定程序延长特许经营权期限。

C. 未依法采取招标、竞争性谈判等竞争方式，直接将特许经营权授予特定经营者。

D. 设置歧视性条件，使经营者无法公平参与特许经营权竞争。

③ 不得限定经营、购买、使用特定经营者提供的商品和服务，包括但不限于：

A. 以明确要求、暗示、拒绝或者拖延行政审批、重复检查、不予接入平台或者网络、违法违规给予奖励补贴等方式，限定或者变相限定经营、购买、使用特定经营者提供的商品和服务。

B. 在招标投标、政府采购中限定投标人所在地、所有制形式、组织形式，或者设定其他不合理的条件排斥或者限制经营者参与招标投标、政府采购活动。

C. 没有法律、行政法规或者国务院规定依据，通过设置不合理的项目库、名录库、备选库、资格库等条件，排斥或限制潜在经营者提供商品和服务。

④ 不得设置没有法律、行政法规或者国务院规定依据的审批或者具有行政审批性质的事前备案程序，包括但不限于：

A. 没有法律、行政法规或者国务院规定依据，增设行政审批事项，增加行政审批环节、条件和程序。

B. 没有法律、行政法规或者国务院规定依据，设置具有行政审批性质的前置性备案程序。

⑤ 不得对市场准入负面清单以外的行业、领域、业务等设置审批程序，主要指没有法律、行政法规或者国务院规定依据，采取禁止进入、限制市场主体资质、限制股权比例、限制经营范围和商业模式等方式，限制或者变相限制市场准入。

（2）商品和要素自由流动标准

① 不得对外地和进口商品、服务实行歧视性价格和歧视性补贴政策，包括但不限于：

A. 制定政府定价或者政府指导价时，对外地和进口同类商品、服务制定歧视性价格。

B. 对相关商品、服务进行补贴时，对外地同类商品、服务，国际经贸协定允许外的进口同类商品以及我国作出国际承诺的进口同类服务不予补贴或者给予较低补贴。

② 不得限制外地和进口商品、服务进入本地市场或者阻碍本地商品运出、服务输出，包括但不限于：

A. 对外地商品、服务规定与本地同类商品、服务不同的技术要求、检验标准，或者采取重复检验、重复认证等歧视性技术措施。

B. 对进口商品规定与本地同类商品不同的技术要求、检验标准，或者采取重复检验、重复认证等歧视性技术措施。

C. 没有法律、行政法规或者国务院规定依据，对进口服务规定与本地同类服务不同的技术要求、检验标准，或者采取重复检验、重复认证等歧视性技术措施。

D. 设置专门针对外地和进口商品、服务的专营、专卖、审批、许可、备案，或者规定不同的条件、程序和期限等。

E. 在道路、车站、港口、航空港或者本行政区域边界设置关卡，阻碍外地和进口商品、服务进入本地市场或者本地商品运出和服务输出。

F. 通过软件或者互联网设置屏蔽以及采取其他手段，阻碍外地和进口商品、服务进入本地市场或者本地商品运出和服务输出。

③ 不得排斥或者限制外地经营者参加本地招标投标活动，包括但不限于：

A. 不依法及时、有效、完整地发布招标信息。

B．直接规定外地经营者不能参与本地特定的招标投标活动。

C．对外地经营者设定歧视性的资质资格要求或者评标评审标准。

D．将经营者在本地区的业绩、所获得的奖项荣誉作为投标条件、加分条件、中标条件或者用于评价企业信用等级，限制或者变相限制外地经营者参加本地招标投标活动。

E．没有法律、行政法规或者国务院规定依据，要求经营者在本地注册设立分支机构，在本地拥有一定办公面积，在本地缴纳社会保险等，限制或者变相限制外地经营者参加本地招标投标活动。

F．通过设定与招标项目的具体特点和实际需要不相适应或者与合同履行无关的资格、技术和商务条件，限制或者变相限制外地经营者参加本地招标投标活动。

④ 不得排斥、限制或者强制外地经营者在本地投资或者设立分支机构，包括但不限于：

A．直接拒绝外地经营者在本地投资或者设立分支机构。

B．没有法律、行政法规或者国务院规定依据，对外地经营者在本地投资的规模、方式以及设立分支机构的地址、模式等进行限制。

C．没有法律、行政法规或者国务院规定依据，直接强制外地经营者在本地投资或者设立分支机构。

D．没有法律、行政法规或者国务院规定依据，将在本地投资或者设立分支机构作为参与本地招标投标、享受补贴和优惠政策等的必要条件，变相强制外地经营者在本地投资或者设立分支机构。

⑤ 不得对外地经营者在本地的投资或者设立的分支机构实行歧视性待遇，侵害其合法权益，包括但不限于：

A．对外地经营者在本地的投资不给予与本地经营者同等的政策待遇。

B．对外地经营者在本地设立的分支机构在经营规模、经营方式、税费缴纳等方面规定与本地经营者不同的要求。

C．在节能环保、安全生产、健康卫生、工程质量、市场监管等方面，对外地经营者在本地设立的分支机构规定歧视性监管标准和要求。

（3）影响生产经营成本标准。

① 不得违法给予特定经营者优惠政策，包括但不限于：

A．没有法律、行政法规或者国务院规定依据，给予特定经营者财政奖励和补贴。

B．没有专门的税收法律、法规和国务院规定依据，给予特定经营者税收优惠政策。

C．没有法律、行政法规或者国务院规定依据，在土地、劳动力、资本、技术、数据等要素获取方面，给予特定经营者优惠政策。

D．没有法律、行政法规或者国务院规定依据，在环保标准、排污权限等方面给予特定经营者特殊待遇。

E．没有法律、行政法规或者国务院规定依据，对特定经营者减免、缓征或停征行政事业性收费、政府性基金、住房公积金等。给予特定经营者的优惠政策应当依法公开。

② 安排财政支出一般不得与特定经营者缴纳的税收或非税收入挂钩，主要指根据特定经营者缴纳的税收或者非税收入情况，采取列收列支或者违法违规采取先征后返、即征即退等形式，对特定经营者进行返还，或者给予特定经营者财政奖励或补贴、减免土地等

自然资源有偿使用收入等优惠政策。

③ 不得违法违规减免或者缓征特定经营者应当缴纳的社会保险费用，主要指没有法律、行政法规或者国务院规定依据，根据经营者规模、所有制形式、组织形式、地区等因素，减免或者缓征特定经营者需要缴纳的基本养老保险费、基本医疗保险费、失业保险费、工伤保险费、生育保险费等。

④ 不得在法律规定之外要求经营者提供或扣留经营者各类保证金，包括但不限于：

A．没有法律、行政法规依据或者经国务院批准，要求经营者交纳各类保证金。

B．限定只能以现金形式交纳投标保证金或履约保证金。

C．在经营者履行相关程序或者完成相关事项后，不依法退还经营者交纳的保证金及银行同期存款利息。

（4）影响生产经营行为标准

① 不得强制经营者从事《中华人民共和国反垄断法》禁止的垄断行为，主要指以行政命令、行政授权、行政指导等方式或者通过行业协会商会，强制、组织或者引导经营者达成垄断协议、滥用市场支配地位，以及实施具有或者可能具有排除、限制竞争效果的经营者集中等行为。

② 不得违法披露或者违法要求经营者披露生产经营敏感信息，为经营者实施垄断行为提供便利条件。生产经营敏感信息是指除依据法律、行政法规或者国务院规定需要公开之外，生产经营者未主动公开，通过公开渠道无法采集的生产经营数据。主要包括：拟定价格、成本、营业收入、利润、生产数量、销售数量、生产销售计划、进出口数量、经销商信息、终端客户信息等。

③ 不得超越定价权限进行政府定价，包括但不限于：

A．对实行政府指导价的商品、服务进行政府定价。

B．对不属于本级政府定价目录范围内的商品、服务制定政府定价或者政府指导价。

C．违反《中华人民共和国价格法》等法律法规采取价格干预措施。

④ 不得违法干预实行市场调节价的商品和服务的价格水平，包括但不限于：

A．制定公布商品和服务的统一执行价、参考价。

B．规定商品和服务的最高或者最低限价。

C．干预影响商品和服务价格水平的手续费、折扣或者其他费用。

根据《公平竞争审查制度实施细则》，属于下列情形之一的政策措施，虽然在一定程度上具有限制竞争的效果，但在符合规定的情况下可以出台实施：

（1）维护国家经济安全、文化安全、科技安全或者涉及国防建设的。

（2）为实现扶贫开发、救灾救助等社会保障目的。

（3）为实现节约能源资源、保护生态环境、维护公共卫生健康安全等社会公共利益的。

（4）法律、行政法规规定的其他情形。

属于第（1）～（3）条情形的，政策制定机关应当说明相关政策措施对实现政策目的不可或缺，且不会严重限制市场竞争，并明确实施期限。

4）《水利部关于促进市场公平竞争维护水利建设市场正常秩序的实施意见》

根据《国务院关于促进市场公平竞争维护市场正常秩序的若干意见》（国发〔2014〕

20号）精神，按照简政放权、放管结合、优化服务的工作要求，结合水利建设市场实际，就促进市场公平竞争、维护水利建设市场正常秩序，水利部提出意见要求消除地区保护。具体包括：严禁违法违规设置市场壁垒，打破区域限制，消除地方保护。各级水行政主管部门不得以备案、登记、注册等形式排斥、限制外地注册企业进入本地区承揽水利建设业务，不得将在本地区注册设立独立子公司或分公司、参加本地区培训等作为外地注册企业进入本地区水利建设市场的准入条件。不得要求企业注册所在地水行政主管部门出具企业无不良行为记录、无重特大质量安全事故等证明。不得强制要求市场主体法定代表人现场办理相关业务等。

5）《工程项目招投标领域营商环境专项整治工作方案》

根据《国务院办公厅关于聚焦企业关切，进一步推动优化营商环境政策落实的通知》（国办发〔2018〕104号）部署和全国深化"放管服"改革优化营商环境电视电话会议精神，为消除招标投标过程中对不同所有制企业设置的各类不合理限制和壁垒，维护公平竞争的市场秩序，国家发展和改革委员会、工业和信息化部、住房和城乡建设部、交通运输部、水利部、商务部、铁路局、民航局决定在全国开展工程项目招投标领域营商环境专项整治。

专项整治重点针对以下问题：

（1）违法设置的限制、排斥不同所有制企业参与招标投标的规定，以及虽然没有直接限制、排斥，但实质上起到变相限制、排斥效果的规定。

（2）违法限定潜在投标人或者投标人的所有制形式或者组织形式，对不同所有制投标人采取不同的资格审查标准。

（3）设定企业股东背景、年平均承接项目数量或者金额、从业人员、纳税额、营业场所面积等规模条件；设置超过项目实际需要的企业注册资本、资产总额、净资产规模、营业收入、利润、授信额度等财务指标。

（4）设定明显超出招标项目具体特点和实际需要的过高的资质资格、技术、商务条件或者业绩、奖项要求。

（5）将国家已经明令取消的资质资格作为投标条件、加分条件、中标条件；在国家已经明令取消资质资格的领域，将其他资质资格作为投标条件、加分条件、中标条件。

（6）将特定行政区域、特定行业的业绩、奖项作为投标条件、加分条件、中标条件；将政府部门、行业协会商会或者其他机构对投标人作出的荣誉奖励和慈善公益证明等作为投标条件、中标条件。

（7）限定或者指定特定的专利、商标、品牌、原产地、供应商或者检验检测认证机构（法律法规有明确要求的除外）。

（8）要求投标人在本地注册设立子公司、分公司、分支机构，在本地拥有一定办公面积，在本地缴纳社会保险等。

（9）没有法律法规依据设定投标报名、招标文件审查等事前审批或者审核环节。

（10）对仅需提供有关资质证明文件、证照、证件复印件的，要求必须提供原件；对按规定可以采用"多证合一"电子证照的，要求必须提供纸质证照。

（11）在开标环节要求投标人的法定代表人必须到场，不接受经授权委托的投标人代表到场。

（12）评标专家对不同所有制投标人打分畸高或畸低，且无法说明正当理由。

（13）明示或暗示评标专家对不同所有制投标人采取不同的评标标准、实施不客观公正评价。

（14）采用抽签、摇号等方式直接确定中标候选人。

（15）限定投标保证金、履约保证金只能以现金形式提交，或者不按规定或者合同约定返还保证金。

（16）简单以注册人员、业绩数量等规模条件或者特定行政区域的业绩奖项评价企业的信用等级，或者设置对不同所有制企业构成歧视的信用评价指标。

（17）不落实《必须招标的工程项目规定》《必须招标的基础设施和公用事业项目范围规定》，违法干涉社会投资的房屋建筑等工程建设单位发包自主权。

（18）其他对不同所有制企业设置的不合理限制和壁垒。

6）《关于建立健全招标投标领域优化营商环境长效机制的通知》（发改法规〔2021〕240号）为坚持平等准入、公正监管、开放有序、诚信守法，形成高效规范、公平竞争的国内统一市场，落实《优化营商环境条例》精神，进一步深化招标投标领域营商环境专项整治，切实维护公平竞争秩序，国家发展改革委就建立健全招标投标领域优化营商环境长效机制提出有关要求：

（1）全面推行"双随机一公开"监管模式

紧盯招标公告、招标文件、资格审查、开标评标定标、异议答复、招标投标情况书面报告、招标代理等关键环节、载体，严厉打击违法违规行为。合理确定抽查对象、比例、频次，向社会公布后执行；对问题易发多发环节以及发生过违法违规行为的主体，可采取增加抽查频次、开展专项检查等方式进行重点监管；确实不具备"双随机"条件的，可按照"双随机"理念，暂采用"单随机"工作方式。抽查检查结果通过有关行政监督部门网站及时向社会公开，接受社会监督，并同步归集至本级公共资源交易平台、招标投标公共服务平台和信用信息共享平台。充分发挥公共资源交易平台作用，明确交易服务机构需支持配合的事项和履职方式，实现交易服务与行政监督的有效衔接。

（2）畅通招标投标异议、投诉渠道

依法必须招标项目招标人在资格预审公告、资格预审文件、招标公告、招标文件中公布接收异议的联系人和联系方式，依法及时答复和处理有关主体依法提出的异议。要结合全面推行电子招标投标，实现依法必须招标项目均可通过电子招标投标交易系统在线提出异议和作出答复。进一步健全投诉处理机制，依法及时对投诉进行受理、调查和处理，并网上公开行政处罚决定；积极探索在线受理投诉并作出处理决定。依据有关法律法规和各有关行政监督部门职责，以清单方式列明投诉处理职责分工，避免重复受理或相互推诿。

3．电子招标的要求

为了规范电子招标投标活动，促进电子招标投标健康发展，根据《中华人民共和国招标投标法》及其实施条例，2013年2月4日，国家发展和改革委员会、工业和信息化部、监察部、住房和城乡建设部、交通运输部、铁道部、水利部、商务部八部委发布《电子招标投标办法》。

根据《电子招标投标办法》，电子招标投标活动是指以数据电文形式，依托电子招标投标系统完成的全部或者部分招标投标交易、公共服务和行政监督活动。数据电文形式与纸质形式的招标投标活动具有同等法律效力。

电子招标投标系统根据功能的不同，分为交易平台、公共服务平台和行政监督平台。电子招标的要求包括：

（1）电子招标投标交易平台应当允许社会公众、市场主体免费注册登录和获取依法公开的招标投标信息，为招标投标活动当事人、行政监督部门和监察机关按各自职责和注册权限登录使用交易平台提供必要条件。

（2）电子招标投标交易平台运营机构不得以任何手段限制或者排斥潜在投标人，不得泄露依法应当保密的信息，不得弄虚作假、串通投标或者为弄虚作假、串通投标提供便利。

（3）电子招标投标交易平台运营机构不得以技术和数据接口配套为由，要求潜在投标人购买指定的工具软件。

（4）除《电子招标投标办法》和技术规范规定的注册登记外，任何单位和个人不得在招标投标活动中设置注册登记、投标报名等前置条件限制潜在投标人下载资格预审文件或者招标文件。

（5）在投标截止时间前，电子招标投标交易平台运营机构不得向招标人或者其委托的招标代理机构以外的任何单位和个人泄露下载资格预审文件、招标文件的潜在投标人名称、数量以及可能影响公平竞争的其他信息。

（6）招标人对资格预审文件、招标文件进行澄清或者修改的，应当通过电子招标投标交易平台以醒目的方式公告澄清或者修改的内容，并以有效方式通知所有已下载资格预审文件或者招标文件的潜在投标人。

二、施工投标的主要管理要求

1. 投标人回避或禁止准入

投标人除应具备承担招标项目施工的资质条件、能力和信誉外，还不得存在下列情形之一：

（1）为招标人不具有独立法人资格的附属机构（单位）。

（2）为招标项目前期准备提供设计或咨询服务的，但设计施工总承包的除外。

（3）为招标项目的监理人。

（4）为招标项目的代建人。

（5）为招标项目提供招标代理服务的。

（6）与招标项目的监理人或代建人或招标代理机构同为一个法定代表人的。

（7）与招标项目的监理人或代建人或招标代理机构相互控股或参股的。

（8）与招标项目的监理人或代建人或招标代理机构相互任职或工作的。

（9）被责令停业的。

（10）被暂停或取消投标资格的。

（11）财产被接管或冻结的。

（12）在最近三年内有骗取中标或严重违约或重大工程质量问题的。

单位负责人为同一人或者存在控股、管理关系的不同单位，也不得参加同一标段投标或者未划分标段的同一招标项目投标。

需要注意的是，根据水利部相关规定，在一定区域、一定时间存在不良行为记录被有关部门限制准入或经查询有行贿记录的投标人不得在水利工程中投标。

2. 投标人资质

水利工程建设项目施工招标时，投标人应具有相应的企业资质。

根据《建筑业企业资质管理规定》（住房和城乡建设部令第 22 号）、《建筑业企业资质标准》（建市［2014］159 号），涉及水利工程的施工企业资质包括水利水电工程施工总承包资质、水工金属结构制作与安装工程专业承包资质、河湖整治工程专业承包资质、水利水电机电安装工程专业承包资质。原水工建筑物基础处理工程专业纳入全国统一的地基基础工程专业，水工隧洞工程专业纳入全国统一的隧道工程专业，水工大坝工程专业并入施工总承包资质，堤防工程专业并入河湖整治工程专业。

1）施工总承包企业资质等级的划分和承包范围

根据住房和城乡建设部《建筑业企业资质标准》（建市［2014］159 号）以及《住房城乡建设部关于简化建筑业企业资质标准部分指标的通知》（建市［2016］226 号），水利水电工程施工总承包企业资质等级分为特级、一级、二级、三级，资质标准中关于建造师数量的要求是：

（1）特级企业注册一级建造师 50 人以上。

（2）三级企业水利水电工程专业注册建造师不少于 8 人。

（3）其他等级企业没有数量要求。

资质标准中，相应承包工程范围是：

（1）特级企业可承担水利水电工程的施工总承包、工程总承包和项目管理业务。

（2）一级企业可承担各等级水利水电工程的施工。

（3）二级企业可承担工程规模中型以下水利水电工程和建筑物级别 3 级以下水工建筑物的施工，但下列工程规模限制在以下范围内：坝高 70m 以下、水电站总装机容量 150MW 以下、水工隧洞洞径小于 8m（或断面积相等的其他型式）且长度小于 1000m、堤防级别 2 级以下。

（4）三级企业可承担单项合同额 6000 万元以下的下列水利水电工程的施工：小（1）型以下水利水电工程和建筑物级别 4 级以下水工建筑物的施工总承包，但下列工程限制在以下范围内：坝高 40m 以下、水电站总装机容量 20MW 以下、泵站总装机容量 800kW 以下、水工隧洞洞径小于 6m（或断面积相等的其他形式）且长度小于 500m、堤防级别 3 级以下。

2）施工专业承包企业资质等级的划分和承包范围

根据住房和城乡建设部《建筑业企业资质标准》（建市［2014］159 号），水利水电工程施工专业承包企业资质划分为水工金属结构制作与安装工程、水利水电机电安装工程、河湖整治工程 3 个专业，每个专业等级分为一级、二级、三级。

水工金属结构制作与安装工程资质标准中关于建造师数量的要求是：

（1）三级企业水利水电工程、机电工程专业注册建造师合计不少于 5 人，其中水利水电工程专业注册建造师不少于 3 人。

（2）其他等级企业没有数量要求。

水工金属结构制作与安装工程资质标准中相应承包工程范围是：

（1）一级企业可承担各类压力钢管、闸门、拦污栅等水工金属结构工程的制作、安装及启闭机的安装。

（2）二级企业可承担大型以下压力钢管、闸门、拦污栅等水工金属结构工程的制作、安装及启闭机的安装。

（3）三级企业可承担中型以下压力钢管、闸门、拦污栅等水工金属结构工程的制作、安装及启闭机的安装。

水利水电机电安装工程资质标准中关于建造师数量的要求是：

（1）三级企业水利水电工程、机电工程专业注册建造师合计不少于5人，其中水利水电工程专业注册建造师不少于3人。

（2）其他等级企业没有数量要求。

水利水电机电安装工程资质标准中相应承包工程范围是：

（1）一级企业可承担各类水电站、泵站主机（各类水轮发电机组、水泵机组）及其附属设备和水电（泵）站电气设备的安装工程。

（2）二级企业可承担单机容量100MW以下的水电站、单机容量1000kW以下的泵站主机及其附属设备和水电（泵）站电气设备的安装工程。

（3）三级企业可承担单机容量25MW以下的水电站、单机容量500kW以下的泵站主机及其附属设备和水电（泵）站电气设备的安装工程。

河湖整治工程资质标准中关于建造师数量的要求是：

（1）三级企业水利水电工程专业注册建造师不少于5人。

（2）其他等级企业没有数量要求。

河湖整治工程资质标准中相应承包工程范围是：

（1）一级企业可承担各类河道、水库、湖泊以及沿海相应工程的河势控导、险工处理、疏浚与吹填、清淤、填塘固基工程的施工。

（2）二级企业可承担堤防工程级别2级以下堤防相应的河道、湖泊的河势控导、险工处理、疏浚与吹填、填塘固基工程的施工。

（3）三级企业可承担堤防工程级别3级以下堤防相应的河湖疏浚整治工程及吹填工程的施工。

2F320042 施工招标的条件与程序

一、施工招标条件

水利工程项目施工招标应具备以下条件：

（1）初步设计已经批准。

（2）建设资金来源已落实，年度投资计划已经安排。

（3）监理单位已确定。

（4）具有能满足招标要求的设计文件，已与设计单位签订适应施工进度要求的图纸交付合同或协议。

（5）有关建设项目永久征地、临时征地和移民搬迁的实施、安置工作已经落实或已有明确安排。

二、施工招标程序

水利工程施工招标程序一般包括招标报告备案、编制招标文件、发布招标信息、出售招标文件、组织踏勘现场和投标预备会（若组织）、招标文件澄清与修改（若有）、招标文件异议处理、组织开标、评标、确定中标人、提交招标投标情况的书面总结报告、发中标通知书、订立书面合同。

上述程序适用于资格后审情形。资格审查采取资格预审方式的，在出售招标文件前应增加资格预审程序，一般包括资格预审文件编制，资格预审文件澄清与修改，资格预审文件异议处理及资格预审申请文件的审查和结果应用。

招标人具备自行招标条件时可自行组织招标，否则应当委托具有相应资质的招标代理机构代理招标。招标人委托事项应当在委托合同中明确，招标人承担委托责任。

1. 编制招标文件

凡列入国家或地方投资计划的大中型水利水电工程使用《水利水电工程标准施工招标文件》（2009 年版），小型水利水电工程可参照使用。根据《水利水电工程标准施工招标文件》（2009 年版），招标文件一般包括招标公告、投标人须知、评标办法、合同条款及格式、工程量清单、招标图纸、合同技术条款和投标文件格式等八章。其中，第二章投标人须知、第三章评标办法、第四章第一节通用合同条款属于《水利水电工程标准施工招标文件》（2009 年版）强制使用的内容，应不加修改的使用。

2. 发布招标公告

依法必须招标项目的招标公告和公示信息应当在"中国招标投标公共服务平台"或者项目所在地省级电子招标投标公共服务平台（以下统一简称"发布媒介"）发布。

依法必须招标项目的资格预审公告和招标公告，应当载明以下内容：

（1）招标项目名称、内容、范围、规模、资金来源；

（2）投标资格能力要求，以及是否接受联合体投标；

（3）获取资格预审文件或招标文件的时间、方式；

（4）递交资格预审文件或投标文件的截止时间、方式；

（5）招标人及其招标代理机构的名称、地址、联系人及联系方式；

（6）采用电子招标投标方式的，潜在投标人访问电子招标投标交易平台的网址和方法；

（7）其他依法应当载明的内容。

招标文件的发售期不得少于 5 日。依法必须招标项目的招标公告除在发布媒介发布外，招标人或其招标代理机构也可以同步在其他媒介公开，并确保内容一致。其他媒介可以依法全文转载依法必须招标项目的招标公告和公示信息，但不得改变其内容，同时必须注明信息来源。

采用邀请招标方式的，招标人应当向 3 个以上有投标资格的法人或其他组织发出投标邀请书。投标人少于 3 个的，招标人应当重新招标。

3. 组织踏勘现场和投标预备会

根据招标项目的具体情况，招标人可以组织投标人踏勘项目现场，向其介绍工程场地和相关环境的有关情况。投标人依据招标人介绍情况作出的判断和决策，由投标人自行负责。招标人不得单独或者分别组织部分投标人进行现场踏勘。

对于投标人在阅读招标文件和踏勘现场中提出的疑问，招标人可以书面形式或召开投标预备会的方式解答，但需同时将解答以书面方式通知所有购买招标文件的投标人。该解答的内容为招标文件的组成部分。

4. 澄清和修改招标文件

投标人应仔细阅读和检查招标文件的全部内容。如发现缺页或附件不全，应及时向招标人提出，以便补齐。如有疑问，应在投标截止时间 17 天前以书面形式（包括信函、电报、传真等可以有形地表现所载内容的形式，下同），要求招标人对招标文件予以澄清。

招标文件的澄清和修改通知将在投标截止时间 15 天前以书面形式发给所有购买招标文件的投标人，但不指明澄清问题的来源。如果澄清和修改通知发出的时间距投标截止时间不足 15 天，且影响投标文件编制的，相应延长投标截止时间。

投标人在收到澄清后，应在收到澄清和修改通知后 1 天内以书面形式通知招标人，确认已收到该通知。

招标文件的澄清和修改通知构成招标文件的组成部分，有利于完善招标文件，维护招投标双方权益。需要注意的是，招标文件的澄清和修改通知应当由招标人或其委托的招标代理机构发出，澄清和修改事项可能来源于投标人的书面要求，也可以是招标人对招标文件的自我完善。投标人对招标文件澄清或修改要求并不一定得到招标人答复。若招标人认为相关事项已在招标文件中载明，则可不答复。投标人认为应当答复而未获得答复的，可以提出招标文件异议。

5. 处理招标文件异议

异议是投标人司法救济手段之一，与招标文件澄清或修改、投诉、诉讼一起，可有效维护投标人权益。潜在投标人或者其他利害关系人（指特定分包人、供应商、投标人的项目负责人）对招标文件有异议的，应当在投标截止时间 10 日前提出。招标人应当自收到异议之日起 3 日内作出答复；作出答复前，应当暂停招标投标活动。未在规定时间提出异议的，不得再对招标文件相关内容提出投诉。招标人处理招标文件异议涉及招标文件澄清或修改的，按照相应程序办理。

6. 编制标底和最高投标限价

招标人可以自行决定是否编制标底。一个招标项目只能有一个标底。标底必须保密。接受委托编制标底的中介机构不得参加该项目的投标，也不得为该项目的投标人编制投标文件或者提供咨询。

招标项目设有标底的，招标人应当在开标时公布。标底只能作为评标的参考，不得以投标报价是否接近标底作为中标条件，也不得以投标报价超过标底上下浮动范围作为否决投标的条件。招标人设有最高投标限价的，应当在招标文件中明确最高投标限价或者最高投标限价的计算方法。招标人不得规定最低投标限价。

7. 确定中标人

依照前述中标条件，招标人可授权评标委员会直接确定中标人，也可根据评标委员会提出的书面评标报告和推荐的中标候选人顺序确定中标人。评标委员会推荐的中标候选人应当限定在 1～3 人，并标明排列顺序。国有资金占控股或者主导地位的依法必须进行招标的项目，确定中标人应遵守下述规定：

（1）招标人应当确定排名第一的中标候选人为中标人。

（2）排名第一的中标候选人放弃中标、因不可抗力不能履行合同、不按照招标文件要求提交履约保证金，或者被查实存在影响中标结果的违法行为等情形，不符合中标条件的，招标人可以按照评标委员会提出的中标候选人名单排序依次确定其他中标候选人为中标人。依次确定其他中标候选人与招标人预期差距过大，或者明显对招标人不利的也可以重新招标。

（3）当招标人确定的中标人与评标委员会推荐的中标候选人顺序不一致时，应当有充足的理由，并按项目管理权限报水行政主管部门备案。

（4）在确定中标人之前，招标人不得与投标人就投标价格、投标方案等实质性内容进行谈判。

（5）中标人确定后，招标人应当向中标人发出中标通知书，同时通知未中标人。中标通知书对招标人和中标人具有法律约束力。中标通知书发出后，招标人改变中标结果或者中标人放弃中标的，应当承担法律责任。

（6）定标应当在投标有效期内完成。不能在投标有效期内完成评标和定标的，招标人应当通知所有投标人延长投标有效期。拒绝延长投标有效期的投标人有权收回投标保证金。同意延长投标有效期的授标人应当相应延长其投标担保的有效期，但不得修改投标文件的实质性内容。因延长授标有效期造成投标人损失的，招标人应当给予补偿，但因不可抗力需延长投标有效期的除外。

8．重新招标

有下列情形之一的，招标人将重新招标：

（1）投标截止时间止，投标人少于3个的。

（2）经评标委员会评审后否决所有投标的。

（3）评标委员会否决不合格投标或者界定为废标后因有效投标不足3个使得投标明显缺乏竞争，评标委员会决定否决全部投标的。

（4）同意延长投标有效期的投标人少于3个的。

（5）中标候选人均未与招标人签订合同的。

重新招标后，仍出现前述规定情形之一的，属于必须审批的水利工程建设项目，经行政监督部门批准后可不再进行招标，采取政府采购其他方式确定中标人。

2F320043　施工投标的条件与程序

一、施工投标条件

投标人应具备与拟承担招标项目施工相适应的资质、财务状况、信誉等资格条件。

1．资质

资质条件包括资质证书有效性和资质符合性两个方面的内容。资质证书有效性要求资质证书在投标时必须在有效期内，没有被吊销资质证书、限制投标等情况；资质符合性要求必须满足类别、专业、级别和承包范围。

2．财务状况

财务状况包括注册资本金、净资产、利润、流动资金投入等方面。

投标人应按招标文件要求填报"近3年财务状况表"，并附经会计师事务所或审计机构审计的财务会计报表，包括资产负债表、现金流量表、利润表和财务情况说明书的复印件。

3. 投标人业绩

投标人业绩一般指类似工程业绩。业绩的类似性包括功能、结构、规模、造价等方面。

投标人业绩以合同工程完工证书颁发时间为准。投标人应按招标文件要求填报"近5年完成的类似项目情况表"，并附中标通知书和（或）合同协议书、工程接收证书（工程竣工验收证书）、合同工程完工证书的复印件。

4. 信誉

根据《水利部关于印发水利建设市场主体信用评价管理办法的通知》（水建设〔2019〕307号），信用等级分为AAA（信用很好）、AA（信用良好）、A（信用较好）、B（信用一般）和C（信用较差）三等五级。水利建设市场主体信用等级有效期为3年。被列入"黑名单"的水利建设市场主体信用评价实行一票否决制，取消其信用等级。在"黑名单"公开期限内，不受理其信用评价申请。

根据《水利部关于促进市场公平竞争维护水利建设市场正常秩序的实施意见》（水建管〔2017〕123号），招标人应当将市场主体信用信息、信用评价等级和不良行为记录作为评标要素，纳入评标办法。对取得全国水利建设市场信用评价等级的市场主体，任何单位在市场活动中不得任意提高或降低其信用等级。招标人应当采用水利部发布的水利市场主体信用等级信息，并从时间、主体（单位、个人）等方面提出明确的信用等级及不良行为信息使用方法。

除信用等级应用外，投标单位及其法定代表人、拟任项目负责人开标前有行贿犯罪记录，投标单位被列入政府采购严重违法失信行为记录名单且被限制投标的、重大税收违法案件当事人、失信被执行人或在国家企业信用信息公示系统列入严重违法失信企业名单，有上述情形之一的，其投标将被否决。行贿犯罪记录查询以检察院出具的查询结果为准，投标人投标时须提供查询结果；其他不良行为信息由评标委员会通过信用中国网站（www.creditchina.gov.cn）、国家税务总局网站（www.chinatax.gov.cn）、中国政府采购网（www.ccgp.gov.cn）、最高人民法院网站（www.court.gov.cn）、国家企业信用信息公示系统网站（www.gsxt.gov.cn）官方渠道查询相关主体信用记录。

5. 项目经理资格

项目经理应由注册于本单位（须提供社会保险证明）、级别符合《关于印发〈注册建造师执业工程规模标准〉（试行）的通知》（建市〔2007〕171号）要求的注册建造师担任。拟任注册建造师不得有在建工程，有一定数量已通过合同工程完工验收的类似工程业绩，具备有效的安全生产考核合格证书（B类），在"信用中国"及各有关部门网站中经查询没有因行贿、严重违法失信被限制投标或从业等惩戒行为等。

6. 营业执照和安全生产许可证

（1）投标人的投标报价不应超过营业执照上载明的注册资金的五倍，营业执照应在有效期内，无年检不合格或被吊销营业执照等情况。

（2）投标人应持有有效的安全生产许可证，无被吊销安全生产许可证等情况。

（3）投标人应按招标文件要求填报"投标人基本情况表"，并附营业执照和安全生产许可证正、副本复印件。

除此之外，如果招标文件对投标人其他岗位人员、设备、有效生产能力、认证体系提出要求，投标人应按照招标文件的规定提供。

二、施工投标的主要程序

1．编制投标文件

投标文件应按招标文件要求编制，未响应招标文件实质性要求的作废标处理。投标文件格式要求有：

（1）投标文件签字盖章要求是：投标文件正本除封面、封底、目录、分隔页外的其他每一页必须加盖投标人单位章并由投标人的法定代表人或其委托代理人签字，已标价的工程量清单还应由注册水利工程造价工程师加盖执业印章。

（2）投标文件份数要求是正本1份，副本4份。

（3）投标文件用A4纸（图表页除外）装订成册，编制目录和页码，并不得采用活页夹装订。

（4）投标人应按招标文件"工程量清单"的要求填写相应表格。投标人在投标截止时间前修改投标函中的投标报价，应同时修改"工程量清单"中的相应报价，并附修改后的单价分析表（含修改后的基础单价计算表）或措施项目表（临时工程费用表）。

2．遵守投标有效期约束

水利工程施工招标投标有效期一般为56天。在招标文件规定的投标有效期内，投标人不得要求撤销或修改其投标文件。

出现特殊情况需要延长投标有效期的，招标人以书面形式通知所有投标人延长投标有效期。投标人同意延长的，应相应延长其投标保证金的有效期，但不得要求、被允许修改或撤销其投标文件；投标人拒绝延长的，其投标失效，但投标人有权收回其投标保证金。

3．递交投标保证金

招标文件要求提交投标保证金的，投标人在递交投标文件的同时，应按招标文件规定的金额、形式和"投标文件格式"规定的投标保证金格式递交投标保证金，并作为其投标文件的组成部分。投标保证金的具体要求如下：

（1）以现金或者支票形式提交的投标保证金应当从其基本账户转出。

（2）联合体投标的，其投标保证金由牵头人递交，并应符合招标文件的规定。

（3）投标人不按要求提交投标保证金的，其投标文件作无效标处理。

（4）招标人与中标人签订合同后5个工作日内，向未中标的投标人和中标人退还投标保证金及相应利息。

（5）投标保证金与投标有效期一致。投标人在规定的投标有效期内撤销或修改其投标文件，或中标人在收到中标通知书后，无正当理由拒签合同协议书或未按招标文件规定提交履约担保的，招标人可不予退还投标保证金。

4．参加开标会

（1）递交投标文件

投标人应在投标截止时间前，将密封好的投标文件向招标人递交。投标文件密封不符合招标文件要求的或逾期送达的，将不被接受。投标人应当向招标人索要投标文件接受凭据，凭据的内容包括递（接）受人、接受时间、接受地点、投标文件密封标识情况、投标文件密封包数量。

（2）参加开标人员的要求

投标人的法定代表人或委托代理人应参加开标会，且应持有本人身份证件及法定代表人或委托代理人证明文件参加开标会，未参加开标会视为默认开标结果。

开标一般按以下程序进行：

① 招标人在招标文件确定的时间停止接收投标文件，开始开标。招标人在招标文件要求提交投标文件的截止时间前收到的投标文件均应当开封，不符合招标文件要求的除外。

② 宣布开标人员名单。开标工作人员（包括监督人员）不应当在开标现场对投标文件作出有效或无效的判断处理。

③ 确认投标人法定代表人或委托代理人是否在场。

④ 宣布投标文件开启顺序。

⑤ 依开标顺序，先检查投标文件密封是否完好，再启封投标文件。

⑥ 宣布投标要素，并作记录，同时由投标人法定代表人或委托代理人签字确认。

⑦ 对上述工作进行记录，存档备查。

投标人或其他利害关系人对开标过程有异议的，应当在开标现场向招标人提出。招标人应当当场作出答复，并作记录。

5. 按评标委员会要求澄清和补正投标文件

评标过程中，评标委员会可以书面形式要求投标人对所提交的投标文件进行书面澄清或说明，或者对细微偏差进行补正时，投标人澄清和补正投标文件应遵守下述规定：

（1）投标人不得主动提出澄清、说明或补正。

（2）澄清、说明和补正不得改变投标文件的实质性内容（算术性错误修正的除外）。

（3）投标人的书面澄清、说明和补正属于投标文件的组成部分。

（4）评标委员会对投标人提交的澄清、说明或补正仍有疑问时，可要求投标人进一步澄清、说明或补正的，投标人应予配合。

6. 评标公示期

招标人应当自收到评标报告之日起 3 日内公示中标候选人，中标候选人不超过 3 人。公示期不得少于 3 日。

投标人或者其他利害关系人对依法必须进行招标的项目的评标结果有异议的，应当在中标候选人公示期间提出。招标人应当自收到异议之日起 3 日内作出答复；作出答复前，应当暂停招标投标活动。未在规定时间提出异议的，不得再针对评标提出投诉。

三、投标中应考虑的评标因素

水利工程施工招标评标办法包括经评审的最低投标价法和综合评估法，一般采取综合评估法。综合评估法是指评标委员会对满足招标文件实质性要求的投标文件，按照招标文件规定的评分标准进行打分，并按得分由高到低顺序推荐中标候选人，但投标报价低于其成本的除外。综合评分相等时，以投标报价低的优先；投标报价也相等的，由招标人自行确定。

综合评估法中，评审包括初步评审和详细评审。初步评审标准分为形式评审标准、资格评审标准、响应性评审标准。详细评审标准包括对施工组织设计、项目管理机构和投标报价等进行量化打分。

1. 初步评审

1）形式评审标准

（1）投标人名称与营业执照、资质证书、安全生产许可证一致。

（2）投标文件的签字盖章符合招标文件规定。

（3）投标文件格式符合招标文件规定的"投标文件格式"的要求。

（4）联合体投标人须提交联合体协议书，并明确联合体牵头人（若有）。

（5）只能有一个报价。

（6）投标文件的正本、副本数量符合招标文件规定。

（7）投标文件的印刷与装订符合招标文件规定。

（8）投标文件的密封和标识符合招标文件规定。

2）资格评审标准（参见一、施工投标条件）

3）响应性评审标准

（1）投标范围符合招标文件规定。

（2）计划工期符合招标文件规定。

（3）工程质量符合招标文件规定。

（4）投标有效期符合招标文件规定。

（5）投标保证金符合招标文件规定。

（6）权利义务符合招标文件合同条款及格式规定的权利义务。

（7）已标价工程量清单符合招标文件工程量清单的有关要求。

（8）技术标准和要求符合招标文件技术标准和要求（合同技术条款）的规定。

2．详细评审

详细评审阶段需要评审的因素有施工组织设计、项目管理机构、投标报价和投标人综合实力。

1）赋分标准

（1）施工组织设计一般占 40%～60%。

（2）项目管理机构一般占 15%～20%。

（3）投标报价一般占 20%～30%。

（4）投标人综合实力一般占 10%。

2）投标报价评审

投标报价评审分为总价和分项报价合理性两个方面。

（1）总价评审

根据投标人报价与评标基准价的偏差率来计算。投标报价的偏差率按式（2F320043-1）计算，方法如下：

$$偏差率 = \frac{投标人报价 - 评标基准价}{评标基准价} \times 100\% \qquad （2F320043-1）$$

评标基准价的计算有式（2F320043-2）和式（2F320043-3）两种方法。

① 采用有效报价的平均数确定评标基准价（适用于招标人不提供标底的）：

$$S = \begin{cases} \dfrac{a_1 + a_2 + \cdots + a_n - M - N}{n-2}, & n \geqslant 5 \\[2mm] \dfrac{a_1 + a_2 + \cdots + a_n}{n}, & n \leqslant 4 \end{cases} \qquad （2F320043-2）$$

式中　S——评标基准价；

a_n——投标人的有效报价；

n——有效报价的投标人个数；

M——最高的投标人有效报价；

N——最低的投标人有效报价。

② 采用复合标底确定评标基准价（适用于招标人提供标底的）：

$$S = T \times A + \frac{a_1 + a_2 + \cdots + a_n}{n} \times (1-A) \qquad (2F320043\text{-}3)$$

式中　S——评标基准价；

a_n——投标人有效报价；

T——招标人标底；

A——招标人标底在评标基准价中所占的权重；

n——有效报价的投标人个数。

招标文件应明确约定最优偏差率得分值，偏离最优偏差率后的扣分规则、投标人有效报价是否含暂列金额和暂估价和招标人标底在评标基准价中所占的权重等（见表 2F320043）。

（2）分项报价合理性

分项报价合理性可从投标报价依据的基础价格、费用构成、主要工程项目的单价和总价项目（指临时工程或措施项目）等方面评审，重点是评审有无不平衡报价、工程单价分析合理性、基础单价来源或计算可靠性或合理性和总价项目是否满足招标项目需要。分项报价合理性应结合投标人施工组织设计和项目管理机构的设置来评审。

某水利工程施工标投标报价评分表　　　　　　　　　　**表 2F320043**

偏差率（％）	…	-10	-9	-8	-7	-6	-5	-4	-3	-2	-1	0	1	…
得分	…	23	25	27	28	29	30	28	26	24	23	21	19	…

注：1. 偏差率＝[（投标报价－评标基准价）/评标基准价]×100%，百分率计算结果保留小数点后一位，小数点后第二位四舍五入。

2. 评标基准价的计算方法为：

评标基准价＝$A \times 0.7 + B \times 0.3$，其中：$A$ 为招标人标底，B 为投标人有效报价，B＝所有通过初步评审的投标人投标报价的算术平均值。

3. 偏差率＝-5% 时得满分。在此基础上，偏差率＞-5%，每上升 1 个百分点扣 2 分，扣完为止；偏差率＜-5%，每下降 1 个百分点扣 1 分，扣完为止。报价得分可以插值，取小数点后一位数字，小数点后第二位四舍五入。

4. 上述评标基准价及投标报价均不含暂列金额，投标报价指经计算性算术错误修正后值。

2F320050　水利水电工程施工合同管理

2F320051　施工合同文件的构成

一、《水利水电工程标准施工招标文件》（2009 年版）的使用

水利部、国家电力公司和国家工商行政管理总局联合于 2000 年 2 月颁发了《水利水电工程施工合同和招标文件示范文本》GF—2000—0208。随着水利水电工程建设的发展

和有关规范性文件的不断完善，在国家发展和改革委员会等九部委联合编制的中华人民共和国《标准施工招标文件》（2007 年版）基础上，结合水利水电工程特点和行业管理需要，水利部 2009 年颁发了《水利水电工程标准施工招标文件》（2009 年版）。使用时应注意以下要求：

（1）凡列入国家或地方建设计划的大中型水利水电工程必须使用，小型水利水电工程可参照使用。

（2）《水利水电工程施工合同和招标文件示范文本》GF—2000—0208 同时废止，之前根据《水利水电工程施工合同和招标文件示范文本》GF—2000—0208 完成招标工作的项目仍按原合同条款执行。

（3）《水利水电工程标准施工招标文件》（2009 年版）是《标准施工招标文件》（2007 年版）在水利水电工程应用上的补充和细化，上述文件应结合使用，两者相同条款号若内容不一致时，采用《水利水电工程标准施工招标文件》（2009 年版）。

（4）《水利水电工程标准施工招标文件》（2009 年版）中的"投标人须知"（投标人须知前附表及附件格式除外）、"评标办法"（评标办法前附表及附件格式除外）、"通用合同条款"，应不加修改地引用。其他内容，供招标人参考。

（5）"投标人须知前附表"用于进一步明确"投标人须知"正文中的未尽事宜，招标人应结合招标项目具体特点和实际需要编制和填写，但不得与"投标人须知"正文内容相抵触，否则抵触内容无效。

（6）"评标办法前附表"用于进一步补充、明确评标的因素、标准。招标人应根据招标项目具体特点和实际需要，详细列明正文之外的评标因素、标准，没有列明的因素和标准不得作为评标的依据。

（7）"专用合同条款"可根据招标项目的具体特点和实际需要，按其条款编号和内容对"通用合同条款"进行补充、细化，但除"通用合同条款"明确"专用合同条款"可做出不同约定外，补充和细化的内容不得与通用合同条款规定相抵触，不得违反法律、法规和行业规章的有关规定和平等、自愿、公平和诚实信用原则。

（8）"技术标准和要求（合同技术条款）"是参考性的文本，招标人可根据工程项目的具体需要进行修改，但应注意与"通用合同条款""专用合同条款"以及"工程量清单"的衔接。

（9）《水利水电工程标准施工招标文件》（2009 年版）中须不加修改引用的内容，若确需工程的特殊条件需要改动时，应按项目的隶属关系报项目主管部门批准。

二、《水利水电工程标准施工招标文件》（2009 年版）的构成

《水利水电工程标准施工招标文件》（2009 年版）除招标文件封面格式外，共四卷八章。第一卷包括第一章—第五章；第二卷由第六章图纸（招标图纸）组成；第三卷由第七章技术标准和要求组成；第四卷由第八章投标文件格式组成。各章主要内容是：

第一章　招标公告（适用于未进行资格预审）或邀请招标书（分邀请招标或代资格预审通过通知书）（三种形式）。

第二章　投标人须知。包括投标人须知前附表、正文和七个附件格式。

第三章　评标办法（分为经评审的最低投标价法、综合评估法两种）。包括评标办法前附表、正文和三个附件格式。

第四章　合同条款及格式。包括通用合同条款、专用合同条款和合同附件格式（合同协议书、履约担保、预付款担保等三个格式）。

第五章　工程量清单。包括两种工程量清单格式，第一种格式的编制基础是《水利工程工程量清单计价规范》GB 50501—2007；第二种格式的编制基础是《水利水电工程施工合同和招标文件示范文本》GF—2000—0208。

第六章　招标图纸。包括招标图纸的组成、编绘、目录。

第七章　技术标准和要求（合同技术条款）。《水利水电工程标准施工招标文件》（2009 年版）提供的技术标准和要求（合同技术条款），不是所有水利水电工程的技术标准、设计标准、质量标准，是具体项目编制的项目技术标准和要求（合同技术条款）的参考格式。

第八章　投标文件格式。除评标因素索引表外，包括以下内容：

1. 投标函及投标函附录。

2. 法定代表人身份证明（或授权委托书）。

3. 联合体协议书。

4. 投标保证金［需说明的是：根据《关于清理规范工程建设领域保证金的通知》（国办发［2016］49 号），对保留的投标保证金、履约保证金、工程质量保证金、农民工工资保证金，推行银行保函制度，建筑业企业可以银行保函方式缴纳］。

5. 已标价工程量清单。

6. 施工组织设计。

7. 项目管理机构表。

8. 拟分包项目情况表。

9. 资格审查资料。

10. 原件的复印件（指投标需要的相关证明材料）。

11. 其他材料（指招标文件需要的，或投标人需要补充的其他材料）。

三、水利水电工程施工合同文件的构成

根据《水利水电工程标准施工招标文件》（2009 年版），合同文件指构成合同的各项文件，包括：协议书、中标通知书、投标函及投标函附录、专用合同条款、通用合同条款、技术标准和要求（合同技术条款）、图纸、已标价工程量清单、经合同双方确认进入合同的其他文件。上述次序也是解释合同的优先顺序。

1. 合同文件（或称合同）

指由发包人与承包人签订的为完成本合同规定的各项工作所列入本合同条件的全部文件和图纸，以及其他在协议书中明确列入的文件和图纸。

2. 协议书

承包人按中标通知书规定的时间与发包人签订合同协议书。除法律另有规定或合同另有约定外，发包人和承包人的法定代表人或其委托代理人在合同协议书上签字并盖单位章后，合同生效。

3. 中标通知书

指发包人正式向中标人授标的文件。中标人确定后，发包人应发中标通知书给中标人，表明发包人已接受其投标并通知该中标人在规定的期限内派代表前来签订合同。

4. 投标函及投标函附录

投标函是证明投标人投标的文件。投标函附录主要是表达合同条款中需要投标人具体确认的相关内容。

5. 专用合同条款

专用合同条款是补充和修改通用合同条款中条款号相同的条款或当需要时增加的条款。通用合同条款与专用合同条款应对照阅读，一旦出现矛盾或不一致，则以专用合同条款为准，通用合同条款中未补充和修改的部分仍有效。专用合同条款和通用合同条款主要是划清发包人和承包人双方在合同中各自的责任、权利和义务。

6. 通用合同条款。

7. 技术标准和要求（合同技术条款）

列入施工合同的技术条款是构成施工合同的重要组成部分，技术条款则是双方责任、权利和义务在工程施工中的具体工作内容，也是合同责任、权利和义务在工程安全和施工质量管理等实物工作的进一步具体化。技术条款同时是发包人委托监理人进行合同管理的实物标准，也是发包人和监理人在工程施工过程中实施进度、质量和费用控制的操作程序和方法。

技术条款是投标人进行投标报价和发包人进行合同支付的实物依据。投标人应根据合同进度要求和技术条款规定的质量标准，结合自身的施工能力和管理水平，计算投标价；中标后，承包人应根据合同约定和技术条款的规定组织工程施工；发包人和监理人则应根据技术条款规定的质量标准进行检查和验收，并按计量支付条款的约定执行支付。

8. 图纸

指列入合同的招标图纸、投标图纸和发包人按合同约定向承包人提供的施工图纸和其他图纸（包括配套说明和有关资料）。列入合同的招标图纸已成为合同文件的一部分，具有合同效力，主要用于在履行合同中作为衡量变更的依据，但不能直接用于施工。经发包人确认进入合同的投标图纸亦成为合同文件的一部分，用于在履行合同中检验承包人是否按其投标时承诺的条件进行施工的依据，亦不能直接用于施工。

9. 已标价工程量清单

指构成合同文件组成部分的由承包人按照规定的格式和要求填写并标明价格的工程量清单。

2F320052　发包人与承包人的义务和责任

根据《水利水电工程标准施工招标文件》（2009年版），除合同另有约定外，发包人义务、承包人义务以及监理人在合同中的作用主要内容如下：

一、发包人的义务

1. 遵守法律。
2. 发出开工通知。
3. 提供施工场地。
4. 协助承包人办理证件和批件。
5. 组织设计交底。
6. 支付合同价款。

7. 组织法人验收。

8. 专用合同条款约定的其他义务和责任。

发包人在履行上述义务和责任时，应注意以下几点：

1. 发包人在履行合同过程中应遵守法律，并保证承包人免于承担因发包人违反法律而引起的任何责任。

2. 发包人应及时向承包人发出开工通知。开工通知的具体要求如下：

（1）监理人应在开工日期 7 天前向承包人发出开工通知。监理人在发出开工通知前应获得发包人同意。

（2）工期自监理人发出的开工通知中载明的开工日期起计算。

（3）承包人应在开工日期后尽快施工。承包人在接到开工通知后 14 天内未按进度计划要求及时进场组织施工，监理人可通知承包人在接到通知后 7 天内提交一份说明其进场延误的书面报告，报送监理人。书面报告应说明不能及时进场的原因和补救措施，由此增加的费用和工期延误责任由承包人承担。

3. 施工场地包括永久占地和临时占地。发包人提供施工场地的要求如下：

（1）发包人应在合同双方签订合同协议书后的 14 天内，将本合同工程的施工场地范围图提交给承包人。发包人提供的施工场地范围图应标明场地范围内永久占地与临时占地的范围和界限。

（2）发包人提供的施工用地范围在专用合同条款中约定。

（3）除专用合同条款另有约定外，发包人应按技术标准和要求（合同技术条款）的约定，向承包人提供施工场地内的工程地质图纸和报告，以及地下障碍物图纸等施工场地有关资料，并保证资料的真实、准确、完整。

4. 发包人应协助承包人办理法律规定的有关施工证件和批件。

5. 发包人应根据合同进度计划，组织设计单位向承包人进行设计交底。

6. 发包人应按合同约定向承包人及时支付合同价款，包括按合同约定支付工程预付款和进度付款，工程通过完工验收后支付完工付款，保修期期满后及时支付最终结清款。

7. 发包人应按合同约定及时组织法人验收以及申请专项验收和政府验收。

8. 发包人提供材料和工程设备时，应注意以下几点：

（1）发包人提供的材料和工程设备，应在专用合同条款中写明材料和工程设备的名称、规格、数量、价格、交货方式、交货地点和计划交货日期等。

（2）承包人应根据合同进度计划的安排，向监理人报送要求发包人交货的日期计划。发包人应按照监理人与合同双方当事人商定的交货日期，向承包人提交材料和工程设备。

（3）发包人应在材料和工程设备到货 7 天前通知承包人，承包人应会同监理人在约定的时间内，赴交货地点共同进行验收。

（4）发包人提供的材料和工程设备运至交货地点验收后，由承包人负责接收、卸货、运输和保管。

（5）发包人要求向承包人提前交货的，承包人不得拒绝，但发包人应承担承包人由此增加的费用。

（6）承包人要求更改交货日期或地点的，应事先报请监理人批准，所增加的费用和

（或）工期延误由承包人承担。

（7）发包人提供的材料和工程设备的规格、数量或质量不符合合同要求，或由于发包人原因发生交货日期延误及交货地点变更等情况的，发包人应承担由此增加的费用和（或）工期延误，并向承包人支付合理利润。

（8）材料费的处理有两种办法：

① 材料费包含在承包人签约合同价中。根据合同约定的计量规则计量（通常以监理人批准的领料计划作为领料和扣除的依据），按约定的材料预算价格（通常比该材料供应商中标价低）作为扣除价，由发包人在工程进度支付款中扣除发包人供应材料费。

② 材料费不包括在承包人签约合同价中。合同规定材料预算价格及其损耗率的计入和扣回方式，承包人只获得该材料预算价格带来的管理费率滚动产生的费用，材料费由发包人直接向材料供应商支付。

二、监理人在合同中的作用

1. 监理人的职责和权力

（1）监理人角色

监理人是受发包人委托在施工现场实施合同管理的执行者。监理人按发包人与承包人签订的施工合同进行监理，监理人不是合同的第三方。

（2）监理人权力来源

监理人的权力范围在专用合同条款中明确。

（3）紧急事件的处置权

当监理人认为存在危及生命、工程或毗邻财产等安全的紧急事项时，在不免除合同约定的承包人责任的情况下，监理人可以指示承包人实施为消除或减少这种危险所必须进行的工作，即使没有发包人的事先批准（按约定需事先批准时），承包人也应立即遵照执行。监理人应按变更的约定增加相应的费用，并通知承包人。

（4）监理人履行权力的限制

监理人发出的任何指示应视为已得到发包人的批准，但监理人无权免除或变更合同约定的发包人和承包人的权利、义务和责任。

（5）监理人的检查和检验

合同约定应由承包人承担的义务和责任，不因监理人对承包人提交文件的审查或批准，对工程、材料和设备的检查和检验，以及为实施监理作出的指示等职务行为而减轻或解除。

2. 监理人的指示

（1）监理人的指示应盖有监理人授权的现场机构章，并由总监理工程师或总监理工程师授权的监理人员签字。

（2）承包人收到监理人指示后应遵照执行。指示构成变更的，应按变更条款处理。

（3）在紧急情况下，总监理工程师或被授权的监理人员可以当场签发临时书面指示，承包人应遵照执行。承包人应在收到上述临时书面指示后24小时内，向监理人发出书面确认函。监理人在收到书面确认函后24小时内未予答复的，该书面确认函应被视为监理人的正式指示。

（4）除合同另有约定外，承包人只从总监理工程师或其授权的监理人员处取得指示。

（5）由于监理人未能按合同约定发出指示、指示延误或指示错误而导致承包人费用增加和（或）工期延误的，由发包人承担赔偿责任。

3. 监理人的商定或确定权

（1）合同约定总监理工程师对变更、价格调整、不可抗力、索赔等事项进行商定或确定时，总监理工程师应与合同当事人协商，尽量达成一致。不能达成一致的，总监理工程师应认真研究后审慎确定。

（2）总监理工程师应将商定或确定的事项通知合同当事人，并附详细依据。

（3）监理人的商定和确定不是强制的，也不是最终的决定。对总监理工程师的确定有异议的，构成争议，按照合同争议的约定处理。在争议解决前，双方应暂按总监理工程师的确定执行，按照合同争议的约定对总监理工程师的确定作出修改的，按修改后的结果执行。合同争议的处理方法有：

① 友好协商解决。

② 提请争议评审组评审。

③ 仲裁。

④ 诉讼。

三、承包人义务

1. 遵守法律

承包人在履行合同过程中应遵守法律，并保证发包人免于承担因承包人违反法律而引起的任何责任。

2. 依法纳税

承包人应按有关法律规定纳税，应缴纳的税金包括在合同价格内。

3. 完成各项承包工作

承包人应按合同约定以及监理人指示，实施、完成全部工程，并修补工程中的任何缺陷。除合同条款另有约定外，承包人应提供为完成合同工作所需的劳务、材料、施工设备、工程设备和其他物品，并按合同约定负责临时设施的设计、建造、运行、维护、管理和拆除。

4. 对施工作业和施工方法的完备性负责

承包人应按合同约定的工作内容和施工进度要求，编制施工组织设计和施工措施计划，并对所有施工作业和施工方法的完备性和安全可靠性负责。

5. 保证工程施工和人员的安全

承包人应采取施工安全措施，确保工程及其人员、材料、设备和设施的安全，防止因工程施工造成的人身伤害和财产损失。承包人必须按国家法律法规、技术标准和要求，通过详细编制并实施经批准的施工组织设计和措施计划，确保建设工程能满足合同约定的质量标准和国家安全法规的要求。

6. 负责施工场地及其周边环境与生态的保护工作。

7. 避免施工对公众与他人的利益造成损害

承包人在进行合同约定的各项工作时，不得侵害发包人与他人使用公用道路、水源、市政管网等公共设施的权利，避免对邻近的公共设施产生干扰。承包人占用或使用他人的施工场地，影响他人作业或生活的，应承担相应责任。

8．为他人提供方便

承包人应按监理人的指示为他人在施工场地或附近实施与工程有关的其他各项工作提供可能的条件。除合同另有约定外，提供有关条件的内容和可能发生的费用，由监理人商定或确定。

9．工程的维护和照管

除合同另有约定外，合同工程完工证书颁发前，承包人应负责照管和维护工程。合同工程完工证书颁发时，尚有部分未完工程的，承包人还应负责该未完工程的照管和维护工作，直至完工后移交给发包人为止。

10．专用合同条款约定的其他义务和责任。

四、履约担保

承包人应按招标文件的要求提交履约担保（一般在中标并签订合同前），金额不超过签约合同价的 10%，履约担保在发包人颁发合同工程完工证书前一直有效。发包人应在合同工程完工证书颁发后 28 天内将履约担保退还给承包人。

需说明的是：根据《关于清理规范工程建设领域保证金的通知》（国办发〔2016〕49号），对保留的投标保证金、履约保证金、工程质量保证金、农民工工资保证金，推行银行保函制度，建筑业企业可以银行保函方式缴纳。

五、承包人项目经理要求

1．项目经理驻现场的要求

（1）承包人应按合同约定指派项目经理，并在约定的期限内到职。

（2）承包人更换项目经理应事先征得发包人同意，并应在更换 14 天前通知发包人和监理人。

（3）承包人项目经理短期离开施工场地，应事先征得监理人同意，并委派代表代行其职责。

（4）监理人要求撤换不能胜任本职工作、行为不端或玩忽职守的承包人项目经理和其他人员的，承包人应予以撤换。

2．项目经理职责

（1）项目经理应按合同约定以及监理人指示，负责组织合同工程的实施。

（2）在情况紧急且无法与监理人取得联系时，可采取保证工程和人员生命财产安全的紧急措施，并在采取措施后 24 小时内向监理人提交书面报告。

（3）承包人为履行合同发出的一切函件均应盖有承包人授权的施工场地管理机构章，并由承包人项目经理或其授权代表签字。

（4）承包人项目经理可以授权其下属人员履行其某项职责，但事先应将这些人员的姓名和授权范围通知监理人。

六、地质资料复核

1．发包人提供的现场资料

（1）发包人应将其持有的现场地质勘探资料、水文气象资料提供给承包人，并对其准确性负责。

（2）承包人应对其阅读发包人提供的有关资料后所作出的解释和推断负责。

（3）承包人应对施工场地和周围环境进行查勘，并收集有关地质、水文、气象条件、交通条件、风俗习惯以及其他为完成合同工作有关的当地资料。

（4）在全部合同工作中，应视为承包人已充分估计了应承担的责任和风险。

2. 不利物质条件

（1）不利物质条件的界定原则

水利水电工程的不利物质条件，指在施工过程中遭遇诸如地下工程开挖中遇到发包人进行的地质勘探工作未能查明的地下溶洞或溶蚀裂隙和坝基河床深层的淤泥层或软弱带等，使施工受阻。

（2）不利物质条件的处理方法

承包人遇到不利物质条件时，应采取适应不利物质条件的合理措施继续施工，并及时通知监理人。承包人有权要求延长工期及增加费用。监理人收到此类要求后，应在分析上述外界障碍或自然条件是否不可预见及不可预见程度的基础上，按照变更的约定办理。

七、承包人提供的材料和工程设备

1. 材料和工程设备的提供

水利水电工程所需材料宜由承包人负责采购；主要工程设备（如闸门、启闭机、水泵、水轮机、电动机）可由发包人另行组织招标采购。而对于电气设备、清污机、起重机、电梯等设备可根据招标项目具体情况在专用合同条款中进一步约定。

承包人负责采购、运输和保管完成合同工作所需的材料和工程设备的，承包人应对其采购的材料和工程设备负责。

2. 承包人采购要求

承包人应按专用合同条款的约定，将各项材料和工程设备的供货人及品种、规格、数量和供货时间等报送监理人审批。承包人应向监理人提交其负责提供的材料和工程设备的质量证明文件，并满足合同约定的质量标准。

3. 验收

对承包人提供的材料和工程设备，承包人应会同监理人进行检验和交货验收，查验材料合格证明和产品合格证书，并按合同约定和监理人指示，进行材料的抽样检验和工程设备的检验测试，检验和测试结果应提交监理人，所需费用由承包人承担。

4. 材料和工程设备专用于合同工程

（1）运入施工场地的材料、工程设备，包括备品备件、安装专用工器具与随机资料，必须专用于合同工程，未经监理人同意，承包人不得运出施工场地或挪作他用。

（2）随同工程设备运入施工场地的备品备件、专用工器具与随机资料，应由承包人会同监理人按供货人的装箱单清点后共同封存，未经监理人同意不得启用。承包人因合同工作需要使用上述物品时，应向监理人提出申请。

5. 禁止使用不合格的材料和工程设备

（1）监理人有权拒绝承包人提供的不合格材料或工程设备，并要求承包人立即进行更换。监理人应在更换后再次进行检查和检验，由此增加的费用和（或）工期延误由承包人承担。

（2）监理人发现承包人使用了不合格的材料和工程设备，应及时发出指示要求承包人立即改正，并禁止在工程中继续使用不合格的材料和工程设备。

八、测量放线

1. 施工控制网

除专用合同条款另有约定外，施工控制网由承包人负责测设，发包人应在本合同协议书签订后的 14 天内，向承包人提供测量基准点、基准线和水准点及其相关资料。承包人应在收到上述资料后的 28 天内，将施测的施工控制网资料提交监理人审批。监理人应在收到报批件后的 14 天内批复承包人。

承包人应负责管理施工控制网点。施工控制网点丢失或损坏的，承包人应及时修复。承包人应承担施工控制网点的管理与修复费用，并在工程竣工后将施工控制网点移交发包人。监理人需要使用施工控制网的，承包人应提供必要的协助，发包人不再为此支付费用。

2. 施工测量

承包人应负责施工过程中的全部施工测量放线工作，并配置合格的人员、仪器、设备和其他物品。监理人可以指示承包人进行抽样复测，当复测中发现错误或出现超过合同约定的误差时，承包人应按监理人指示进行修正或补测，并承担相应的复测费用。

3. 基准资料错误的责任

发包人应对其提供的测量基准点、基准线和水准点及其书面资料的真实性、准确性和完整性负责。发包人提供上述基准资料错误导致承包人测量放线工作的返工或造成工程损失的，发包人应当承担由此增加的费用和（或）工期延误，并向承包人支付合理利润。

承包人发现发包人提供的上述基准资料存在明显错误或疏忽的，应及时通知监理人。

4. 补充地质勘探

在合同实施期间，监理人可以指示承包人进行必要的补充地质勘探并提供有关资料。承包人为本合同永久工程施工的需要进行补充地质勘探时，须经监理人批准，并应向监理人提交有关资料，上述补充勘探的费用由发包人承担。承包人为其临时工程设计及施工的需要进行的补充地质勘探，其费用由承包人承担。

2F320053　质量条款的内容

《水利水电工程标准施工招标文件》（2009 年版）从承包人质量管理、监理人质量检查、质量评定、事故处理、质量检验与试验、保修等方面设定了质量条款。其中质量评定、事故处理、质量检验和试验在 2F320060 水利水电工程质量管理和 2F320070 水利水电工程施工质量评定两节中介绍。

一、承包人的质量管理

（1）承包人应在施工场地设置专门的质量检查机构，配备专职质量检查人员，建立完善的质量检查制度。

（2）承包人应编制工程质量保证措施文件，包括质量检查机构的组织和岗位责任、质量检查人员的组成、质量检查程序和实施细则等，并提交监理人审批。

（3）承包人应加强对施工人员的质量教育和技术培训，定期考核施工人员的劳动技能，严格执行规范和操作规程。

（4）承包人应按合同约定对材料、工程设备以及工程的所有部位及其施工工艺进行全过程的质量检查和检验，并作详细记录，编制工程质量报表，报送监理人审查。

二、监理人的质量检查

（1）监理人有权对工程的所有部位及其施工工艺、材料和工程设备进行检查和检验。

（2）承包人应为监理人的检查和检验提供方便，包括监理人到施工场地，或制造、加工地点，或合同约定的其他地方进行察看和查阅施工原始记录。

（3）承包人应按监理人指示，进行施工场地取样试验、工程复核测量和设备性能检测，提供试验样品、提交试验报告和测量成果以及监理人要求进行的其他工作。

（4）监理人的检查和检验，不免除承包人按合同约定应负的责任。

三、工程隐蔽部位覆盖前的检查

1. 通知监理人检查

经承包人自检确认的工程隐蔽部位具备覆盖条件后，承包人应通知监理人在约定的期限内检查。承包人的通知应附有自检记录和必要的检查资料。监理人应按时到场检查。经监理人检查确认质量符合隐蔽要求，并在检查记录上签字后，承包人才能进行覆盖。监理人检查确认质量不合格的，承包人应在监理人指示的时间内修整返工后，由监理人重新检查。

2. 监理人未到场检查

监理人未按约定的时间进行检查的，除监理人另有指示外，承包人可自行完成覆盖工作，并作相应记录报送监理人，监理人应签字确认。监理人事后对检查记录有疑问的，可重新检查。

3. 监理人重新检查

承包人覆盖工程隐蔽部位后，监理人对质量有疑问的，可要求承包人对已覆盖的部位进行钻孔探测或揭开重新检验，承包人应遵照执行，并在检验后重新覆盖恢复原状。经检验证明工程质量符合合同要求的，由发包人承担由此增加的费用和（或）工期延误，并支付承包人合理利润；经检验证明工程质量不符合合同要求的，由此增加的费用和（或）工期延误由承包人承担。

4. 承包人私自覆盖

承包人未通知监理人到场检查，私自将工程隐蔽部位覆盖的，监理人有权指示承包人钻孔探测或揭开检查，由此增加的费用和（或）工期延误由承包人承担。

四、保修

1. 缺陷责任期（工程质量保修期）的起算时间

（1）除专用合同条款另有约定外，缺陷责任期（工程质量保修期）从工程通过合同工程完工验收后开始计算。

（2）在合同工程完工验收前，已经发包人提前验收的单位工程或部分工程，若未投入使用，其缺陷责任期（工程质量保修期）亦从工程通过合同工程完工验收后开始计算。

（3）若已投入使用，其缺陷责任期（工程质量保修期）从通过单位工程或部分工程投入使用验收后开始计算。缺陷责任期（工程质量保修期）的期限在专用合同条款中约定。

2. 工程质量保修责任终止证书

（1）合同工程完工验收或投入使用验收后，发包人与承包人应办理工程交接手续，承包人应向发包人递交工程质量保修书。

（2）工程质量保修期满后 30 个工作日内，发包人应向承包人颁发工程质量保修责任终止证书，并退还剩余的质量保证金，但保修责任范围内的质量缺陷未处理完成的应除外。

（3）水利水电工程质量保修期通常为一年，河湖疏浚工程无工程质量保修期。

2F320054 进度条款的内容

《水利水电工程标准施工招标文件》（2009年版）从合同进度计划及修订、开工与完工、延误、暂停施工等方面设定了进度条款。

一、合同进度计划

1. 合同进度计划编制

（1）承包人应编制详细的施工总进度计划及其说明提交监理人审批。

（2）监理人应在约定的期限内批复承包人，否则该进度计划视为已得到批准。

（3）经监理人批准的施工进度计划称为合同进度计划，是控制合同工程进度的依据。

（4）承包人还应根据合同进度计划，编制更为详细的分阶段或单位工程或分部工程进度计划，报监理人审批。

2. 合同进度计划修订

（1）不论何种原因造成工程的实际进度与合同进度计划不符时，承包人均应在14天内向监理人提交修订合同进度计划的申请报告，并附有关措施和相关资料，报监理人审批。

（2）监理人应在收到申请报告后的14天内批复。当监理人认为需要修订合同进度计划时，承包人应按监理人的指示，在14天内向监理人提交修订的合同进度计划，并附调整计划的相关资料，提交监理人审批。监理人应在收到进度计划后的14天内批复。

（3）不论何种原因造成施工进度延迟，承包人均应按监理人的指示，采取有效措施赶上进度。承包人应在向监理人提交修订合同进度计划的同时，编制一份赶工措施报告提交监理人审批。

（4）施工进度延迟在分清责任的基础上按合同约定处理。

二、开工与完工

1. 开工

（1）监理人应在开工日期7天前向承包人发出开工通知。监理人在发出开工通知前应获得发包人同意。工期自监理人发出的开工通知中载明的开工日期起计算。

（2）承包人应向监理人提交工程开工报审表，经监理人审批后执行。开工报审表应详细说明按合同进度计划正常施工所需的施工道路、临时设施、材料设备、施工人员等施工组织措施的落实情况以及工程的进度安排。

（3）若发包人未能按合同约定向承包人提供开工的必要条件，承包人有权要求延长工期。监理人应在收到承包人的书面要求后，与合同双方商定或确定增加的费用和延长的工期。

（4）承包人在接到开工通知后14天内未按进度计划要求及时进场组织施工，监理人可通知承包人在接到通知后7天内提交一份说明其进场延误的书面报告，报送监理人。书面报告应说明不能及时进场的原因和补救措施，由此增加的费用和工期延误责任由承包人承担。

2. 完工

承包人应在约定的期限内完成合同工程。合同工程实际完工日期在合同工程完工证书中明确。

三、工期延误与提前

1. 工期延误

1）发包人的工期延误

在履行合同过程中，由于发包人的下列原因造成工期延误的，承包人有权要求发包人延长工期和（或）增加费用，并支付合理利润。需要修订合同进度计划的，按照约定办理。

（1）增加合同工作内容。

（2）改变合同中任何一项工作的质量要求或其他特性。

（3）发包人延迟提供材料、工程设备或变更交货地点的。

（4）因发包人原因导致的暂停施工。

（5）提供图纸延误。

（6）未按合同约定及时支付预付款、进度款。

（7）发包人造成工期延误的其他原因。

2）异常恶劣的气候条件

异常恶劣气候条件的界定，应按当地政府气象部门的气象报告为准。可参考的因素有：

（1）日降雨量大于_____mm 的雨日超过_____天。

（2）风速大于_____m/s 的_____级以上台风灾害。

（3）日气温超过_____℃的高温大于_____天。

（4）日气温低于_____℃的严寒大于_____天。

（5）造成工程损坏的冰雹和大雪灾害：_____。

当工程所在地发生危及施工安全的异常恶劣气候时，发包人和承包人应及时采取暂停施工或部分暂停施工措施。异常恶劣气候条件解除后，承包人应及时安排复工。

异常恶劣气候条件造成的工期延误和工程损坏，应由发包人与承包人参照不可抗力的约定协商处理。

3）承包人的工期延误

由于承包人原因，未能按合同进度计划完成工作，或监理人认为承包人施工进度不能满足合同工期要求的，承包人应采取措施加快进度，并承担加快进度所增加的费用。由于承包人原因造成工期延误，承包人应支付逾期竣工违约金。逾期竣工违约金的计算方法在专用合同条款中约定。承包人支付逾期竣工违约金，不免除承包人完成工程及修补缺陷的义务。

2. 工期提前

发包人要求承包人提前完工，或承包人提出提前完工的建议能够给发包人带来效益的，应由监理人与承包人共同协商采取加快工程进度的措施和修订合同进度计划。发包人应承担承包人由此增加的费用，并向承包人支付专用合同条款约定的相应奖金。

发包人要求提前完工的，双方协商一致后应签订提前完工协议，协议内容包括：

（1）提前的时间和修订后的进度计划。

（2）承包人的赶工措施。

（3）发包人为赶工提供的条件。

（4）赶工费用（包括利润和奖金）。

四、暂停施工

1．承包人暂停施工的责任

因下列暂停施工增加的费用和（或）工期延误由承包人承担：

（1）承包人违约引起的暂停施工。

（2）由于承包人原因为工程合理施工和安全保障所必需的暂停施工。

（3）承包人擅自暂停施工。

（4）承包人其他原因引起的暂停施工。

（5）专用合同条款约定由承包人承担的其他暂停施工。

2．发包人暂停施工的责任

由于发包人原因引起的暂停施工造成工期延误的，承包人有权要求发包人延长工期和（或）增加费用，并支付合理利润。

属于下列任何一种情况引起的暂停施工，均为发包人的责任：

（1）由于发包人违约引起的暂停施工。

（2）由于不可抗力的自然或社会因素引起的暂停施工。

（3）专用合同条款中约定的其他由于发包人原因引起的暂停施工。

3．监理人暂停施工指示

（1）监理人认为有必要时，可向承包人作出暂停施工的指示，承包人应按监理人指示暂停施工。

（2）不论由于何种原因引起的暂停施工，暂停施工期间承包人应负责妥善保护工程并提供安全保障。

（3）由于发包人的原因发生暂停施工的紧急情况，且监理人未及时下达暂停施工指示的，承包人可先暂停施工，并及时向监理人提出暂停施工的书面请求。监理人应在接到书面请求后的 24 小时内予以答复，逾期未答复的，视为同意承包人的暂停施工请求。

4．暂停施工后的复工

暂停施工后，监理人应与发包人和承包人协商，采取有效措施积极消除暂停施工的影响。当工程具备复工条件时，监理人应立即向承包人发出复工通知。承包人收到复工通知后，应在监理人指定的期限内复工。

承包人无故拖延和拒绝复工的，由此增加的费用和工期延误由承包人承担；因发包人原因无法按时复工的，承包人有权要求发包人延长工期和（或）增加费用，并支付合理利润。

5．暂停施工持续 56 天以上

1）发包人原因

监理人发出暂停施工指示后 56 天内未向承包人发出复工通知，除了该项停工属于承包人责任外的情况外，承包人可向监理人提交书面通知，要求监理人在收到书面通知后 28 天内准许已暂停施工的工程或其中一部分工程继续施工。如监理人逾期不予批准，则承包人可以通知监理人，将工程受影响的部分视为可取消工作。如暂停施工影响到整个工程，可视为发包人违约。

2）承包人原因

由于承包人责任引起的暂停施工，如承包人在收到监理人暂停施工指示后56天内不认真采取有效的复工措施，造成工期延误，可视为承包人违约，应按第22.1款的规定办理。

2F320055 工程结算

一、计量

1. 单价子目的计量

（1）已标价工程量清单中的单价子目工程量为估算工程量。结算工程量是承包人实际完成的，并按合同约定的计量方法进行计量的工程量。

（2）承包人对已完成的工程进行计量，向监理人提交进度付款申请单、已完成工程量报表和有关计量资料。

（3）监理人对承包人提交的工程量报表进行复核，以确定实际完成的工程量。对数量有异议的，可要求承包人进行共同复核和抽样复测。承包人应协助监理人进行复核并按监理人要求提供补充计量资料。承包人未按监理人要求参加复核，监理人复核或修正的工程量视为承包人实际完成的工程量。

（4）监理人认为有必要时，可通知承包人共同进行联合测量、计量，承包人应遵照执行。

（5）承包人完成工程量清单中每个子目的工程量后，监理人应要求承包人派员共同对每个子目的历次计量报表进行汇总，以核实最终结算工程量。监理人可要求承包人提供补充计量资料，以确定最后一次进度付款的准确工程量。承包人未按监理人要求派员参加的，监理人最终核实的工程量视为承包人完成该子目的准确工程量。

（6）监理人应在收到承包人提交的工程量报表后的7天内进行复核，监理人未在约定时间内复核的，承包人提交的工程量报表中的工程量视为承包人实际完成的工程量，据此计算工程价款。

2. 总价子目的计量

总价子目的分解和计量按照下述约定进行：

（1）总价子目的计量和支付应以总价为基础，不因价格调整因素而进行调整。承包人实际完成的工程量，是进行工程目标管理和控制进度支付的依据。

（2）承包人应按工程量清单的要求对总价子目进行分解，并在签订协议书后的28天内将各子目的总价支付分解表提交监理人审批。分解表应标明其所属子目和分阶段需支付的金额。承包人应按批准的各总价子目支付周期，对已完成的总价子目进行计量，确定分项的应付金额列入进度付款申请单中。

（3）监理人对承包人提交的上述资料进行复核，以确定分阶段实际完成的工程量和工程形象目标。对其有异议的，可要求承包人进行共同复核和抽样复测。

（4）除变更外，总价子目的工程量是承包人用于结算的最终工程量。

二、预付款

1. 预付款的定义和分类

预付款用于承包人为合同工程施工购置材料、工程设备、施工设备、修建临时设施以及组织施工队伍进场等，分为工程预付款和工程材料预付款。预付款必须专用于合同工程。

2. 工程预付款的额度

一般工程预付款为签约合同价的 10%，分两次支付，招标项目包含大宗设备采购的可适当提高但不宜超过 20%。

3. 工程预付款预付和扣回办法

承包人在第一次收到工程预付款的同时需提交等额的工程预付款保函（担保）；第二次工程预付款保函可用承包人进入工地的主要设备（其估算价值已达到第二次预付款金额）代替。

当履约担保的保证金额度大于工程预付款额度，发包人分析认为可以确保履约安全的情况下，承包人可与发包人协商不提交工程预付款保函，但应在履约保函中写明其兼具预付款保函的功能。此时，工程预付款的扣款办法不变，但不能递减履约保函金额。

工程预付款担保的担保金额可根据工程预付款扣回的金额相应递减。工程预付款可按式（2F320055）扣回：

$$R=\frac{A}{(F_2-F_1)\ S}\ (C-F_1S) \qquad （2F320055）$$

式中　R——每次进度付款中累计扣回的金额；

　　　A——工程预付款总金额；

　　　S——签约合同价；

　　　C——合同累计完成金额；

　　　F_1——开始扣款时合同累计完成金额达到签约合同价的比例，一般取 20%；

　　　F_2——全部扣清时合同累计完成金额达到签约合同价的比例，一般取 80%～90%。

上述合同累计完成金额均指价格调整前未扣质量保证金的金额。

三、工程进度付款

1. 进度付款申请单内容

（1）截至本次付款周期末已实施工程的价款。

（2）变更金额。

（3）索赔金额。

（4）应支付的预付款和扣减的返还预付款。

（5）应扣减的质量保证金。

（6）根据合同应增加和扣减的其他金额。

2. 进度付款证书和支付时间

（1）监理人在收到承包人进度付款申请单以及相应的支持性证明文件后的 14 天内完成核查，经发包人审查同意后，出具经发包人签认的进度付款证书。

（2）发包人应在监理人收到进度付款申请单后的 28 天内，将进度应付款支付给承包人。发包人不按期支付的，按专用合同条款的约定支付逾期付款违约金。

（3）监理人出具进度付款证书，不应视为监理人已同意、批准或接受了承包人完成的该部分工作。

（4）进度付款涉及政府投资资金的，按照国库集中支付等国家相关规定和专用合同条款的约定办理。

四、质量保证金

1. 扣留

（1）从第一个付款周期在付给承包人的工程进度付款中（不包括预付款支付和扣回）扣留 5%～8%，直至达到规定的质量保证金总额。

（2）一般情况下，质量保证金总额为签约合同价的 2.5%～5%。

2. 退还

（1）合同工程完工证书颁发后 14 天内，发包人将质量保证金总额的一半支付给承包人。

（2）在工程质量保修期满时，发包人将在 30 个工作日内核实后将剩余的质量保证金支付给承包人。

（3）在工程质量保修期满时，承包人没有完成缺陷责任的，发包人有权扣留与未履行责任剩余工作所需金额相应的质量保证金余额，并有权延长缺陷责任期，直至完成剩余工作为止。

需说明的是：根据《关于清理规范工程建设领域保证金的通知》（国办发〔2016〕49号），对保留的投标保证金、履约保证金、工程质量保证金、农民工工资保证金，推行银行保函制度，建筑业企业可以银行保函方式缴纳。

对保留的保证金，要严格执行相关规定，确保按时返还。未按规定或合同约定返还保证金的，保证金收取方应向建筑业企业支付逾期返还违约金。

工程质量保证金的预留比例上限不得高于工程价款结算总额的 5%。在工程项目竣工前，已经缴纳履约保证金的，建设单位不得同时预留工程质量保证金。

根据《住房城乡建设部 财政部关于印发〈建设工程质量保证金管理办法〉的通知》（建质〔2017〕138 号），"第七条 发包人应按照合同约定方式预留保证金，保证金总预留比例不得高于工程价款结算总额的 3%。合同约定由承包人以银行保函替代预留保证金的，保函金额不得高于工程价款结算总额的 3%。"

五、完工结算

1. 完工付款申请单

（1）承包人应在合同工程完工证书颁发后 28 天内，向监理人提交完工付款申请单，并提供相关证明材料。

（2）完工付款申请单应包括下列内容：完工结算合同总价、发包人已支付承包人的工程价款、应扣留的质量保证金、应支付的完工付款金额。

2. 完工付款证书及支付时间

（1）监理人在收到承包人提交的完工付款申请单后的 14 天内完成核查，提出发包人到期应支付给承包人的价款送发包人审核并抄送承包人。

（2）发包人应在收到后 14 天内审核完毕，由监理人向承包人出具经发包人签认的完工付款证书。

（3）监理人未在约定时间内核查，又未提出具体意见的，视为承包人提交的完工付款申请单已经监理人核查同意。

（4）发包人未在约定时间内审核又未提出具体意见的，监理人提出发包人到期应支付给承包人的价款视为已经发包人同意。

（5）发包人应在监理人出具完工付款证书后的 14 天内，将应支付款支付给承包人。发包人不按期支付的，将逾期付款违约金支付给承包人。

（6）承包人对发包人签认的完工付款证书有异议的，发包人可出具完工付款申请单中承包人已同意部分的临时付款证书。

（7）完工付款涉及政府投资资金的，按照国库集中支付等国家相关规定和专用合同条款的约定办理。

六、最终结清

1. 最终结清申请单

工程质量保修责任终止证书签发后，承包人应按监理人批准的格式提交最终结清申请单。

2. 最终结清证书和支付时间

（1）监理人收到承包人提交的最终结清申请单后的 14 天内，提出发包人应支付给承包人的价款送发包人审核并抄送承包人。

（2）发包人应在收到后 14 天内审核完毕，由监理人向承包人出具经发包人签认的最终结清证书。

（3）监理人未在约定时间内核查，又未提出具体意见的，视为承包人提交的最终结清申请已经监理人核查同意。

（4）发包人未在约定时间内审核又未提出具体意见的，监理人提出应支付给承包人的价款视为已经发包人同意。

（5）发包人应在监理人出具最终结清证书后的 14 天内，将应支付款支付给承包人。发包人不按期支付的，将逾期付款违约金支付给承包人。

（6）最终结清付款涉及政府投资资金的，按照国库集中支付等国家相关规定和专用合同条款的约定办理。

（7）最终结清后，发包人的支付义务结束。

2F320056　变更与索赔的处理方法与原则

一、工程变更

工程变更包括设计变更、进度计划变更、施工条件变更以及原招标文件和工程量清单中未包括的新增工程。

1. 变更的范围和内容

在履行合同中发生以下情形之一，应进行变更：

（1）取消合同中任何一项工作，但被取消的工作不能转由发包人或其他人实施。

（2）改变合同中任何一项工作的质量或其他特性。

（3）改变合同工程的基线、标高、位置或尺寸。

（4）改变合同中任何一项工作的施工时间或改变已批准的施工工艺或顺序。

（5）为完成工程需要追加的额外工作。

（6）增加或减少专用合同条款中约定的关键项目工程量超过其工程总量的一定数量百

分比。

上述变更内容引起工程施工组织和进度计划发生实质性变动和影响其原定的价格时，才予调整该项目的单价。第（6）种情形下单价调整方式在专用合同条款中约定。

2．变更权

在履行合同过程中，经发包人同意，监理人可按变更程序向承包人作出变更指示，承包人应遵照执行。没有监理人的变更指示，承包人不得擅自变更。

3．变更程序

1）变更的提出

（1）在合同履行过程中，可能发生变更约定情形的，监理人可向承包人发出变更意向书。

（2）变更意向书应说明变更的具体内容和发包人对变更的时间要求，并附必要的图纸和相关资料。

（3）变更意向书应要求承包人提交包括拟实施变更工作的计划、措施和完工时间等内容的实施方案。

（4）发包人同意承包人根据变更意向书要求提交的变更实施方案的，由监理人发出变更指示。

（5）在合同履行过程中，发生变更情形的，监理人应向承包人发出变更指示。

（6）承包人收到监理人发出的图纸和文件，经检查认为其中存在变更情形的，可向监理人提出书面变更建议。变更建议应阐明要求变更的依据，并附必要的图纸和说明。

（7）监理人收到承包人书面建议后，应与发包人共同研究，确认存在变更的，应在收到承包人书面建议后的14天内作出变更指示。经研究后不同意作为变更的，应由监理人书面答复承包人。

（8）若承包人收到监理人的变更意向书后认为难以实施此项变更，应立即通知监理人，说明原因并附详细依据。监理人与承包人和发包人协商后确定撤销、改变或不改变原变更意向书。

2）变更估价

（1）除专用合同条款对期限另有约定外，承包人应在收到变更指示或变更意向书后的14天内，向监理人提交变更报价书，报价内容应根据约定的估价原则，详细开列变更工作的价格组成及其依据，并附必要的施工方法说明和有关图纸。

（2）变更工作影响工期的，承包人应提出调整工期的具体细节。监理人认为有必要时，可要求承包人提交要求提前或延长工期的施工进度计划及相应施工措施等详细资料。

（3）除专用合同条款对期限另有约定外，监理人收到承包人变更报价书后的14天内，根据约定的估价原则，商定或确定变更价格。

3）变更指示

（1）变更指示只能由监理人发出。

（2）变更指示应说明变更的目的、范围、变更内容以及变更的工程量及其进度和技术要求，并附有关图纸和文件。承包人收到变更指示后，应按变更指示进行变更工作。

4）变更的估价原则

除专用合同条款另有约定外，因变更引起的价格调整按照下列约定处理：

（1）已标价工程量清单中有适用于变更工作的子目的，采用该子目的单价。

（2）已标价工程量清单中无适用于变更工作的子目，但有类似子目的，可在合理范围内参照类似子目的单价，由监理人按合同相关条款商定或确定变更工作的单价。

（3）已标价工程量清单中无适用或类似子目的单价，可按照成本加利润的原则，由监理人商定或确定变更工作的单价。

4．暂估价

在工程招标阶段已经确定的材料、工程设备或工程项目，但又无法在当时确定准确价格，而可能影响招标效果的，可由发包人在工程量清单中给定一个暂估价。暂估价的管理要求有：

1）必须招标的暂估价项目

（1）若承包人不具备承担暂估价项目的能力或具备承担暂估价项目的能力但明确不参与投标的，由发包人和承包人组织招标。

（2）若承包人具备承担暂估价项目的能力且明确参与投标的，由发包人组织招标。

（3）暂估价项目中标金额与工程量清单中所列金额差以及相应的税金等其他费用列入合同价格。

（4）必须招标的暂估价项目招标组织形式、发包人和承包人组织招标时双方的权利义务关系在专用合同条款中约定。

2）不招标的暂估价项目

（1）给定暂估价的材料和工程设备不属于依法必须招标的范围或未达到规定的规模标准的，应由承包人提供。经监理人确认的材料、工程设备的价格与工程量清单中所列的暂估价的金额差以及相应的税金等其他费用列入合同价格。

（2）给定暂估价的专业工程不属于依法必须招标的范围或未达到规定的规模标准的，由监理人按照变更处理原则进行估价，但专用合同条款另有约定的除外。经估价的专业工程与工程量清单中所列的暂估价的金额差以及相应的税金等其他费用列入合同价格。

二、违约

1．承包人违约

在履行合同过程中发生的下列情况属承包人违约：

（1）承包人私自将合同的全部或部分权利转让给其他人，或私自将合同的全部或部分义务转移给其他人。

（2）承包人未经监理人批准，私自将已按合同约定进入施工场地的施工设备、临时设施或材料撤离施工场地。

（3）承包人使用了不合格材料或工程设备，工程质量达不到标准要求，又拒绝清除不合格工程。

（4）承包人未能按合同进度计划及时完成合同约定的工作，已造成或预期造成工期延误。

（5）承包人在缺陷责任期（工程质量保修期）内，未能对合同工程完工验收鉴定书所列的缺陷清单的内容或缺陷责任期（工程质量保修期）内发生的缺陷进行修复，而又拒绝按监理人指示再进行修补。

（6）承包人无法继续履行或明确表示不履行或实质上已停止履行合同。

（7）承包人不按合同约定履行义务的其他情况。

2．发包人违约

在履行合同过程中发生的下列情形，属发包人违约：

（1）发包人未能按合同约定支付预付款或合同价款，或拖延、拒绝批准付款申请和支付凭证，导致付款延误的。

（2）发包人原因造成停工的。

（3）监理人无正当理由没有在约定期限内发出复工指示，导致承包人无法复工的。

（4）发包人无法继续履行或明确表示不履行或实质上已停止履行合同的。

（5）发包人不履行合同约定其他义务的。

三、索赔

1．承包人索赔

1）承包人提出索赔程序

（1）承包人应在知道或应当知道索赔事件发生后28天内，向监理人递交索赔意向通知书，并说明发生索赔事件的事由。承包人未在前述28天内发出索赔意向通知书的，丧失要求追加付款和（或）延长工期的权利。

（2）承包人应在发出索赔意向通知书后28天内，向监理人正式递交索赔通知书。索赔通知书应详细说明索赔理由以及要求追加的付款金额和（或）延长的工期，并附必要的记录和证明材料。

（3）索赔事件具有连续影响的，承包人应按合理时间间隔继续递交延续索赔通知，说明连续影响的实际情况和记录，列出累计的追加付款金额和（或）工期延长天数。

（4）在索赔事件影响结束后的28天内，承包人应向监理人递交最终索赔通知书，说明最终要求索赔的追加付款金额和延长的工期，并附必要的记录和证明材料。

2）承包人索赔处理程序

（1）监理人收到承包人提交的索赔通知书后，应及时审查索赔通知书的内容、查验承包人的记录和证明材料，必要时监理人可要求承包人提交全部原始记录副本。

（2）监理人应商定或确定追加的付款和（或）延长的工期，并在收到上述索赔通知书或有关索赔的进一步证明材料后的42天内，将索赔处理结果答复承包人。

（3）承包人接受索赔处理结果的，发包人应在作出索赔处理结果答复后28天内完成赔付。承包人不接受索赔处理结果的，按争议约定办理。

3）承包人提出索赔的期限

（1）承包人接受了完工付款证书后，应被认为已无权再提出在合同工程完工证书颁发前所发生的任何索赔。

（2）承包人提交的最终结清申请单中，只限于提出合同工程完工证书颁发后发生的索赔。提出索赔的期限自接受最终结清证书时终止。

2．发包人的索赔

（1）发生索赔事件后，监理人应及时书面通知承包人，详细说明发包人有权得到的索赔金额和（或）延长缺陷责任期的细节和依据。

（2）发包人提出索赔的期限和要求与承包人索赔相同，延长工程质量保修期的通知应在工程质量保修期届满前发出。

（3）监理人商定或确定发包人从承包人处得到赔付的金额和（或）工程质量保修期的延长期。

（4）承包人应付给发包人的金额可从拟支付给承包人的合同价款中扣除，或由承包人以其他方式支付给发包人。

（5）承包人对监理人发出的索赔书面通知内容持异议时，应在收到书面通知后的 14 天内，将持有异议的书面报告及其证明材料提交监理人。

（6）监理人应在收到承包人书面报告后的 14 天内，将异议的处理意见通知承包人，并执行赔付。若承包人不接受监理人的索赔处理意见，可按合同争议的规定办理。

四、价格调整

1. 采用造价信息调整价格差额

以工程所在地地市级以上权威部门发布的工程造价信息为依据。已标价工程量清单应列出调差子目材料消耗量，以及调差子目施工月份对应的工程造价信息采用规则。调价示例如下：

工程造价信息的来源：×× 市建设工程造价信息。采用规则是：略。

价格调整的项目：本工程仅对 ×× 共计 ×× 项主材进行调整，其余材料、人工、设备和机械台时价格均不做调整。

材料价格调整的具体方法为：

$$\Delta P = P_0 - \text{Max}(P_1, P_2)(1 \pm r\%) \quad (2F320056-1)$$

式中　ΔP——材料价格调差额；

$\quad P_0$——施工当月上述指定造价信息来源对应的信息价；

$\quad P_1$——投标人对应投标材料价格；

$\quad P_2$——投标截止日前上述指定来源对应的最新信息价；

$\quad r$——风险幅度系数，物价波动在风险幅度范围（$-r\%$，$+r\%$）以内不进行价格调整；价格调增时取"＋"号，价格调减时取"－"号。

2. 公式法

（1）价格调整公式

$$\Delta P = P_0\left[A + \left(B_1 \times \frac{F_{t1}}{F_{01}} + B_2 \times \frac{F_{t2}}{F_{02}} + B_3 \times \frac{F_{t3}}{F_{03}} + \cdots + B_n \times \frac{F_{tn}}{F_{0n}}\right) - 1\right] \quad (2F320056-2)$$

式中　　　　　　ΔP——需调整的价格差额；

$\quad P_0$——付款证书中承包人应得到的已完成工程量的金额；此项金额应不包括价格调整、不计质量保证金的扣留和支付、预付款的支付和扣回；变更及其他金额已按现行价格计价的，也不计在内；

$\quad A$——定值权重（即不调部分的权重）；

B_1，B_2，B_3，$\cdots$，B_n——各可调因子的变值权重（即可调部分的权重），为各可调因子在投标函投标总报价中所占的比例；

F_{t1}，F_{t2}，F_{t3}，$\cdots$，F_{tn}——各可调因子的现行价格指数，指付款证书相关周期最后一天的前 42 天的各可调因子的价格指数；

F_{01}，F_{02}，F_{03}，$\cdots$，F_{0n}——各可调因子的基本价格指数，指基准日期的各可调因子的价格指数。

（2）基础数据来源

价格调整公式中的各可调因子、定值和变值权重，以及基本价格指数及其来源在投标函附录价格指数和权重表中约定。价格指数应首先采用有关部门提供的价格指数，缺乏上述价格指数时，可采用有关部门提供的价格代替。

暂时确定调整差额在计算调整差额时得不到现行价格指数的，可暂用上一次价格指数计算，并在以后的付款中再按实际价格指数进行调整。

2F320057　施工分包的要求

一、项目法人分包管理职责

为进一步加强水利工程建设管理，规范施工分包活动，确保工程质量和施工安全，水利部于 1998 年 11 月 10 日颁布了《水利工程建设项目施工分包管理暂行规定》（水建管〔1998〕481 号）（以下简称"暂行规定"）。原电力工业部于 1997 年 4 月 22 日颁布实施的《水电建设工程质量管理暂行办法》（电水农〔1997〕220 号）也对分包和转包作出了规定。水利部 2005 年 7 月 22 日颁布了《水利建设工程施工分包管理规定》（以下简称《分包管理规定》），《暂行规定》同时废止。《分包管理规定》共 23 条。2019 年水利部印发了《水利工程建设质量与安全生产监督检查办法（试行）》和《水利工程合同监督检查办法（试行）》，对工程分包作了进一步规定。

项目法人在履行分包管理职责时应注意以下几点：

（1）水利工程分包是指承包单位将其所承包工程中的部分工程依法分包给具有相应资质的其他单位完成的活动，工程分包应符合下列要求：

① 投标文件中载明或在施工合同中约定采用工程分包的，应当明确分包单位的名称、资质、业绩、分包项目内容、现场主要管理人员及设备资源等相关内容。分包单位进场需经监理单位批准。

② 投标文件、施工合同未明确，工程项目开工后需采用工程分包的，承包单位须将拟分包单位的名称、资质、业绩、现场主要管理人员及设备资源等情况报监理单位审核，项目法人（建设单位）审批。

（2）水利建设工程的主要建筑物的主体结构不得进行工程分包。主要建筑物是指失事以后将造成下游灾害或严重影响工程功能和效益的建筑物，如堤坝、泄洪建筑物、输水建筑物、电站厂房和泵站等。主要建筑物的主体结构，由项目法人要求设计单位在设计文件或招标文件中明确。

（3）在合同实施过程中，有下列情况之一的，项目法人可向承包人推荐分包人：

① 由于重大设计变更导致施工方案重大变化，致使承包人不具备相应的施工能力；

② 由于承包人原因，导致施工工期拖延，承包人无力在合同规定的期限内完成合同任务；

③ 项目有特殊技术要求、特殊工艺或涉及专利权保护的。

如承包人同意，则应由承包人与分包人签订分包合同，并对该推荐分包人的行为负全部责任；如承包人拒绝，则可由承包人自行选择分包人，但需经项目法人书面认可。

（4）项目法人一般不得直接指定分包人。但在合同实施过程中，如承包人无力在合同规定的期限内完成合同中的应急防汛、抢险等危及公共安全和工程安全的项目，项目法人经项目的上级主管部门同意，可根据工程技术、进度的要求，对该应急防汛、抢险等项目的部分工程指定分包人。因非承包人原因形成指定分包条件的，项目法人的指定分包不得增加承包人的额外费用；因承包人原因形成指定分包条件的，承包人应负责因指定分包增加的相应费用。

由指定分包人造成的与其分包工作有关的一切索赔、诉讼和损失赔偿由指定分包人直接对项目法人负责，承包人不对此承担责任。职责划分可由承包人与项目法人签订协议明确。

二、承包单位分包管理职责

根据水利部《分包管理规定》以及《水利工程建设质量与安全生产监督检查办法（试行）》和《水利工程合同监督检查办法（试行）》，承包人是指已由发包人授标，并与发包人正式签署协议书的企业或组织以及取得该企业或组织资格的合法继承人。承包单位在履行分包管理职责时应注意以下几点：

（1）施工分包，是指施工企业将其所承包的水利工程中的部分工程发包给其他施工企业，或者将劳务作业发包给其他企业或组织完成的活动，但仍需履行并承担与发包人所签合同确定的责任和义务。

（2）水利工程施工分包按分包性质分为工程分包和劳务作业分包。其中，工程分包是指承包人将其所承包工程中的部分工程发包给具有与分包工程相应资质的其他施工企业完成的活动；劳务作业分包，是指承包人将其承包工程中的劳务作业发包给其他企业或组织完成的活动。

（3）采用劳务分包的，承包单位须将拟分包单位的名称、资质、业绩、现场主要管理人员及投入人员的工种、数量等情况报监理单位审核，项目法人（建设单位）审批。

（4）承包人和分包人应当依法签订分包合同，并履行合同约定的义务。分包合同必须遵循承包合同的各项原则，满足承包合同中技术、经济条款。承包人应在分包合同签订后7个工作日内，送发包人备案。

（5）除发包人依法指定分包外，承包人对其分包项目的实施以及分包人的行为向发包人负全部责任。承包人应对分包项目的工程进度、质量、安全、计量和验收等实施监督和管理。

（6）承包人和分包人应当设立项目管理机构，组织管理所承包或分包工程的施工活动。

项目管理机构应当具有与所承担工程的规模、技术复杂程度相适应的技术、经济管理人员。其中项目负责人、技术负责人、财务负责人、质量管理人员、安全管理人员必须是本单位人员。

（7）根据水利部《水利工程施工转包违法分包等违法行为认定管理暂行办法》以及《水利工程建设质量与安全生产监督检查办法（试行）》和《水利工程合同监督检查办法（试行）》，水利部负责全国水利工程施工转包、违法分包、出借借用资质等违法行为认定查处的监督管理工作。县级以上地方人民政府水行政主管部门负责本行政区域内有管辖权的水利工程施工转包、违法分包、出借借用资质等违法行为的认定查处和监督管理工作。

（8）具有下列情形之一的，认定为转包：

① 承包单位将承包的全部建设工程转包给其他单位（包括母公司承接工程后将所承接工程交由具有独立法人资格的子公司施工的情形）或个人的；

② 将承包的全部建设工程肢解后以分包名义转包给其他单位或个人的；

③ 承包单位将其承包的全部工程以内部承包合同等形式交由分公司施工的；

④ 采取联营合作形式承包，其中一方将其全部工程交由联营另一方施工的；

⑤ 全部工程由劳务作业分包单位实施，劳务作业分包单位计取报酬是除上缴给承包单位管理费之外全部工程价款的；

⑥ 签订合同后，承包单位未按合同约定设立现场管理机构；或未按投标承诺派驻本单位主要管理人员或未对工程质量、进度、安全、财务等进行实质性管理；

⑦ 承包单位不履行管理义务，只向实际施工单位收取管理费；

⑧ 法律法规规定的其他转包行为。本单位人员是指在本单位工作，并与本单位签订劳动合同，由本单位支付劳动报酬、缴纳社会保险的人员。

（9）具有下列情形之一的，认定为违法分包：

① 将工程分包给不具备相应资质或安全生产许可证的单位或个人施工的；

② 施工承包合同中未有约定，又未经项目法人书面认可，将工程分包给其他单位施工的；

③ 将主要建筑物的主体结构工程分包的；

④ 工程分包单位将其承包的工程中非劳务作业部分再次分包的；

⑤ 劳务作业分包单位将其承包的劳务作业再分包的；或除计取劳务作业费用外，还计取主要建筑材料款和大中型机械设备费用的；

⑥ 承包单位未与分包单位签订分包合同，或分包合同不满足承包合同中相关要求的；

⑦ 法律法规规定的其他违法分包行。

主要建筑材料是指混凝土工程中的钢筋、水泥、砂石料，土石方工程中的石料，金属结构工程中的钢材，防渗工程中的土工织物等对工程质量影响较大、占工程造价比重较高的材料。

大中型机械设备是指工程施工中的大中型起重设备，混凝土工程施工中的大中型拌合、输送设备，土石方工程施工中的大中型挖掘设备、运输车辆、碾压机械等。

（10）具有下列情形之一的，认定为出借或借用他人资质承揽工程：

① 单位或个人借用其他单位的资质承揽工程的；

② 投标人法定代表人的授权代表人不是投标单位人员的；

③ 实际施工单位使用承包单位资质中标后，以承包单位分公司、项目部等名义组织实施，但两公司无实质隶属关系的；

④ 工程分包的发包单位不是该工程的承包单位，或劳务作业分包的发包单位不是该工程的承包单位或工程分包单位的；

⑤ 承包单位派驻施工现场的主要管理负责人中，部分人员不是本单位人员的；

⑥ 承包单位与项目法人之间没有工程款收付关系，或者工程款支付凭证上载明的单位与施工合同中载明的承包单位不一致的；

⑦ 合同约定由承包单位负责采购、租赁的主要建筑材料、工程设备等，由其他单位或个人采购、租赁，或者承包单位不能提供有关采购、租赁合同及发票等证明，又不能进

行合理解释并提供证明材料的；

⑧法律法规规定的其他出借借用资质行为。

（11）设备租赁和材料委托采购不属于分包、转包管理范围。承包人可以自行进行设备租赁或材料委托采购，但应对设备或材料的质量负责。

三、分包单位管理职责

分包单位在履行分包管理职责时应当注意以下几点：

（1）承揽工程分包的分包人必须具有与所分包承建的工程相应的资质，并在其资质等级许可范围内承揽业务。

（2）分包人应当按照分包合同的约定对其分包的工程向承包人负责，分包人应接受承包人对分包项目所进行的工程进度、质量、安全、计量和验收的监督和管理。承包人和分包人就分包项目对发包人承担连带责任。

（3）分包人应当设立项目管理机构，组织管理所分包工程的施工活动。项目管理机构应当具有与所承担工程的规模、技术复杂程度相适应的技术、经济管理人员。其中项目负责人、技术负责人、财务负责人、质量管理人员、安全管理人员必须是本单位人员。

（4）分包人必须自行完成所承包的任务。禁止分包人将工程再次分包。

四、分包问题的认定与责任追究

根据水利部《水利工程建设质量与安全生产监督检查办法（试行）》和《水利工程合同监督检查办法（试行）》，合同问题分为一般合同问题、较重合同问题、严重合同问题，其中：

1. 一般合同问题包括：

项目法人方面：

（1）未及时审批施工单位上报的工程分包文件；

（2）未对施工分包、劳务分包等合同进行备案。

2. 较重合同问题包括：

（1）项目法人方面：

未按要求严格审核分包人有关资质和业绩证明材料。

（2）施工单位方面：

①签订的劳务合同不规范；

②未按分包合同约定计量规则和时限进行计量；

③未按分包合同约定及时、足额支付合同价款。

3. 严重合同问题包括：

（1）项目法人方面：

①对违法分包或转包行为未采取有效措施处理；

②对工程分包合同履约情况检查不力。

（2）施工单位方面：

①工程分包未履行报批手续；

②未经发包人批准将主要建筑物的主体结构工程分包；

③未按要求严格审核工程分包单位的资质和业绩；

④对工程分包合同履行情况检查不力。

2F320060   水利水电工程质量管理

2F320061   水利工程项目法人质量管理的内容

为了加强水利工程的质量管理，保证工程质量，水利部于1997年12月21日颁发了《水利工程质量管理规定》（水利部令第7号）。根据2017年水利部令第49号，《水利工程质量管理规定》作了局部修改，修改后的《水利工程质量管理规定》共分为总则，工程质量监督管理，项目法人（建设单位）的质量管理，监理单位质量管理，设计单位质量管理，施工单位质量管理，建筑材料、设备采购的质量管理和工程保修，罚则，附则等九章计47条。对于各级主管部门的质量管理以及质量监督机构、项目法人（建设单位）、监理单位、设计单位、施工单位和建筑材料设备供应单位的质量管理均作出了明确规定。

根据新修改的《水利工程质量管理规定》（水利部令第7号），水利工程质量是指在国家和水利行业现行的有关法律、法规、技术标准和批准的设计文件及工程合同中，对兴建的水利工程的安全、适用、经济、美观等特性的综合要求。

一、项目法人（建设单位）质量管理的主要内容

（1）项目法人（建设单位）要加强工程质量管理，建立健全施工质量检查体系，根据工程特点建立质量管理机构和质量管理制度。质量管理是指按照法律、法规、规章、技术标准和设计文件开展的质量策划、质量控制、质量保证、质量服务和质量改进等工作。

（2）项目法人（建设单位）在工程开工前，应按规定向水利工程质量监督机构办理工程质量监督手续。在工程施工过程中，应主动接受质量监督机构对工程质量的监督检查。

（3）项目法人（建设单位）应组织设计和施工单位进行设计交底；施工中应对工程质量进行检查，工程完工后，应及时组织有关单位进行工程质量验收、签证。

（4）项目法人（建设单位）应根据工程规模和工程特点，按照水利部有关规定，通过招标投标选择勘察、设计、施工、监理以及重要设备材料供应等单位并实行合同管理。在合同文件中，必须有工程质量条款，明确图纸、资料、工程、材料、设备等的质量标准及合同双方的质量责任。

（5）项目法人（建设单位）应根据国家和水利部有关规定依法设立，主动接受水利工程质量监督机构对其质量体系的监督检查。

二、项目法人（建设单位）合同管理的注意事项

（1）《中华人民共和国民法典》第四百六十九条："当事人订立合同，可以采用书面形式、口头形式或者其他形式。

书面形式是合同书、信件、电报、电传、传真等可以有形地表现所载内容的形式。

以电子数据交换、电子邮件等方式能够有形地表现所载内容，并可以随时调取查用的数据电文，视为书面形式。"

（2）《中华人民共和国民法典》第七百八十八条："建设工程合同是承包人进行工程建设，发包人支付价款的合同。

建设工程合同包括工程勘察、设计、施工合同。"

《中华人民共和国民法典》第七百八十九条："建设工程合同应当采用书面形式。"

《中华人民共和国民法典》第七百九十四条："勘察、设计合同的内容一般包括提交有

关基础资料和概预算等文件的期限、质量要求、费用以及其他协作条件等条款。"

《中华人民共和国民法典》第七百九十五条："施工合同的内容一般包括工程范围、建设工期、中间交工工程的开工和竣工时间、工程质量、工程造价、技术资料交付时间、材料和设备供应责任、拨款和结算、竣工验收、质量保修范围和质量保证期、相互协作等条款。"

（3）《中华人民共和国民法典》第七百九十六条："建设工程实行监理的，发包人应当与监理人采用书面形式订立委托监理合同。发包人与监理人的权利和义务以及法律责任，应当依照本编委托合同以及其他有关法律、行政法规的规定。"委托合同是委托人和受托人约定，由受托人处理委托人事务的合同。委托合同应当采用水利部、国家工商行政管理局发布的《水利工程施工监理合同示范文本》GF—2007—0211。

（4）《中华人民共和国民法典》第八百七十八条："技术咨询合同是当事人一方以技术知识为对方就特定技术项目提供可行性论证、技术预测、专题技术调查、分析评价报告等所订立的合同。

技术服务合同是当事人一方以技术知识为对方解决特定技术问题所订立的合同，不包括承揽合同和建设工程合同。"

三、全面履行项目法人职责

根据《水利部关于印发水利工程建设项目法人管理指导意见的通知》（水建设[2020]258号），项目法人项目管理的主要职责有：

（1）项目法人必须严格遵守国家有关法律法规，结合建设项目实际，依法完善项目法人治理结构，制定质量、安全、计划执行、设计、财务、合同、档案等各项管理制度，定期开展制度执行情况自查，加强对参建单位的管理。

（2）项目法人应根据项目特点，依法依规选择工程承发包方式。合理划分标段，避免标段划分过细过小。禁止唯最低价中标等不合理的招标采购行为，择优选择综合实力强、信誉良好、满足工程建设要求的参建单位。对具备条件的建设项目，推行采用工程总承包方式，精简管理环节。对于实行工程总承包方式的，要加强施工图设计审查及设计变更管理，强化合同管理和风险管控，确保质量安全标准不降低，确保工程进度和资金安全。

（3）项目法人应加强对勘察、设计、施工、监理、监测、咨询、质量检测和材料、设备制造供应等参建单位的合同履约管理。要以工程质量和安全为核心，定期检查以下内容：

①检查参建单位管理和作业人员按照合同到位情况，防范转包、违法分包行为。

②督促参建单位严格按照合同组织进行进度、质量和安全管理，确保按初步设计、技术标准和施工图纸要求实施工程建设。

③对勘察、设计单位，重点检查设计成果是否满足要求，设计现场服务是否到位、设计变更是否符合程序等。

④对施工单位，加强工程施工过程关键环节的监督检查，重点检查现场质量安全管理是否符合设计和强制性标准要求、是否严格按照技术标准和施工图纸施工、是否及时规范开展工程质量检验和验收、是否及时足额发放劳务工资等。

⑤对监理单位，重点检查监理制度是否健全，监理人员到位是否符合合同要求，监

理平行检测、专项施工方案审核、关键部位旁站监督等监理职责履行是否到位等。

⑥ 对监测单位，重点检查安全监测管理制度制定和人员配备情况，监测系统运行情况，监测资料整编分析情况，监测系统管理保障情况等。

⑦ 对质量检测单位，重点检查是否按合同要求建立工地现场试验室，人员资格和检测能力情况，质量检测相关标准执行情况，是否存在转包、违法分包检测业务等。

代建、项目管理总承包、全过程咨询单位应依据合同约定，协助项目法人开展对其他参建单位的合同履约管理，项目法人应定期对其履约行为开展检查。

（4）项目法人应建立对参建单位合同履约情况的监督检查台账，实行闭环管理。对检查发现的问题，要严格按照合同进行处罚。问题严重的，对有关责任单位采取责令整改、约谈、停工整改、追究经济责任、解除合同、提请相关主管部门予以通报批评或降低资质等级等措施进行追责问责。

（5）项目法人应切实履行廉政建设主体责任，针对设计变更、工程计量、工程验收、资金结算等关键环节，研究制定廉政风险防控手册，落实防控措施，加强工程建设管理全过程廉政风险防控。

四、项目法人质量考核

根据《水利部关于修订印发水利建设质量工作考核办法的通知》（水建管〔2018〕102 号），每年对省级水行政主管部门进行水利建设质量工作考核。每年 7 月 1 日至次年 6 月 30 日为一个考核年度。考核采用评分和排名相结合的综合评定法，满分为 100 分，其中总体考核得分占考核总分的 60%，项目考核得分占考核总分的 40%。考核结果分 4 个等级，分别为：A 级（考核排名前 10 名，且得分 90 分及以上的）、B 级（A 级以后，且得分 80 分及以上的）、C 级（B 级以后，且得分在 60 分及以上的）、D 级（得分 60 分以下或发生重、特大质量事故的）。涉及项目法人质量管理的考核要点包括：

（1）质量管理体系建立情况。

（2）质量管理程序报备情况。

（3）质量主体责任履行情况。

（4）参建单位质量检查情况。

（5）历次稽察、检查、巡查提出质量问题整改。

2F320062 水利工程设计单位质量管理的内容

一、设计单位质量管理的内容

根据《建设工程勘察设计管理条例》的规定，建设工程勘察是指根据建设工程的要求，查明、分析、评价建设场地的地质地理环境特征和岩土工程条件，编制建设工程勘察文件的活动；建设工程设计是指根据建设工程的要求，对建设工程所需的技术、经济、资源、环境等条件进行综合分析、论证，编制建设工程设计文件的活动。建设工程勘察设计的质量和水平的高低，对于建设工程的质量和安全以及投资效益等，起着决定性的作用。虽然《建设工程质量管理条例》对于建设工程勘察设计单位的质量责任和义务已经有了规定，但对于实际管理工作的需要仍然显得比较原则，为了加强对建设工程勘察、设计活动的管理，保证建设工程勘察、设计质量，保护人民生命和财产安全，国务院 2000 年颁布了《建设工程勘察设计管理条例》，对于勘察设计活动应当遵循的原则、勘察设计单位和人员的资质资格管理、勘察设计的发包与承包、勘察设计文件的编制与实施以及监督管理均作了明确的规定。

根据《水利工程质量管理规定》（水利部令第 7 号），设计单位必须按其资质等级及业务范围承担相应水利工程设计任务。设计单位必须接受水利工程质量监督单位对其设计资质等级以及质量体系的监督检查。设计单位质量管理的主要内容是：

（1）必须建立健全设计质量保证体系，加强设计过程质量控制，健全设计文件的审核、会签批准制度，做好设计文件的技术交底工作。

（2）工程设计的成果是设计文件，设计文件必须符合下列基本要求：设计文件应当符合国家和水利行业有关工程建设法规，工程勘测设计技术规程、标准和合同的要求。设计依据的基本资料应完整、准确、可靠，设计论证充分，计算成果可靠。设计文件的深度应满足相应设计阶段有关规定要求，设计质量必须满足工程质量、安全需要并符合设计规范的要求。

（3）设计单位应按合同规定及时提供设计文件及施工图纸，在施工过程中要随时掌握施工现场情况，优化设计，解决有关设计问题。对大中型工程，设计单位应按合同规定在施工现场设立设计代表机构或派驻设计代表。

（4）设计单位应按水利部有关规定在阶段验收、单位工程验收和竣工验收中，对施工质量是否满足设计要求提出评价意见。

（5）工程建设项目实施过程中，由于地质情况变化等原因对于已批准的设计进行局部修改是正常现象，也是设计单位的"在施工过程中要随时掌握施工现场情况，优化设计，解决有关设计问题"的一项主要工作。但重大设计变更（修改）应报原设计审批部门批准，因为设计单位没有项目审批权。

二、水利工程勘测设计失误问责

1. 根据《水利部关于印发〈水利工程勘测设计失误问责办法（试行）〉的通知》（水总〔2020〕33 号），水利工程勘测设计失误是指初步设计批复后的勘测设计行为与成果存在以下情形之一：

（1）不符合相关法律、法规、规章。

（2）不符合强制性标准。

（3）不符合推荐性技术标准又未进行必要论证。

（4）不符合批准的项目初步设计和重大设计变更。

（5）降低工程质量标准、影响工程功能发挥、导致工程存在安全隐患或发生较大程度的投资增加。

2. 水利工程勘测设计失误认定依据：

（1）法律、法规、规章。

（2）强制性标准。

（3）推荐性技术标准。

（4）批准的项目初步设计和设计变更文件。

3. 问责对象为造成水利工程勘测设计失误的责任单位和责任人。责任单位包括勘测设计单位（含勘测设计成果签章的联合单位）、技术审查单位、项目法人和监理单位。责任人包括直接责任人和领导责任人。勘测设计单位的直接责任人为被问责项目的专业负责人；技术审查单位的直接责任人为专业主审人；项目法人的直接责任人为相关部门负责人；监理单位的直接责任人为总监理工程师和专业监理工程师。领导责任人为责任单位的主要负责人、分管负责人和项目技术负责人。

4. 勘测设计失误的发现、分级和认定

（1）水利工程勘测设计失误通过巡查、稽察、监督检查和调查等方式发现。

（2）有下列情形之一的，省级及以上水行政主管部门应按照管辖权限及时启动勘测设计失误调查：

① 水利工程主要设计功能发挥受到影响或不能正常运用。

② 水利工程发生可能与勘测设计有关的质量问题。

③ 投诉、举报、媒体报道等反映水利工程存在勘测设计质量问题。

④ 其他需开展专项调查的情形。

（3）巡查、稽察、监督检查、调查发现勘测设计问题后，监督检查组应与责任单位充分沟通，听取陈述，提出勘测设计失误初步认定结论，由省级及以上水行政主管部门认定。对认定结论有异议的，责任单位有权向认定单位或其上一级单位申诉。水利部为申诉的最终受理单位。省级及以上水行政主管部门受理申诉后，研究提出复核结论。必要时委托具有相应专业技术能力的单位进行复核，结合复核意见作出结论。

（4）水利工程勘测设计失误按照对工程的质量、功能、安全和投资的影响程度，分为一般勘测设计失误、较重勘测设计失误和严重勘测设计失误三个等级。

（5）对责任单位的问责方式包括：

① 责令整改。

② 警示约谈。

③ 通报批评。

④ 建议责令停业整顿。

⑤ 建议降低资质等级。

⑥ 建议吊销资质证书。

（6）对责任人的问责方式包括：

① 书面检查。

② 警示约谈。

③ 通报批评。

④ 留用察看。

⑤ 调离岗位。

⑥ 降级撤职。

（7）实施通报批评及以上的问责，在全国水利建设市场监管服务平台公示。

按照《水利建设市场主体信用信息管理办法》《水利建设市场主体信用评价管理办法》规定，问责结果作为"重点关注名单""黑名单"认定和水利行业信用评价的重要依据。

（8）问责标准有以下3个：

① 水利工程勘测设计失误分级标准。

② 水利工程勘测设计失误责任单位问责标准。

③ 水利工程勘测设计失误责任人问责标准。

三、设计质量工作考核

根据《水利部关于修订印发水利建设质量工作考核办法的通知》（水建管〔2018〕102号），涉及勘察设计质量保证的考核要点包括：

（1）现场服务体系建立情况。

（2）现场设计服务情况。

2F320063 水利工程施工单位质量管理的内容

（1）根据有关规定，建筑业企业（施工单位）应当按照其拥有的注册资本、净资产、专业技术人员、技术装备和已经完成的建筑工程业绩等资质条件申请资质，经审查合格后，取得相应等级的资质证书后，方可从事其资质等级范围内的建筑活动。

（2）建筑业企业资质等级分为总承包、专业承包和劳务分包三个序列。

获得施工总承包资质的企业，可以对工程实行施工总承包或者对主体工程实行施工承包。承包企业可以对所承接的工程全部自行施工，也可以将非主体工程或者劳务作业分包给具有相应专业承包资质或者劳务分包资质的其他企业。

获得专业承包资质的企业，可以承接施工总承包企业分包的专业工程或者招标人发包的专业工程。专业承包企业可以对所承接的工程全部自行施工，也可以将劳务作业分包给具有相应劳务分包资质的企业。

获得劳务分包资质的企业，可以承接施工总承包企业或者专业承包企业分包的劳务作业。

施工劳务（劳务分包）不分类别和等级。

（3）根据《水利工程质量管理规定》（水利部令第7号），施工单位必须按其资质等级及业务范围承担相应水利工程施工任务。施工单位必须接受水利工程质量监督单位对其施工资质等级以及质量保证体系的监督检查。施工单位质量管理的主要内容是：

① 施工单位必须依据国家和水利行业有关工程建设法规、技术规程、技术标准的规定以及设计文件和施工合同的要求进行施工，并对其施工的工程质量负责。

② 施工单位不得将其承接的水利建设项目的主体工程进行转包。对工程的分包，分包单位必须具备相应资质等级，并对其分包工程的施工质量向总包单位负责，总包单位对全部工程质量向项目法人（建设单位）负责。

③ 施工单位要推行全面质量管理，建立健全质量保证体系，制定和完善岗位质量规范、质量责任及考核办法，落实质量责任制。在施工过程中要加强质量检验工作，认真执行"三检制"，切实做好工程质量的全过程控制。

④ 竣工工程质量必须符合国家和水利行业现行的工程标准及设计文件要求，并应向项目法人（建设单位）提交完整的技术档案、试验成果及有关资料。

（4）根据《水利部关于修订印发水利建设质量工作考核办法的通知》（水建管〔2018〕102号），涉及施工单位施工质量保证的考核要点包括：

① 质量保证体系建立情况。

② 施工过程质量控制情况。

③ 施工现场管理情况。

④ 已完工程实体质量情况。

2F320064 施工质量事故分类与施工质量事故处理的要求

根据《水利工程质量事故处理暂行规定》（水利部令第9号），水利工程工程质量事故是指在水利工程建设过程中，由于建设管理、监理、勘测、设计、咨询、施工、材料、设备等原因造成工程质量不符合规程、规范和合同规定的质量标准，影响工程使用寿命和对工程安全运行造成隐患和危害的事件。需要注意的问题是，水利工程质量事故可以造成经济损失，也可以同时造成人身伤亡。这里主要是指没有造成人身伤亡的质量事故。

一、质量事故分类

根据《水利工程质量事故处理暂行规定》（水利部令第9号），工程质量事故按直接经济损失的大小，检查、处理事故对工期的影响时间长短和对工程正常使用的影响，分类为一般质量事故、较大质量事故、重大质量事故、特大质量事故。其中：

（1）一般质量事故指对工程造成一定经济损失，经处理后不影响正常使用并不影响使用寿命的事故。

（2）较大质量事故指对工程造成较大经济损失或延误较短工期，经处理后不影响正常使用但对工程使用寿命有一定影响的事故。

（3）重大质量事故指对工程造成重大经济损失或较长时间延误工期，经处理后不影响正常使用但对工程使用寿命有较大影响的事故。

（4）特大质量事故指对工程造成特大经济损失或长时间延误工期，经处理仍对正常使用和工程使用寿命有较大影响的事故。

（5）小于一般质量事故的质量问题称为质量缺陷。

水利工程质量事故具体分类标准见表2F320064。

水利工程质量事故分类标准　　　　　　　表 2F320064

损失情况＼事故类别		特大质量事故	重大质量事故	较大质量事故	一般质量事故
事故处理所需的物资、器材和设备、人工等直接损失费（人民币万元）	大体积混凝土，金属制作和机电安装工程	＞3000	＞500 ≤3000	＞100 ≤500	＞20 ≤100
	土石方工程、混凝土薄壁工程	＞1000	＞100 ≤1000	＞30 ≤100	＞10 ≤30
事故处理所需合理工期（月）		＞6	＞3 ≤6	＞1 ≤3	≤1
事故处理后对工程功能和寿命影响		影响工程正常使用，需限制条件使用	不影响工程正常使用，但对工程寿命有较大影响	不影响工程正常使用，但对工程寿命有一定影响	不影响工程正常使用和工程寿命

注：1. 直接经济损失费用为必要条件，事故处理所需时间以及事故处理后对工程功能和寿命影响主要适用于大中型工程；

2. 在《水利工程建设重大质量与安全事故应急预案》（水建管〔2006〕202号）中，关于水利工程质量与安全事故的分级是针对事故应急响应行动进行的分级。

二、事故报告内容

根据《水利工程质量事故处理暂行规定》（水利部令第9号），事故发生后，事故单位要严格保护现场，采取有效措施抢救人员和财产，防止事故扩大。因抢救人员、疏导交通等原因需移动现场物件时，应作出标志、绘制现场简图并作出书面记录，妥善保管现场重要痕迹、物证，并进行拍照或录像。

发生质量事故后，项目法人必须将事故的简要情况向项目主管部门报告。有关事故报告应包括以下主要内容：

（1）工程名称、建设地点、工期，项目法人、主管部门及负责人电话。

（2）事故发生的时间、地点、工程部位以及相应的参建单位名称。

（3）事故发生的简要经过、伤亡人数和直接经济损失的初步估计。

（4）事故发生原因初步分析。

（5）事故发生后采取的措施及事故控制情况。

（6）事故报告单位、负责人以及联络方式。

三、质量事故处理原则及职责划分

根据《水利部关于印发贯彻质量发展纲要 提升水利工程质量的实施意见的通知》（水建管〔2012〕581号），坚持"事故原因不查清楚不放过、主要事故责任者和职工未受到教育不放过、补救和防范措施不落实不放过、责任人员未受到处理不放过"的原则，做好事故处理工作。事故调查分析处理程序如图2F320064所示。

发生质量事故后，必须针对事故原因提出工程处理方案，经有关单位审定后实施。其中：

（1）一般质量事故，由项目法人负责组织有关单位制定处理方案并实施，报上级主管部门备案。

（2）较大质量事故，由项目法人负责组织有关单位制定处理方案，经上级主管部门审定后实施，报省级水行政主管部门或流域备案。

（3）重大质量事故，由项目法人负责组织有关单位提出处理方案，征得事故调查组意见后，报省级水行政主管部门或流域机构审定后实施。

（4）特大质量事故，由项目法人负责组织有关单位提出处理方案，征得事故调查组意见后，报省级水行政主管部门或流域机构审定后实施，并报水利部备案。

四、事故处理中设计变更的管理

事故处理需要进行设计变更的，需原设计单位或有资质的单位提出设计变更方案。需要进行重大设计变更的，必须经原设计审批部门审定后实施。

事故部位处理完毕后，必须按照管理权限经过质量评定与验收后，方可投入使用或进入下一阶段施工。

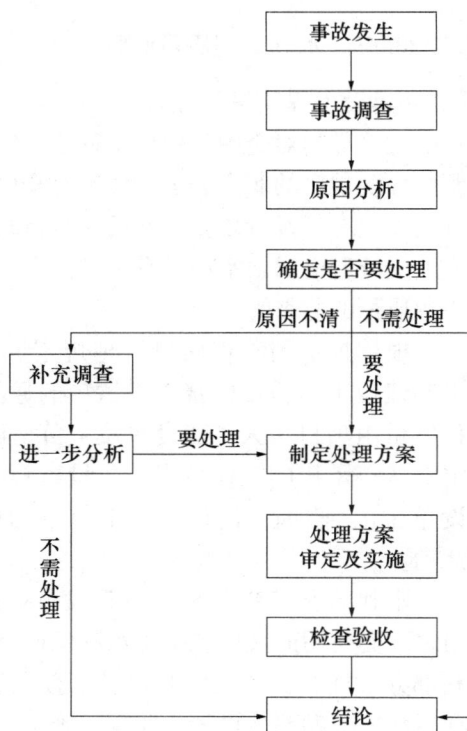

图2F320064　事故调查分析处理程序

五、质量缺陷的处理

所谓质量缺陷，是指小于一般质量事故的质量问题，即因特殊原因，使得工程个别部位或局部达不到规范和设计要求（不影响使用），且未能及时进行处理的工程质量问题（质量评定仍为合格）。根据水利部《关于贯彻落实"国务院批转国家计委、财政部、水利部、建设部关于加强公益性水利工程建设管理若干意见的通知"的实施意见》，水利工程实行水利工程施工质量缺陷备案及检查处理制度：

（1）对因特殊原因，使得工程个别部位或局部达不到规范和设计要求（不影响使用），且未能及时进行处理的工程质量缺陷问题（质量评定仍为合格），必须以工程质量缺陷备案形式进行记录备案。

（2）质量缺陷备案的内容包括：质量缺陷产生的部位、原因，对质量缺陷是否处理和如何处理以及对建筑物使用的影响等。内容必须真实、全面、完整，参建单位（人员）必须在质量缺陷备案表上签字，有不同意见应明确记载。

（3）质量缺陷备案资料必须按竣工验收的标准制备，作为工程竣工验收备查资料存档。质量缺陷备案表由监理单位组织填写。

（4）工程项目竣工验收时，项目法人必须向验收委员会汇报并提交历次质量缺陷的备案资料。

根据《水利部关于修订印发水利建设质量工作考核办法的通知》（水建管〔2018〕102号），涉及建设项目质量问题处理主要考核以下内容：

（1）质量事故调查处理和责任追究。

（2）质量举报投诉受理。

2F320065 水利工程质量监督

《建设工程质量管理条例》规定，国家实行建设工程质量监督管理制度。国务院建设行政主管部门对全国的建设工程质量实施统一监督管理。铁路、交通、水利等有关部门按照国务院规定的职责分工，负责对全国的有关专业建设工程质量的监督管理。县级以上地方人民政府建设行政主管部门对本行政区域内的建设工程质量实施监督管理。县级以上地方人民政府交通、水利等有关部门在各自的职责范围内，负责对本行政区域内的专业建设工程质量的监督管理。

根据《水利工程质量管理规定》（水利部令第7号）以及《水利部办公厅关于印发水利建设工程质量监督工作清单的通知》（办监督〔2019〕211号）的有关规定，水利工程质量由项目法人（建设单位）负全面责任，监理、施工、设计单位按照合同及有关规定对各自承担的工作负责。质量监督机构履行政府部门监督职能，不代替项目法人（建设单位）、监理、设计、施工单位的质量管理工作，不参与参建各方的具体质量管理活动。

水利部于1997年8月25日发布《水利工程质量监督管理规定》（水建〔1997〕339号），与之配套使用的文件包括《水利工程质量检测管理规定》（水建管〔2000〕2号）以及《水利部办公厅关于印发水利建设工程质量监督工作清单的通知》（办监督〔2019〕211号）。项目法人、勘察、设计、监理、施工、检测、设备制造安装、安全监测等单位在工程建设阶段，必须接受质量监督。

1．工程质量监督的依据

根据《水利工程质量监督管理规定》（水建〔1997〕339号），水行政主管部门主管质量监督工作。水利工程质量监督机构是水行政主管部门对工程质量进行监督管理的专职机构，对水利工程质量进行强制性的监督管理。工程质量监督的依据是：

（1）国家有关的法律、法规。

（2）水利水电行业有关技术规程、规范，质量标准。

（3）经批准的设计文件等。

2．工程质量监督的方式

水行政主管部门根据工作需要规范设立水利工程质量监督机构，组织工程质量监督机构开展质量监督工作。对不具备设立专职质量监督机构条件的，可以采取购买服务或其他方式开展相应的质量监督工作。水利工程质量监督方式以抽查为主。质量监督机构根据工程规模和监督能力，可通过设常驻站或巡查的方式开展，并积极推进设计质量的监督检查工作。从工程开工前办理质量监督手续开始，到工程竣工验收委员会同意工程交付使用终止，为水利工程建设项目的质量监督期（含合同质量保修期）。各级质量监督机构的质量监督人员有专职质量监督员和兼职质量监督员组成。其中，兼职质量监督员为工程技术人员，凡从事该工程监理、设计、施工、设备制造的人员不得担任该工程的兼职质量监督员。

3．工程质量监督工作的主要内容

根据《水利部办公厅关于印发水利建设工程质量监督工作清单的通知》（办监督〔2019〕211号），质量监督工作的主要内容见表2F320065-1。

水利建设工程质量监督工作清单（节选）　　　　表 2F320065-1

序号	监督项目	监督内容	监督标准或要求
1	受理质量监督申请	按规定受理质量监督申请，办理质量监督手续	根据监督权限，受理项目法人（建设单位，下同）申请，要求项目法人提交有关资料，并及时办理质量监督手续
2	制定质量监督工作计划	明确监督组织形式、监督任务、工作方式、工作重点等内容。跨年度工程有监督工作总计划和年度计划	在办理质量监督手续后及时编写监督工作计划并发送项目法人
3	确认工程项目划分	（1）对项目法人提交的项目划分书面报告进行确认并将确认结果书面通知项目法人。 （2）工程实施过程中，单位工程、主要分部工程、重要隐蔽单元工程和关键部位单元工程的项目划分发生调整时，重新确认	（1）督促项目法人在主体工程开工前书面报送工程项目划分表及说明。 （2）收到项目划分书面报告后，在14个工作日内对项目划分进行确认并将确认结果书面通知项目法人
4	确认或核备质量评定标准	（1）对项目法人报送的枢纽工程外观质量评定标准进行确认。 （2）对规程中未列出的外观质量项目，核备其质量标准及标准分。 （3）对项目法人报送的临时工程质量检验及评定标准进行核备	（1）督促项目法人在枢纽工程主体工程开工初期报送外观质量评定标准，并及时进行确认。 （2）对规程中未列出的外观质量项目，督促项目法人组织研究确定其质量标准及标准分，并及时进行核备

续表

序号	监督项目	监督内容	监督标准或要求
5	开展质量监督检查	按照工程质量监督依据开展质量监督检查	（1）监督检查发现的问题，主要以通知书或通报的方式，印发项目法人并督促其组织相关参建单位落实整改。 （2）跟踪核查问题整改，并向相关项目主管部门提出责任追究的建议。 （3）发现严重质量问题时，及时报送相关项目主管部门
5.1	复核质量责任主体资质	对勘察、设计、监理、施工、检测、设备制造安装等单位的资质进行复核	合同项目开工初期
5.2	检查或复核质量责任主体的质量管理体系建立情况	各参建单位质量管理体系的建立情况	（1）项目开工初期，全面检查。 （2）项目开工后，每年度根据参建单位质量管理体系变化调整情况进行复核
5.3	检查质量责任主体的质量管理体系运行情况	涉及各参建单位质量行为和工程实体质量两个方面	采用巡查方式开展的质量监督，根据工程建设进展情况，原则上一年不少于2次
5.4	质量监督检测	开展质量抽样检测，重点针对主体工程或影响工程结构安全的部位的原材料、中间产品和工程实体	（1）委托符合资质要求的试验检测机构进行质量监督检测。 （2）监督检测在主体工程施工期原则上一年不少于1次
6	核备工程验收结论	对项目法人报送的重要隐蔽和关键部位单元工程、分部工程、单位工程以及单位工程外观质量评定资料进行抽查，并按要求核备工程质量结论	（1）在收到资料后20工作日内，及时将核备意见书面反馈项目法人。 （2）依据质量资料是否规范齐全、质量评定验收程序是否合规、监督检查问题是否完成整改等方面提出施工质量监督核备意见。 （3）按现行规定履行质量评定手续，根据监督检查情况，附独立的质量核备意见
7	质量问题处理	（1）建立质量缺陷备案台账。 （2）参加相关项目主管部门主持的质量事故调查，监督工程质量事故的处理	（1）督促项目法人及时报送质量缺陷备案表。 （2）监督检查质量问题处理是否符合规定
8	编写工程质量评价意见或质量监督报告	（1）阶段验收前编写工程质量评价意见。 （2）竣工验收前编写工程质量监督报告	在项目主管部门主持或委托有关部门主持的阶段验收或竣工验收时，提交工程质量评价意见或质量监督报告
9	列席项目法人主持的验收	（1）列席单位工程验收、工程阶段验收、工程竣工验收自查会议。 （2）宜列席大型枢纽工程主要建筑物的分部工程验收。 （3）可列席重要隐蔽（关键部位）单元工程验收	对列席的验收提出质量监督意见，必要时向相关项目主管部门报告

续表

序号	监督项目	监督内容	监督标准或要求
10	参加项目主管部门主持或委托有关部门主持的验收	（1）参加验收。 （2）根据竣工验收的需要，对项目法人提出的工程质量抽样检测的项目、内容和数量进行审核，重点审核主体工程或影响工程结构安全的部位	作为验收委员会（工作组）成员，参加验收
11	建立质量监督档案	建立质量监督工作档案	质量监督档案符合工程档案管理规定
12	受理质量举报投诉	设立质量举报投诉电话、传真、电邮等方式途径，接受公众监督	及时处理并反馈质量投诉

4. 工程质量检测

根据《水利工程质量监督管理规定》（水建〔1997〕339号），工程质量检测是工程质量监督、质量检查、质量评定和验收的重要手段。

根据《水利工程质量检测管理规定》（水利部令第36号），水利工程质量检测（以下简称质量检测）是指水利工程质量检测单位（以下简称检测单位）依据国家有关法律、法规和标准，对水利工程实体以及用于水利工程的原材料、中间产品、金属结构和机电设备等进行的检查、测量、试验或者度量，并将结果与有关标准、要求进行比较以确定工程质量是否合格所进行的活动。

检测单位应当在资质等级许可的范围内承担质量检测业务。

检测单位资质分为岩土工程、混凝土工程、金属结构、机械电气和量测共5个类别，每个类别分为甲级、乙级2个等级。检测单位资质等级标准见表2F320065-2。

水利工程质量检测单位资质等级标准表 表 2F320065-2

等级		甲级	乙级
人员配备	经考试合格的检测人员	≥15人（其中具备中级及以上技术职称人员不少于7人）	≥10人（其中具备中级及以上技术职称人员不少于5人）
	主要负责人	具有10年以上从事水利水电工程建设相关工作经历并具有高级以上职称	具有8年以上从事水利水电工程建设相关工作经历并具有高级以上职称
	技术负责人	具有10年以上从事水利水电工程建设相关工作经历，并具有水利水电专业高级以上技术职称	具有8年以上从事水利水电工程建设相关工作经历，并具有水利水电专业高级以上技术职称
	业绩	近3年内至少承担过3个大型水利水电工程（含一级堤防）或6个中型水利水电工程（含二级堤防）的主要检测任务	—
管理体系和质量保证体系		有健全的技术管理和质量保证体系，有计量认证资质证书	

取得甲级资质的检测单位可以承担各等级水利工程的质量检测业务。大型水利工程（含一级堤防）主要建筑物以及水利工程质量与安全事故鉴定的质量检测业务，必须由具

有甲级资质的检测单位承担。取得乙级资质的检测单位可以承担除大型水利工程（含一级堤防）主要建筑物以外的其他各等级水利工程的质量检测业务。

从事水利工程质量检测的专业技术人员（以下简称检测人员），应当具备相应的质量检测知识和能力，并按照国家职业资格管理或者行业自律管理的规定取得从业资格。

检测单位应当按照国家和行业标准开展质量检测活动；没有国家和行业标准的，由检测单位提出方案，经委托方确认后实施。检测单位违反法律、法规和强制性标准，给他人造成损失的，应当依法承担赔偿责任。检测人员应当按照法律、法规和标准开展质量检测工作，并对质量检测结果负责。

质量检测试样的取样应当严格执行国家和行业标准以及有关规定。提供质量检测试样的单位和个人，应当对试样的真实性负责。

检测单位应当按照合同和有关标准及时、准确地向委托方提交质量检测报告，并对质量检测报告负责。任何单位和个人不得明示或者暗示检测单位出具虚假质量检测报告，不得篡改或者伪造质量检测报告。

检测单位应当将存在工程安全问题、可能形成质量隐患或者影响工程正常运行的检测结果以及检测过程中发现的项目法人（建设单位）、勘测设计单位、施工单位、监理单位违反法律、法规和强制性标准的情况，及时报告委托方和具有管辖权的水行政主管部门或者流域管理机构。

检测单位应当建立档案管理制度。检测合同、委托单、原始记录、质量检测报告应当按年度统一编号，编号应当连续，不得随意抽撤、涂改。检测单位应当单独建立检测结果不合格项目台账。

根据《水利部关于修订印发水利建设质量工作考核办法的通知》（水建管〔2018〕102号），建设项目质量监督管理工作主要考核以下内容：

（1）质量监督计划。

（2）参建单位质量行为和实体质量检查。

（3）工程质量核备。

2F320066　水力发电工程质量管理的要求

一、建设各方职责

为规范和加强水电建设工程质量管理工作，原电力工业部于1997年4月22日颁布实施了《水电建设工程质量管理暂行办法》。《水电建设工程质量管理暂行办法》共分为总则、建设各方职责、设计质量管理、施工质量管理、施工质量检查与工程验收、质量监督、工程质量事故、经济奖罚、附则等九章。

根据《水电建设工程质量管理暂行办法》，水电工程建设必须遵守国家有关质量管理的法律、法规和政策，并应在有关文件、合同中予以具体体现。建设各方均应按合同约定的质量标准履行自己的义务。合同中有关质量约定不明确，按照合同条款内容不能确定，当事人又不能通过协商达成协议的，按国家质量标准履行，没有国家质量标准的，按同行公议标准履行。

根据《水电建设工程质量管理暂行办法》，除可行性研究及以前阶段的勘测、规划设计等前期工作中的工程质量由设计单位负责，设计审查单位负审查责任外，在工程实施过程中，建设各方质量管理的职责如下：

（1）工程建设实施过程中的工程质量由项目法人负总责。监理、设计、施工、材料和设备的采购、制造等单位按照合同及有关规定对所承担的工作质量负责。项目法人组建的建设单位在质量工作方面的职责，由项目法人予以明确。

（2）监理单位对工程建设过程中的设计与施工质量负监督与控制责任，对其验收合格项目的施工质量负直接责任。

（3）设计单位对设计质量负责。

（4）施工单位对所承包项目的施工质量负责，在监理单位验收前对施工质量负全部责任，在监理单位验收后，对其隐瞒或虚假部分负直接责任。

（5）工程主要材料、设备，应由合同规定的采购单位负责招标采购，选定材料、设备的供货厂家，并负责材料、设备的检验、监造工作，对其质量负责；其他单位不得干预采购单位按规定进行自主采购的权利而指定供货厂家或产品。

（6）建设项目的项目法人、监理、设计、施工单位的行政正职，对本单位的质量工作负领导责任。各单位在工程项目现场的行政负责人对本单位在工程建设中的质量工作负直接领导责任。监理、设计、施工单位的工程项目技术负责人（总监、设总、总工）对质量工作负技术责任。具体工作人员为直接责任人。

各单位的行政正职和现场行政负责人，应采取措施，保证其质量的检测、控制和管理部门能独立行使职能。

二、设计质量管理的主要内容

根据《水电建设工程质量管理暂行办法》，有关设计质量管理的主要内容是：

（1）承担水电建设项目设计任务的单位，必须持有国家有关部门正式颁发的并与工程项目的建设规模相适应的水电勘测设计资质证书，严禁无证设计或越级设计。

（2）项目法人可以实行设计进度质量保留金制度。因勘测设计责任造成工程质量事故的，项目法人有权扣除部分以至全部保留金。

（3）招标设计和施工图设计，必须按照国家有关部门批准的可行性研究报告或初步设计报告的原则进行。

（4）工程规模、安全设防标准、枢纽总体布置、主要建筑物形式、施工期度汛标准及其他涉及工程安全的重大问题的设计原则、标准和方案发生重大变更时，必须由项目法人组织设计单位编制相应的设计文件，并由项目法人报原设计审批部门审查批准。

（5）设计单位推荐材料、设备时应遵循"定型不定厂"的原则，不得指定供货厂家或产品。

三、施工单位质量管理的主要内容

根据《水电建设工程质量管理暂行办法》，有关施工质量管理的主要内容是：

（1）施工单位在近五年内工程发生重大及以上质量事故的，应视其整改情况决定取舍；在近一年内工程发生特大质量事故的，不得独立中标承建大型水电站主体工程的施工任务。

（2）非水电专业施工单位，不能独立或作为联营体责任方承担具有水工专业特点的工程项目。

（3）施工单位的质量保留金依合同按月进度付款的一定比例逐月扣留。因施工原因造成工程质量事故的，项目法人有权扣除部分以至全部保留金。

（4）施工质量检查与工程验收，主要内容有：

①施工准备工程质量检查，由施工单位负责进行，监理单位应对关键部位（或项目）的施工准备情况进行抽查。

②单元工程的检查验收，施工单位应按"三级检查制度"（班组初检、作业队复检、项目部终检）的原则进行自检，在自检合格的基础上，由监理单位进行终检验收。经监理单位同意，施工单位的自检工作分级层次可以适当简化。

③监理单位对隐蔽工程和关键部位进行终检验收时，设计单位应参加并签署意见。监理单位签署终检验收结论时，应认真考虑设计等单位的意见。

2F320070　水利水电工程施工质量评定

2F320071　项目划分的原则

按照《水利技术标准编写规定》SL 1—2014，水利部组织有关单位对《水利水电工程施工质量评定规程（试行）》SL 176—1996进行修订，修订后更名为《水利水电工程施工质量检验与评定规程》SL 176—2007（以下简称新规程），自2007年10月14日实施。新规程共5章、11节、81条、7个附录。新规程有关项目的名称与划分原则是：

1. 水利水电工程质量检验与评定应当进行项目划分。项目按级划分为单位工程、分部工程、单元（工序）工程等三级。

2. 水利水电工程项目划分应结合工程结构特点、施工部署及施工合同要求进行，划分结果应有利于保证施工质量以及施工质量管理。

3. 单位工程项目划分原则

（1）枢纽工程，一般以每座独立的建筑物为一个单位工程。当工程规模大时，可将一个建筑物中具有独立施工条件的一部分划分为一个单位工程。

（2）堤防工程，按招标标段或工程结构划分单位工程。可将规模较大的交叉联结建筑物及管理设施以每座独立的建筑物划分为一个单位工程。

（3）引水（渠道）工程，按招标标段或工程结构划分单位工程。可将大、中型（渠道）建筑物以每座独立的建筑物划分为一个单位工程。

（4）除险加固工程，按招标标段或加固内容，并结合工程量划分单位工程。

4. 分部工程项目划分原则

（1）枢纽工程，土建部分按设计的主要组成部分划分；金属结构及启闭机安装工程和机电设备安装工程按组合功能划分。

（2）堤防工程，按长度或功能划分。

（3）引水（渠道）工程中的河（渠）道按施工部署或长度划分；大、中型建筑物按工程结构主要组成部分划分。

（4）除险加固工程，按加固内容或部位划分。

（5）同一单位工程中，各个分部工程的工程量（或投资）不宜相差太大，每个单位工程中的分部工程数目，不宜少于5个。

5. 单元工程项目划分原则

（1）按《水利建设工程单元工程施工质量验收评定标准》（以下简称《单元工程评定标准》）规定进行划分。

（2）河（渠）道开挖、填筑及衬砌单元工程划分界限宜设在变形缝或结构缝处，长度一般不大于100m。同一分部工程中各单元工程的工程量（或投资）不宜相差太大。

（3）《单元工程评定标准》中未涉及的单元工程可依据工程结构、施工部署或质量考核要求，按层、块、段进行划分。

6. 新规程有关项目划分程序

（1）由项目法人组织监理、设计及施工等单位进行工程项目划分，并确定主要单位工程、主要分部工程、重要隐蔽单元工程和关键部位单元工程。项目法人在主体工程开工前将项目划分表及说明书面报相应工程质量监督机构确认。

（2）工程质量监督机构收到项目划分书面报告后，应当在14个工作日内对项目划分进行确认并将确认结果书面通知项目法人。

（3）工程实施过程中，需对单位工程、主要分部工程、重要隐蔽单元工程和关键部位单元工程的项目划分进行调整时，项目法人应重新报送工程质量监督机构确认。

7. 新规程有关质量术语进行了修订和补充

（1）水利水电工程质量（quality of hydraulic and hydroelectric engineering）。工程满足国家和水利行业相关标准及合同约定要求的程度，在安全性、使用功能、适用性、外观及环境保护等方面的特性总和。

（2）质量检验（quality inspection）。通过检查、量测、试验等方法，对工程质量特性进行的符合性评价。

（3）质量评定（quality assessment）。将质量检验结果与国家和行业技术标准以及合同约定的质量标准所进行的比较活动。

（4）单位工程（unit project）。指具有独立发挥作用或独立施工条件的建筑物。

（5）分部工程（separated part project）。指在一个建筑物内能组合发挥一种功能的建筑安装工程，是组成单位工程的部分。对单位工程安全性、使用功能或效益起决定性作用的分部工程称为主要分部工程。

（6）单元工程（separated item project）。指在分部工程中由几个工序（或工种）施工完成的最小综合体，是日常质量考核的基本单位。

（7）关键部位单元工程（separated item project of critical position）。指对工程安全性，或效益，或使用功能有显著影响的单元工程。

（8）重要隐蔽单元工程（separated item project of crucial concealment）。指主要建筑物的地基开挖、地下洞室开挖、地基防渗、加固处理和排水等隐蔽工程中，对工程安全或使用功能有严重影响的单元工程。

（9）主要建筑物及主要单位工程（main structure and main unit project）。主要建筑物，指其失事后将造成下游灾害或严重影响工程效益的建筑物，如堤坝、泄洪建筑物、输水建筑物、电站厂房及泵站等。属于主要建筑物的单位工程称为主要单位工程。

（10）中间产品（intermediate product）。指工程施工中使用的砂石集料、石料、混凝土拌合物、砂浆拌合物、混凝土预制构件等土建类工程的成品及半成品。

（11）见证取样（evidential testing）。在监理单位或项目法人监督下，由施工单位有关人员现场取样，并送到具有相应资质等级的工程质量检测机构所进行的检测。

（12）外观质量（quality of appearance）。通过检查和必要的量测所反映的工程外表质量。

（13）质量事故（accident due to poor quality）。在水利水电工程建设过程中，由于建设管理、监理、勘测、设计、咨询、施工、材料、设备等原因造成工程质量不符合国家和行业相关标准以及合同约定的质量标准，影响工程使用寿命和对工程安全运行造成隐患和危害的事件。

（14）质量缺陷（defect of constructional quality）。指对工程质量有影响，但小于一般质量事故的质量问题。

2F320072　施工质量检验的要求

新规程有关施工质量检验的基本要求有：

（1）承担工程检测业务的检测机构应具有水行政主管部门颁发的资质证书。

（2）工程施工质量检验中使用的计量器具、试验仪器仪表及设备应定期进行检定，并具备有效的检定证书。国家规定需强制检定的计量器具应经县级以上计量行政部门认定的计量检定机构或其授权设置的计量检定机构进行检定。

（3）检测人员应熟悉检测业务，了解被检测对象性质和所用仪器设备性能，经考核合格后，持证上岗。参与中间产品及混凝土（砂浆）试件质量资料复核的人员应具有工程师以上工程系列技术职称，并从事过相关试验工作。

（4）工程质量检验项目和数量应符合《单元工程评定标准》规定。工程质量检验方法，应符合《单元工程评定标准》和国家及行业现行技术标准的有关规定。

（5）工程项目中如遇《单元工程评定标准》中尚未涉及的项目质量评定标准时，其质量标准及评定表格，由项目法人组织监理、设计及施工单位按水利部有关规定进行编制和报批。

（6）工程中永久性房屋、专用公路、专用铁路等项目的施工质量检验与评定可按相应行业标准执行。

（7）项目法人、监理、设计、施工和工程质量监督等单位根据工程建设需要，可委托具有相应资质等级的水利工程质量检测机构进行工程质量检测。施工单位自检性质的委托检测项目及数量，按《单元工程评定标准》及施工合同约定执行。对已建工程质量有重大分歧时，由项目法人委托第三方具有相应资质等级的质量检测机构进行检测，检测数量视需要确定，检测费用由责任方承担。

（8）对涉及工程结构安全的试块、试件及有关材料，应实行见证取样。见证取样资料由施工单位制备，记录应真实齐全，参与见证取样人员应在相关文件上签字。

（9）工程中出现检验不合格的项目时，按以下规定进行处理：

① 原材料、中间产品一次抽样检验不合格时，应及时对同一取样批次另取两倍数量进行检验，如仍不合格，则该批次原材料或中间产品应当定为不合格，不得使用。

进入施工现场的钢筋，应具有出厂质量证明书或试验报告单，每捆（盘）钢筋均应挂上标牌，标牌上应注有厂标、钢号、产品批号、规格、尺寸等项目，在运输和储存时不得损坏和遗失这些标牌。

到货钢筋应分批检查每批钢筋的外观质量，查看锈蚀程度及有无裂缝、结疤、麻坑、气泡、砸碰伤痕等，并应测量钢筋的直径。应分批进行检验，检验时以60t同一炉（批）号、同一规格尺寸的钢筋为一批。随机选取2根经外部质量检查和直径测量合格的钢筋，各截取一个抗拉试件和一个冷弯试件进行检验，不得在同一根钢筋上取两个或两个以上同用途的试件。钢筋取样时，钢筋端部要先截去500mm再取试样。在拉力检验项目中，包括屈服点、抗拉强度和伸长率三个指标。如有一个指标不符合规定，即认为拉力检验项目不合格。冷弯试件弯曲后，不得有裂纹、剥落或断裂。对钢号不明的钢筋，需经检验合格后方可使用。检验时抽取的试件不得少于6组。

② 单元（工序）工程质量不合格时，应按合同要求进行处理或返工重作，并经重新检验且合格后方可进行后续工程施工。

③ 混凝土（砂浆）试件抽样检验不合格时，应委托具有相应资质等级的质量检测机构对相应工程部位进行检验。如仍不合格，由项目法人组织有关单位进行研究，并提出处理意见。

④ 工程完工后的质量抽检不合格，或其他检验不合格的工程，应按有关规定进行处理，合格后才能进行验收或后续工程施工。

新规程对施工过程中参建单位的质量检验职责的主要规定有：

（1）施工单位应当依据工程设计要求、施工技术标准和合同约定，结合《单元工程评定标准》的规定确定检验项目及数量并进行自检，自检过程应当有书面记录，同时结合自检情况如实填写《水利水电工程施工质量评定表》。

（2）监理单位应根据《单元工程评定标准》和抽样检测结果复核工程质量。其平行检测和跟踪检测的数量按《水利工程施工监理规范》SL 288—2014或合同约定执行。

（3）项目法人应对施工单位自检和监理单位抽检过程进行督促检查，对报工程质量监督机构核备、核定的工程质量等级进行认定。

（4）工程质量监督机构应对项目法人、监理、勘测、设计、施工单位以及工程其他参建单位的质量行为和工程实物质量进行监督检查。检查结果应当按有关规定及时公布，并书面通知有关单位。

（5）临时工程质量检验及评定标准，由项目法人组织监理、设计及施工等单位根据工程特点，参照《单元工程评定标准》和其他相关标准确定，并报相应的工程质量监督机构核备。

（6）质量检验包括施工准备检查，原材料与中间产品质量检验，水工金属结构、启闭机及机电产品质量检查，单元（工序）工程质量检验，质量事故检查和质量缺陷备案，工程外观质量检验等。

（7）质量缺陷备案表由监理单位组织填写，内容应真实、全面、完整。各工程参建单位代表应在质量缺陷备案表上签字，若有不同意见应明确记载。质量缺陷备案表应及时报工程质量监督机构备案。质量缺陷备案资料按竣工验收的标准制备。工程竣工验收时，项目法人应向竣工验收委员会汇报并提交历次质量缺陷备案资料。

2F320073 施工质量评定的要求

新规程规定水利水电工程施工质量等级分为"合格""优良"两级。合格标准是工程验收标准。优良等级是为工程项目质量创优而设置。水利水电工程施工质量等级评定的主要依据有：

（1）国家及相关行业技术标准。

（2）《单元工程评定标准》。

（3）经批准的设计文件、施工图纸、金属结构设计图样与技术条件、设计修改通知书、厂家提供的设备安装说明书及有关技术文件。

（4）工程承发包合同中约定的技术标准。

（5）工程施工期及试运行期的试验和观测分析成果。

一、新规程有关施工质量合格标准

1. 单元（工序）工程施工质量合格标准

（1）单元（工序）工程施工质量评定标准按照《单元工程评定标准》或合同约定的合格标准执行。

（2）单元（工序）工程质量达不到合格标准时，应及时处理。处理后的质量等级按下列规定重新确定：

① 全部返工重做的，可重新评定质量等级。

② 经加固补强并经设计和监理单位鉴定能达到设计要求时，其质量评为合格。

③ 处理后的工程部分质量指标仍达不到设计要求时，经设计复核，项目法人及监理单位确认能满足安全和使用功能要求，可不再进行处理；或经加固补强后，改变了外形尺寸或造成工程永久性缺陷的，经项目法人、监理及设计单位确认能基本满足设计要求，其质量可定为合格，但应按规定进行质量缺陷备案。

2. 分部工程施工质量合格标准

（1）所含单元工程的质量全部合格。质量事故及质量缺陷已按要求处理，并经检验合格。

（2）原材料、中间产品及混凝土（砂浆）试件质量全部合格，金属结构及启闭机制造质量合格，机电产品质量合格。

3. 单位工程施工质量合格标准

（1）所含分部工程质量全部合格。

（2）质量事故已按要求进行处理。

（3）工程外观质量得分率达到 70% 以上。

（4）单位工程施工质量检验与评定资料基本齐全。

（5）工程施工期及试运行期，单位工程观测资料分析结果符合国家和行业技术标准以及合同约定的标准要求。

4. 工程项目施工质量合格标准

（1）单位工程质量全部合格。

（2）工程施工期及试运行期，各单位工程观测资料分析结果均符合国家和行业技术标准以及合同约定的标准要求。

二、新规程有关施工质量优良标准

1. 单元工程施工质量优良标准按照《单元工程评定标准》以及合同约定的优良标准执行。全部返工重做的单元工程，经检验达到优良标准时，可评为优良等级。

2．分部工程施工质量优良标准

（1）所含单元工程质量全部合格，其中70%以上达到优良等级，主要单元工程以及重要隐蔽单元工程（关键部位单元工程）质量优良率达90%以上，且未发生过质量事故。

（2）中间产品质量全部合格，混凝土（砂浆）试件质量达到优良等级（当试件组数小于30时，试件质量合格）。原材料质量、金属结构及启闭机制造质量合格，机电产品质量合格。

3．单位工程施工质量优良标准

（1）所含分部工程质量全部合格，其中70%以上达到优良等级，主要分部工程质量全部优良，且施工中未发生过较大质量事故。

（2）质量事故已按要求进行处理。

（3）外观质量得分率达到85%以上。

（4）单位工程施工质量检验与评定资料齐全。

（5）工程施工期及试运行期，单位工程观测资料分析结果符合国家和行业技术标准以及合同约定的标准要求。

4．工程项目施工质量优良标准

（1）单位工程质量全部合格，其中70%以上单位工程质量达到优良等级，且主要单位工程质量全部优良。

（2）工程施工期及试运行期，各单位工程观测资料分析结果均符合国家和行业技术标准以及合同约定的标准要求。

三、新规程有关施工质量评定工作的组织要求

（1）单元（工序）工程质量在施工单位自评合格后，报监理单位复核，由监理工程师核定质量等级并签证认可。

（2）重要隐蔽单元工程及关键部位单元工程质量经施工单位自评合格、监理单位抽检后，由项目法人（或委托监理）、监理、设计、施工、工程运行管理（施工阶段已经有时）等单位组成联合小组，共同检查核定其质量等级并填写签证表，报工程质量监督机构核备。

（3）分部工程质量，在施工单位自评合格后，报监理单位复核，项目法人认定。分部工程验收的质量结论由项目法人报质量监督机构核备。大型枢纽工程主要建筑物的分部工程验收的质量结论由项目法人报工程质量监督机构核定。

（4）单位工程质量，在施工单位自评合格后，由监理单位复核，项目法人认定。单位工程验收的质量结论由项目法人报质量监督机构核定。

（5）工程外观质量评定。单位工程完工后，项目法人组织监理、设计、施工及工程运行管理等单位组成工程外观质量评定组，进行工程外观质量检验评定并将评定结论报工程质量监督机构核定。参加工程外观质量评定的人员应具有工程师以上技术职称或相应执业资格。评定组人数应不少于5人，大型工程不宜少于7人。

（6）工程项目质量，在单位工程质量评定合格后，由监理单位进行统计并评定工程项目质量等级，经项目法人认定后，报质量监督机构核定。

（7）阶段验收前，质量监督机构应提交工程质量评价意见。

（8）工程质量监督机构应按有关规定在工程竣工验收前提交工程质量监督报告，工程

质量监督报告应当有工程质量是否合格的明确结论。

2F320074　单元工程质量等级评定标准

根据新规程，《水利水电基本建设工程单元工程质量等级评定标准》是单元工程质量等级标准。

一、单元工程质量等级评定使用的标准

根据水利部 2012 年第 57 号公告，自 2012 年 12 月 19 日起，下列《水利水电基本建设工程单元工程质量评定标准》停止使用：

1.《水工建筑物》SDJ 249.1—88；

2.《金属结构及启闭机械安装工程》SDJ 249.2—88；

3.《水轮发电机组安装工程》SDJ 249.3—88；

4.《水力机械辅助设备安装工程》SDJ 249.4—88；

5.《发电电气设备安装工程》SDJ 249.5—88；

6.《升压变电电气设备安装工程》SDJ 249.6—88；

7.《碾压式土石坝和浆砌石坝工程》SL 38—92；

8.《堤防工程单元工程质量等级评定标准》（含在《堤防施工质量评定与验收规程（试行）》SL 239—1999 中）。

自 2012 年 12 月 19 日起，上述标准（老标准）被下列标准（新标准）替代：

1.《水利水电工程单元工程施工质量验收评定标准——土石方工程》SL 631—2012；

2.《水利水电工程单元工程施工质量验收评定标准——混凝土工程》SL 632—2012；

3.《水利水电工程单元工程施工质量验收评定标准——地基处理与基础工程》SL 633—2012；

4.《水利水电工程单元工程施工质量验收评定标准——堤防工程》SL 634—2012；

5.《水利水电工程单元工程施工质量验收评定标准——水工金属结构安装工程》SL 635—2012；

6.《水利水电工程单元工程施工质量验收评定标准——水轮发电机组安装工程》SL 636—2012；

7.《水利水电工程单元工程施工质量验收评定标准——水力机械辅助设备系统安装工程》SL 637—2012；

8.《水利水电工程单元工程施工质量验收评定规程——发电电气设备安装工程》SL 638—2013；

9.《水利水电工程单元工程施工质量验收评定规程——升压变电电气设备安装工程》SL 639—2013。

老标准中，其中有将质量检验项目分为一般原则和要求、质量检查项目和允许偏差项目等三项，也有将质量标准项目分为保证项目、基本项目和允许偏差项目等三类，以上各有优点。另外一个不同点是部分标准将中间产品质量标准纳入了正文，主要理由是中间产品应作为一个工序考虑，其质量标准也应经过检验评定，只有在检验合格后才能在单元工程中加以应用，并且在重要工程的产品中，当单元工程评定为优良时，其中间产品必须优良。

新标准将质量检验项目统一为主控项目、一般项目（主控项目，对单元工程功能起决定作用或对安全、卫生、环境保护有重大影响的检验项目；一般项目，除主控项目外的检验项目）。

需要强调的是单元工程是日常工程质量考核的基本单位，它是以有关设计、施工规范为依据的，其质量评定一般不超出这些规范的范围。

由于以上评定标准是以有关技术规范为基础的，而一些目前使用的检测手段（如超声波、电子或激光探测等），相应的有关技术规范没有列，所以评定标准中基本没有使用这些手段的相应检测标准。

二、新标准中单元质量评定的主要要求

（1）单元工程按工序划分情况，分为划分工序单元工程和不划分工序单元工程。

划分工序单元工程应先进行工序施工质量验收评定。在工序验收评定合格和施工项目实体质量检验合格的基础上，进行单元工程施工质量验收评定。

不划分工序单元工程的施工质量验收评定，在单元工程中所包含的检验项目检验合格和施工项目实体质量检验合格的基础上进行。

（2）工序和单元工程施工质量等各类项目的检验，应采用随机布点和监理工程师现场指定区位相结合的方式进行。检验方法及数量应符合本标准和相关标准的规定。

（3）工序和单元工程施工质量验收评定表及其备查资料的制备由工程施工单位负责，其规格宜采用国际标准 A4 纸（210mm×297mm），验收评定表一式 4 份，备查资料一式 2 份，其中验收评定表及其备查资料一份应由监理单位保存，其余应由施工单位保存。

三、新标准中工序施工质量验收评定的主要要求

1. 单元工程中的工序分为主要工序和一般工序。

2. 工序施工质量验收评定应具备以下条件：

（1）工序中所有施工项目（或施工内容）已完成，现场具备验收条件。

（2）工序中所包含的施工质量检验项目经施工单位自检全部合格。

3. 工序施工质量验收评定应按以下程序进行：

（1）施工单位应首先对已经完成的工序施工质量按本标准进行自检，并做好检验记录。

（2）施工单位自检合格后，应填写工序施工质量验收评定表，质量责任人履行相应签认手续后，向监理单位申请复核。

（3）监理单位收到申请后，应在 4 小时内进行复核。复核内容包括：

① 核查施工单位报验资料是否真实、齐全。

② 结合平行检测和跟踪检测结果等，复核工序施工质量检验项目是否符合本标准的要求。

③ 在施工单位提交的工序施工质量验收评定表中填写复核记录，并签署工序施工质量评定意见，核定工序施工质量等级，相关责任人履行相应签认手续。

4. 工序施工质量验收评定应包括下列资料：

（1）施工单位报验时，应提交下列资料：

① 各班、组的初检记录、施工队复检记录、施工单位专职质检员终验记录。

② 工序中各施工质量检验项目的检验资料。

③ 施工单位自检完成后，填写的工序施工质量验收评定表。

（2）监理单位应提交下列资料：

① 监理单位对工序中施工质量检验项目的平行检测资料（包括跟踪检测）。

② 监理工程师签署质量复核意见的工序施工质量验收评定表。

5．工序施工质量评定分为合格和优良两个等级，其标准如下：

（1）合格等级标准

① 主控项目，检验结果应全部符合本标准的要求。

② 一般项目，逐项应有 70% 及以上的检验点合格，且不合格点不应集中。

③ 各项报验资料应符合本标准要求。

（2）优良等级标准

① 主控项目，检验结果应全部符合本标准的要求。

② 一般项目，逐项应有 90% 及以上的检验点合格，且不合格点不应集中。

③ 各项报验资料应符合本标准要求。

四、新标准中单元工程施工质量验收评定主要要求

1．单元工程施工质量验收评定应具备以下条件：

（1）单元工程所含工序（或所有施工项目）已完成，施工现场具备验收的条件。

（2）已完工序施工质量经验收评定全部合格，有关质量缺陷已处理完毕或有监理单位批准的处理意见。

2．单元工程施工质量验收评定应按以下程序进行：

（1）施工单位应首先对已经完成的单元工程施工质量进行自检，并填写检验记录。

（2）施工单位自检合格后，应填写单元工程施工质量验收评定表，向监理单位申请复核。

（3）监理单位收到申报后，应在 8 小时内进行复核。复核内容包括：

① 核查施工单位报验资料是否真实、齐全。

② 对照施工图纸及施工技术要求，结合平行检测和跟踪检测结果等，复核单元工程质量是否达到本标准要求。

③ 检查已完单元遗留问题的处理情况，在施工单位提交的单元工程施工质量验收评定表中填写复核记录，并签署单元工程施工质量评定意见，评定单元工程施工质量等级，相关责任人履行相应签认手续。

④ 对验收中发现的问题提出处理意见。

3．单元工程施工质量验收评定应包括下列资料：

（1）施工单位申请验收评定时，应提交下列资料：

① 单元工程中所含工序（或检验项目）验收评定的检验资料。

② 各项实体检验项目的检验记录资料。

③ 施工单位自检完成后，填写的单元工程施工质量验收评定表。

（2）监理单位应提交下列资料：

① 监理单位对单元工程施工质量的平行检测资料。

② 监理工程师签署质量复核意见的单元工程施工质量验收评定表。

4．划分工序单元工程施工质量评定分为合格和优良两个等级，其标准如下：

（1）合格等级标准

① 各工序施工质量验收评定应全部合格。

② 各项报验资料应符合本标准要求。

（2）优良等级标准

① 各工序施工质量验收评定应全部合格，其中优良工序应达到 50% 及以上，且主要工序应达到优良等级。

② 各项报验资料应符合本标准要求。

5．不划分工序单元工程施工质量评定分为合格和优良两个等级，其标准如下：

（1）合格等级标准

① 主控项目，检验结果应全部符合本标准的要求。

② 一般项目，逐项应有 70% 及以上的检验点合格，且不合格点不应集中；对于河道疏浚工程，逐项应有 90% 及以上的检验点合格，且不合格点不应集中。

③ 各项报验资料应符合本标准要求。

（2）优良等级标准

① 主控项目，检验结果应全部符合本标准的要求。

② 一般项目，逐项应有 90% 及以上的检验点合格，且不合格点不应集中；对于河道疏浚工程，逐项应有 95% 及以上的检验点合格，且不合格点不应集中。

③ 各项报验资料应符合本标准要求。

2F320075　施工质量评定表的使用

一、典型施工质量评定表的内容

为便于工程建设中的使用，水利部已颁发单元工程质量评定表格 246 张，主要内容是：

（1）工程项目施工质量评定表（6 个）；

（2）水工建筑工程单元工程施工质量评定表（30 个）；

（3）金属结构及启闭机械安装工程单元工程质量评定表（59 个）；

（4）水轮发电机组安装工程单元工程质量评定表（47 个）；

（5）水力机械辅助设备安装工程单元工程质量评定表（10 个）；

（6）发电电气设备安装工程单元工程质量评定表（17 个）；

（7）升压变电电气设备安装工程单元工程质量评定表（11 个）；

（8）碾压式土石坝及浆砌石坝工程单元工程质量评定表（52 个）；

（9）堤防工程外观质量及单元工程质量评定表（14 个）。

对于技术进步、设备更新、工艺流程改造等原因，使得部分水轮发电机、水力机械辅助设备、发电电气设备、升压变电电气设备安装工程尚无统一的质量评定标准和表格时，可以按新技术、新工艺的技术规范、设计要求和设备生产厂商的技术说明书，增补制定施工、安装的质量评定标准，并按照《水利水电工程施工质量评定表（试行）》的统一格式（表头、表尾、表身）制定相应质量评定表格。有关质量评定标准和表格，须经过省级以上水利工程行政主管部门或其委托的水利工程质量监督机构批准。

1．土石方工程、堤防工程、混凝土工程评定表格式

（1）划分工序的单元工程，其工序、单元工程的施工质量验收评定应分别采用表

2F320075-1 和表 2F320075-2。

工序施工质量验收评定表　　　　表 2F320075-1

单位工程名称		工序编号	
分部工程名称		施工单位	
单元工程名称、部位		施工日期	年　月　日～　年　月　日

项次		检验项目	质量标准	检查（测）记录	合格数	合格率
主控项目	1					
	2					
	3					
	4					
	…					
一般项目	1					
	2					
	3					
	4					
	…					

施工单位自评意见	主控项目检验点 100% 合格，一般项目逐项检验点的合格率　　　%，且不合格点不集中分布。 　　　　　　　　　工序质量等级评定为： 　　　（签字，加盖公章）　　　年　月　日
监理单位复核意见	经复核，主控项目检验点 100% 合格，一般项目逐项检验点的合格率　　　%，且不合格点不集中分布。 　　　　　　　　　工序质量等级评定为： 　　　（签字，加盖公章）　　　年　月　日

单元工程施工质量验收评定表（划分工序）

单位工程名称		单元工程量	
分部工程名称		施工单位	
单元工程名称、部位		施工日期	年　月　日～　年　月　日

项次	工序编号	工序质量验收评定等级
1		
2		
3		
4		
5		
6		
…		

施工单位自评意见	各工序施工质量全部合格，其中优良工序占　　　%，且主要工序达到优良等级。 单元质量等级评定为： （签字，加盖公章）　　　年　月　日
监理单位复核意见	经抽查并查验相关检验报告和检验资料，各工序施工质量全部合格，其中优良工序占　　　%，且主要工序达到优良等级。 单元工程质量等级评定为： （签字，加盖公章）　　　年　月　日

注：1. 对重要隐蔽单元工程和关键部位单元工程的施工质量验收评定应有设计、建设等单位的代表签字，具体要求应满足新规程规定。

2. 本表所填"单元工程量"不作为施工单位工程量结算计量的依据。

（2）不划分工序的单元工程施工质量验收评定应采用表 2F320075-3。

单元工程施工质量验收评定表（不划分工序）　　　　表 2F320075-3

单位工程名称		单元工程量			
分部工程名称		施工单位			
单元工程部位		施工日期	年　月　日～　年　月　日		

项次		检验项目	质量标准	检查（测）记录或备查资料名称	合格数	合格率
主控项目	1					
	2					
	3					
	4					
	5					
一般项目	1					
	2					
	3					
	4					
	5					
	…					

	主控项目检验点 100% 合格，一般项目逐项检验点的合格率　　　%，且不合格点不集中分布。
施工单位自评意见	单元质量等级评定为： （签字，加盖公章）　　　年　月　日
监理单位复核意见	经抽检并查验相关检验报告和检验资料，主控项目检验点 100% 合格，一般项目逐项检验点的合格率　　　%，且不合格点不集中分布。 单元质量等级评定为： （签字，加盖公章）　　　年　月　日

注：1. 对关键部位单元工程和重要隐蔽单元工程的施工质量验收评定应有设计、建设等单位的代表签字，具体要求应满足新规程规定。

　　2. 本表所填"单元工程量"不作为施工单位工程量结算计量的依据。

2. 水工金属结构安装工程、水轮发电机组安装工程、水力机械辅助设备系统安装工程评定表格式

（1）单元工程安装质量验收评定应采用表 2F320075-4。

×××单元工程安装质量验收评定表　　　　表 2F320075-4

单位工程名称		单元工程量			
分部工程名称		安装单位			
单元工程名称、部位		评定日期		年　月　日	
项次	项　目	主控项目（个）		一般项目（个）	
		合格数	其中优良数	合格数	其中优良数
1	×××部分安装（见表 2F320075-5）				
2	……				
…	……				
试运行效果		_____质量标准			
安装单位自评意见	各项试验和单元工程试运行符合要求，各项报验资料符合规定。检验项目全部合格。检验项目优良率为____，其中主控项目优良率为____，单元工程安装质量验收评定等级为____。 （签字，加盖公章）　　　年　月　日				
监理单位意见	各项试验和单元工程试运行符合要求，各项报验资料符合规定。检验项目全部合格。检验项目优良率为____，其中主控项目优良率为____，单元工程安装质量验收评定等级为____。 （签字，加盖公章）　　　年　月　日				

注：1. 主控项目和一般项目中的合格数指达到合格及其以上质量标准的项目个数；
　　2. 优良项目占全部项目百分率＝（主控项目优良数＋一般项目优良数）/检验项目总数×100%。

（2）单元工程安装质量检查及试运行质量检查应分别采用表 2F320075-5 和表
2F320075-6。

×××（部分）安装质量检查表

表 2F320075-5

编号：_____   日期：_____

分部工程名称			单元工程名称	
安装部位			安装内容	
安装单位			开／完工日期	

项次		检验项目	允许偏差（mm）	实测值（mm）				合格数	优良数	质量等级
				1	2	3	……			
主控项目	1									
	2									
	…									
一般项目	1									
	2									
	…									

检查意见：

主控项目共_____项，其中合格_____项，优良_____项，合格率_____，优良率_____％。

一般项目共_____项，其中合格_____项，优良_____项，合格率_____，优良率_____％。

测量人		安装单位评定人		监理工程师	
	年　月　日		年　月　日		年　月　日

×××试运行质量检查表

表 2F320075-6

编号：_____　　　　　　　　　　　　　　　　　　　　　　　　日期：_____

单位工程名称		分部工程名称		单元工程量	
单元工程名称、部位			试运行日期	年　月　日	
项次	检验项目	质量标准	检测情况	结论	
检查意见					
检验人		安装单位评定人		监理工程师	
	年　月　日		年　月　日		年　月　日

二、施工质量评定表的使用

《水利水电工程施工质量评定表（试行）》为水利水电工程的施工质量评定提供了统一的表格格式，但由于各单位对表格填写的要求和对相关技术标准的理解不尽相同，为了规范水利水电工程施工质量评定工作，进一步提高水利水电工程质量管理水平，2002年12月11日，水利部办公厅颁发了《水利水电工程施工质量评定表填表说明与示例（试行）》。

《水利水电工程施工质量评定表填表说明与示例（试行）》采用了填表说明、《评定表》原表、例表的版式安排，将例表中填写的具体内容与原表在字体上给予了区别。对填表说明进行了分类，将各评定表都应遵守的规定，列入"填表基本规定"；在各专业单元工程质量评定表前，增设了各专业填表说明；对每张表格设填表说明。为了便于正确评定工程施工质量，在工序及单元工程质量评定表的填表说明中，按《水利水电基本建设工程单元工程质量等级评定标准（试行）》列出了相应质量等级评定标准。

《水利水电工程施工质量评定表（试行）》（以下简称《评定表》）是检验与评定施工质量的基础资料，也是进行工程维修和事故处理的重要参考。《水利水电建设工程验收规程》SL 223—2008 规定，《评定表》是水利水电工程验收的备查资料。《水利工程建设项目档案管理规定》要求，工程竣工验收后，《评定表》归档长期保存。因此，对《评定表》的填写，作如下基本规定：

（1）单元（工序）工程完工后，应及时评定其质量等级，并按现场检验结果，如实填写《评定表》。现场检验应遵守随机取样原则。

（2）《评定表》应使用蓝色或黑色墨水钢笔填写，不得使用圆珠笔、铅笔填写。

（3）文字。应按国务院颁布的简化汉字书写。字迹应工整、清晰。

（4）数字和单位。数字使用阿拉伯数字（1、2、3、…、9、0）。单位使用国家法定计量单位，并以规定的符号表示（如：MPa、m、m³、t 等）。

（5）合格率。用百分数表示，小数点后保留一位。如果恰为整数，则小数点后以 0 表示。例：95.0%。

（6）改错。将错误用斜线划掉，再在其右上方填写正确的文字（或数字），禁止使用改正液、贴纸重写、橡皮擦、刀片刮或用墨水涂黑等方法。

（7）表头填写

① 单位工程、分部工程名称，按项目划分确定的名称填写。

② 单元工程名称、部位：填写该单元工程名称（中文名称或编号），部位可用桩号、高程等表示。

③ 施工单位：填写与项目法人（建设单位）签订承包合同的施工单位全称。

④ 单元工程量：填写本单元主要工程量。

⑤ 检验（评定）日期：年——填写4位数，月——填写实际月份（1～12月），日——填写实际日期（1～31日）。

（8）质量标准中，凡有"符合设计要求"者，应注明设计具体要求（如内容较多，可附页说明）；凡有"符合规范要求"者，应标出所执行的规范名称及编号。

（9）检验记录。文字记录应真实、准确、简练。数字记录应准确、可靠，小数点后保留位数应符合有关规定。

（10）设计值按施工图填写。实测值填写实际检测数据，而不是偏差值。当实测数据多时，可填写实测组数、实测值范围（最小值～最大值）、合格数，但实测值应作表格附件备查。

（11）《评定表》中列出的某些项目，如实际工程无该项内容，应在相应检验栏用斜线"/"表示。

（12）《评定表》表1～7从表头至评定意见栏均由施工单位经"三检"合格后填写，"质量等级"栏由复核质量的监理人员填写。监理人员复核质量等级时，如对施工单位填写的质量检验资料有不同意见，可写入"质量等级"栏内或另附页说明，并在质量等级栏内填写出正确的等级。

（13）单元（工序）工程表尾填写

① 施工单位由负责终验的人员签字。如果该工程由分包单位施工，则单元（工序）工程表尾由分包施工单位的终验人员填写分包单位全称，并签字。重要隐蔽工程、关键部位的单元工程，当分包单位自检合格后，总包单位应参加联合小组核定其质量等级。

② 建设、监理单位，实行了监理制的工程，由负责该项目的监理人员复核质量等级并签字。未实行监理制的工程，由建设单位专职质检人员签字。

③ 表尾所有签字人员，必须由本人按照身份证上的姓名签字，不得使用化名，也不得由其他人代为签名。签名时应填写填表日期。

（14）表尾填写：××单位是指具有法人资格单位的现场派出机构，若须加盖公章，则加盖该单位的现场派出机构的公章。

2F320080　水利水电工程建设安全生产管理

2F320081　水利工程项目法人的安全生产责任

为了加强水利工程建设安全生产监督管理，明确安全生产责任，防止和减少生产安全事故，保障人民群众生命和财产安全，根据《中华人民共和国安全生产法》《建设工程安全生产管理条例》等法律、法规，结合水利工程的特点，2005年6月22日水利部颁布《水利工程建设安全生产管理规定》（水利部令第26号），自2005年9月1日起施行。《水利工程建设安全生产管理规定》（以下简称《安全生产管理规定》）共分七章四十二条，其中第一章总则，第二章项目法人的安全生产责任，第三章勘察（测）、设计、建设监理及其他有关单位的安全责任，第四章施工单位的安全责任，第五章监督管理，第六章生产安全事故的应急救援和调查处理，第七章附则。《安全生产管理规定》第40条规定："违反本规定，需要实施行政处罚的，由水行政主管部门或者流域管理机构按照《建设工程安全生产管理条例》的规定执行。"

1. 根据《安全生产管理规定》，项目法人的安全生产责任主要包括：

（1）项目法人在对施工投标单位进行资格审查时，应当对投标单位的主要负责人、项目负责人以及专职安全生产管理人员是否经水行政主管部门安全生产考核合格进行审查。有关人员未经考核合格的，不得认定投标单位的投标资格。

（2）项目法人应当向施工单位提供施工现场及施工可能影响的毗邻区域内供水、排水、供电、供气、供热、通信、广播电视等地下管线资料，气象和水文观测资料，拟建工程可能影响的相邻建筑物和构筑物、地下工程的有关资料，并保证有关资料的真实、准确、完整，满足有关技术规范的要求。对可能影响施工报价的资料，应当在招标时提供。

（3）项目法人不得调减或挪用批准概算中所确定的水利工程建设有关安全作业环境及安全施工措施等所需费用。工程承包合同中应当明确安全作业环境及安全施工措施所需费用。

（4）项目法人应当组织编制保证安全生产的措施方案，并自开工之日起15日内报有管辖权的水行政主管部门、流域管理机构或者其委托的水利工程建设安全生产监督机构备案。建设过程中安全生产的情况发生变化时，应当及时对保证安全生产的措施方案进行调整，并报原备案机关。

保证安全生产的措施方案应当根据有关法律法规、强制性标准和技术规范的要求并结合工程的具体情况编制，应当包括以下内容：

① 项目概况；

② 编制依据；

③ 安全生产管理机构及相关负责人；

④ 安全生产的有关规章制度制定情况；

⑤ 安全生产管理人员及特种作业人员持证上岗情况等；

⑥ 生产安全事故的应急救援预案；

⑦ 工程度汛方案、措施；

⑧ 其他有关事项。

（5）项目法人在水利工程开工前，应当就落实保证安全生产的措施进行全面系统的布置，明确施工单位的安全生产责任。

（6）项目法人应当将水利工程中的拆除工程和爆破工程发包给具有相应水利水电工程施工资质等级的施工单位。项目法人应当在拆除工程或者爆破工程施工 15 日前，将下列资料报送水行政主管部门、流域管理机构或者其委托的安全生产监督机构备案：

① 拟拆除或拟爆破的工程及可能危及毗邻建筑物的说明；

② 施工组织方案；

③ 堆放、清除废弃物的措施；

④ 生产安全事故的应急救援预案。

2. 根据《水利部关于进一步加强水利建设项目安全设施"三同时"的通知》（水安监〔2015〕298 号），为贯彻落实《安全生产法》中关于建设项目安全设施必须与主体工程同时设计、同时施工、同时投入生产和使用的"三同时"有关要求，提出了加强水利工程建设项目安全设施"三同时"，主要要求如下：

（1）设计单位要严格按照《水利水电工程可行性研究报告编制规程》和《水利水电工程初步设计报告编制规程》中关于劳动安全和工业卫生的要求，认真编写《劳动安全与工业卫生》专篇（以下简称《安全》专篇），厘清建设工程项目存在的危险、有害因素的种类和程度，提出安全技术设计和建设项目安全管理措施。

（2）足额提取安全生产措施费，保证安全保障措施落实到位。水利部在 2014 年颁布的《水利工程设计概（估）算编制规定》（水总〔2014〕429 号）中，专门设置了安全措施费。设计单位应按照文件规定在工程投资估算和设计概算阶段科学计算，足额计列安全措施费，保证安全设施建设资金列支渠道。建设单位应充分考虑现场施工现场安全作业的需要，足额提取安全生产措施费，落实安全保障措施，不断改善职工的劳动保护条件和生产作业环境，保证水利工程建设项目配置必要安全生产设施，保障水利建设项目参建人员的劳动安全。

（3）将安全设施列入项目验收重要内容，确保安全设施同步验收。工程验收主持单位应将水利水电建设项目安全设施，作为竣工验收技术鉴定和工程验收的重要内容。有关单位应在鉴定阶段组织安全专家对该阶段所涉及的安全设施对照《安全》专篇中的设计方案逐一检查、督促落实；在工程验收环节应配备安全专家，按照《水利水电工程劳动安全与工业卫生设计规范》GB 50706—2011 要求，对照《安全》专篇中的设计方案对工程安全设施进行全面检查。

（4）加强监督检查，保证"三同时"制度落实到位。建设单位应当认真落实建设项目安全设施"三同时"各项要求，对工程安全生产条件和设施进行综合分析，形成书面报告备查。部将在今后的工作中对建设项目安全设施"三同时"落实情况和参建单位书面报告备案情况加强监督检查。

（5）按照《中华人民共和国安全生产法》关于安全评价工作有关规定，不再组织开展水利水电建设项目安全评价工作。《关于印发〈水利水电建设项目安全评价管理办法（试行）〉的通知》（水规计〔2012〕112 号）、《水利部办公厅关于印发〈水利水电建设项目安全预评价指导意见〉和〈水利水电建设项目安全验收评价指导意见〉的通知》（办安监〔2013〕139 号）、《水利部办公厅关于进一步做好大型水利枢纽建设项目安全评价工作的通知》（办安监〔2014〕53 号）等 3 份文件废止。

3．建立项目安全生产目标管理制度

根据《水利水电工程施工安全管理导则》SL 721—2015，项目法人应建立安全生产目标管理制度，明确目标与指标的制定、分解、实施、考核等环节内容。项目法人应根据本工程项目安全生产实际，制定项目安全生产总体目标和年度目标。安全生产目标主要包括以下内容：

（1）生产安全事故控制目标。

（2）安全生产投入目标。

（3）安全生产教育培训目标。

（4）安全生产隐患排查治理目标。

（5）重大危险源监控目标。

（6）应急管理目标。

（7）文明施工管理目标。

（8）人员、机械、设备、交通、消防、环境等方面的安全管理控制目标等。

根据《水电水利工程施工重大危险源辨识及评价导则》DL/T 5274—2012，依据事故可能造成的人员伤亡数量及财产损失情况，重大危险源划分为一级重大危险源、二级重大危险源、三级重大危险源以及四级重大危险源等四级。

4．建立安全生产管理基本制度

根据《水利水电工程施工安全管理导则》SL 721—2015，项目法人应于工程开工前将《适用的安全生产法律法规、标准规范清单》书面通知各参建单位。项目法人应组织制定以下安全生产管理制度：

（1）安全目标管理制度。

（2）安全生产责任制度。

（3）安全生产费用管理制度。

（4）安全技术措施审查制度。

（5）安全设施"三同时"管理制度。

（6）安全生产教育培训制度。

（7）生产安全事故隐患排查治理制度。

（8）重大危险源和危险物品管理制度。

（9）安全防护设施、生产设施及设备、危险性较大的专项工程、重大事故隐患治理验收制度。

（10）安全例会制度。

（11）安全档案管理制度。

（12）应急管理制度。

（13）事故管理制度等。

5. 安全生产管理制度基本内容

根据《水利水电工程施工安全管理导则》SL 721—2015，安全生产管理制度基本内容包括以下：

（1）工作内容。

（2）责任人（部门）的职责与权限。

（3）基本工作程序及标准。

2F320082 水利工程勘察设计与监理单位的安全生产责任

建设工程勘察、设计、监理单位分别是工程建设的活动主体之一，也是工程建设安全生产的责任主体。《水利工程建设安全生产管理规定》（水利部令第26号）对上述责任主体安全生产的责任主要规定有：

（1）勘察（测）单位应当按照法律、法规和工程建设强制性标准进行勘察（测），提供的勘察（测）文件必须真实、准确，满足水利工程建设安全生产的需要。

勘察（测）单位在勘察（测）作业时，应当严格执行操作规程。

勘察（测）单位和有关勘察（测）人员应当对其勘察（测）成果负责。

（2）设计单位应当按照法律、法规和工程建设强制性标准进行设计，并考虑项目周边环境对施工安全的影响，防止因设计不合理导致生产安全事故的发生。

设计单位应当考虑施工安全操作和防护的需要，对涉及施工安全的重点部位和环节在设计文件中注明，并对防范生产安全事故提出指导意见。

采用新结构、新材料、新工艺以及特殊结构的水利工程，设计单位应当在设计中提出保障施工作业人员安全和预防生产安全事故的措施建议。

设计单位和有关设计人员应当对其设计成果负责。

设计单位应当参与与设计有关的生产安全事故分析，并承担相应的责任。

（3）建设监理单位和监理人员应当按照法律、法规和工程建设强制性标准实施监理，并对水利工程建设安全生产承担监理责任。

建设监理单位应当审查施工组织设计中的安全技术措施或者专项施工方案是否符合工程建设强制性标准。

建设监理单位在实施监理过程中，发现存在生产安全事故隐患的，应当要求施工单位整改；对情况严重的，应当要求施工单位暂时停止施工，并及时向水行政主管部门、流域管理机构或者其委托的安全生产监督机构以及项目法人报告。

（4）在落实上述单位的安全生产责任时，须注意以下几点：

① 对建设工程勘察单位安全责任的规定中包括勘察标准、勘察文件和勘察操作规程

三个方面。

第一个方面是勘察标准。

第二个方面是勘察文件。勘察文件在符合国家有关法律法规和技术标准的基础上，应当满足设计以及施工等勘察深度要求，必须真实、准确。

第三个方面是勘察单位在勘察作业时应严格执行有关操作规程。防止因钻探、取土、取水、测量等活动，对各类管线、设施和周边建筑物、构筑物造成危害。勘察单位有权拒绝建设单位提出的违反国家有关规定的不合理要求，并提出保证工程勘察质量所必需的现场工作条件和合理工期。

② 对设计单位安全责任的规定中包括设计标准、设计文件和设计人员三个方面。

第一个方面是设计标准。因为强制性标准是对所有设计的普遍性要求，每个工程项目均有其特殊性，所以提醒设计单位注意周边环境因素可能对工程的施工安全产生的影响。周边环境因素包括施工现场及施工可能影响的毗邻区域内供水、排水、供电、供气、供热、通信、广播电视等地下管线，气象和水文条件，拟建工程可能对相邻建筑物和构筑物、地下工程的影响等。同时提醒设计单位注意由于设计本身的不合理也可能导致生产安全事故的发生。

第二个方面是设计文件。规定了设计单位有义务在设计文件中提醒施工单位等应当注意的主要安全事项。"注明"和"提出指导意见"两项义务，在普通民事合同中，这种义务只能看作是一种附随义务，一般也不会因违反而承担严重的法律后果。但水利建设施工安全事关公众重大利益，并且一般情况下只有工程设计单位和设计人员对工程项目的结构、材料、强度、可能的危险源等有全面准确的理解和把握，如果设计单位或设计人员不履行提醒义务可能造成十分严重的社会后果。所以，在此将之规定为工程设计单位的一种强制义务，体现出了国家权力对司法领域的适当干预。

第三个方面是设计人员。设计人员应当具备国家规定的执业资格条件，如2005年人事部、建设部、水利部联合颁布了《注册土木工程师（水利水电工程）制度暂行规定》等文件，从事水利水电工程除单位具备资质外，设计人员也将实行执业资格等管理制度。

③ 对工程建设监理单位安全责任的规定中包括技术标准、施工前审查和施工过程中监督检查等三个方面。

第一个方面是监理人员应当严格按照国家的法律法规和技术标准进行工程的监理。

第二个方面是监理单位施工前应当履行有关文件的审查义务。监理单位对施工组织设计和专项施工方案的安全审查责任。从履行形式上看，它是一种书面审查，其对象是施工组织的设计文件或专项施工方案，从内容上看，它是监理单位和监理人员运用自己的专业知识，以法律、法规和监理合同以及施工合同中约定的强制性标准为依据，对施工组织设计中的安全技术措施和专项施工方案进行安全性审查。对于电气工程应当制定电气工程专项监理方案。

第三个方面是监理单位应当履行代表项目法人对施工过程中的安全生产情况进行监督检查义务。有关义务可以分两个层次：一是在发现施工过程中存在安全事故隐患时，应当要求施工单位整改。"安全事故隐患"是指施工单位的劳动安全设施和劳动卫生条件不符合国家规定，对劳动者和其他人群健康安全及公私财产构成威胁的状态。这里的"发现"既包括事实上的"发现"，也包括根据监理合同规定的监理单位职责以及监理人员应当具备的基本技能"应当发现"生产安全事故隐患等，只有这样才能杜绝监理单位因玩忽职守而逃脱安全责任。"情况严重"是指事故隐患事态紧急，可能造成人身或财产的重大损失的情况，例如建筑物倾斜、滑坡等。二是在施工单位拒不整改或者不停止施工时等情况下的救急责任，监理单位应当履行及时报告的义务。

（5）根据《水利水电工程施工安全管理导则》SL 721—2015，监理单位应组织制定以下安全生产管理制度：

① 安全生产责任制度。

② 安全生产教育培训制度。

③ 安全生产费用、技术、措施、方案审查制度。

④ 生产安全事故隐患排查制度。

⑤ 危险源监控管理制度。

⑥ 安全防护设施、生产设施及设备、危险性较大的专项工程、重大事故隐患治理验收制度。

⑦ 安全例会制度及安全档案管理制度等。

2F320083　水利工程施工单位的安全生产责任

1. 施工单位安全生产的有关要求

《水利工程建设安全生产管理规定》（水利部令第 26 号）按施工单位、施工单位的相关人员以及施工作业人员等三个方面，从保证安全生产应当具有的基本条件出发，对施工单位的资质等级、机构设置、投标报价、安全责任、施工单位有关负责人的安全责任以及施工作业人员的安全责任等做出具体规定，与《中华人民共和国安全生产法》相比，进一步强调了以下几点责任：

（1）施工单位在工程报价中应当包含工程施工的安全作业环境及安全施工措施所需费用。对列入建设工程概算的上述费用，应当用于施工安全防护用具及设施的采购和更新、安全施工措施的落实、安全生产条件的改善，不得挪作他用［根据《财政部 安全监管总局关于印发〈企业安全生产费用提取和使用管理办法〉的通知》（财企［2012］16 号），施工企业以建筑安装工程造价为计提依据。房屋建筑工程、水利水电工程、电力工程、铁路工程、城市轨道交通工程为 2.0%；施工企业提取的安全费用列入工程造价，在竞标时，不得删减，列入标外管理。总包单位应当将安全费用按比例直接支付分包单位并监督使用，分包单位不再重复提取］。

（2）施工单位在建设有度汛要求的水利工程时，应当根据项目法人编制的工程度汛方案、措施制定相应的度汛方案，报项目法人批准；涉及防汛调度或者影响其他工程、设施度汛安全的，由项目法人报有管辖权的防汛指挥机构批准。

（3）施工单位应当在施工组织设计中编制安全技术措施和施工现场临时用电方案，对下列达到一定规模的危险性较大的工程应当编制专项施工方案，并附具安全验算结果，经施工单位技术负责人签字以及总监理工程师核签后实施，由专职安全生产管理人员进行现场监督：

① 基坑支护与降水工程。

② 土方和石方开挖工程。

③ 模板工程。

④ 起重吊装工程。

⑤ 脚手架工程。

⑥ 拆除、爆破工程。

⑦ 围堰工程。

⑧ 其他危险性较大的工程［包括《水利部办公厅关于开展水利行业电气火灾综合治理工作的通知》（办安监〔2017〕81 号）要求的电气系统安装方案］。

对所列工程中涉及高边坡、深基坑、地下暗挖工程、高大模板工程的专项施工方案，施工单位还应当组织专家进行论证、审查。

（4）施工单位在使用施工起重机械和整体提升脚手架、模板等自升式架设设施前，应当组织有关单位进行验收，也可以委托具有相应资质的检验检测机构进行验收；使用承租的机械设备和施工机具及配件的，由施工总承包单位、分包单位、出租单位和安装单位共同进行验收。验收合格的方可使用。

（5）施工单位的主要负责人、项目负责人、专职安全生产管理人员应当经水行政主管部门安全生产考核合格后方可任职。

施工单位应当对管理人员和作业人员每年至少进行一次安全生产教育培训，其教育培训情况记入个人工作档案。安全生产教育培训考核不合格的人员，不得上岗。

施工单位在采用新技术、新工艺、新设备、新材料时，应当对作业人员进行相应的安全生产教育培训。

2. 施工单位安全生产管理制度

根据《水利水电工程施工安全管理导则》SL 721—2015，施工单位应组织制定以下安全生产管理制度：

（1）安全生产目标管理制度。

（2）安全生产责任制度。

（3）安全生产考核奖惩制度。

（4）安全生产费用管理制度。

（5）意外伤害保险管理制度。

（6）安全技术措施审查制度。

（7）安全设施"三同时"管理制度。

（8）用工管理、安全生产教育培训制度。

（9）安全防护用品、设施管理制度。

（10）生产设备、设施安全管理制度。

（11）安全作业管理制度。

（12）生产安全事故隐患排查治理制度。

（13）危险物品和重大危险源管理制度。

（14）安全例会、技术交底制度。

（15）危险性较大的专项工程验收制度。

（16）文明施工、环境保护制度。

（17）消防安全、社会治安管理制度。

（18）职业卫生、健康管理制度。

（19）应急管理制度。

（20）事故管理制度。

（21）安全档案管理制度等。

根据《水利水电工程施工安全管理导则》SL 721—2015，施工单位应对三级安全教育培训情况建立档案。三级安全教育的要求是：

（1）公司教育（一级教育）主要进行安全基本知识、法规、法制教育。

（2）项目部（工段、区、队）教育（二级教育）主要进行现场规章制度和遵章守纪教育。

（3）班组教育（三级教育）主要进行本工种岗位安全操作及班组安全制度、纪律教育。

根据《水利部办公厅关于开展水利行业电气火灾综合治理工作的通知》（办安监〔2017〕81号）要求，电气产品选用和进场应满足以下要求：

（1）选用的电缆、绝缘导线的材质、标称截面积、绝缘性能、电阻值应符合规范以及设计要求。

（2）线缆应按《建筑电气工程施工质量验收规范》GB 50303—2015、《建筑节能工程施工质量验收规范》GB 50411—2007规定抽检并合格。

（3）实行生产许可证或CCC的产品，应有生产许可证编号或CCC标志，重点检查低压配电柜、配电箱、控制箱（柜）、线缆、母线、开关、插座、照明灯具等产品的CCC标志。

（4）所有电气设备、器具和材料应有出厂合格证，重点检查槽盒、配电箱柜、线缆、母线、开关、插座、照明灯具的产品出厂合格证。

（5）电线导管进场应按规定抽查并合格。

根据《水利部办公厅关于开展水利行业电气火灾综合治理工作的通知》（办安监〔2017〕81号）要求，电气设备安装的应满足以下要求：

（1）每个设备或器具的端子接线不多于2根导线或2个导线端子。导线连接应在接线盒内，多股线线头连接应牢固可靠，铜铝过渡应使用专用铜铝过渡接头或搪锡。

（2）电缆出入配电柜应采取保护措施。

（3）电缆出入梯架、托盘、槽盒应固定牢靠。

（4）塑料护套线应明敷，不应直接敷设在顶棚内、保温层内或可燃装饰面内，配线回路的绝缘电阻测试应符合要求。

（5）敷设在电气竖井内穿楼板处和穿越不同防火分区的梯架、托盘和槽盒（含槽盒内）应有防火封堵措施。

（6）灯具表面及其附件的高温部位靠近可燃物时应采取隔热、散热等防火保护措施。

（7）功率在100W及以上非敞开式灯具的引入线应采用瓷管、矿棉等不燃材料做隔热保护。

（8）安装在软包、木质材料上的暗装插座盒或开关盒应与饰面平齐，安装应牢固，绝缘导线不应裸露在装饰层内。

（9）安装在燃烧性能等级为B1级以下装修材料内的开关、插座等，必须采用防火封堵密封件或燃烧性能等级为A级的材料（例如：石棉垫）隔绝。

（10）断路器保护开关额定容量应与配电线路载流量相匹配。

（11）固定安装的中央空调、电加热设备等大功率用电器具实际功率应与设计相符。

3. 施工企业管理人员安全生产考核的相关要求

为进一步规范水利水电工程施工企业主要负责人、项目负责人和专职安全生产管理人员安全生产考核管理工作，提高水利水电工程施工安全生产管理水平，结合近年来对水利水电工程施工企业主要负责人、项目负责人和专职安全生产管理人员考核工作实际情况，根据《中华人民共和国安全生产法》《安全生产许可证条例》《水利工程建设安全生产管理规定》，水利部组织对《水利水电工程施工企业主要负责人、项目负责人和专职安全生产管理人员安全生产考核管理暂行规定》（水建管〔2004〕168号）进行了修订，提出了《水利水电工程施工企业主要负责人、项目负责人和专职安全生产管理人员安全生产考核管理办法》（水安监〔2011〕374号）。本办法自2011年7月15日起施行。水利部《关于印发〈水利水电工程施工企业主要负责人、项目负责人和专职安全生产管理人员安全生产考核管理暂行规定〉的通知》（水建管〔2004〕168号）及水利部办公厅《关于做好水利水电工程施工企业主要负责人、项目负责人和专职安全生产管理人员安全生产考核合格证书有效期满延期工作的通知》（办建管〔2007〕77号）同时废止。

该办法所称企业主要负责人，是指对本企业日常生产经营活动和安全生产工作全面负责、有生产经营决策权的人员，包括企业法定代表人、经理、企业分管安全生产工作副经理等。

项目负责人，是指由企业法定代表人授权，负责水利水电工程项目施工管理的负责人。

专职安全生产管理人员，是指在企业专职从事安全生产管理工作的人员，包括企业安全生产管理机构的负责人及其工作人员和施工现场专职安全员。

企业主要负责人、项目负责人和专职安全生产管理人员以下统称为"安全生产管理三类人员"。

关于施工企业安全生产管理三类人员安全生产考核的基本要求主要有以下几点：

1）安全生产管理三类人员必须经过水行政主管部门组织的安全生产知识和管理能力考核，考核合格后，取得《安全生产考核合格证书》（以下简称"考核合格证书"），方可参与水利水电工程投标，从事施工活动。

考核合格证书在全国水利水电工程建设领域适用。考核合格证书采用统一的编号规则。水利部颁发的考核合格证书编号规则为：水安+管理类别代号+证书颁发年份+证书颁发当年5位流水次序号。省级水行政主管部门颁发的考核合格证书编号规则为：省（自治区、直辖市）简称+水安+管理类别代号+证书颁发年份+证书颁发当年5位流水次序号。其中，管理类别代号分为A（企业主要负责人）、B（项目负责人）、C（专职安全生产管理人员）三类。

2）安全生产管理三类人员考核按照统一规划、分级管理的原则实施。

水利部负责全国水利水电工程施工企业管理人员的安全生产考核工作的统一管理，并负责全国水利水电工程施工总承包一级（含一级）以上资质、专业承包一级资质施工企业以及水利部直属施工企业的安全生产管理三类人员的考核。

省级水行政主管部门负责本行政区域内水利水电工程施工总承包二级（含二级）以下资质以及专业承包二级（含二级）以下资质施工企业的安全生产管理三类人员的考核。

3）安全生产管理三类人员安全生产考核实行分类考核。

企业主要负责人、项目负责人不得同时参加专职安全生产管理人员安全生产考核。

考核分为安全管理能力考核（以下简称"能力考核"）和安全生产知识考试（以下简称"知识考试"）两部分。

能力考核是对申请人与所从事水利水电工程活动相应的文化程度、工作经历、业绩等资格的审核。

知识考试是对申请人具备法律法规、安全生产管理、安全生产技术知识情况的测试。

4）能力考核应包括以下内容：

（1）具有完全民事行为能力，身体健康。

（2）与申报企业有正式劳动关系。

（3）项目负责人，年龄不超过65周岁；专职安全生产管理人员，年龄不超过60周岁。

（4）申请人的学历、职称和工作经历应分别满足以下要求：

① 企业主要负责人：法定代表人应满足水利水电工程承包企业资质等级标准的要求。除法定代表人之外的其他企业主要负责人，应具有大专及以上学历或中级及以上技术职称，且具有3年及以上的水利水电工程建设经历。

② 项目负责人，应具有大专及以上学历或中级及以上技术职称，且具有3年及以上的水利水电工程建设经历。

③ 专职安全生产管理人员，应具有中专或同等学力且具有3年及以上的水利水电工程建设经历，或大专及以上学历且具有2年及以上的水利水电工程建设经历。

（5）在申请考核之日前1年内，申请人没有在一般及以上等级安全责任事故中负有责任的记录。

（6）符合国家有关法律法规规定的要求。

能力考核通过后，方可参加知识考试。

知识考试由有考核管辖权的水行政主管部门或其委托的有关机构具体组织。知识考试采取闭卷形式，考试时间180分钟。

申请人知识考试合格，经公示后无异议的，由相应水行政主管部门（以下简称"发证机关"）按照考核管理权限在20日内核发考核合格证书。考核合格证书有效期为3年。

考核合格证书有效期满后，可申请2次延期，每次延期期限为3年。施工企业应于有效期截止日前5个月内，向原发证机关提出延期申请。有效期满而未申请延期的考核合格证书自动失效。

考核合格证书失效或已经过2次延期的，需重新参加原发证机关组织的考核。

5）安全生产管理三类人员因所在施工企业名称、施工企业资质、个人信息改变等原因需要更换证书或补办证书的，应由所在企业向发证机关提出考核合格证书变更申请。

6）安全生产管理三类人员在考核合格证书的每一个有效期内，应当至少参加一次由原发证机关组织的、不低于8个学时的安全生产继续教育。发证机关应及时对安全生产继续教育情况进行建档、备案。

7）水利部和省级水行政主管部门应当加强对建设项目安全生产管理三类人员岗位登记情况以及履行安全管理职责情况的监督检查，做好安全生产管理三类人员的违法违规行为或者受到其他处罚的信息管理和公开工作。

任何单位或个人均有权举报安全生产管理三类人员违法违规行为。

有下列情形之一的，发证机关应及时收回证书并重新考核：

（1）企业主要负责人所在企业发生 1 起及以上重大、特大等级生产安全事故或 2 起及以上较大生产安全事故，且本人负有责任的。

（2）项目负责人所在工程项目发生过 1 起及以上一般及以上等级生产安全事故，且本人负有责任的。

（3）专职安全管理人员所在工程项目发生过 1 起及以上一般及以上等级生产安全事故，且本人负有责任的。

8）各省级水行政主管部门应在每年 12 月 31 日前向水利部报告本行政区域内安全生产管理三类人员考核、培训情况，安全生产管理三类人员的违法违规行为或者受到其他处罚的情况等。

2F320084 水利工程建设项目风险管理和安全事故应急管理

一、水利工程建设项目风险管理

根据《大中型水电工程建设风险管理规范》GB/T 50927—2013，水利水电工程建设风险分为以下五类：

（1）人员伤亡风险。

（2）经济损失风险。

（3）工期延误风险。

（4）环境影响风险。

（5）社会影响风险。

水利水电工程建设风险从风险发生可能性与损失严重性两个方面进行风险评估。其中，按风险发生可能性划分为表 2F320084-1，按风险损失严重性划分为表 2F320084-2。

风险发生可能性程度等级标准　　　　　　　　　　　　表 2F320084-1

等级	可能性	概率或频率值
1	不可能	＜ 0.0001
2	可能性极少	0.0001～0.001
3	偶尔	0.001～0.01
4	有可能	0.01～0.1
5	经常	＞ 0.1

风险损失严重性程度等级标准　　　　　　　　　　　　表 2F320084-2

等级		A	B	C	D	E
严重程度		轻微	较大	严重	很严重	灾难性
人员伤亡	建设人员	重伤 3 人以下	死亡（含失踪）3 人以下或重伤 3～9 人	死亡（含失踪）3～9 人或重伤 10～29 人	死亡（含失踪）10～29 人或重伤 30 人以上	死亡（含失踪）30 人及以上
	第三方	轻伤 1 人	轻伤 2～10 人	重伤 1 人及轻伤 10 人以上	重伤 2～9 人及以上	死亡（含失踪）1 人及以上

续表

	等级	A	B	C	D	E
经济损失	工程本身	100万元以下	1000万元以下	1000万～5000万元	5000万～1亿元	1亿元以上
	第三方	10万元以下	10万～50万元	50万～100万元	100万～200万元	200万元以上
工期延误	长期工程（3年以上）	延误少于1月	延误1～3月	延误3～6月	延误6～12月	延误大于12月（或延误一个汛期）
	短期工程（3年及以下）	延误少于10d	延误10d～少于30d	延误30d～少于60d	延误60d～少于90d	延误90d以上
环境影响		涉及范围很小的自然灾害及次生灾害	涉及范围较小的自然灾害及次生灾害	涉及范围大的自然灾害及次生灾害	涉及范围很大的自然灾害及次生灾害	涉及范围非常大的自然灾害及次生灾害
社会影响		轻微的，或需紧急转移安置50人以下	较严重的，或需紧急转移安置50～100人	严重的，或需紧急转移安置100～500人	很严重的，或需紧急转移安置500～1000人	恶劣的，或需紧急转移安置1000人以上

将建设项目风险发生可能性等级与风险损失严重性等级组合后，水利水电工程建设风险评价等级分为四级，其风险等级标准的矩阵符合表2F320084-3规定。

风险等级标准的矩阵　　　　表 2F320084-3

可能性等级 ＼ 损失等级		A 轻微	B 较大	C 严重	D 很严重	E 灾难性
1	不可能	I级	I级	I级	II级	II级
2	可能性极小	I级	I级	II级	II级	III级
3	偶尔	I级	II级	II级	III级	IV级
4	有可能	I级	II级	III级	III级	IV级
5	经常	II级	III级	III级	IV级	IV级

基于不同等级的风险，应采用不同的风险控制措施，各等级风险的接受准则应符合表2F320084-4的规定。

风险接受准则　　　　表 2F320084-4

等级	接受准则	应对策略	控制方案
I级	可忽略	宜进行风险状态监控	开展日常审核检查
II级	可接受	宜加强风险状态监控	宜加强日常审核检查
III级	有条件可接受	应实施风险管理降低风险，且风险降低所需成本应小于风险发生后的损失	应实施风险防范与监测，制定风险处置措施
IV级	不可接受	应采取风险控制措施降低风险，应至少将其风险等级降低至可接受或有条件可接受的水平	应编制风险预警与应急处置方案，或进行有关方案修正或调整，或规避风险

风险控制应采取经济、可行、积极的处置措施，具体风险处置方法有：风险规避、风险缓解、风险转移、风险自留、风险利用等方法。处置方法的采用应符合以下原则：

（1）损失大、概率大的灾难性风险，应采取风险规避。

（2）损失小、概率大的风险，宜采取风险缓解。

（3）损失大、概率小的风险，宜采用保险或合同条款将责任进行风险转移。

（4）损失小、概率小的风险，宜采用风险自留。

（5）有利于工程项目目标的风险，宜采用风险利用。

采用工程保险等方法转移剩余风险时，工程保险不应被作为唯一减轻或降低风险的应对措施。

二、水利生产安全事故应急预案

根据 2005 年 1 月 26 日国务院第 79 次常务会议通过了《国家突发公共事件总体应急预案》，按照不同的责任主体，国家突发公共事件应急预案体系设计为国家总体应急预案、专项应急预案、部门应急预案、地方应急预案、企事业单位应急预案五个层次。

《水利部生产安全事故应急预案（试行）》属于部门预案，是水利行业关于事故灾难的应急预案（与单位内部职能部门生产安全事故专业（专项）应急工作方案、各法人单位的应急预案共同构成水利行业生产安全事故应急预案体系），其主要内容包括：

1. 编制应急预案目的。规范水利部生产安全事故应急管理和应急响应程序，提高防范和应对生产安全事故的能力，最大限度减少人员伤亡和财产损失，保障人民群众生命财产安全。

2. 应急管理工作原则

（1）以人为本，安全第一。

（2）属地为主，部门协调。按照国家有关规定，生产安全事故救援处置的领导和指挥以地方人民政府为主，水利部发挥指导、协调、督促和配合作用。

（3）分工负责，协同应对。

（4）专业指导，技术支撑。

（5）预防为主，平战结合。建立健全安全风险分级管控和隐患排查治理双重预防性工作机制，坚持事故预防和应急处置相结合，加强教育培训、预测预警、预案演练和保障能力建设。

3. 事故分级。生产安全事故分为特别重大事故、重大事故、较大事故和一般事故 4 个等级（见表 2F320084-5）。

事故等级分类表　　　　　　表 2F320084-5

损失内容＼事故等级	特别重大事故	重大事故	较大事故	一般事故
死亡	30（含本数，下同）人以上	10 人以上 30 人以下	3 人以上 10 人以下	3 人以下
或者重伤（包括急性工业中毒，下同）	100 人以上	50 人以上 100 人	10 人以上 50 人以下	3 人以上 10 人以下
或者直接经济损失	1 亿元以上	5000 万元以上 1 亿元以下	1000 万元以上 5000 万元以下	100 万元以上 1000 万元

较大涉险事故，是指发生涉险 10 人以上，或者造成 3 人以上被困或下落不明，或者需要紧急疏散 500 人以上，或者危及重要场所和设施（电站、重要水利设施、危化品库、

油气田和车站、码头、港口、机场及其他人员密集场所）的事故。

4. 预警管理。包括：发布预警（预警信息由地方人民政府按照有关规定发布）、预警行动、预警终止（当险情得到有效控制后，由预警信息发布单位宣布解除预警）。

5. 事故信息报告与先期处置。事故报告方式分快报（快报可采用电话、手机短信、微信、电子邮件等多种方式，但须通过电话确认）和书面报告。

快报内容应包含事故发生单位名称、地址、负责人姓名和联系方式，发生时间、具体地点，已经造成的伤亡、失踪、失联人数和损失情况，可视情况附现场照片等信息资料。

接到生产安全事故或较大涉险事故信息报告后，有关单位应做好核实事故情况，预判事故级别，根据事故情况及时报告有关领导，提出响应建议等先期处置工作。

6. 报告程序和时限

水利部直属单位（工程）或地方水利工程发生重特大事故，各单位应力争 20 分钟内快报、40 分钟内书面报告水利部；水利部在接到事故报告后 30 分钟内快报、1 小时内书面报告国务院总值班室。

水利部直属单位（工程）发生较大生产安全事故和有人员死亡的一般生产安全事故、地方水利工程发生较大生产安全事故，应在事故发生 1 小时内快报、2 小时内书面报告至安全监督司。

接到国务院总值班室要求核报的信息，电话反馈时间不得超过 30 分钟，要求报送书面信息的，反馈时间不得超过 1 小时。各单位接到水利部要求核报的信息，应通过各种渠道迅速核实，按照时限要求反馈相关情况。原则上电话反馈时间不得超过 20 分钟，要求报送书面信息的，反馈时间不得超过 40 分钟。

事故报告后出现新情况的，应按有关规定及时补报相关信息。

除上报水行政主管部门外，各单位还应按照相关法律法规将事故信息报告地方政府及其有关部门。

7. 生产安全事故应急响应

（1）应急响应分级。应急响应设定为一级、二级、三级三个等级。

（2）应急响应流程。①启动响应；②成立应急指挥部；③会商研究部署；④派遣现场工作组；⑤跟踪事态进展；⑥调配应急资源（应急专家、专业救援队伍和有关物资、器材）；⑦及时发布信息；⑧配合政府或有关部门开展工作；⑨其他应急工作（配合有关单位或部门做好技术甄别工作等）；⑩响应终止。

8. 信息公开与舆情应对。及时跟踪社会舆情态势，及时组织向社会发布有关信息。采取适当方式，及时回应生产安全事故引发的社会关切。

9. 后期处置

（1）善后处置。做好伤残抚恤、修复重建和生产恢复工作。

（2）应急处置总结。

10. 保障措施。信息与通信保障；人力资源保障；应急经费保障；物资与装备保障。

各地、各单位生产安全事故应急预案中应包含与地方公安、消防、卫生以及其他社会资源的调度协作方案，为第一时间开展应急救援提供物资与装备保障。

11. 培训与演练。预案培训、应急知识、自救互救和避险逃生技能的培训。预案应定期演练，确保相关工作人员了解应急预案内容和生产安全事故避险、自救互救知识，熟悉应急职责、应急处置程序和措施。

三、水利工程建设重大事故隐患排查与治理

为规范水利工程生产安全事故隐患排查治理工作，有效防范生产安全事故，水利部制定了《水利工程生产安全重大事故隐患判定标准（试行）》，其主要内容包括：

1. 水利建设各参建单位是事故隐患判定工作的主体，要根据有关法律法规、技术标准和判定标准对排查出的事故隐患进行科学合理判定。对于判定出的重大事故隐患，有关单位要立即组织整改，不能立即整改的，要做到整改责任、资金、措施、时限和应急预案"五落实"。

2. 事故隐患排查主要从"物的不安全状态、人的不安全行为和管理上的缺陷"等方面，明确事故隐患排查事项和具体内容。

3. 水利工程生产安全重大事故隐患判定分为直接判定法和综合判定法，应先采用直接判定法，不能用直接判定法的，采用综合判定法判定。

4. 水利工程建设项目重大隐患判定

（1）直接判定。符合《水利工程建设项目生产安全重大事故隐患直接判定清单（指南）》中的任何一条要素的，可判定为重大事故隐患。该指南将隐患分为四个类别，每个类别包含若干管理环节，每个管理环节指明若干具体隐患要素，详见表 2F320084-6。

（2）综合判定。符合《水利工程建设项目生产安全重大事故隐患综合判定清单（指南）》重大隐患判据的，可判定为重大事故隐患。该指南将隐患分为六个类别，每个类别按基础条件与隐患内容分别指明若干隐患要素，详见表 2F320084-7。其中基础条件均为3条，内容相同如下：

① 安全管理制度、安全操作规程和应急预案不健全。

② 未按规定组织开展安全检查和隐患排查治理。

③ 安全教育和培训不到位或相关岗位人员未持证上岗。

可以直接判定的重大事故隐患类别及要素表　　　　表 2F320084-6

类别	管理环节	隐患要素
一、基础管理	现场管理	四条
二、临时工程	营地及施工设施建设	三条
	围堰工程	三条
三、专项工程	施工用电	六条
	深基坑（槽）	五条
	降水	二条
	高边坡	三条
	起重吊装与运输	九条
	脚手架	三条
	地下工程	十条
	爆破作业	十条
	模板工程	五条
	拆除工程	五条

续表

类别	管理环节	隐患要素
三、专项工程	危险物品	五条
	消防安全	五条
	特种设备	六条
四、其他	水上（下）作业	六条
	有限空间作业	三条
	安全防护	二条
	液氨制冷	五条

可以综合判定的重大事故隐患类别及要素表　　　　表 2F320084-7

类别	隐患判断因素		重大事故隐患判据
一、基础管理	基础条件	3条	满足全部基础条件＋任意2项隐患
	隐患内容	4项	
二、专项工程			
1. 临时用电	基础条件	3条	满足全部基础条件＋任意3项隐患
	隐患内容	8项	
2. 深基坑（槽）	基础条件	3条	满足全部基础条件＋任意2项隐患
	隐患内容	3项	
3. 起重吊装与运输	基础条件	3条	满足全部基础条件＋任意2项隐患
	隐患内容	4项	
4. 地下工程	基础条件	3条	满足全部基础条件＋任意2项隐患
	隐患内容	7项	
三、其他	基础条件	3条	满足全部基础条件＋任意1项隐患
	隐患内容	3项	

2F320085　水利工程项目安全的监督管理

一、监督管理体系和职责

根据《中华人民共和国安全生产法》第九条、第六十条，《建设工程安全生产管理条例》第三十九条、第四十条等有关规定，《水利工程建设安全生产管理规定》（水利部令第26号）结合水利工程建设的特点以及建设管理体系的具体情况，对水利工程建设安全生产监督管理体系和职责要求有以下：

（1）水行政主管部门和流域管理机构按照分级管理权限，负责水利工程建设安全生产的监督管理。水行政主管部门或者流域管理机构委托的安全生产监督机构，负责水利工程施工现场的具体监督检查工作。

（2）水利部负责全国水利工程建设安全生产的监督管理工作，其主要职责是：

① 贯彻、执行国家有关安全生产的法律、法规和政策，制定有关水利工程建设安全生产的规章、规范性文件和技术标准。

② 监督、指导全国水利工程建设安全生产工作，组织开展对全国水利工程建设安全

生产情况的监督检查。

③ 组织、指导全国水利工程建设安全生产监督机构的建设、考核和安全生产监督人员的考核工作以及水利水电工程施工单位的主要负责人、项目负责人和专职安全生产管理人员的安全生产考核工作。

（3）流域管理机构负责所管辖的水利工程建设项目的安全生产监督工作。

（4）省、自治区、直辖市人民政府水行政主管部门负责本行政区域内所管辖的水利工程建设安全生产的监督管理工作，其主要职责是：

① 贯彻、执行有关安全生产的法律、法规、规章、政策和技术标准，制定地方有关水利工程建设安全生产的规范性文件。

② 监督、指导本行政区域内所管辖的水利工程建设安全生产工作，组织开展对本行政区域内所管辖的水利工程建设安全生产情况的监督检查。

③ 组织、指导本行政区域内水利工程建设安全生产监督机构的建设工作以及有关的水利水电工程施工单位的主要负责人、项目负责人和专职安全生产管理人员的安全生产考核工作。

市、县级人民政府水行政主管部门水利工程建设安全生产的监督管理职责，由省、自治区、直辖市人民政府水行政主管部门规定。

（5）水行政主管部门或者流域管理机构委托的安全生产监督机构，应当严格按照有关安全生产的法律、法规、规章和技术标准，对水利工程施工现场实施监督检查。安全生产监督机构应当配备一定数量的专职安全生产监督人员。安全生产监督机构以及安全生产监督人员应当经水利部考核合格。

（6）水行政主管部门或者其委托的安全生产监督机构应当自收到《水利工程建设安全生产管理规定》（水利部令第 26 号）第九条和第十一条规定的有关备案资料后 20 日内，将有关备案资料抄送同级安全生产监督管理部门。流域管理机构抄送项目所在地省级安全生产监督管理部门，并报水利部备案。

（7）水行政主管部门、流域管理机构或者其委托的安全生产监督机构依法履行安全生产监督检查职责时，有权采取下列措施：

① 要求被检查单位提供有关安全生产的文件和资料。

② 进入被检查单位施工现场进行检查。

③ 纠正施工中违反安全生产要求的行为。

④ 对检查中发现的安全事故隐患，责令立即排除；重大安全事故隐患排除前或者排除过程中无法保证安全的，责令从危险区域内撤出作业人员或者暂时停止施工。

（8）各级水行政主管部门和流域管理机构应当建立举报制度，及时受理对水利工程建设生产安全事故及安全事故隐患的检举、控告和投诉；对超出管理权限的，应当及时转送有管理权限的部门。举报制度应当包括以下内容：

① 公布举报电话、信箱或者电子邮件地址，受理对水利工程建设安全生产的举报。

② 对举报事项进行调查核实，并形成书面材料。

③ 督促落实整顿措施，依法作出处理。

二、监督检查的主要内容

根据水利部《关于印发水利工程建设安全生产监督检查导则的通知》（水安监〔2011〕

475号），各级水行政主管部门安全生产监督检查的主要内容是：

1. 对项目法人安全生产监督检查内容

（1）安全生产管理制度建立健全情况。

（2）安全生产管理机构设立情况。

（3）安全生产责任制建立及落实情况。

（4）安全生产例会制度执行情况。

（5）保证安全生产措施方案的制定、备案与执行情况。

（6）安全生产教育培训情况。

（7）施工单位安全生产许可证、"三类人员"（施工企业主要负责人、项目负责人及专职安全生产管理人员，下同）安全生产考核合格证及特种作业人员持证上岗等核查情况。

（8）安全施工措施费用管理。

（9）生产安全事故应急预案管理。

（10）安全生产隐患排查和治理。

（11）生产安全事故报告、调查和处理等。

2. 对勘察（测）设计单位安全生产监督检查内容

（1）工程建设强制性标准执行情况。

（2）对工程重点部位和环节防范生产安全事故的指导意见或建议。

（3）新结构、新材料、新工艺及特殊结构防范生产安全事故措施建议。

（4）勘察（测）设计单位资质、人员资格管理和设计文件管理等。

3. 建设监理单位安全生产监督检查内容

（1）工程建设强制性标准执行情况。

（2）施工组织设计中的安全技术措施及专项施工方案审查和监督落实情况。

（3）安全生产责任制建立及落实情况。

（4）监理例会制度、生产安全事故报告制度等执行情况。

（5）监理大纲、监理规划、监理细则中有关安全生产措施执行情况等。

4. 施工单位安全生产监督检查内容

（1）安全生产管理制度建立健全情况。

（2）资质等级、安全生产许可证的有效性。

（3）安全生产管理机构设立及人员配置。

（4）安全生产责任制建立及落实情况。

（5）安全生产例会制度、隐患排查制度、事故报告制度和培训制度等执行情况。

（6）安全生产操作规程制定及执行情况。

（7）"三类人员"安全生产考核合格证及特种作业人员持证上岗情况。

（8）劳动防护用品管理制度及执行情况。

（9）安全费用的提取及使用情况。

（10）生产安全事故应急预案制定及演练情况。

（11）生产安全事故处理情况。

（12）危险源分类、识别管理及应对措施等。

5．对施工现场安全生产监督检查内容

（1）施工支护、脚手架、爆破、吊装、临时用电、安全防护设施和文明施工等情况。

（2）安全生产操作规程执行与特种作业人员持证上岗情况。

（3）个体防护与劳动防护用品使用情况。

（4）应急预案中有关救援设备、物资落实情况。

（5）特种设备检验与维护状况。

（6）消防设施等落实情况。

三、水利工程建设安全生产问题追究

有关水利工程建设安全生产的监督检查、问题认定和责任追究等，执行水利部《水利工程建设质量与安全生产监督检查办法（试行）》（以下简称检查办法），主要内容有以下：

（1）安全生产管理是指建设、勘察设计、监理、施工、质量检测等参建单位按照法律、法规、规章、技术标准和设计文件开展安全策划、安全预防、安全治理、安全改善、安全保障等工作。

（2）检查办法所称水利工程建设安全生产问题，是指安全生产管理违规行为。水利工程生产安全事故的分类、报告、调查、处理、处罚等工作按照《生产安全事故报告和调查处理条例》执行。

（3）安全生产管理违规行为是指水利工程建设参建单位及其人员违反法律、法规、规章、技术标准、设计文件和合同要求的各类行为。安全生产管理违规行为分为一般安全生产管理违规行为、较重安全生产管理违规行为、严重安全生产管理违规行为。检查办法附有相关认定标准。

（4）对责任单位的责任追究方式与水利工程建设质量问题追究方式一致。

2F320086 水利工程安全生产标准化的要求

一、安全生产标准化

为进一步落实水利生产经营单位安全生产主体责任，提升水利行业安全生产管理水平，水利部组织制定《水利安全生产标准化评审管理暂行办法》。根据《企业安全生产标准化基本规范》GB/T 33000—2016等有关规定，《水利部办公厅关于印发水利安全生产标准化评审标准的通知》（办安监〔2018〕）颁布了修订后的《水利工程项目法人安全生产标准化评审标准》《水利水电施工企业安全生产标准化评审标准》和《水利工程管理单位安全生产标准化评审标准》，以下统称《评审标准》。

1．水利安全生产标准化评审的基本要求

水利生产经营单位是指水利工程项目法人、从事水利水电工程施工的企业和水利工程管理单位。其中水利工程项目法人为施工工期2年以上的大中型水利工程项目法人。小型水利工程项目法人和施工工期2年以下的大中型水利工程项目法人不参加安全生产标准化评审，但应按照安全生产标准化评审标准开展安全生产标准化建设工作。

水利安全生产标准化等级分为一级、二级和三级，依据评审得分确定，评审满分为100分。具体标准为：

（1）一级：评审得分90分以上（含），且各一级评审项目得分不低于应得分的70%；

（2）二级：评审得分 80 分以上（含），且各一级评审项目得分不低于应得分的 70%；

（3）三级：评审得分 70 分以上（含），且各一级评审项目得分不低于应得分的 60%；

（4）不达标：评审得分低于 70 分，或任何一项一级评审项目得分低于应得分的 60%。

水利部安全生产标准化评审委员会负责部属水利生产经营单位一、二、三级和非部属水利生产经营单位一级安全生产标准化评审的指导、管理和监督，其办公室设在水利部安全监督司。评审具体组织工作由中国水利企业协会承担。

各省、自治区、直辖市水行政主管部门可参照本办法，结合本地区水利实际制定相关规定，开展本地区二级和三级水利安全生产标准化评审工作。

2. 安全生产标准化等级证书的管理

（1）安全生产标准化等级证书有效期为 3 年。有效期满需要延期的，须于期满前 3 个月，向水利部提出延期申请。

水利生产经营单位在安全生产标准化等级证书有效期内，完成年度自我评审，保持绩效，持续改进安全生产标准化工作，经评审机构复评，水利部审定，符合延期条件的，可延期 3 年。

（2）取得水利安全生产标准化等级证书的单位，在证书有效期内发生下列行为之一的，由水利部撤销其安全生产标准化等级，并予以公告：

① 在评审过程中弄虚作假、申请材料不真实的。

② 不接受检查的。

③ 迟报、漏报、谎报、瞒报生产安全事故的。

④ 水利工程项目法人所管辖建设项目、水利水电施工企业发生较大及以上生产安全事故后，水利工程管理单位发生造成人员死亡、重伤 3 人以上或经济损失超过 100 万元以上的生产安全事故后，在半年内申请复评不合格的。

⑤ 水利工程项目法人所管辖建设项目、水利水电施工企业复评合格后再次发生较大及以上生产安全事故的；水利工程管理单位复评合格后再次发生造成人员死亡、重伤 3 人以上或经济损失超过 100 万元以上的生产安全事故的。

（3）被撤销水利安全生产标准化等级的单位，自撤销之日起，须按降低至少一个等级重新申请评审；且自撤销之日起满 1 年后，方可申请被降低前的等级评审。

（4）水利安全生产标准化三级单位构成撤销等级条件的，责令限期整改。整改期满，经评审符合三级单位要求的，予以公告。整改期限不得超过 1 年。

3. 水利水电施工企业安全生产标准化标准

（1）标准以《企业安全生产标准化基本规范》GB/T 33000—2016 的核心要求为基础，共设置 8 个一级项目、28 个二级项目和 149 个三级项目，详见表 2F320086。

（2）分值设置：标准按 1000 分设置得分点，并实行扣分制。在三级项目内有多个扣分点的，可累计扣分，直到该三级项目标准分值扣完为止，不出现负分。

（3）得分换算：本标准按百分制设置最终得分，其换算公式如下：评定得分＝［各项实际得分之和／（1000－各合理缺项分值之和）］×100，最后得分采用四舍五入，保留一位小数。

（4）评审方法：对于制度和规程主要查相应文本，对于制度等实施情况主要查相关文件和记录或现场抽查。

（5）存在"一票否决"现象时，不得评定为安全生产标准化达标单位。

4. 水利安全生产标准化达标动态管理

根据《水利部关于水利安全生产标准化达标动态管理的实施意见》（水监督〔2021〕143号），按照"谁审定谁动态管理"的原则，水利部对标准化一级达标单位和部属达标单位实施动态管理，地方水行政主管部门可参照本实施意见对其审定的标准化达标单位实施动态管理。水利生产经营单位获得安全生产标准化等级证书后，即进入动态管理阶段。动态管理实行累积记分制，记分周期同证书有效期，证书到期后动态管理记分自动清零。动态管理记分依据有关监督执法成果以及水利生产安全事故、水利建设市场主体信用评价"黑名单"等各类相关信息，记分标准如下：

（1）因水利工程建设与运行相关安全生产违法违规行为，被有关行政机关实施行政处罚的：警告、通报批评记3分／次；罚款记4分／次；没收违法所得、没收非法财物记5分／次；限制开展生产经营活动、责令停产停业记6分／次；暂扣许可证件记8分／次；降低资质等级记10分／次；吊销许可证件、责令关闭、限制从业记20分／次。同一安全生产相关违法违规行为同时受到2类及以上行政处罚的，按较高分数进行量化记分，不重复记分。

（2）水利部组织的安全生产巡查、稽察和其他监督检查（举报调查）整改文件中，因安全生产问题被要求约谈或责令约谈的，记2分／次。

（3）未提交年度自评报告的，记3分／次；经查年度自评报告不符合规定的，记2分／次；年度自评报告迟报的，记1分／次。

（4）因安全生产问题被列入全国水利建设市场监管服务平台"重点关注名单"且处于公开期内的，记10分。被列入全国水利建设市场监管服务平台"黑名单"且处于公开期内的，记20分。

（5）存在以下任何一种情形的，记15分：发生1人（含）以上死亡，或者3人（含）以上重伤，或者100万元以上直接经济损失的一般水利生产安全事故且负有责任的；存在重大事故隐患或者安全管理突出问题的；存在非法违法生产经营建设行为的；生产经营状况发生重大变化的；按照水利安全生产标准化相关评审规定和标准不达标的。

（6）存在以下任何一种情形的，记20分：发现在评审过程中弄虚作假、申请材料不真实的；不接受检查的；迟报、漏报、谎报、瞒报生产安全事故的；发生较大及以上水利生产安全事故且负有责任的。

达标单位在证书有效期内累计记分达到10分，实施黄牌警示；累计记分达到15分，证书期满后将不予延期；累计记分达到20分，撤销证书。以上处理结果均在水利部网站公告，并告知达标单位。

二、文明建设工地评审

为大力弘扬社会主义核心价值观，更好地发挥水利工程在国民经济和社会发展中的重要支撑作用，进一步提高水利工程建设管理水平，推进水利工程建设文明工地创建工作，倡导文明施工，安全施工，营造和谐建设环境，水利部组织对《水利建设工程文明工地创建管理暂行办法》进行修订，并印发了《水利建设工程文明工地创建管理办法》，该办法共十七条。原《水利建设工程文明工地创建管理暂行办法》同时废止。

1．文明工地创建标准

（1）体制机制健全。

（2）质量管理到位。

（3）安全施工到位。

（4）环境和谐有序。

（5）文明风尚良好。

（6）创建措施有力。

2．文明工地创建与管理

文明工地创建在项目法人的统一领导下进行。获得文明工地的可作为水利建设市场主体信用、中国水利工程优质（大禹）奖和水利安全生产标准化评审的重要参考。

3．文明工地申报

文明工地实行届期制，每两年通报一次。在上一届期已被命名为文明工地的，如符合条件，可继续申报下一届。

水利水电施工企业安全生产标准化评审标准　　　　　　表 2F320086

一级评审项目及标准分值	二级评审项目及标准分值	三级评审项目（列举）及分值	一次性扣完标准分值最高的项目（列举）
1．目标职责（150分）	1.1 目标（30分）	1.1.6 定期对安全生产目标完成情况进行考核奖惩。（10分）	未定期考核奖惩，扣 10 分
	1.2 机构与职责（28分）	1.2.2 按规定设置安全生产管理机构。（5分）	未按规定设置，扣 5 分
	1.3 全员参与（14分）	1.3.1 定期对部门、所属单位和从业人员的安全生产职责的适宜性、履职情况进行评估和监督考核。（8分）	未进行评估和监督考核，扣 8 分
	1.4 安全生产投入（58分）	1.4.6 按照有关规定，为从业人员及时办理相关保险。（8分）	未办理相关保险，扣 8 分
	1.5 安全文化建设（10分）	1.5.2 制定安全文化建设规划和计划，开展安全文化建设活动。（5分）	未制定安全文化建设规划或计划，扣 5 分
	1.6 安全生产信息化建设（10分）	1.6.1 根据实际情况，建立安全生产电子台账管理、重大危险源监控、职业病危害防治、应急管理、安全风险管控和隐患自查自报、安全生产预测预警等信息系统，利用信息化手段加强安全生产管理工作。（10分）	未建立信息系统，扣 10 分
2．制度化管理（60分）	2.1 法规标准识别（10分）	2.1.2 职能部门和所属单位应及时识别、获取适用的安全生产法律法规和其他要求，归口管理部门每年发布一次适用的清单，建立文本数据库。（4分）	未发布清单，扣 4 分
	2.2 规章制度（16分）	2.2.2 及时将安全生产规章制度发放到相关工作岗位，并组织培训。（4分）	
	2.3 操作规程（18分）	2.3.3 安全操作规程应发放到相关作业人员。（6分）	
	2.4 文档管理（16分）	2.4.4 每年至少评估一次安全生产法律法规、标准规范、规范性文件、规章制度、操作规程的适用性、有效性和执行情况。（4分）	未按时进行评估或无评估结论，扣 4 分

续表

一级评审项目及标准分值	二级评审项目及标准分值	三级评审项目（列举）及分值	一次性扣完标准分值最高的项目（列举）
3．教育培训（60分）	3.1 教育培训管理（10分）	3.1.2 定期识别安全教育培训需求，编制培训计划，按计划进行培训，对培训效果进行评价，并根据评价结论进行改进，建立教育培训记录、档案。（8分）	未编制年度培训计划，扣8分
	3.2 人员教育培训（50分）	3.2.5 监督检查分包单位对员工进行安全生产教育培训及持证上岗情况。（9分）	未监督检查，扣9分
4．现场管理（450分）	4.1 设备设施管理（130分）	4.1.10 安全设施管理 建设项目安全设施必须执行"三同时"制度；临边、沟、坑、孔洞、交通梯道等危险部位的栏杆、盖板等设施齐全、牢固可靠；高处作业等危险作业部位按规定设置安全网等设施；施工通道稳固、畅通；垂直交叉作业等危险作业场所设置安全隔离棚；机械、传送装置等的转动部位安装可靠的防护栏、罩等安全防护设施；临水和水上作业有可靠的救生设施；暴雨、台风、暴风雪等极端天气前后组织有关人员对安全设施进行检查或重新验收。（15分）	未执行安全设施"三同时"制度，扣15分
	4.2 作业安全（245分）	4.2.2 施工技术管理 设置施工技术管理机构，配足施工技术管理人员，建立施工技术管理制度，明确职责、程序及要求；工程开工前，应参加设计交底，并进行施工图会审；对施工现场安全管理和施工过程的安全控制进行全面策划，编制安全技术措施，并进行动态管理；达到一定规模的危险性较大单项工程应编制专项施工方案，超过一定规模的危险性较大单项工程的专项施工方案，应组织专家论证；施工组织设计、施工方案等技术文件的编制、审核、批准、备案规范；施工前按规定分层次进行交底，并在交底书上签字确认；专项施工方案实施时安排专人现场监护，方案编制人员、技术负责人应现场检查指导。（25分）	无安全技术措施，扣25分； 达到一定规模的危险性较大单项工程未编制专项施工方案，扣25分
	4.3 职业健康（50分）	4.3.12 按照规定制定职业危害场所检测计划，定期对职业危害场所进行检测，并将检测结果存档。（6分）	未制定职业危害场所检测计划，扣6分
	4.4 警示标志（25分）	4.4.3 定期对警示标志进行检查维护，确保其完好有效。（5分）	未定期进行检查维护，扣5分
5．安全风险管控及隐患排查治理（170分）	5.1 安全风险管理（40分）	5.1.2 组织对安全风险进行全面、系统的辨识，对辨识资料进行统计、分析、整理和归档。（10分）	未实施安全风险辨识，扣10分
	5.2 重大危险源辨识和管理（55分）	5.2.2 开工前，进行重大危险源辨识、评估，确定危险等级，并将辨识、评估成果及时报监理单位和项目法人。（10分）	未进行重大危险源辨识，扣10分
	5.3 隐患排查治理（60分）	5.3.8 重大事故隐患治理完成后，对治理情况进行验证和效果评估，经监理单位审核，报项目法人。一般事故隐患治理完成后，对治理情况进行复查，并在隐患整改通知单上签署明确意见。（10分） 按照《水利工程生产安全重大事故隐患判定标准（试行）》，存在重大事故隐患的，不得评定为安全生产标准化达标单位	对于重大事故隐患，未进行验证、效果评估，扣10分

续表

一级评审项目及标准分值	二级评审项目及标准分值	三级评审项目（列举）及分值	一次性扣完标准分值最高的项目（列举）
5．安全风险管控及隐患排查治理（170分）	5.4 预测预警（15分）	5.4.1 根据施工企业特点，结合安全风险管理、隐患排查治理及事故等情况，运用定量或定性的安全生产预测预警技术，建立体现安全生产状况及发展趋势的安全生产预测预警体系。（5分）	未建立安全生产预测预警体系，扣5分
6．应急管理（50分）	6.1 应急准备（38分）	6.1.2 在安全风险分析、评估和应急资源调查的基础上，建立健全生产安全事故应急预案体系，包括综合预案、专项预案、现场处置方案，经监理单位审核，报项目法人备案。针对工作场所、岗位的特点，编制简明、实用、有效的应急处置卡。项目部的应急预案体系应与项目法人和地方政府的应急预案体系相衔接。按照有关规定通报应急救援队伍、周边企业等有关应急协作单位。（8分）	应急预案未以正式文件发布，扣8分
	6.2 应急处置（8分）	6.2.1 发生事故后，启动相关应急预案，采取应急处置措施，开展事故救援，必要时寻求社会支援。（5分）	发生事故未及时启动应急预案，扣5分未及时采取应急处置措施，扣5分
	6.3 应急评估（4分）	6.3.1 每年应进行一次应急准备工作的总结评估。完成险情或事故应急处置结束后，应对应急处置工作进行总结评估。（4分）	
7．事故管理（30分）	7.1 事故报告（6分）	7.1.2 发生事故后按照有关规定及时、准确、完整的向有关部门报告，事故报告后出现新情况时，应当及时补报。（4分） 存在迟报、漏报、谎报、瞒报事故等行为，不得评定为安全生产标准化达标单位	未按规定及时补报，扣4分
	7.2 事故调查和处理（21分）	7.2.2 事故发生后按照有关规定，组织事故调查组对事故进行调查，查明事故发生的时间、经过、原因、波及范围、人员伤亡情况及直接经济损失等。事故调查组应根据有关证据、资料，分析事故的直接、间接原因和事故责任，提出应吸取的教训、整改措施和处理建议，编制事故调查报告。（7分）	无事故调查报告，扣7分
	7.3 事故档案管理（3分）	7.3.1 建立完善的事故档案和事故管理台账，并定期按照有关规定对事故进行统计分析。（3分）	未建立事故档案和管理台账，扣3分
8．持续改进（30分）	8.1 绩效评定（15分）	8.1.2 每年至少组织一次安全标准化实施情况的检查评定，验证各项安全生产制度措施的适宜性、充分性和有效性，检查安全生产目标、指标的完成情况，提出改进意见，形成评定报告。发生生产安全责任死亡事故，应重新进行评定，全面查找安全生产标准化管理体系中存在的缺陷。（6分）	主要负责人未组织评定，扣6分；检查评定每年少于一次，扣6分；无评定报告，扣6分；发生死亡事故后未重新进行评定，扣6分
	8.2 持续改进（15分）	8.2.1 根据安全生产标准化绩效评定结果和安全生产预测预警系统所反映的趋势，客观分析本单位安全生产标准化管理体系的运行质量，及时调整完善相关规章制度、操作规程和过程管控，不断提高安全生产绩效。（15分）	

2F320087　水力发电工程安全管理的要求

根据 2015 年颁布的《电力建设工程施工安全监督管理办法》（国家发展和改革委员会令第 28 号），电力建设工程施工安全坚持"安全第一、预防为主、综合治理"的方针，建立"企业负责、职工参与、行业自律、政府监管、社会监督"的管理机制。

一、建设单位安全责任

建设单位对电力建设工程施工安全负全面管理责任，具体内容包括：

（1）建立健全安全生产组织和管理机制，负责电力建设工程安全生产组织、协调、监督职责。

（2）建立健全安全生产监督检查和隐患排查治理机制，实施施工现场全过程安全生产管理。

（3）建立健全安全生产应急响应和事故处置机制，实施突发事件应急抢险和事故救援。

（4）建立电力建设工程项目应急管理体系，编制应急综合预案，组织勘察设计、施工、监理等单位制定各类安全事故应急预案，落实应急组织、程序、资源及措施，定期组织演练，建立与国家有关部门、地方政府应急体系的协调联动机制，确保应急工作有效实施。

（5）及时协调和解决影响安全生产重大问题。建设工程实行工程总承包的，总承包单位应当按照合同约定，履行建设单位对工程的安全生产责任；建设单位应当监督工程总承包单位履行对工程的安全生产责任。

（6）按照国家有关安全生产费用投入和使用管理规定，电力建设工程概算应当单独计列安全生产费用，不得在电力建设工程投标中列入竞争性报价。

（7）组织参建单位落实防灾减灾责任，建立健全自然灾害预测预警和应急响应机制，对重点区域、重要部位地质灾害情况进行评估检查。

（8）应当执行定额工期，不得压缩合同约定的工期。如工期确需调整，应当对安全影响进行论证和评估。论证和评估应当提出相应的施工组织措施和安全保障措施。

（9）应在电力建设工程开工报告批准之日起 15 日内，将保证安全施工的措施，包括电力建设工程基本情况、参建单位基本情况、安全组织及管理措施、安全投入计划、施工组织方案、应急预案等内容向建设工程所在地国家能源局派出机构备案。

二、勘察设计单位安全责任

勘察设计单位应当按照法律法规和工程建设强制性标准进行电力建设工程的勘察设计，提供的勘察设计文件应当真实、准确、完整，满足工程施工安全的需要，具体内容包括：

（1）在编制设计计划书时应当识别设计适用的工程建设强制性标准并编制条文清单。

（2）电力建设工程所在区域存在自然灾害或电力建设活动可能引发地质灾害风险时，勘察设计单位应当制定相应专项安全技术措施，并向建设单位提出灾害防治方案建议。应当监控基础开挖、洞室开挖、水下作业等重大危险作业的地质条件变化情况，及时调整设计方案和安全技术措施。

（3）对于采用新技术、新工艺、新流程、新设备、新材料和特殊结构的电力建设工程，勘察设计单位应当在设计文件中提出保障施工作业人员安全和预防生产安全事故的措施建议；不符合现行相关安全技术规范或标准规定的，应当提请建设单位组织专题技术论证，报送相应主管部门同意。

（4）施工过程中，对不能满足安全生产要求的设计，应当及时变更。

三、施工单位安全责任

（1）电力建设工程实行施工总承包的，由施工总承包单位对施工现场的安全生产负总责，具体包括：

① 施工单位或施工总承包单位应当自行完成主体工程的施工，除可依法对劳务作业进行劳务分包外，不得对主体工程进行其他形式的施工分包；禁止任何形式的转包和违法分包。

② 施工单位或施工总承包单位依法将主体工程以外项目进行专业分包的，分包单位必须具有相应资质和安全生产许可证，合同中应当明确双方在安全生产方面的权利和义务。施工单位或施工总承包单位履行电力建设工程安全生产监督管理职责，承担工程安全生产连带管理责任，分包单位对其承包的施工现场安全生产负责。

③ 施工单位或施工总承包单位和专业承包单位实行劳务分包的，应当分包给具有相应资质的单位，并对施工现场的安全生产承担主体责任。

（2）施工单位应当履行劳务分包安全管理责任，将劳务派遣人员、临时用工人员纳入其安全管理体系，落实安全措施，加强作业现场管理和控制。

（3）电力建设工程开工前，施工单位应当开展现场查勘，编制施工组织设计、施工方案和安全技术措施并按技术管理相关规定报建设单位、监理单位同意。分部分项工程施工前，施工单位负责项目管理的技术人员应当向作业人员进行安全技术交底，如实告知作业场所和工作岗位可能存在的风险因素、防范措施以及现场应急处置方案，并由双方签字确认；对复杂自然条件、复杂结构、技术难度大及危险性较大的分部分项工程需编制专项施工方案并附安全验算结果，必要时召开专家会议论证确认。

（4）施工单位应当对因电力建设工程施工可能造成损害和影响的毗邻建筑物、构筑物、地下管线、架空线缆、设施及周边环境采取专项防护措施。对施工现场出入口、通道口、孔洞口、邻近带电区、易燃易爆及危险化学品存放处等危险区域和部位采取防护措施并设置明显的安全警示标志。

四、监理单位安全责任

监理单位应当组织或参加各类安全检查活动，掌握现场安全生产动态，建立安全管理台账。重点审查、监督下列工作：

（1）按照工程建设强制性标准和安全生产标准及时审查施工组织设计中的安全技术措施和专项施工方案。

（2）审查和验证分包单位的资质文件和拟签订的分包合同、人员资质、安全协议。

（3）审查安全管理人员、特种作业人员、特种设备操作人员资格证明文件和主要施工机械、工器具、安全用具的安全性能证明文件是否符合国家有关标准；检查现场作业人员及设备配置是否满足安全施工的要求：

（4）对大中型起重机械、脚手架、跨越架、施工用电、危险品库房等重要施工设施投入使用前进行安全检查签证。土建交付安装、安装交付调试及整套启动等重大工序交接前进行安全检查签证。

（5）对工程关键部位、关键工序、特殊作业和危险作业进行旁站监理；对复杂自然条件、复杂结构、技术难度大及危险性较大分部分项工程专项施工方案的实施进行现场监理；监督交叉作业和工序交接中的安全施工措施的落实。

（6）监督施工单位安全生产费的使用、安全教育培训情况。

五、监督管理

国家能源局依法实施电力建设工程施工安全的监督管理，具体内容包括：

（1）建立健全电力建设工程安全生产监管机制，制定电力建设工程施工安全行业标准。

（2）建立电力建设工程施工安全生产事故和重大事故隐患约谈、诫勉制度。

（3）加强层级监督指导，对事故多发地区、安全管理薄弱的企业和安全隐患突出的项目、部位实施重点监督检查。

国家能源局派出机构按照国家能源局授权实施辖区内电力建设工程施工安全监督管理，具体内容如下：

（1）部署和组织开展辖区内电力建设工程施工安全监督检查。

（2）建立电力建设工程施工安全生产事故和重大事故隐患约谈、诫勉制度。

（3）依法组织或参加辖区内电力建设工程施工安全事故的调查与处理，做好事故分析和上报工作。

国家能源局及其派出机构履行电力建设工程施工安全监督管理职责时，可以采取下列监管措施：

（1）要求被检查单位提供有关安全生产的文件和资料（含相关照片、录像及电子文本等），按照国家规定如实公开有关信息。

（2）进入被检查单位施工现场进行监督检查，纠正施工中违反安全生产要求的行为。

（3）对检查中发现的生产安全事故隐患，责令整改；对重大生产安全事故隐患实施挂牌督办，重大生产安全事故隐患整改前或整改过程中无法保证安全的，责令其从危险区域撤出作业人员或者暂时停止施工。

（4）约谈存在生产安全事故隐患整改不到位的单位，受理和查处有关安全生产违法行为的举报和投诉，披露违反有关规定的行为和单位，并向社会公布。

（5）法律法规规定的其他措施。

2F320090　水利水电工程验收

2F320091　水利工程验收的分类及要求

为了加强公益性建设项目的验收管理，《国务院办公厅关于加强基础设施工程质量管理的通知》中指出："必须实行竣工验收制度。项目建成后必须按国家有关规定进行严格的竣工验收，由验收人员签字负责。项目竣工验收合格后，方可投入使用。对未经验收或验收不合格就交付使用的，要追究项目法定代表人的责任，造成重大损失的，要追究其法律责任。"对于水利工程建设项目，《国务院批转国家计委、财政部、水利部、建设部关于加强公益性水利工程建设管理若干意见的通知》中再次指出"严格水利工程项目验收制度"。这里所指的验收制度，既包括法人验收，也包括政府验收。

有关水利工程建设项目的竣工验收工作，过去一直执行的是行业技术标准《水利水电建设工程验收规程》SL 223—1999，但缺少行业管理具体的规章。2006 年 12 月 18 日水利部颁发《水利工程建设项目验收管理规定》（水利部令第 30 号），该规定自 2007 年 4 月 1 日起施行。《水利工程建设项目验收管理规定》（水利部令第 30 号）是水利行业第一部针对验收工作的具体管理规章，该规定的办法和实施，是完善水利工程建设管理方面制度的一项重要举措，标志着水利工程项目建设过程中的验收工作以及竣工验收管理工作进一步走向规范化、制度化，将有力推动水利工程建设管理各方面管理水平的提高。

《水利工程建设项目验收管理规定》（水利部令第 30 号）的颁布和实施，为一系列围绕工程项目验收所需要的规章制度（如工程建设的技术鉴定、质量检测、优质工程评定、质量监督管理规定等）和技术标准（如验收规程、质量检验与评定规程、单元工程施工质量评定标准等）的修订提供了重要的依据。

《水利工程建设项目验收管理规定》（水利部令第 30 号）中关于违反该规定的主要处罚有：

（1）违反本规定，项目法人不按时限要求组织法人验收或者不具备验收条件而组织法人验收的，由法人验收监督管理机关责令改正。

（2）项目法人以及其他参建单位提交验收资料不真实导致验收结论有误的，由提交不真实验收资料的单位承担责任。竣工验收主持单位收回验收鉴定书，对责任单位予以通报批评；造成严重后果的，依照有关法律法规处罚。

（3）参加验收的专家在验收工作中玩忽职守、徇私舞弊的，由验收监督管理机关予以通报批评；情节严重的，取消其参加验收的资格；构成犯罪的，依法追究刑事责任。

（4）国家机关工作人员在验收工作中玩忽职守、滥用职权、徇私舞弊，尚不构成犯罪的，依法给予行政处分；构成犯罪的，依法追究刑事责任。

为加强水利水电建设工程验收管理，使水利水电建设工程验收制度化、规范化，保证工程验收质量，依据水利部《水利工程建设项目验收管理规定》（水利部令第 30 号）等有关文件，按照《水利技术标准编写规定》SL 1—2014 的要求，对《水利水电建设工程验收规程》SL 223—1999 进行修订。水利部 2008 年 3 月 3 日发布《水利水电建设工程验收规程》SL 223—2008，自 2008 年 6 月 3 日实施。该规程适用于由中央、地方财政全部投资或部分投资建设的大中型水利水电建设工程（含 1、2、3 级堤防工程）的验收，其他水利水电建设工程的验收可参照执行。《水利水电建设工程验收规程》SL 223—2008 共 9 章、15 节、146 条和 25 个附录。《水利水电建设工程验收规程》SL 223—2008 所替代标准的历次版本为：

（1）SD 184—86。

（2）SL 223—1999。

一、水利水电工程验收分类

根据《水利水电建设工程验收规程》SL 223—2008，水利水电建设工程验收按验收主持单位可分为法人验收和政府验收。

法人验收应包括分部工程验收、单位工程验收、水电站（泵站）中间机组启动验收、合同工程完工验收等；政府验收应包括阶段验收、专项验收、竣工验收等。验收主持单位可根据工程建设需要增设验收的类别和具体要求。

二、水利水电工程验收的基本要求

根据《水利水电建设工程验收规程》SL 223—2008，验收的基本要求是：

（1）工程验收应以下列文件为主要依据：

① 国家现行有关法律、法规、规章和技术标准。

② 有关主管部门的规定。

③ 经批准的工程立项文件、初步设计文件、调整概算文件。

④ 经批准的设计文件及相应的工程变更文件。

⑤ 施工图纸及主要设备技术说明书等。

⑥ 法人验收还应以施工合同为依据。

（2）工程验收工作的主要内容：

① 检查工程是否按照批准的设计进行建设。

② 检查已完工程在设计、施工、设备制造安装等方面的质量及相关资料的收集、整理和归档情况。

③ 检查工程是否具备运行或进行下一阶段建设的条件。

④ 检查工程投资控制和资金使用情况。

⑤ 对验收遗留问题提出处理意见。

⑥ 对工程建设做出评价和结论。

（3）政府验收应由验收主持单位组织成立的验收委员会负责；法人验收应由项目法人组织成立的验收工作组负责。验收委员会（工作组）由有关单位代表和有关专家组成。

验收的成果性文件是验收鉴定书，验收委员会（工作组）成员应在验收鉴定书上签字。对验收结论持有异议的，应将保留意见在验收鉴定书上明确记载并签字。

（4）工程验收结论应经 2/3 以上验收委员会（工作组）成员同意。

验收过程中发现的问题，其处理原则应由验收委员会（工作组）协商确定。主任委员（组长）对争议问题有裁决权。若 1/2 以上的委员（组员）不同意裁决意见时，法人验收应报请验收监督管理机关决定；政府验收应报请竣工验收主持单位决定。

（5）工程项目中需要移交非水利行业管理的工程，验收工作宜同时参照相关行业主管部门的有关规定。

（6）当工程具备验收条件时，应及时组织验收。未经验收或验收不合格的工程不应交付使用或进行后续工程施工。验收工作应相互衔接，不应重复进行。

（7）工程验收应在施工质量检验与评定的基础上，对工程质量提出明确结论意见。

（8）验收资料制备由项目法人统一组织，有关单位应按要求及时完成并提交。项目法人应对提交的验收资料进行完整性、规范性检查。验收资料分为应提供的资料和需备查的资料。有关单位应保证其提交资料的真实性并承担相应责任。工程验收的图纸、资料和成果性文件应按竣工验收资料要求制备。除图纸外，验收资料的规格宜为国际标准 A4（210mm×297mm）。文件正本应加盖单位印章且不应采用复印件。需归档资料应符合《水利工程建设项目档案管理规定》（水办［2005］480 号）[原《水利基本建设项目（工程）档案资料管理规定》（水办［1997］275 号）自 2005 年 12 月 10 日废止] 要求。验收资料应具有真实性、完整性和历史性。所谓真实性是指如实记录和反映工程建设过程的实际情况。所谓完整性是指建设过程应有及时完整有效的记录。所谓历史性是指对未来有可靠和重要的参考价值。验收时所需提供资料与备查资料的区别主要是，备查资料是原始的且数量有限不可再制，提供资料是对原始资料的归纳和建立在实践基础上的经验总结。

三、水利水电工程验收监督管理的基本要求

根据《水利水电建设工程验收规程》SL 223—2008，有关验收监督管理的基本要求：

（1）水利部负责全国水利工程建设项目验收的监督管理工作。水利部所属流域管理机构（以下简称流域管理机构）按照水利部授权，负责流域内水利工程建设项目验收的监督管理工作。县级以上地方人民政府水行政主管部门按照规定权限负责本行政区域内水利工程建设项目验收的监督管理工作。

（2）法人验收监督管理机关应对工程的法人验收工作实施监督管理。

由水行政主管部门或者流域管理机构组建项目法人的，该水行政主管部门或者流域管理机构是本工程的法人验收监督管理机关；由地方人民政府组建项目法人的，该地方人民政府水行政主管部门是本工程的法人验收监督管理机关。

（3）工程验收监督管理的方式应包括现场检查、参加验收活动、对验收工作计划与验收成果性文件进行备案等。工程验收监督管理应包括以下主要内容：

① 验收工作是否及时。

② 验收条件是否具备。

③ 验收人员组成是否符合规定。

④ 验收程序是否规范。

⑤ 验收资料是否齐全。

⑥ 验收结论是否明确。

（4）当发现工程验收不符合有关规定时，验收监督管理机关应及时要求验收主持单位予以纠正，必要时可要求暂停验收或重新验收并同时报告竣工验收主持单位。

（5）项目法人应自工程开工之日起60个工作日内，制定法人验收工作计划，报法人验收监督管理机关和竣工验收主持单位备案。当工程建设计划进行调整时，法人验收工作计划也应相应地进行调整并重新备案。

（6）法人验收过程中发现的技术性问题原则上应按合同约定进行处理。合同约定不明确的，应按国家或行业技术标准规定处理。当国家或行业技术标准暂无规定时，应由法人验收监督管理机关负责协调解决。

（7）法人验收后，质量评定结论应当报该项目的质量监督机构核备。未经核备的，不得组织下一阶段验收。

2F320092　水利工程项目法人验收的要求

一、分部工程验收的基本要求

根据《水利水电建设工程验收规程》SL 223—2008，分部工程验收的基本要求是：

（1）分部工程验收应由项目法人（或委托监理单位）主持。验收工作组应由项目法人、勘测、设计、监理、施工、主要设备制造（供应）商等单位的代表组成。运行管理单位可根据具体情况决定是否参加。质量监督机构宜派代表列席大型枢纽工程主要建筑物的分部

工程验收会议。

（2）大型工程分部工程验收工作组成员应具有中级及其以上技术职称或相应执业资格；其他工程的验收工作组成员应具有相应的专业知识或执业资格。参加分部工程验收的每个单位代表人数不宜超过2名。

（3）分部工程具备验收条件时，施工单位应向项目法人提交验收申请报告。项目法人应在收到验收申请报告之日起10个工作日内决定是否同意进行验收。

（4）分部工程验收应具备以下条件：

① 所有单元工程已完成。

② 已完单元工程施工质量经评定全部合格，有关质量缺陷已处理完毕或有监理机构批准的处理意见。

③ 合同约定的其他条件。

（5）分部工程验收工作包括以下主要内容：

① 检查工程是否达到设计标准或合同约定标准的要求。

② 评定工程施工质量等级。

③ 对验收中发现的问题提出处理意见。

（6）项目法人应在分部工程验收通过之日后10个工作日内，将验收质量结论和相关资料报质量监督机构核备。大型枢纽工程主要建筑物分部工程的验收质量结论应报质量监督机构核定。质量监督机构应在收到验收质量结论之日后20个工作日内，将核备（定）意见书面反馈项目法人。当质量监督机构对验收质量结论有异议时，项目法人应组织参加验收单位进一步研究，并将研究意见报质量监督机构。当双方对质量结论仍然有分歧意见时，应报上一级质量监督机构协调解决。

（7）分部工程验收遗留问题处理情况应有书面记录并有相关责任单位代表签字，书面记录应随分部工程验收鉴定书一并归档。

（8）分部工程验收的成果性文件是分部工程验收鉴定书。正本数量可按参加验收单位、质量和安全监督机构各一份以及归档所需要的份数确定。自验收鉴定书通过之日起30个工作日内，由项目法人发送有关单位，并报送法人验收监督管理机关备案。

（9）根据《水利水电建设工程验收规程》SL 223—2008，"分部工程验收鉴定书"的主要内容及填写注意事项如下：

① 开工完工日期，系指本分部工程开工及完工日期，具体到日。

② 质量事故及缺陷处理，达不到《水利工程质量事故处理暂行规定》（水利部第9号令）所规定分类标准下限的，均为质量缺陷。对于质量事故的处理程序应符合第9号令，对于质量缺陷按有关规范及合同进行处理。需说明本分部工程是否存在上述问题，如果存在是如何处理的。

③ 拟验工程质量评定，主要填写本分部单元工程个数、主要单元工程个数、单元工程合格数和优良数以及优良品率，并应按《水利水电工程施工质量检验与评定规程》SL 176—2007 和《水利水电工程单元工程施工质量验收评定标准》的要求进行质量评定。工程质量指标，主要填写有关质量方面设计指标（或规范要求的指标），施工单位自检统计结果，监理单位抽检统计结果，以及各指标之间的对比情况。

④ 存在问题及处理意见：主要填写有关本分部工程质量方面是否存在问题，以及如

何处理。处理意见应明确存在问题的处理责任单位、完成期限以及应达到的质量标准、存在问题处理后的验收责任单位。

⑤ 验收结论，系填写验收的简单过程（包括验收日期、质量评定依据）和结论性意见。

⑥ 保留意见，系填写对验收结论的不同意见以及需特别说明与该分部工程验收有关的问题，并需持保留意见的人签字。

二、单位工程验收的基本要求

根据《水利水电建设工程验收规程》SL 223—2008，单位工程验收的基本要求是：

1．验收的组织

（1）单位工程验收应由项目法人主持。验收工作组应由项目法人、勘测、设计、监理、施工、主要设备制造（供应）商、运行管理等单位的代表组成。必要时，可邀请上述单位以外的专家参加。单位工程验收工作组成员应具有中级及其以上技术职称或相应执业资格，每个单位代表人数不宜超过 3 名。

（2）单位工程完工并具备验收条件时，施工单位应向项目法人提出验收申请报告。项目法人应在收到验收申请报告之日起 10 个工作日内决定是否同意进行验收。

（3）项目法人组织单位工程验收时，应提前 10 个工作日通知质量和安全监督机构。主要建筑物单位工程验收应通知法人验收监督管理机关。法人验收监督管理机关可视情况决定是否列席验收会议，质量和安全监督机构应派员列席验收会议。

（4）需要提前投入使用的单位工程应进行单位工程投入使用验收。单位工程投入使用验收应由项目法人主持，根据工程具体情况，经竣工验收主持单位同意，单位工程投入使用验收也可由竣工验收主持单位或其委托的单位主持。

2．验收的条件

单位工程验收应具备以下条件：

（1）所有分部工程已完建并验收合格。

（2）分部工程验收遗留问题已处理完毕并通过验收，未处理的遗留问题不影响单位工程质量评定并有处理意见。

（3）合同约定的其他条件。

（4）单位工程投入使用验收除应满足以上条件外，还应满足以下条件：

① 工程投入使用后，不影响其他工程正常施工，且其他工程施工不影响该单位工程安全运行。

② 已经初步具备运行管理条件，需移交运行管理单位的，项目法人与运行管理单位已签订提前使用协议书。

3．验收的主要工作

单位工程验收工作包括以下主要内容：

（1）检查工程是否按批准的设计内容完成。

（2）评定工程施工质量等级。

（3）检查分部工程验收遗留问题处理情况及相关记录。

（4）对验收中发现的问题提出处理意见。

（5）单位工程投入使用验收除完成以上工作内容外，还应对工程是否具备安全运行条件进行检查。

4. 验收工作程序

单位工程验收应按以下程序进行：

（1）听取工程参建单位工程建设有关情况的汇报。

（2）现场检查工程完成情况和工程质量。

（3）检查分部工程验收有关文件及相关档案资料。

（4）讨论并通过单位工程验收鉴定书。

5. 验收工作的成果

单位工程验收的成果性文件是单位工程验收鉴定书。项目法人应在单位工程验收通过之日起 10 个工作日内，将验收质量结论和相关资料报质量监督机构核定。质量监督机构应在收到验收质量结论之日起 20 个工作日内，将核定意见反馈项目法人。当质量监督机构对验收质量结论有异议时，应按分部工程验收的有关规定执行。

单位工程验收鉴定书正本数量可按参加验收单位、质量和安全监督机构、法人验收监督管理机关各一份以及归档所需要的份数确定。自验收鉴定书通过之日起 30 个工作日内，由项目法人发送有关单位并报法人验收监督管理机关备案。

三、合同工程完工验收的基本要求

根据《水利水电建设工程验收规程》SL 223—2008，合同工程完成后，应进行合同工程完工验收。当合同工程仅包含一个单位工程（分部工程）时，宜将单位工程（分部工程）验收与合同工程完工验收一并进行，但应同时满足相应的验收条件。合同工程完工验收的基本要求是：

1. 验收的组织

（1）合同工程完工验收应由项目法人主持。验收工作组应由项目法人以及与合同工程有关的勘测、设计、监理、施工、主要设备制造（供应）商等单位的代表组成。

（2）合同工程具备验收条件时，施工单位应向项目法人提出验收申请报告。项目法人应在收到验收申请报告之日起 20 个工作日内决定是否同意进行验收。

2. 验收的条件

合同工程完工验收应具备以下条件：

（1）合同范围内的工程项目已按合同约定完成。

（2）工程已按规定进行了有关验收。

（3）观测仪器和设备已测得初始值及施工期各项观测值。

（4）工程质量缺陷已按要求进行处理。

（5）工程完工结算已完成。

（6）施工现场已经进行清理。

（7）需移交项目法人的档案资料已按要求整理完毕。

（8）合同约定的其他条件。

3. 验收的主要工作

合同工程完工验收工作包括以下主要内容：

（1）检查合同范围内工程项目和工作完成情况。

（2）检查施工现场清理情况。

（3）检查已投入使用工程运行情况。

（4）检查验收资料整理情况。

（5）鉴定工程施工质量。

（6）检查工程完工结算情况。

（7）检查历次验收遗留问题的处理情况。

（8）对验收中发现的问题提出处理意见。

（9）确定合同工程完工日期。

（10）讨论并通过合同工程完工验收鉴定书。

4. 验收工作程序及成果

（1）合同工程完工验收的工作程序可参照单位工程验收的有关规定进行。

（2）合同工程完工验收的成果性文件是合同工程完工验收鉴定书。正本数量可按参加验收单位、质量和安全监督机构以及归档所需要的份数确定。自验收鉴定书通过之日起30个工作日内，应由项目法人发送有关单位，并报送法人验收监督管理机关备案。

2F320093　水利工程阶段验收的要求

根据工程建设需要，当工程建设达到一定关键阶段时（如截流、水库蓄水、机组启动、输水工程通水等），应进行阶段验收。阶段验收原则上应根据工程建设的需要。阶段验收与分部工程验收的不同点在于：每个分部工程内的单元工程完成后，即应进行该分部工程验收，因此，分部工程验收是工程建设过程中经常性的工作。工程阶段验收时，对于工程的单元和分部工程完成情况并没有具体条件要求，主要是根据工程建设的实际需要来确定是否进行阶段验收。根据《水利水电建设工程验收规程》SL 223—2008，阶段验收的基本要求是：

1. 验收的组织

（1）阶段验收应包括枢纽工程导（截）流验收、水库下闸蓄水验收、引（调）排水工程通水验收、水电站（泵站）首（末）台机组启动验收、部分工程投入使用验收以及竣工验收主持单位根据工程建设需要增加的其他验收。

（2）阶段验收应由竣工验收主持单位或其委托的单位主持。阶段验收委员会应由验收主持单位、质量和安全监督机构、运行管理单位的代表以及有关专家组成；必要时，可邀请地方人民政府以及有关部门参加。工程参建单位应派代表参加阶段验收，并作为被验收单位在验收鉴定书上签字。

（3）工程建设具备阶段验收条件时，项目法人应向竣工验收主持单位提出阶段验收申请报告。竣工验收主持单位应自收到申请报告之日起20个工作日内决定是否同意进行阶段验收。

2. 验收的主要工作

阶段验收工作包括以下主要内容：

（1）检查已完工程的形象面貌和工程质量。

（2）检查在建工程的建设情况。

（3）检查后续工程的计划安排和主要技术措施落实情况，以及是否具备施工条件。

（4）检查拟投入使用工程是否具备运行条件。

（5）检查历次验收遗留问题的处理情况。

（6）鉴定已完工程施工质量。

（7）对验收中发现的问题提出处理意见。

（8）讨论并通过阶段验收鉴定书。

（9）大型工程在阶段验收前，验收主持单位根据工程建设需要，可成立专家组先进行技术预验收。技术预验收工作可参照规程的有关规定进行。

3. 验收的工作程序及成果

（1）阶段验收的工作程序可参照竣工验收的规定进行。

（2）阶段验收的成果性文件是阶段验收鉴定书。数量按参加验收单位、法人验收监督管理机关、质量和安全监督机构各 1 份以及归档所需要的份数确定。自验收鉴定书通过之日起 30 个工作日内，由验收主持单位发送有关单位。

4. 枢纽工程导（截）流验收

（1）枢纽工程导（截）流前，应进行导（截）流验收。

（2）导（截）流验收应具备以下条件：

① 导流工程已基本完成，具备过流条件，投入使用（包括采取措施后）不影响其他未完工程继续施工。

② 满足截流要求的水下隐蔽工程已完成。

③ 截流设计已获批准，截流方案已编制完成，并做好各项准备工作。

④ 工程度汛方案已经有管辖权的防汛指挥部门批准，相关措施已落实。

⑤ 截流后壅高水位以下的移民搬迁安置和库底清理已完成并通过验收。

⑥ 有航运功能的河道，碍航问题已得到解决。

（3）导（截）流验收工作包括以下主要内容：

① 检查已完水下工程、隐蔽工程、导（截）流工程是否满足导（截）流要求。

② 检查建设征地、移民搬迁安置和库底清理完成情况。

③ 审查导（截）流方案，检查导（截）流措施和准备工作落实情况。

④ 检查为解决碍航等问题而采取的工程措施落实情况。

⑤ 鉴定与截流有关已完工程施工质量。

⑥ 对验收中发现的问题提出处理意见。

⑦ 讨论并通过阶段验收鉴定书。

（4）工程分期导（截）流时，应分期进行导（截）流验收。

5. 水库下闸蓄水验收

（1）水库下闸蓄水前，应进行下闸蓄水验收。

（2）下闸蓄水验收应具备以下条件：

① 挡水建筑物的形象面貌满足蓄水位的要求。

② 蓄水淹没范围内的移民搬迁安置和库底清理已完成并通过验收。

③ 蓄水后需要投入使用的泄水建筑物已基本完成，具备过流条件。

④ 有关观测仪器、设备已按设计要求安装和调试，并已测得初始值和施工期观测值。

⑤ 蓄水后未完工程的建设计划和施工措施已落实。

⑥ 蓄水安全鉴定报告已提交。

⑦蓄水后可能影响工程安全运行的问题已处理，有关重大技术问题已有结论。

⑧蓄水计划、导流洞封堵方案等已编制完成，并作好各项准备工作。

⑨年度度汛方案（包括调度运用方案）已经有管辖权的防汛指挥部门批准，相关措施已落实。

（3）下闸蓄水验收工作包括以下主要内容：

①检查已完工程是否满足蓄水要求。

②检查建设征地、移民搬迁安置和库区清理完成情况。

③检查近坝库岸处理情况。

④检查蓄水准备工作落实情况。

⑤鉴定与蓄水有关的已完工程施工质量。

⑥对验收中发现的问题提出处理意见。

⑦讨论并通过阶段验收鉴定书。

（4）工程分期蓄水时，宜分期进行下闸蓄水验收。

（5）拦河水闸工程可根据工程规模、重要性，由竣工验收主持单位决定是否组织蓄水（挡水）验收。

6. 引（调）排水工程通水验收

（1）引（调）排水工程通水前，应进行通水验收。

（2）通水验收应具备以下条件：

①引（调）排水建筑物的形象面貌满足通水的要求。

②通水后未完工程的建设计划和施工措施已落实。

③引（调）排水位以下的移民搬迁安置和障碍物清理已完成并通过验收。

④引（调）排水的调度运用方案已编制完成；度汛方案已得到有管辖权的防汛指挥部门批准，相关措施已落实。

（3）通水验收工作包括以下主要内容：

①检查已完工程是否满足通水的要求。

②检查建设征地、移民搬迁安置和清障完成情况。

③检查通水准备工作落实情况。

④鉴定与通水有关的工程施工质量。

⑤对验收中发现的问题提出处理意见。

⑥讨论并通过阶段验收鉴定书。

（4）工程分期（或分段）通水时，应分期（或分段）进行通水验收。

7. 水电站（泵站）机组启动验收

（1）水电站（泵站）每台机组投入运行前，应进行机组启动验收。

（2）首（末）台机组启动验收应由竣工验收主持单位或其委托单位组织的机组启动验收委员会负责；中间机组启动验收应由项目法人组织的机组启动验收工作组负责。验收委员会（工作组）应有所在地区电力部门的代表参加。

根据机组规模情况，竣工验收主持单位也可委托项目法人主持首（末）台机组启动验收。

（3）机组启动验收前，项目法人应组织成立机组启动试运行工作组开展机组启动试运行工作。首（末）台机组启动试运行前，项目法人应将试运行工作安排报验收主持单位备案，必要时，验收主持单位可派专家到现场收集有关资料，指导项目法人进行机组启动试运行工作。

（4）机组启动试运行工作组应主要进行以下工作：

① 审查批准施工单位编制的机组启动试运行试验文件和机组启动试运行操作规程等。

② 检查机组及相应附属设备安装、调试、试验以及分部试运行情况，决定是否进行充水试验和空载试运行。

③ 检查机组充水试验和空载试运行情况。

④ 检查机组带主变压器与高压配电装置试验和并列及负荷试验情况，决定是否进行机组带负荷连续运行。

⑤ 检查机组带负荷连续运行情况。

⑥ 检查带负荷连续运行结束后消除缺陷处理情况。

⑦ 审查施工单位编写的机组带负荷连续运行情况报告。

（5）机组带负荷连续运行应符合以下要求：

① 水电站机组带额定负荷连续运行时间为72h；泵站机组带额定负荷连续运行时间为24h或7d内累计运行时间为48h，包括机组无故障停机次数不少于3次。

② 受水位或水量限制无法满足上述要求时，经过项目法人组织论证并提出专门报告报验收主持单位批准后，可适当降低机组启动运行负荷以及减少连续运行的时间。

（6）首（末）台机组启动验收前，验收主持单位应组织进行技术预验收，技术预验收应在机组启动试运行完成后进行。技术预验收应具备以下条件：

① 与机组启动运行有关的建筑物基本完成，满足机组启动运行要求。

② 与机组启动运行有关的金属结构及启闭设备安装完成，并经过调试合格，可满足机组启动运行要求。

③ 过水建筑物已具备过水条件，满足机组启动运行要求。

④ 压力容器、压力管道以及消防系统等已通过有关主管部门的检测或验收。

⑤ 机组、附属设备以及油、水、气等辅助设备安装完成，经调试合格并经分部试运转，满足机组启动运行要求。

⑥ 必要的输配电设备安装调试完成，并通过电力部门组织的安全性评价或验收，送（供）电准备工作已就绪，通信系统满足机组启动运行要求。

⑦ 机组启动运行的测量、监测、控制和保护等电气设备已安装完成并调试合格。

⑧ 有关机组启动运行的安全防护措施已落实，并准备就绪。

⑨ 按设计要求配备的仪器、仪表、工具及其他机电设备已能满足机组启动运行的需要。

⑩ 机组启动运行操作规程已编制，并得到批准。

⑪ 水库水位控制与发电水位调度计划已编制完成，并得到相关部门的批准。

⑫ 运行管理人员的配备可满足机组启动运行的要求。

⑬ 水位和引水量满足机组启动运行最低要求。

⑭ 机组按要求完成带负荷连续运行。

（7）技术预验收工作包括以下主要内容：

① 听取有关建设、设计、监理、施工和试运行情况报告。

② 检查评价机组及其辅助设备质量、有关工程施工安装质量；检查试运行情况和消除缺陷处理情况。

③ 对验收中发现的问题提出处理意见。

④ 讨论形成机组启动技术预验收工作报告。

（8）首（末）台机组启动验收应具备以下条件：

① 技术预验收工作报告已提交。

② 技术预验收工作报告中提出的遗留问题已处理。

（9）首（末）台机组启动验收应包括以下主要内容：

① 听取工程建设管理报告和技术预验收工作报告。

② 检查机组和有关工程施工和设备安装以及运行情况。

③ 鉴定工程施工质量。

④ 讨论并通过机组启动验收鉴定书。

（10）中间机组启动验收可参照首（末）台机组启动验收的要求进行。

（11）机组启动验收的成果性文件是机组启动验收鉴定书，与阶段验收鉴定书的内容有所不同。机组启动验收鉴定书是机组交接和投入使用运行的依据。

8. 部分工程投入使用验收

（1）项目施工工期因故拖延，并预期完成计划不确定的工程项目，部分已完成工程需要投入使用的，应进行部分工程投入使用验收。

（2）在部分工程投入使用验收申请报告中，应包含项目施工工期拖延的原因、预期完成计划的有关情况和部分已完成工程提前投入使用的理由等内容。

（3）部分工程投入使用验收应具备以下条件：

① 拟投入使用工程已按批准设计文件规定的内容完成并已通过相应的法人验收。

② 拟投入使用工程已具备运行管理条件。

③ 工程投入使用后，不影响其他工程正常施工，且其他工程施工不影响部分工程安全运行（包括采取防护措施）。

④ 项目法人与运行管理单位已签订部分工程提前使用协议。

⑤ 工程调度运行方案已编制完成。度汛方案已经有管辖权的防汛指挥部门批准，相关措施已落实。

（4）部分工程投入使用验收工作包括以下主要内容：

① 检查拟投入使用工程是否已按批准设计完成。

② 检查工程是否已具备正常运行条件。

③ 鉴定工程施工质量。

④ 检查工程的调度运用、度汛方案落实情况。

⑤ 对验收中发现的问题提出处理意见。

⑥ 讨论并通过部分工程投入使用验收鉴定书。

（5）部分工程投入使用验收的成果性文件是部分工程投入使用验收鉴定书，与阶段验收鉴定书的内容有所不同；部分工程投入使用验收鉴定书是部分工程投入使用运行的依据，也是施工单位向项目法人交接和项目法人向运行管理单位移交的依据。

（6）提前投入使用的部分工程如有单独的初步设计，可组织进行单项工程竣工验收，验收工作参照竣工验收的有关规定进行。

2F320094　水利工程专项验收的要求

根据《水利水电建设工程验收规程》SL 223—2008，工程竣工验收前，应按有关规定进行专项验收。专项验收应具备的条件、验收主要内容、验收程序以及验收成果性文件的具体要求等应执行国家及相关行业主管部门有关规定。专项验收成果性文件应是工程竣工验收成果性文件的组成部分。项目法人提交竣工验收申请报告时，应附相关专项验收成果性文件复印件。水利水电工程的专项验收主要有建设项目竣工环境保护验收、生产建设项目水土保持设施验收、移民安置验收以及建设项目档案等专项验收。

一、建设项目竣工环境保护验收

根据《建设项目环境保护管理条例》（2017年7月16日修订）第十七条："编制环境影响报告书、环境影响报告表的建设项目竣工后，建设单位应当按照国务院环境保护行政主管部门规定的标准和程序，对配套建设的环境保护设施进行验收，编制验收报告。"

根据环境保护部2018年4月28日公布的《建设项目环境影响评价分类管理名录》，水利水电建设项目均需编制环境影响报告书或环境影响报告表。

根据环境保护部《建设项目竣工环境保护验收暂行办法》第四条："建设单位是建设项目竣工环境保护验收的责任主体，应当按照本办法规定的程序和标准，组织对配套建设的环境保护设施进行验收，编制验收报告，公开相关信息，接受社会监督，确保建设项目需要配套建设的环境保护设施与主体工程同时投产或者使用，并对验收内容、结论和所公开信息的真实性、准确性和完整性负责，不得在验收过程中弄虚作假。

环境保护设施是指防治环境污染和生态破坏以及开展环境监测所需的装置、设备和工程设施等。

验收报告分为验收监测（调查）报告、验收意见和其他需要说明的事项等三项内容。"

建设单位在"其他需要说明的事项"中应当如实记载环境保护设施设计、施工和验收过程简况、环境影响报告书（表）及其审批部门审批决定中提出的除环境保护设施外的其他环境保护对策措施的实施情况，以及整改工作情况等。

相关地方政府或者政府部门承诺负责实施与项目建设配套的防护距离内居民搬迁、功能置换、栖息地保护等环境保护对策措施的，建设单位应当积极配合地方政府或部门在所承诺的时限内完成，并在"其他需要说明的事项"中如实记载前述环境保护对策措施的实施情况。

建设项目竣工环境保护验收的主要依据包括：

（1）建设项目环境保护相关法律、法规、规章、标准和规范性文件；

（2）建设项目竣工环境保护验收技术规范；

（3）建设项目环境影响报告书（表）及审批部门审批决定。

建设项目竣工后，建设单位应当如实查验、监测、记载建设项目环境保护设施的建设和调试情况，编制验收监测（调查）报告。

水利水电工程按照《建设项目竣工环境保护验收技术规范 水利水电》HJ464—2009编制验收监测报告或者验收调查报告并开展验收工作。

建设单位不具备编制验收监测（调查）报告能力的，可以委托有能力的技术机构编制。建设单位对受委托的技术机构编制的验收监测（调查）报告结论负责。建设单位与受委托的技术机构之间的权利义务关系，以及受委托的技术机构应当承担的责任，可以通过合同形式约定。

建设项目环境保护设施存在下列情形之一的，建设单位不得提出验收合格的意见：

（1）未按环境影响报告书（表）及其审批部门审批决定要求建成环境保护设施，或者环境保护设施不能与主体工程同时投产或者使用的；

（2）污染物排放不符合国家和地方相关标准、环境影响报告书（表）及其审批部门审批决定或者重点污染物排放总量控制指标要求的；

（3）环境影响报告书（表）经批准后，该建设项目的性质、规模、地点、采用的生产工艺或者防治污染、防止生态破坏的措施发生重大变动，建设单位未重新报批环境影响报告书（表）或者环境影响报告书（表）未经批准的；

（4）建设过程中造成重大环境污染未治理完成，或者造成重大生态破坏未恢复的；

（5）纳入排污许可管理的建设项目，无证排污或者不按证排污的；

（6）分期建设、分期投入生产或者使用依法应当分期验收的建设项目，其分期建设、分期投入生产或者使用的环境保护设施防治环境污染和生态破坏的能力不能满足其相应主体工程需要的；

（7）建设单位因该建设项目违反国家和地方环境保护法律法规受到处罚，被责令改正，尚未改正完成的；

（8）验收报告的基础资料数据明显不实，内容存在重大缺项、遗漏，或者验收结论不明确、不合理的；

（9）其他环境保护法律法规规章等规定不得通过环境保护验收的。

验收监测（调查）报告编制完成后，建设单位应当根据验收监测（调查）报告结论，逐一检查是否存在上述所列验收不合格的情形，提出验收意见。存在问题的，建设单位应当进行整改，整改完成后方可提出验收意见。

验收意见包括工程建设基本情况、工程变动情况、环境保护设施落实情况、环境保护设施调试效果、工程建设对环境的影响、验收结论和后续要求等内容，验收结论应当明确该建设项目环境保护设施是否验收合格。

为提高验收的有效性，在提出验收意见的过程中，建设单位可以组织成立验收工作组，采取现场检查、资料查阅、召开验收会议等方式，协助开展验收工作。验收工作组可以由设计单位、施工单位、环境影响报告书（表）编制机构、验收监测（调查）报告编制机构等单位代表以及专业技术专家等组成，代表范围和人数自定。

除按照国家需要保密的情形外，建设单位应当通过其网站或其他便于公众知晓的方式，向社会公开下列信息：

（1）建设项目配套建设的环境保护设施竣工后，公开竣工日期；

（2）对建设项目配套建设的环境保护设施进行调试前，公开调试的起止日期；

（3）验收报告编制完成后5个工作日内，公开验收报告，公示的期限不得少于20个工作日。

建设单位公开上述信息的同时，应当向所在地县级以上环境保护主管部门报送相关信息，并接受监督检查。

除需要取得排污许可证的水和大气污染防治设施外，其他环境保护设施的验收期限一般不超过 3 个月；需要对该类环境保护设施进行调试或者整改的，验收期限可以适当延期，但最长不超过 12 个月。验收期限是指自建设项目环境保护设施竣工之日起至建设单位向社会公开验收报告之日止的时间。

验收报告公示期满后 5 个工作日内，建设单位应当登录全国建设项目竣工环境保护验收信息平台，填报建设项目基本信息、环境保护设施验收情况等相关信息，环境保护主管部门对上述信息予以公开。建设单位应当将验收报告以及其他档案资料存档备查。

各级环境保护主管部门按照《建设项目环境保护事中事后监督管理办法（试行）》等规定，通过"双随机一公开"抽查制度，强化建设项目环境保护事中事后监督管理。

根据《建设项目竣工环境保护验收技术规范 水利水电》HJ464—2009，水利水电建设项目竣工环境保护验收技术工作分为三个阶段：准备阶段、验收调查阶段、现场验收阶段。

验收应满足下列工况要求：

（1）建设项目运行生产能力达到其设计生产能力的 75% 以上并稳定运行，相应环保设施已投入运行。如果短期内生产能力无法达到设计能力的 75%，验收调查应在主体工程稳定运行、环境保护设施正常运行的条件下进行，注明实际调查工况。

（2）对于没有工况负荷的建设项目，如堤防、河道整治工程、河流景观建设工程等，以工程完工运用且相应环保设施及措施完成并投入运行后进行。

（3）对于灌溉工程项目，以构筑物完建，灌溉引水量达到设计规模的 75% 以上。

（4）对于分期建设、分期运行的项目，按照工程实施阶段，可分为蓄水前阶段和发电运行阶段进行验收调查。蓄水前阶段验收调查主要是施工调查，发电运行阶段验收调查工况应符合上述（1）的条件。

（5）对于在项目筹建期编制了水通、电通、路通和场地平整"三通一平"工程环境影响报告书的项目，工程运行满足验收工况后，一并进行竣工环境保护验收。

验收调查时段和范围如下：

（1）验收调查应包括工程前期、施工期、运行期三个时段。

（2）验收调查范围原则上与环境影响评价文件的评价范围一致；当工程实际建设内容发生变更或环境 影响评价文件未能全面反映出项目建设的实际生态影响或其他环境影响时，应根据工程实际变更和实际环境影响情况，结合现场踏勘对调查范围进行适当调整。验收调查的目的是编制验收调查报告，核心是根据调查和分析的结果，客观、明确地从技术角度论证工程是否符合建设项目竣工环境保护验收条件，包括：① 建议通过竣工环境保护验收；② 建议限期整改后，进行竣工环境保护验收。

验收重点内容如下：

（1）工程设计及环境影响评价文件中提出的造成环境影响的主要工程内容。

（2）重要生态保护区和环境敏感目标。

（3）环境保护设计文件、环境影响评价文件及环境影响评价审批文件中提出的环境保护措施落实情况及其效果等。主要有：调水工程和水电站下游减水、脱水段生态影响及下泄生态流量的保障措施；水温分层型水库的下泄低温水的减缓措施；大、中型水库的初期蓄水对下游影响的减缓措施；节水灌溉和灌区建设工程节水措施；河道整治工程淤泥的处置措施等。

（4）配套环境保护设施的运行情况及治理效果。

（5）实际突出或严重的环境影响，工程施工和运行以来发生的环境风险事故以及应急措施，公众强烈反映的环境问题。

（6）工程环境保护投资落实情况。

竣工环境保护验收现场检查内容如下：

（1）环境保护设施检查

① 检查生态保护设施建设和运行情况，包括：过鱼设施和增殖放流设施、下泄生态流量通道、水土保持设施等。

② 检查水环境保护设施建设和运行情况，包括：工程区废、污水收集处理设施、移民安置区污水处理设施等。

③ 检查其他环保设施运行情况，包括：烟气除尘设施、降噪设施、垃圾收集处理设施及环境风险应急设施等。

（2）环境保护措施检查

①检查生态保护措施落实情况，包括：迹地恢复和占地复耕措施、绿化措施、生态敏感目标保护措施、基本农田保护措施、水库生态调度措施、水生生物保护措施、生态补偿措施等。

②检查水环境保护措施落实情况，包括：污染源治理措施、水环境敏感目标保护措施、排泥场防渗处理措施、水污染突发事故应急措施等。

③检查其他环境保护措施落实情况。

二、生产建设项目水土保持设施验收

根据《国务院关于取消一批行政许可事项的决定》（国发〔2017〕46 号），取消了各级水行政主管部门实施的生产建设项目水土保持设施验收审批行政许可事项，转为生产建设单位按照有关要求自主开展水土保持设施验收。水利部办公厅印发了《生产建设项目水土保持设施自主验收规程（试行）》。

1. 验收阶段划分

生产建设项目水土保持设施自主验收包括水土保持设施验收报告编制和竣工验收两个阶段。

2. 自主验收依据和验收内容

自主验收以水土保持方案（含变更）及其批复、水土保持初步设计和施工图设计及其审批（审查、审定）意见为主要依据。

自主验收包括以下主要内容：

（1）水土保持设施建设完成情况。

（2）水土保持设施质量。

（3）水土流失防治效果。

（4）水土保持设施的运行、管理及维护情况。

3. 自主验收合格应具备的条件

（1）水土保持方案（含变更）编报、初步设计和施工图设计等手续完备。

（2）水土保持监测资料齐全，成果可靠。

（3）水土保持监理资料齐全，成果可靠。

（4）水土保持设施按经批准的水土保持方案（含变更）、初步设计和施工图设计建成，符合国家、地方、行业标准、规范、规程的规定。

（5）水土流失防治指标达到了水土保持方案批复的要求。

（6）重要防护对象不存在严重水土流失危害隐患（注：重要防护对象是指4级（含）以上弃渣场等容易发生水土流失危害及隐患的工程部位。根据堆渣量、堆渣最大高度，以及弃渣场失事后对主体工程或环境造成的危害程度，《水利水电工程水土保持技术规程》SL575—2012将弃渣场级别分为5级，严重、较严重、不严重、较轻、无危害，对应1、2、3、4、5级）。

（7）水土保持设施具备正常运行条件，满足交付使用要求，且运行、管理及维护责任得到落实。

4. 验收资料

验收资料制备由项目法人（或者生产建设单位）负责组织，有关单位制备的资料应加盖制备单位公章，并对其真实性负责。

5. 工程质量评定

涉及重要防护对象的水土保持分部工程和单位工程的水土保持质量评定应符合《水土保持工程质量评定规程》SL336—2006的有关规定。质量等级分为合格和优良。

6. 水土保持设施验收报告编制

水土保持设施验收报告由第三方技术服务机构（以下简称第三方）编制。

第三方编制水土保持设施验收报告，应符合水土保持设施验收报告示范文本的格式要求，对项目法人法定义务履行情况、水土流失防治任务完成情况、防治效果情况和组织管理情况等进行评价，作出水土保持设施是否符合验收合格条件的结论，并对结论负责。

水土保持设施验收报告示范文本的格式见《水利部关于加强事中事后监管规范生产建设项目水土保持设施自主验收的通知》（水保〔2017〕365号）。

7. 水土保持设施竣工验收

（1）竣工验收应在第三方提交水土保持设施验收报告后，生产建设项目投产运行前完成。

（2）竣工验收应由项目法人组织，一般包括现场查看、资料查阅、验收会议等环节。

（3）竣工验收应成立验收组，验收组由项目法人和水土保持设施验收报告编制、水土保持监测、监理、方案编制、施工等有关单位代表组成。项目法人可根据生产建设项目的规模、性质、复杂程度等情况邀请水土保持专家参加验收组。

（4）验收结论应经2/3以上验收组成员同意。

（5）验收组应从水土保持设施竣工图中选择有代表性、典型性的水土保持设施进行查看，有重要防护对象的应重点查看。

（6）验收组应对验收资料进行重点抽查，并对抽查资料的完整性、合规性提出意见。验收组查阅内容参见附录水土保持设施验收应提供的资料清单。

8. 验收会议

（1）水土保持方案编制、监测、监理等单位汇报相应工作及成果。

（2）第三方汇报验收报告编制工作及成果。

（3）验收组成员质询、讨论，并发表个人意见。

（4）讨论形成验收意见和结论。

（5）验收组成员对验收结论持有异议的，应将不同意见明确记载并签字。

9. 不能通过验收的情况

存在下列情况之一的，竣工验收结论应为不通过：

（1）未依法依规履行水土保持方案及重大变更的编报审批程序的。

（2）未依法依规开展水土保持监测或补充开展的水土保持监测不符合规定的。

（3）未依法依规开展水土保持监理工作。

（4）废弃土石渣未堆放在经批准的水土保持方案确定的专门存放地的。

（5）水土保持措施体系、等级和标准未按经批准的水土保持方案要求落实的。

（6）重要防护对象无安全稳定结论或结论为不稳定的。

（7）水土保持分部工程和单位工程未经验收或验收不合格的。

（8）水土保持监测总结报告、监理总结报告等材料弄虚作假或存在重大技术问题的。

（9）未依法依规缴纳水土保持补偿费的。

10. 水土保持设施验收鉴定书

项目法人按《水利部关于加强事中事后监管规范生产建设项目水土保持设施自主验收的通知》（水保〔2017〕365号）规定的格式制发水土保持设施验收鉴定书。

11. 公示验收情况及报备验收材料

除按照国家规定需要保密的情形外，生产建设单位应当在水土保持设施验收合格后，通过其官方网站或者其他便于公众知悉的方式向社会公开水土保持设施验收鉴定书、水土保持设施验收报告和水土保持监测总结报告。

报备验收材料。生产建设单位应在向社会公开水土保持设施验收材料后、生产建设项目投产使用前，向水土保持方案审批机关报备水土保持设施验收材料。报备材料包括水土保持设施验收鉴定书、水土保持设施验收报告和水土保持监测总结报告。

根据《水利部关于进一步深化"放管服"改革全面加强水土保持监管的意见》（水保〔2019〕160号），水土保持设施自主验收材料由生产建设单位和接受报备的水行政主管部门双公开，生产建设单位公示20个工作日，水行政主管部门定期公告。

三、移民安置验收的要求

根据水利部于2012年3月6日发布的《大中型水利水电工程移民安置验收管理暂行办法》和《水利水电工程移民安置验收规程》SL 682—2014，大中型水利水电工程阶段验收和竣工验收前，应当组织移民安置验收。移民安置未验收或者验收不合格的，不得对大中型水利水电工程进行验收。移民安置验收可分为工程阶段性移民安置验收和工程竣工移民安置验收。工程阶段性移民安置验收是指枢纽工程导（截）流、水库下闸蓄水（含分期蓄水）等阶段的移民安置验收。移民安置验收应当自下而上，按照自验、初验、终验的顺序组织进行。移民安置自验是指承担移民安置任务的县级人民政府对移民安置工作进行的自我检查和验收。移民安置初验是指签订移民安置协议的双方联合对移民安置工作进行的初步检查和验收。移民安置终验是指移民安置验收主持单位对移民安置工作进行的全面检查和验收。

　1. 移民安置验收的依据

　移民安置验收的依据主要包括：

　（1）国家有关法律、法规、规章、政策和标准。

　（2）经批准的移民安置规划大纲、工程可行性研究报告和初步设计报告中的移民安置规划，移民安置实施设计文件以及规划设计变更和概算调整批准文件，移民安置年度计划。

　（3）项目法人与地方人民政府或者其规定的移民管理机构签订的移民安置协议。

　2. 移民安置验收的内容

　移民安置验收的内容主要包括农村移民安置、城（集）镇迁建、工矿企业迁建或者处理、专项设施迁建或者复建、防护工程建设、水库库底清理、移民资金使用管理、移民档案管理、水库移民后期扶持政策落实措施、建设用地手续办理等。

　3. 验收组织

　（1）水利部主持验收的大中型水利水电工程，移民安置验收由水利部会同有关省级人民政府主持。其余大中型水利水电工程，移民安置验收由省级人民政府或者其规定的移民管理机构主持。

　（2）移民安置验收主持单位负责监督指导移民安置自验、初验工作，并组织移民安置终验。与项目法人签订移民安置协议的地方人民政府会同项目法人负责组织移民安置初验。移民区和移民安置区县级人民政府负责组织移民安置自验。

　（3）移民安置工作仅涉及一个县级行政区域的，移民安置初验可以与自验合并进行。

　（4）移民安置验收组织或者主持单位，应当组织成立验收委员会。验收委员会由验收组织或者主持单位、项目主管部门、有关地方人民政府及其移民管理机构和相关部门、项目法人、移民安置规划设计单位、移民安置监督评估单位，以及其他相关单位的代表和有关专家组成。验收委员会主任委员由移民安置验收组织或者主持单位代表担任。

　4. 验收条件

　工程竣工移民安置验收应当满足以下条件：

　（1）征地工作已经完成。

　（2）移民已经完成搬迁安置，移民安置区基础设施建设已经完成，农村移民生产安置措施已经落实。

　（3）城（集）镇迁建、工矿企业迁建或者处理、专项设施迁建或者复建已经完成并通过主管部门验收。

　（4）水库库底清理工作已经完成。

　（5）征地补偿和移民安置资金已经按规定兑现完毕。

　（6）编制完成移民资金财务决算，资金使用管理情况通过政府审计。

　（7）移民资金审计、稽察和阶段性验收提出的主要问题已基本解决。

　（8）移民档案的收集、整理和归档工作已经完成，并满足完整、准确和系统性的要求。

　枢纽工程导（截）流阶段，移民安置验收应当在导（截）流后雍高水位淹没影响范围内满足以下条件：

　（1）移民已经完成搬迁，安置地的生活条件基本具备。

（2）对城（集）镇的影响已经得到妥善处理。

（3）工矿企业搬迁或者处理工作已经完成。

（4）对专项设施的影响已经得到妥善处理。

（5）水库库底清理工作已经完成。

（6）应归档文件材料已经完成阶段性收集、整理工作。

　水库工程下闸蓄水（含分期蓄水）阶段，移民安置验收应当在相应的蓄水位淹没影响范围内满足以下条件：

（1）移民已经完成搬迁安置。

（2）农村移民生产安置措施基本落实。

（3）城（集）镇迁建工作基本完成。

（4）工矿企业搬迁或者处理工作已经完成。

（5）专项设施迁建或者复建工作基本完成。

（6）库底清理工作已经完成。

（7）应归档文件材料已经完成阶段性收集、整理工作。

5．验收程序

（1）移民安置验收前，项目法人应当会同与其签订移民安置协议的地方人民政府编制移民安置验收工作计划。移民安置验收工作计划应当对移民安置自验和初验工作做出安排，对移民安置终验工作提出建议。移民安置验收工作计划应当报移民安置验收主持单位备案。

（2）移民区和移民安置区县级人民政府应当按照移民安置验收工作计划，组织开展移民安置自验工作。移民安置自验通过后，移民区和移民安置区县级人民政府应当在自验通过之日起30个工作日内，向移民安置初验组织单位提出初验申请。

（3）移民安置初验组织单位在接到初验申请之日起20个工作日内，决定是否同意进行移民安置初验。移民安置初验通过后，移民安置初验组织单位应当在初验通过之日起30个工作日内，向移民安置验收主持单位提出移民安置终验申请。

（4）移民安置验收主持单位自收到终验申请之日起20个工作日内，决定是否同意进行移民安置终验。

（5）验收委员会通过对移民安置工作进行全面检查和验收，形成移民安置验收报告。移民安置验收报告应当经2/3以上验收委员会成员同意后通过。验收委员会成员对验收结论持有异议的，应当将保留意见在验收报告上明确记载并签字。验收中发现的问题，其处理原则由验收委员会协商确定。主任委员对争议问题有裁决权。

（6）通过移民安置验收的，移民安置验收组织或者主持单位应当在移民安置验收通过之日起30个工作日内，将移民安置验收报告印送有关单位。未通过移民安置验收的，移民安置验收组织或者主持单位应当在移民安置验收不予通过之日起20个工作日内，将不予通过验收的理由以及整改意见书面通知验收申请单位。验收申请单位应当及时组织处理有关问题，完成整改，并按照验收程序重新申请验收。

（7）移民安置验收中发现的问题，有关单位应当按照验收报告提出的处理意见按期妥善处理，并及时将处理结果报验收组织单位。

（8）因提交验收资料不真实而导致验收结论有误的，移民安置验收组织单位应当撤销验收报告，对责任单位予以通报批评；造成严重后果的，依照有关法律法规处罚。

四、水利工程建设项目档案的要求

根据《水利部关于印发水利工程建设项目档案管理规定的通知》（水办〔2021〕200号），项目档案是指水利工程建设项目在前期、实施、竣工验收等各阶段过程中形成的，具有保存价值并经过整理归档的文字、图表、音像、实物等形式的水利工程建设项目文件（以下简称项目文件）。

1. 项目文件管理的基本要求

（1）项目文件内容必须真实、准确，与工程实际相符；应格式规范、内容准确、文字清晰、页面整洁、编号规范、签字及盖章完备，满足耐久性要求。水利工程建设项目重要活动及事件，原始地形地貌，工程形象进度，隐蔽工程，关键节点工序，重要部位，地质、施工及设备缺陷处理，工程质量或安全事故，重要芯样，工程验收等，必须形成照片和音视频文件。

（2）竣工图是项目档案的重要组成部分，一般由施工单位负责编制，须符合《水利工程建设项目竣工图编制要求》。项目法人负责组织或委托有资质的单位编制工程总平面图和综合管线竣工图。

（3）项目文件整理应遵循项目文件的形成规律和成套性特点，按照形成阶段、专业、内容等特征进行分类。项目文件组卷及排列可参照《建设项目档案管理规范》DA/T 28—2018；案卷编目、案卷装订、卷盒、表格规格及制成材料应符合《科学技术档案案卷构成的一般要求》GB/T 11822—2008；数码照片文件整理可参照《数码照片归档与管理规范》DA/T 50—2014；录音录像文件整理可参照《录音录像档案管理规范》DA/T 78—2019。

2. 项目文件归档的基本要求

（1）项目法人应按照《水利工程建设项目文件归档范围和档案保管期限表》，结合水利工程建设项目实际情况，制定本项目文件归档范围和档案保管期限表。归档的项目文件应为原件。因故使用复制件归档时，应加盖复制件提供单位公章或档案证明章，确保与原件一致，并在备考表中备注原件缺失原因。

（2）项目法人与参建单位按照职责分工，分别组织对归档文件进行质量审查。对审查发现的问题，各单位应及时整改，合格后方可归档。每个审查环节均应形成记录和整改闭环。

① 施工文件、设备采购制造文件组卷、整理完毕并自查后，依次由监理单位、项目法人工程建设管理部门、项目法人档案管理机构进行审查。

② 信息系统文件组卷、整理完毕并自查后，依次由监理单位、项目法人信息化管理部门、项目法人档案管理机构进行审查。

③ 监理文件、总承包文件（实行总承包建设模式的项目）、科研项目文件和第三方检测文件组卷、整理完毕并自查后，依次由项目法人工程建设管理部门、项目法人档案管理机构进行审查。

④ 项目法人各部门文件依次由部门负责人、项目法人档案管理机构进行审查。

（3）项目文件经规范整理及审查后应及时归档。

① 前期文件在相关工作结束时归档。

② 管理性文件宜按年度归档，同一事由产生的跨年度文件在办结年度归档。

③ 施工文件（含竣工图）在项目合同验收后归档，建设周期长的项目可分阶段或按单位工程、分部工程归档。

④ 设备制造采购文件在相关工作完成后归档。

⑤ 监理文件在监理的项目合同验收后归档。

⑥ 第三方检测文件在检测工作完成后集中归档。

⑦ 实行总承包的项目文件在项目合同验收后归档。

⑧ 各专项验收和竣工验收文件在验收通过后归档。

（4）项目法人可根据实际需要，确定项目文件的归档份数，应满足以下要求：

① 项目法人应保存 1 套完整的项目档案，并根据运行管理单位需要提供必要的项目档案。

② 工程涉及多家运行管理单位时，各运行管理单位只保存与其管理部分有关的项目档案。

③ 有关项目文件需由若干单位保存时，原件应由项目产权单位保存，其他单位保存复制件。

④ 国家确定的重要江河、湖泊建设的流域控制性工程，跨流域的大型水利工程，流域内跨省级行政区域、涉及省际边界的大型水利工程，项目法人应负责向流域机构档案馆移交 1 套完整的工程前期文件、竣工图及竣工验收等相关档案。

（5）项目法人档案管理机构应依据保管期限表对项目档案进行价值鉴定，确定其保管期限，同一卷内有不同保管期限的文件时，该卷保管期限应从长。项目档案保管期限分为永久、30 年和 10 年。除表 2F320094 所列文件外，归档单位的其余文件保管期限为永久。

水利工程建设项目文件归档范围和档案保管期限表（节选） 表 2F320094

序号	归档文件范围	保管期限	归档单位
建设实施			
一、工程建设管理文件			
1	项目管理的各项管理制度、业务规范、工作程序，质保体系文件	30 年	项目法人
2	工程建设年度工作总结	30 年	
3	投资、质量、进度、安全、环保等计划、实施和调整、总结	30 年	
4	通知、通报等日常管理性文件，一般性来往函件	30 年	
5	质量、安全、环保、文明施工等专项检查考核、监督、履约评价文件	30 年	
6	组织法律法规、标准规范、制度程序宣贯培训文件，信息化工作文件	10 年	
7	工程建设不同阶段产生的有关工程启用、移交的各种文件	30 年	
二、招标投标、合同协议文件			
1	招标计划及审批文件、招标公告、招标书、招标修改文件、答疑文件、招标委托合同、资格预审文件	30 年	项目法人
2	未中标的投标文件（或作资料保存）	项目审计完成	
3	开标记录、评标人员签字表、评标纪律、评标办法、评标细则、打分表、汇总表、评审意见	30 年	

续表

序号	归档文件范围	保管期限	归档单位
4	市场调研、技术经济论证采购活动记录、谈判文件、询价通知书、响应文件	30年	项目法人
5	供应商的推荐、评审、确定文件，政府采购、竞争性谈判、单一来源采购协商记录、质疑答复文件	30年	
三、施工文件			
1	工地试验室成立、资质、授权及外委试验协议、资质文件	30年	施工单位
2	施工日志、月报、年报、大事记	30年	
四、监理（监造）文件			
1	监理平行检验、试验记录、抽检文件	30年	监理（监造）单位
2	监理（监造）日志、月报、年报	30年	

备注：表中所列为项目文件归档范围，不作为项目档案分类方案。

3. 项目电子文件和电子档案管理

（1）项目电子文件在办理完毕后，应按照归档要求及时收集完整；项目电子文件整理应按照档案分类方案分别组成多层级文件信息包，文件信息包应包含项目电子文件及过程信息、版本信息、背景信息等元数据。

（2）项目电子文件完成整理后，由形成部门负责对文件信息包进行鉴定和检测，包括内容是否齐全完整、格式是否符合要求、与纸质或其他载体文件内容的一致性等。

（3）项目法人应按照国家有关规定及《电子文件归档与电子档案管理规范》GB/T 18894—2016等标准规范开展电子文件归档与电子档案管理工作

（4）项目法人应开展纸质载体档案数字化工作，档案扫描、图像处理和存储、目录建库、数据挂接等工作应符合《纸质档案数字化规范》DA/T 31—2017有关规定，数字化范围根据工程建设实际情况并参照《建设项目档案管理规范》DA/T 28—2018有关规定确定。

4. 水利工程建设项目竣工图编制要求

（1）编制依据

① 施工单位应将设计变更、工程联系单、技术核定单、洽商单、材料变更、会议纪要、备忘录、施工及质检记录等涉及变更的全部文件进行汇总，经监理审核后，作为竣工图编制的依据。

② 竣工图编制应依据工程技术规范，按单位工程、分部工程、专业编制，并配有竣工图编制说明和图纸目录。竣工图编制说明包括竣工图涉及的工程概况、编制单位、编制人员、编制时间、编制依据、编制方法、变更情况、竣工图张数和套数等。

（2）竣工图编制基本要求

① 工程竣工时应编制竣工图，竣工图一般由施工单位负责编制。

② 不同的建筑物、构筑物应分别编制竣工图。

③ 竣工图应完整、准确、规范、修改到位，真实反映项目竣工时的实际情况，图面整洁，文字和线条清晰，纸张无破损。

（3）使用施工图编制竣工图

① 用施工图编制竣工图的，应使用新图纸，白图或蓝图均可，但不得使用复印的白图和拼接图编制竣工图。

② 按施工图施工没有变更的，由竣工图编制单位在施工图上逐张加盖并签署竣工图章，竣工图章式样如图 2F320094-1 所示。

单位：mm

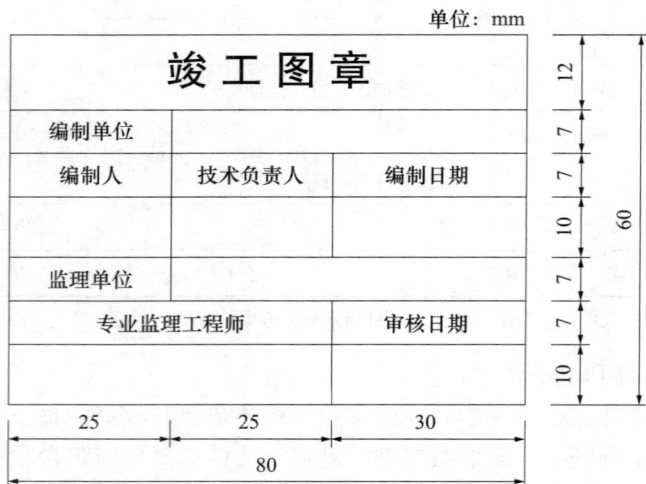

图 2F320094-1　竣工图章式样

③ 一般性图纸变更且能在原施工图上修改补充的，可直接在原图上修改，并加盖竣工图章。修改处应注明修改依据文件的名称、编号和条款号，无法用图形、数据表达或标注清楚的，应在标题栏上方或左边用文字简练说明。

（4）重新绘制竣工图

① 有下述情形之一的均应重新绘制竣工图：

A．涉及结构形式、工艺、平面布置、项目等重大改变。

B．图面变更面积超过 20%。

C．合同约定对所有变更均需重绘或变更面积超过合同约定比例。

② 重新绘制竣工图按原图编号，图号末尾加注"竣"字，或在新图标题栏内注明"竣工阶段"。重新绘制竣工图图幅、比例和文字字号及字体应与原施工图一致。

③ 施工单位重新绘制的竣工图，标题栏应包含施工单位名称、图纸名称、编制人、审核人、图号、比例尺、编制日期等标识项，并逐张加盖监理单位相关责任人审核签字的竣工图审核章，竣工图审核章式样如图 2F320094-2 所示。

（5）竣工图的审核与签署

① 竣工图编制完成后，监理单位应对竣工图编制的完整、准确、系统和规范情况进行审核，并在竣工图章或竣工图审核章中签字确认。

② 竣工图章、竣工图审核章中的内容应填写齐全、清楚，由相关责任人签字，不得代签，且应使用红色印泥，盖在标题栏附近空白处。

（6）其他要求

① 图纸幅面折叠后一般为 A4（210mm×297mm）或 A3（297mm×420mm）的规格，

单位：mm

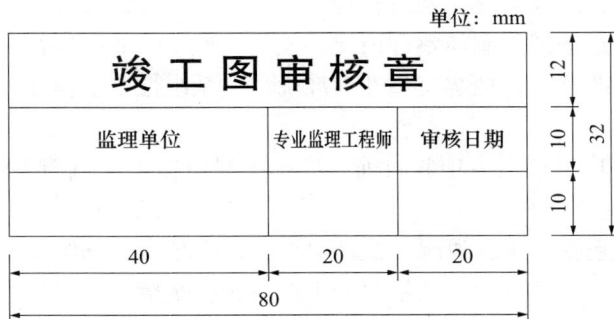

图 2F320094-2 竣工图审核章式样

折叠后图纸的标题栏均应露在外面。应按《技术制图 复制图的折叠方法》GB/T 10609.3—2009 的规定统一折叠。

② 竣工图档号章盖在标题栏附近空白处，图纸折叠后能够露在外面，便于查询利用。

③ 竣工图套数应满足项目法人、运行管理单位、有关部门或主管单位的需要，或按合同条款约定和有关规定执行。

5. 工程档案验收方面的基本要求

根据水利部《水利工程建设项目档案管理规定》以及《水利工程建设项目档案验收管理办法》的有关规定，档案验收是指各级水行政主管部门，依法组织的水利工程建设项目档案专项验收。工程档案验收方面的基本要求有：

（1）档案验收依据《水利工程建设项目档案验收评分标准》对项目档案管理及档案质量进行量化赋分，满分为 100 分。验收结果分为 3 个等级：总分达到或超过 90 分的，为优良；达到 70～89.9 分的，为合格；达不到 70 分或"应归档文件材料质量与移交归档"项达不到 60 分的，均为不合格。

《水利工程建设项目档案验收评分标准》中，"应归档文件材料质量与移交归档"满分为 70 分，其中：

① 文件材料完整性，24 分。

② 文件材料的准确性，32 分。

③ 文件材料的系统性，10 分。

④ 归档与移交，4 分。

（2）项目档案验收是水利工程建设项目竣工验收的重要内容，大、中型水利工程建设项目在竣工验收前要进行档案专项验收，其他水利工程建设项目档案验收应与竣工验收同步进行。项目档案专项验收一般由水行政主管部门主持，会同档案主管部门开展验收。地方对项目档案专项验收有相关规定的从其规定。

（3）档案专项验收前，验收主持单位或其委托的单位应根据实际情况开展验收前检查评估工作，落实验收条件是否具备，针对检查发现的问题提出整改要求，问题整改完成后方可组织验收。

（4）项目法人在项目档案专项验收前，应组织参建单位对项目文件的收集、整理、归档与档案保管、利用等进行自检，并形成档案自检报告。自检达到验收标准后，向验收主持单位提出档案专项验收申请。

自检报告应包括：工程概况，档案管理情况，项目文件的收集、整理、归档与档案保管、利用等情况，竣工图的编制与整理情况，档案自检工作的组织情况，对自检或以往阶段验收发现问题的整改情况，档案完整性、准确性、系统性、规范性和安全性的自我评价等内容。

（5）监理单位在项目档案专项验收前，应组织对所监理项目档案整理情况进行审核，并形成专项审核报告。

专项审核报告应包括：工程概况，监理单位履行审核责任的组织情况，审核所监理项目档案（含监理和施工）的范围、数量及竣工图编制质量情况，审核中发现的主要问题及整改情况，对档案整理质量的综合评价以及审核结果等内容。

（6）档案专项验收工作的步骤、方法与内容如下：

① 听取项目法人有关工程建设情况和档案收集、整理、归档、移交、管理与保管情况的自检报告。

② 听取监理单位对项目档案整理情况的审核报告。

③ 对验收前已进行档案检查评定的水利工程，还应听取被委托单位的检查评定意见。

④ 查看现场（了解工程建设实际情况）。

⑤ 根据水利工程建设规模，抽查各单位档案整理情况。抽查比例一般不得少于项目法人应保存档案数量的8%，其中竣工图不得少于一套竣工图总张数的10%；抽查档案总量应在200卷以上。

⑥ 验收组成员进行综合评议。

⑦ 形成档案专项验收意见，并向项目法人和所有会议代表反馈。

⑧ 验收主持单位以文件形式正式印发档案专项验收意见。

（7）参建单位应在所承担项目合同验收后3个月内向项目法人办理档案移交，并配合项目法人完成项目档案专项验收相关工作；项目法人应在水利工程建设项目竣工验收后半年内向运行管理单位及其他有关单位办理档案移交。

6．水利工程建设项目涉及征地补偿和移民安置工作形成的档案，按照《水利水电工程移民档案管理办法》执行。

2F320095　水利工程竣工验收的要求

根据《水利水电建设工程验收规程》SL 223—2008，竣工验收应在工程建设项目全部完成并满足一定运行条件后1年内进行。不能按期进行竣工验收的，经竣工验收主持单位同意，可适当延长期限，但最长不得超过6个月。一定运行条件是指：

（1）泵站工程经过一个排水或抽水期。

（2）河道疏浚工程完成后。

（3）其他工程经过6个月（经过一个汛期）至12个月。

1．竣工验收的组织

（1）工程具备验收条件时，项目法人应向竣工验收主持单位提出竣工验收申请报告。竣工验收申请报告应经法人验收监督管理机关审查后报竣工验收主持单位，竣工验收主持单位应自收到申请报告后20个工作日内决定是否同意进行竣工验收。

（2）工程未能按期进行竣工验收的，项目法人应提前30个工作日向竣工验收主持单位提出延期竣工验收专题申请报告。申请报告应包括延期竣工验收的主要原因及计划延长的时间等内容。

（3）项目法人编制完成竣工财务决算后，应报送竣工验收主持单位财务部门进行审查和审计部门进行竣工审计。审计部门应出具竣工审计意见。项目法人应对审计意见中提出的问题进行整改并提交整改报告。

注意：关于如何确定竣工验收主持单位，根据《水利工程建设项目验收管理规定》（水利部令第30号），竣工验收主持单位应当在工程开工报告的批准文件中明确。而根据《水利部关于废止和修改部分规章的决定》（水利部令第46号），修改为"竣工验收主持单位应当在工程初步设计的批准文件中明确。"

2．竣工验收的条件

（1）竣工验收分为竣工技术预验收和竣工验收两个阶段。

（2）大型水利工程在竣工技术预验收前，应按照有关规定进行竣工验收技术鉴定。中型水利工程，竣工验收主持单位可以根据需要决定是否进行竣工验收技术鉴定。

（3）竣工验收应具备以下条件：

①工程已按批准设计全部完成。

②工程重大设计变更已经有审批权的单位批准。

③各单位工程能正常运行。

④历次验收所发现的问题已基本处理完毕。

⑤各专项验收已通过。

⑥工程投资已全部到位。

⑦竣工财务决算已通过竣工审计，审计意见中提出的问题已整改并提交了整改报告。

⑧运行管理单位已明确，管理养护经费已基本落实。

⑨质量和安全监督工作报告已提交，工程质量达到合格标准。

⑩竣工验收资料已准备就绪。

（4）工程有少量建设内容未完成，但不影响工程正常运行，且能符合财务有关规定，项目法人已对尾工做出安排的，经竣工验收主持单位同意，可进行竣工验收。

3．竣工验收的程序

（1）项目法人组织进行竣工验收自查。

（2）项目法人提交竣工验收申请报告。

（3）竣工验收主持单位批复竣工验收申请报告。

（4）竣工验收技术鉴定（大型工程）。

（5）进行竣工技术预验收。

（6）召开竣工验收会议。

（7）印发竣工验收鉴定书。

4．竣工验收自查

（1）申请竣工验收前，项目法人应组织竣工验收自查。自查工作由项目法人主持，勘测、设计、监理、施工、主要设备制造（供应）商以及运行管理等单位的代表参加。

（2）竣工验收自查应包括以下主要内容：

①检查有关单位的工作报告。

②检查工程建设情况，评定工程项目施工质量等级。

③检查历次验收、专项验收的遗留问题和工程初期运行所发现问题的处理情况。

④确定工程尾工内容及其完成期限和责任单位。

⑤对竣工验收前应完成的工作做出安排。

⑥讨论并通过竣工验收自查工作报告。

（3）项目法人组织工程竣工验收自查前，应提前10个工作日通知质量和安全监督机构，同时向法人验收监督管理机关报告。质量和安全监督机构应派员列席自查工作会议。

（4）项目法人应在完成竣工验收自查工作之日起10个工作日内，将自查的工程项目质量结论和相关资料报质量监督机构核备。

（5）竣工验收自查的成果性文件是竣工验收自查工作报告。参加竣工验收自查的人员应在自查工作报告上签字。项目法人应自竣工验收自查工作报告通过之日起30个工作日内，将自查报告报法人验收监督管理机关。

5．工程质量抽样检测

（1）根据竣工验收的需要，竣工验收主持单位可以委托具有相应资质的工程质量检测单位对工程质量进行抽样检测。项目法人应与工程质量检测单位签订工程质量检测合同。检测所需费用由项目法人列支，质量不合格工程所发生的检测费用由责任单位承担。

（2）工程质量检测单位不应与参与工程建设的项目法人、设计、监理、施工、设备制造（供应）商等单位隶属同一经营实体。

（3）根据竣工验收主持单位的要求和项目的具体情况，项目法人应负责提出工程质量抽样检测的项目、内容和数量，经质量监督机构审核后报竣工验收主持单位核定。

（4）工程质量检测单位应按照有关技术标准对工程进行质量检测，按合同要求及时提出质量检测报告并对检测结论负责。项目法人应自收到检测报告10个工作日内将检测报告报竣工验收主持单位。

（5）对抽样检测中发现的质量问题，项目法人应及时组织有关单位研究处理。在影响工程安全运行以及使用功能的质量问题未处理完毕前，不应进行竣工验收。

6．竣工技术预验收

（1）竣工技术预验收应由竣工验收主持单位组织的专家组负责。技术预验收专家组成员应具有高级技术职称或相应执业资格，2/3以上成员应来自工程非参建单位。工程参建单位的代表应参加技术预验收，负责回答专家组提出的问题。

（2）竣工技术预验收专家组可下设专业工作组，并在各专业工作组检查意见的基础上形成竣工技术预验收工作报告。

（3）竣工技术预验收工作包括以下主要内容：

①检查工程是否按批准的设计完成。

②检查工程是否存在质量隐患和影响工程安全运行的问题。

③检查历次验收、专项验收的遗留问题和工程初期运行中所发现问题的处理情况。

④对工程重大技术问题做出评价。

⑤检查工程尾工安排情况。

⑥鉴定工程施工质量。

⑦检查工程投资、财务情况。

⑧ 对验收中发现的问题提出处理意见。

（4）竣工技术预验收应按以下程序进行：

① 现场检查工程建设情况并查阅有关工程建设资料。

② 听取项目法人、设计、监理、施工、质量和安全监督机构、运行管理等单位工作报告。

③ 听取竣工验收技术鉴定报告和工程质量抽样检测报告。

④ 专业工作组讨论并形成各专业工作组意见。

⑤ 讨论并通过竣工技术预验收工作报告。

⑥ 讨论并形成竣工验收鉴定书初稿。

（5）竣工技术预验收的成果性文件是竣工技术预验收工作报告，竣工技术预验收工作报告是竣工验收鉴定书的附件。

7. 竣工验收会议

1）竣工验收委员会可设主任委员1名，副主任委员以及委员若干名，主任委员应由验收主持单位代表担任。竣工验收委员会应由竣工验收主持单位、有关地方人民政府和部门、有关水行政主管部门和流域管理机构、质量和安全监督机构、运行管理单位的代表以及有关专家组成。工程投资方代表可参加竣工验收委员会。

2）项目法人、勘测、设计、监理、施工和主要设备制造（供应）商等单位应派代表参加竣工验收，负责解答验收委员会提出的问题，并应作为被验收单位代表在验收鉴定书上签字。

3）竣工验收会议应包括以下主要内容和程序：

（1）现场检查工程建设情况及查阅有关资料。

（2）召开大会：

① 宣布验收委员会组成人员名单。

② 观看工程建设声像资料。

③ 听取工程建设管理工作报告。

④ 听取竣工技术预验收工作报告。

⑤ 听取验收委员会确定的其他报告。

⑥ 讨论并通过竣工验收鉴定书。

⑦ 验收委员会委员和被验收单位代表在竣工验收鉴定书上签字。

4）工程项目质量达到合格以上等级的，竣工验收的质量结论意见应为合格。

5）竣工验收会议的成果性文件是竣工验收鉴定书。数量应按验收委员会组成单位、工程主要参建单位各1份以及归档所需要份数确定。自鉴定书通过之日起30个工作日内，应由竣工验收主持单位发送有关单位。

注意：根据《水利部关于废止和修改部分规章的决定》（水利部令第48号），取消《水利水电建设工程验收规程》SL 223—2008中关于颁发工程竣工证书的规定。按此规定，竣工验收鉴定书就成为项目法人完成工程建设任务的凭据。

8. 工程移交及遗留问题处理

1）工程交接手续

（1）通过合同工程完工验收或投入使用验收后，项目法人与施工单位应在30个工作日内组织专人负责工程的交接工作，交接过程应有完整的文字记录并有双方交接负责人签字。

（2）项目法人与施工单位应在施工合同或验收鉴定书约定的时间内完成工程及其档案资料的交接工作。

（3）工程办理具体交接手续的同时，施工单位应向项目法人递交单位法定代表人签字的工程质量保修书，保修书的内容应符合合同约定的条件。保修书的主要内容有：

① 合同工程完工验收情况。

② 质量保修的范围和内容。

③ 质量保修期。

④ 质量保修责任。

⑤ 质量保修费用。

⑥ 其他。

（4）工程质量保修期应从工程通过合同工程完工验收后开始计算，但合同另有约定的除外。

（5）在施工单位递交了工程质量保修书、完成施工场地清理以及提交有关竣工资料后，项目法人应在 30 个工作日内向施工单位颁发经单位法定代表人签字的合同工程完工证书。

2）工程移交手续

（1）工程通过投入使用验收后，项目法人宜及时将工程移交运行管理单位管理，并与其签订工程提前启用协议。

（2）在竣工验收鉴定书印发后 60 个工作日内，项目法人与运行管理单位应完成工程移交手续。

（3）工程移交应包括工程实体、其他固定资产和工程档案资料等，应按照初步设计等有关批准文件进行逐项清点，并办理移交手续。办理工程移交，应有完整的文字记录和双方法定代表人签字。

9. 验收遗留问题及尾工处理

（1）有关验收成果性文件应对验收遗留问题有明确的记载。影响工程正常运行的，不应作为验收遗留问题处理。

（2）验收遗留问题和尾工的处理应由项目法人负责。项目法人应按照竣工验收鉴定书、合同约定等要求，督促有关责任单位完成处理工作。

（3）验收遗留问题和尾工处理完成后，有关单位应组织验收，并形成验收成果性文件。项目法人应参加验收并负责将验收成果性文件报竣工验收主持单位。

（4）工程竣工验收后，应由项目法人负责处理的验收遗留问题，项目法人已撤销的，应由组建或批准组建项目法人的单位或其指定的单位处理完成。

10. 工程质量保修责任终止证书颁发。工程质量保修期满后 30 个工作日内，项目法人应向施工单位颁发工程质量保修责任终止证书，但保修责任范围内的质量缺陷未处理完成的应除外。

11.《农田水利条例》（国务院令第 669 号）第十六条规定，政府投资建设的农田水利工程由县级以上人民政府有关部门组织竣工验收，并邀请有关专家和农村集体经济组织、农民用水合作组织、农民代表参加。社会力量投资建设的农田水利工程由投资者或者受益者组织竣工验收。政府与社会力量共同投资的农田水利工程，由县级以上人民政府有关部门、社会投资者或者受益者共同组织竣工验收。大中型农田水利工程应当按照水利建设工程验收规程组织竣工验收。小型农田水利工程验收办法由省、自治区、直辖市人民政府水行政主管部门会同有关部门制定。

2F320096 水力发电工程验收的要求

一、验收的总体要求

为加强水电工程建设管理，规范验收工作，保障水电工程安全和上下游人民生命财产安全，根据《水库大坝安全管理条例》《建设工程质量管理条例》和国家有关规定，国家能源局印发了《水电工程验收管理办法》（2015 年修订版），同年颁布了《水电工程验收规程》NB/T 35048—2015。

《水电工程验收管理办法》（2015 年修订版）适用于国家核准（审批）水电站项目。其他水电项目参照执行。除本节所述内容外，水电工程验收管理的其他要求按《水电工程验收规程》NB/T 35048—2015 执行。

水电工程验收包括阶段验收和竣工验收，其中阶段验收包括工程截流验收、工程蓄水验收、水轮发电机组启动验收。截流验收和蓄水验收前应进行建设征地移民安置专项验收。工程竣工验收应在建设征地移民安置、环境保护、水土保持、消防、劳动安全与工业卫生、工程决算和工程档案专项验收的基础上进行。

水电工程在截流、蓄水、机组启动前以及工程完工后，必须进行验收。

国家能源局负责水电工程验收的监督管理工作。省级人民政府能源主管部门负责本行政区域内水电工程验收的管理、指导、协调和监督。跨省（自治区、直辖市）水电工程验收工作由项目所涉及省（自治区、直辖市）的省级人民政府能源主管部门共同负责。各级能源主管部门按规定权限负责和参与本行政区域内水电工程验收的管理、指导、协调和监督。

水电工程验收实行分级和分类验收制度。工程蓄水验收、枢纽工程专项验收和工程竣工验收由省级人民政府能源主管部门负责，并委托有资质单位作为验收主持单位组织验收委员会进行。省级人民政府能源主管部门也可直接作为验收主持单位组织验收。工程截流验收由项目法人会同工程所在地省级人民政府能源主管部门共同组织验收委员会进行；水轮发电机组启动验收由项目法人会同电网经营管理单位共同组织验收委员会进行，具体要求按相关规定执行。建设征地移民安置、环境保护、水土保持、消防、劳动安全与工业卫生、工程决算和工程档案专项验收按相关法规和规定办理。

根据《水电工程验收管理办法》（2015 年修订版）以及《水电工程验收规程》NB/T 35048—2015，水电工程验收的依据包括：（1）国家有关法律、法规及行业有关规定；（2）国家及行业相关规程规范与技术标准；（3）项目审批、核准、备案文件；（4）经批准的可行性研究设计、施工图设计、设计变更及概算调整等文件；（5）工程建设的有关招标文件、合同文件及合同中明确采用的质量标准和技术文件等。

项目法人应组织协调设计、施工、监理、监测、设备制造安装、运行、安全鉴定、质量监督等单位提交验收所需的资料，协助验收委员会开展工作。以上单位对各自在工程竣工验收中所提交资料的真实性负责。

验收结论应当经 2/3 以上验收委员会成员同意，验收委员会成员应当在验收鉴定书上签字。验收委员会成员对验收结论持有异议的，应当将保留意见在验收鉴定书上明确记载并签字。

验收过程中如发生争议，由验收委员会主任委员协调、裁决，并将验收委员会成员提出的涉及重大问题的保留意见列入备忘录，作为验收鉴定书的附件。主任委员裁决意见有半数以上委员反对或难以裁决的重大问题，应由验收委员会报请验收主持单位决定，重大事项应及时上报省级人民政府能源主管部门。

二、工程蓄水验收的基本要求

工程蓄水是指截断导流建筑物的水流，拦河大坝开始挡水，水库蓄水，标志着主体工程即将发挥效益。根据《水电工程验收管理办法》（2015 年修订版），工程蓄水验收的基本要求是：

1. 工程蓄水验收的申请

项目法人应根据工程进度安排，在计划下闸蓄水前 6 个月，向工程所在地省级人民政府能源主管部门报送工程蓄水验收申请，并抄送验收主持单位。

工程验收申请材料应包括的主要内容：

（1）项目基本情况。包括工程开发任务、建设规模、建设方案、投资规模、主要投资方、项目审批（核准）情况等。

（2）项目进展情况。包括工程进度、形象面貌、投资完成情况及其安全度汛措施等。

（3）蓄水验收计划安排。

（4）建设征地移民安置实施情况。

（5）工程蓄水安全鉴定单位建议。

2. 工程蓄水验收的组织

验收主持单位收到工程蓄水验收申请材料后，应会同工程所在地省级人民政府能源主管部门，并邀请相关部门、项目法人所属计划单列企业集团（或中央管理企业）、有关单位和专家共同组成验收委员会进行验收。必要时可组织专家组进行现场检查和技术预验收。

验收委员会主任委员由验收主持单位有关负责同志担任。

3. 通过工程蓄水验收应当具备的基本条件

通过水电工程蓄水验收应当具备的基本条件包括：

（1）工程形象面貌满足水库蓄水要求，挡水、引水、泄水建筑物满足防洪度汛和工程安全要求。

（2）近坝区影响工程安全运行滑坡体、危岩体、崩塌堆积体等地质灾害已按设计要求进行处理。

（3）与蓄水有关的建筑物的内外部监测仪器、设备已按设计要求埋设和调试，并已测得初始值。需进行水库地震监测的工程，其水库地震监测系统已投入运行，并取得本底值。

（4）已编制下闸蓄水施工组织设计，制定水库调度和度汛规划，以及蓄水期事故应急救援预案。

（5）安全鉴定单位已提交工程蓄水安全鉴定报告，并有可以下闸蓄水的明确结论。

（6）建设征地移民安置已通过专项验收，并有不影响工程蓄水的明确结论。

4．工程蓄水验收成果

验收委员会完成蓄水验收工作后，应出具工程蓄水验收鉴定书。验收主持单位应在下闸蓄水前将验收鉴定书报送省级人民政府能源主管部门。省级人民政府能源主管部门认为不具备下闸蓄水条件的，应在 5 个工作日内通知验收主持单位和项目法人。

验收主持单位应在下闸蓄水 1 个月后、3 个月内，将下闸蓄水及蓄水后的有关情况报省级人民政府能源主管部门。

水电工程分期蓄水的，可以分期进行验收。

三、枢纽工程专项工程验收的基本要求

1．枢纽工程专项工程验收的申请

项目法人应根据工程进度安排，在枢纽工程专项验收计划前 3 个月，向工程所在地省级人民政府能源主管部门报送枢纽工程专项验收申请，并抄送验收主持单位。

验收申请报告应包括的主要内容：

（1）项目基本情况。

（2）项目建设情况。包括工程进度、形象面貌、投资完成情况等。

（3）工程运行情况。包括工程蓄水、水轮发电机组和各单项工程运行情况、工程运行效益情况等。

（4）枢纽工程专项验收计划安排。

2．枢纽工程专项验收的组织

验收主持单位收到枢纽工程专项验收申请材料后，应会同工程所在地省级人民政府能源主管部门，并邀请相关部门、项目法人所属计划单列企业集团（或中央管理企业）、有关单位和专家共同组成验收委员会进行验收。必要时可组织专家组进行现场检查和技术预验收。

验收委员会主任委员由验收主持单位有关负责同志担任。

3．通过水电工程枢纽工程专项验收应当具备的基本条件

通过水电工程枢纽工程专项验收应当具备的基本条件包括：

（1）枢纽工程已按批准的设计文件全部建成，工程重大设计变更已完成变更手续。

（2）施工单位在质量保证期内已及时完成剩余尾工和质量缺陷处理工作。

（3）工程运行已经过至少一个洪水期的考验，多年调节水库需经过至少两个洪水期的考验，最高库水位已经达到或基本达到正常蓄水位，全部机组均能按额定出力正常运行，每台机组至少正常运行 2000 小时（含电网调度安排的备用时间），各单项工程运行正常。

（4）工程安全鉴定单位已提出工程竣工安全鉴定报告，并有可以安全运行的结论意见。

4．枢纽工程专项验收成果

验收委员会完成枢纽工程专项验收工作后，应出具工程枢纽工程专项验收鉴定书。验收主持单位应及时将验收鉴定书报送省级人民政府能源主管部门。

水电工程分期建设的，可根据工程建设进度分期或一次性进行验收。

四、工程竣工验收的要求

1．水力发电工程竣工验收的申请

项目法人应在工程基本完工或全部机组投产发电后的一年内，开展竣工验收相关工作，单独或与枢纽工程专项一并向省级人民政府能源主管部门报送开展工程竣工验收工作的申请，并抄送验收主持单位。

验收申请报告应包括项目基本情况、项目建设运行情况、专项验收计划及竣工验收总体安排等内容。

2. 水力发电工程竣工验收的组织

验收主持单位收到竣工验收申请材料后，应会同工程所在地省级人民政府能源主管部门，并邀请相关部门、项目法人所属计划单列企业集团（或中央管理企业）、有关单位和专家共同组成验收委员会进行验收。必要时可组织专家组进行现场检查和技术预验收。

验收委员会主任委员由验收主持单位有关负责同志担任。

枢纽工程、建设征地移民安置、环境保护、水土保持、消防、劳动安全与工业卫生、工程决算和工程档案专项验收完成后，项目法人应对验收工作进行总结，向验收委员会提交工程竣工验收总结报告。

工程竣工验收总结报告应包括项目基本情况，各专项验收鉴定书的主要结论及所提主要问题和建议的处理情况，遗留单项工程的竣工验收计划安排等。

3. 水电工程通过竣工验收的条件

水电工程通过竣工验收的条件包括：

（1）已按规定完成各专项竣工验收的全部工作。

（2）各专项验收意见均有明确的可以通过工程竣工验收的结论。

（3）已妥善处理竣工验收中的遗留问题和完成尾工。

（4）符合其他有关规定。

4. 工程竣工验收成果

验收委员会完成竣工验收工作后，应出具竣工验收鉴定书。验收主持单位应及时将工程竣工验收总结报告、验收鉴定书及相关资料报送省级人民政府能源主管部门。

省级人民政府能源主管部门在收到工程竣工验收总结报告和验收鉴定书后，对符合竣工验收条件的水电工程颁发竣工验收证书（批复）。

水电工程竣工验收完成后，项目法人应当按国家有关规定办理档案、固定资产移交等相关手续。

2F320097　小型项目验收的要求

一、小型病险水库除险加固项目验收的要求

为加强小型病险水库除险加固项目（以下简称小型除险加固项目）验收管理，明确验收责任，规范验收行为，保证验收工作质量，根据小型除险加固项目管理有关规定，参照《水利工程建设项目验收管理规定》（水利部令第30号）和《水利水电建设工程验收规程》SL 223—2008，结合小型除险加固项目特点，水利部颁发了《关于加强小型病险水库除险加固项目验收管理的指导意见》，有关规定如下：

1. 验收分类及职责划分

（1）小型除险加固项目验收分为法人验收和政府验收，法人验收包括分部工程验收和单位工程验收，政府验收包括蓄水验收（或主体工程完工验收，下同）和竣工验收。

（2）省级人民政府水行政主管部门负责本行政区域内小型除险加固项目验收的组织和监督管理工作。市（地）级、县级人民政府水行政主管部门负责本行政区域内小型除险加固项目的法人验收监督管理工作。

2．法人验收的基本要求

（1）法人验收由项目法人主持，项目法人可以委托监理单位主持分部工程验收，涉及坝体与坝基防渗、设置在软基上的溢洪道、坝下埋涵等关键部位（以下简称"关键部位"）的分部工程验收应由项目法人主持。

（2）法人验收程序主要包括施工单位提出验收申请、项目法人（或监理单位）主持召开验收会议、项目法人将验收质量结论报质量监督机构核备或核定、项目法人印发验收鉴定书。

（3）法人验收应成立验收工作组。工作组由项目法人、勘测设计、监理、施工、设备制造（供应）等单位的代表组成。对于分部工程验收，质量监督机构宜派人员列席涉及关键部位的验收会议。对于单位工程验收，运行管理单位应参加验收会议，质量监督机构应派员列席验收会议。

（4）分部工程验收主要内容包括：现场检查工程完成情况和工程质量；检查工程是否满足设计要求或合同约定；检查单元工程质量评定及相关档案资料；评定工程施工质量；对验收中发现的问题提出处理意见；讨论并通过分部工程验收鉴定书。

（5）单位工程验收主要内容包括：现场检查工程完成情况和工程质量；检查工程是否按批准的设计内容完成；检查分部工程验收有关文件及相关档案资料；评定工程施工质量；检查分部工程验收遗留问题处理情况及相关记录；对验收中发现的问题提出处理意见；讨论并通过单位工程验收鉴定书。

3．政府验收的基本要求

（1）小型除险加固项目竣工验收由省级人民政府水行政主管部门会同财政部门或由其委托市（地）级水行政主管部门会同财政部门主持，蓄水验收由省级人民政府水行政主管部门或由其委托市（地）级水行政主管部门主持，具体验收方案由省级人民政府水行政主管部门确定。

（2）政府验收程序主要包括项目法人提出验收申请、验收主持单位召开验收会议、印发验收鉴定书等。验收会议程序主要包括现场检查工程建设情况、查阅有关资料、听取有关工作报告、讨论并通过验收鉴定书等。

（3）政府验收主持单位应成立验收委员会进行验收。验收委员会由验收主持单位、有关地方人民政府和相关部门、水库主管部门、质量和安全监督机构、运行管理等单位的代表以及相关专业的专家组成。项目法人、勘测设计、监理、施工和设备制造（供应）等单位应派代表参加验收会议，解答验收委员会提出的有关问题，并作为被验收单位代表在验收鉴定书上签字。

（4）政府验收鉴定书通过之日起30个工作日内，应由验收主持单位发送有关单位。市（地）级人民政府水行政主管部门主持的政府验收，验收鉴定书应报省级人民政府水行政主管部门核备。

4．蓄水验收的基本要求

主体工程完工后，水库蓄水运用前，应进行蓄水验收，通过验收后方可投入蓄水运用。

（1）小（1）型病险水库蓄水验收前，验收主持单位应组织专家组进行技术预验收，专家组构成应基本涵盖除险加固涉及的主要专业。

专家组应现场检查工程建设情况，查阅有关建设资料，听取项目法人、设计、施工、监理等有关单位汇报，对照蓄水验收条件和验收内容对工程逐项进行检查和评价，对工程关键部位进行重点检查，提交技术预验收工作报告，提出能否进行蓄水验收的建议。

专家组成员应在技术预验收工作报告上签字，对技术预验收结论持有异议的，应将保留意见在技术预验收工作报告上明确记载并签字。

（2）小（2）型病险水库蓄水验收应邀请相关专业专家参加验收委员会，验收委员会应安排验收专家查阅设计、施工、监理及质量安全评价资料，检查工程现场，验收专家应重点就工程建设内容、质量和安全等问题进行评价，提出验收意见并在验收鉴定书上签字。

5．竣工验收的基本要求

小型除险加固项目通过蓄水验收后，项目法人应抓紧未完工程建设，做好竣工验收的各项准备工作。

（1）竣工验收应在小型除险加固项目全部完成并经过一个汛期运用考验后的 6 个月内进行。

（2）项目法人编制完成竣工财务决算后，应报送竣工验收主持单位的财务部门进行审查和审计部门进行竣工审计。对竣工审计意见中提出的问题，项目法人应进行整改并提交整改报告。

（3）根据项目实际情况，需要进行专项验收的，应按照有关规定进行。

（4）竣工验收主持单位可以根据竣工验收工作需要，委托具有相应资质的工程质量检测单位对工程质量进行抽样检测。

二、小水电站工程验收的要求

为加强小型水电站建设工程的建设管理，保证工程验收质量，使小型水电站建设工程的验收制度化、规范化，水利部批准发布《小型水电站建设工程验收规程》SL 168—2012，自 2012 年 11 月 23 日起施行。原《小型水电站建设工程验收规程》SL 168—1996同步废止。

该规程适用于新建的总装机容量 50MW 及以下、1.0MW 及以上的小型水电站建设工程（以下简称小水电工程）的验收。改扩建的小水电工程和新建的总装机容量 1.0MW 以下的小水电站工程验收参照执行。

1．小水电工程验收的分类

小水电工程验收工作按工程项目划分及验收流程可分为分部工程验收、单位工程验收、合同工程完工验收、阶段验收（含机组启动验收）、专项验收和竣工验收，各项验收工作应互相衔接，避免重复。

小水电工程验收工作按验收主持单位可分为法人验收和政府验收。法人验收应包括分部工程验收、单位工程验收、合同工程完工验收及中间机组启动验收等；政府验收应包括阶段验收（含首末台机组启动验收）、专项验收、竣工验收等，验收主持单位可根据工程建设需要增设验收的类别和具体要求。

2. 工程验收监督管理

（1）分级管理

水利部负责指导全国小水电工程验收监督管理工作。县级以上地方人民政府水行政主管部门按照规定权限负责本行政区域内小水电工程验收监督管理工作。地方各级人民政府水行政主管部门按照地方小水电工程分级管理规定，主持或参与本行政区域内小水电工程政府验收工作，并作为法人验收监督管理机关对本行政区域内小水电工程的法人验收工作实施监督管理。

（2）管理方式

工程验收监督管理的方式应包括现场检查、主持或参加验收活动、对验收工作计划与验收成果性文件进行备案等。

水行政主管部门及法人验收监督管理机关可根据工作需要到工程现场检查工程建设情况、验收工作开展情况以及对接到的举报进行调查处理等。

项目法人应在第一个单位工程验收前60个工作日以前，制定法人验收工作计划，报法人验收监督管理机关备案。当工程建设计划调整时，法人验收工作计划也应相应调整并重新备案。法人验收工作计划内容包括工程概况、工程项目划分、工程建设总进度计划和法人验收工作计划等。

3. 项目法人验收的基本要求

（1）分部工程验收应由项目法人（或委托监理单位）主持。验收工作组应由项目法人、勘测、设计、监理、施工、主要设备制造（供应）商等单位的代表组成。

验收工作组成员应具备相应的专业知识或相应执业资格，且每个单位代表人数不宜超过2名。

（2）单位工程验收应由项目法人（或委托监理单位）主持。验收工作组应由项目法人、勘测、设计、监理、施工、主要设备制造（供应）商、运行管理等单位的代表组成。必要时，可邀请上述单位以外的专家参加。

验收工作组成员应具备相应的专业知识或相应执业资格，其中具有中级及以上技术职称的成员应占一半以上，且每个单位代表人数不宜超过2名。

项目法人组织单位工程验收时，应提前通知质量和安全监督机构。主要建筑物单位工程验收应通知法人验收监督管理机关。法人验收监督管理机关可视情况决定是否列席验收会议，质量和安全监督机构应派员列席主要单位工程验收会议。

（3）施工合同约定的建设内容完成后，应进行合同工程完工验收。当合同工程仅包含一个单位工程（分部工程）时，宜将单位工程（分部工程）验收与合同工程完工验收一并进行，但应同时满足相应的验收条件。

合同工程完工验收应由项目法人主持。验收工作组应由项目法人以及与合同工程有关的勘测、设计、监理、施工、主要设备制造（供应）商、运行管理等单位的代表组成。必要时，可邀请上述单位以外的专家参加。

验收工作组成员应具备相应的专业知识或相应执业资格，其中具有中级及以上技术职称的成员应占一半以上，且每个单位代表人数不宜超过2名。

4. 阶段验收的基本要求

（1）阶段验收应包括工程导（截）流前的验收、水库（拦河闸）蓄水前的验收、机组启动验收以及竣工验收主持单位根据工程建设需要增加的其他验收。

（2）阶段验收应由竣工验收主持单位或其委托的单位主持。阶段验收委员会应由验收主持单位、质量和安全监督机构、运行管理单位的代表以及有关专家组成；必要时，可邀请地方人民政府以及有关部门参加。工程参建单位应派代表参加阶段验收，并作为被验收单位在验收鉴定书上签字。其中，工程导（截）流前验收及水库（拦河闸）下闸蓄水验收，可根据工程的规模及重要性，由竣工验收主持单位或委托项目法人主持导（截）流验收。

（3）机组启动验收中的首（末）台机组启动验收应由竣工验收主持单位或其委托单位组织的机组启动验收委员会负责；中间机组启动验收可由项目法人组织的机组启动验收小组负责。验收委员会（小组）应有所在地电网企业的代表参加。

机组启动验收委员会下设试运行指挥组和验收交接组，负责进行具体工作。

试运行指挥组由安装机组的施工单位的项目技术负责人担任组长，运行管理单位的技术负责人担任副组长，负责编制机组设备启动试运行试验文件，组织进行机组设备的启动试运行和检修等工作。机组试运行操作值班人员由机组安装单位、运行管理单位、主要设备制造（供应）商的人员共同组成。

验收交接组由项目法人担任组长，运行管理单位、施工单位和监理单位担任副组长，运行管理单位、施工单位、机组安装单位、主要设备制造（供应）商和监理单位的人员共同组成，负责土建、金属结构、机电设备安装等工程项目完成情况和质量检查，以及技术文件和图纸资料的整理及随机机电设备备品、备件、专用工具的清点等交接工作。

中间机组启动验收可参照首（末）台机组启动验收的要求，由项目法人组织试运行指挥组和验收交接组进行。对验收过程中的问题和情况，随时向竣工验收主持单位报告。

机组启动试运行应进行机组启动试验、机组带额定负荷连续运行72h试验。如因负荷不足，或因特殊原因使机组不能达到额定出力时，启动验收委员会可根据具体条件确定机组应带的最大试验负荷。

机组启动试运行后确认可以安全试运行，由启动验收委员会提出机组启动验收鉴定书。

提出机组启动验收鉴定书后，应办理机组交接手续进行试生产运行，试生产期限为6个月（经过一个汛期）至12个月。

5. 专项验收的基本要求

一般情况下，小水电工程在水库蓄水前需要进行水电站蓄水安全鉴定和水电站征地移民安置验收，水电站竣工验收前要进行水电站环境保护工程验收、水电站水土保持工程验收；对于国有资金投资和容量相对较大的电站，机组启动前要进行水电站消防工程验收，水电站竣工验收前要进行水电站工程竣工安全鉴定、水电站工程档案验收、水电站劳动安全与工业卫生验收和工程决算专项验收。

6. 竣工验收的基本要求

（1）竣工验收分为竣工技术预验收和竣工验收两个阶段。

（2）竣工验收应具备以下条件：

① 工程已按批准的设计全部完成。

② 工程重大设计变更已经有审批权的单位批准。

③各单位工程能正常运行，机组已全部投运（不属于本期建设机组除外）。

④机组试生产期已届满，水工建筑物已经过一个洪水期和冰冻期的考验。

⑤历次验收所发现的问题已基本处理完毕。

⑥各专项验收已通过。

⑦质量和安全监督工作报告已提交，工程质量达到合格标准。

⑧国有资金投资项目的竣工财务决算已通过竣工审计，审计意见中提出的问题已整改并提交了整改报告。

⑨竣工验收资料已准备就绪。

（3）竣工验收应按以下程序进行：

①项目法人组织进行竣工验收自查。

②项目法人提交竣工验收申请报告。

③竣工验收主持单位批复竣工验收申请报告。

④进行竣工技术预验收。

⑤召开竣工验收会议。

⑥印发竣工验收鉴定书。

（4）根据竣工验收的需要，竣工验收主持单位可以委托具有相应资质的工程质量检测单位对工程质量进行抽样检测。项目法人应与工程质量检测单位签订工程质量检测合同。检测所需费用由项目法人列支，质量不合格工程所发生的检测费用由责任单位承担。

（5）竣工技术预验收应由竣工验收主持单位组织的专家组负责。竣工技术预验收专家组成员的2/3以上应具有中级及以上技术职称或相应执业资格，1/3以上应具有高级技术职称或相应执业资格，成员的2/3以上应来自非参建单位。工程参建单位的代表应参加技术预验收，负责回答专家组提出的问题。

竣工技术预验收专家组可下设专业工作组，并在各专业工作组检查意见的基础上形成竣工技术预验收工作报告。

（6）竣工验收委员会应由竣工验收主持单位、地方人民政府有关部门、有关水行政主管部门、质量和安全监督机构、工程投资方、运行管理单位的代表以及有关专家组成。竣工验收委员会可设主任委员1名，副主任委员以及委员若干名，主任委员应由验收主持单位代表担任。

项目法人、勘测、设计、监理、施工、主要设备制造（供应）商等单位应派代表参加竣工验收，负责解答验收委员会提出的问题，并应作为被验收单位代表在验收鉴定书上签字。

工程项目质量达到合格以上等级的，竣工验收的质量结论意见应为合格。

7．工程移交

（1）施工单位与项目法人的交接

通过合同工程完工验收后，项目法人与施工单位应在20个工作日内组织专人负责工程的交接工作，交接过程应有完整的文字记录且有双方交接负责人签字。

项目法人与施工单位应在施工合同或验收鉴定书约定的时间内完成工程及其档案资料的交接工作。

办理具体工程交接手续的同时，施工单位应向项目法人递交工程质量保修书。保修书的内容应符合合同约定的条件。

工程质量保修期应从工程通过合同工程完工验收后开始计算，但合同另有约定的除外。

在施工单位递交了工程质量保修书、提交有关竣工资料，完成施工场地清理后，项目法人应在 20 个工作日内向施工单位颁发合同工程完工证书。

（2）移交运行管理单位

完成工程交接后，项目法人应及时将工程移交运行管理单位。工程移交应包括工程实体、其他固定资产和工程档案资料等，应按照初步设计等有关批准文件进行逐项清点，并办理移交手续，工程移交过程应有完整的文字记录和双方法定代表人签字。

三、中小河流治理项目验收的要求

中小河流治理项目是指为提高中小河流重点河段的防洪减灾能力，保障区域防洪安全和粮食安全，兼顾河流生态环境而开展的以堤防加固和新建、河道清淤疏浚、护岸护坡等为主要内容的综合性治理项目。中央财政设立中小河流治理专项资金，对中小河流治理工作予以支持。中小河流治理由省级人民政府负总责，项目所在地的地市级或县级人民政府负责具体项目的组织实施。中小河流治理实行责任状制度，由财政部、水利部与省级人民政府签订责任状，做到资金到省、任务到省和责任到省，确保安排一批、建成一批、发挥效益一批。

根据财政部、水利部《全国中小河流治理项目和资金管理办法》，建设项目完工后要及时竣工验收，参照《水利工程建设项目验收管理规定》（水利部令第 30 号）和国家其他有关规定进行，并将竣工验收结果报送水利部和财政部。建设项目竣工验收后，要及时办理交接手续，明确管理主体，建立长效管护机制，积极协调落实管护经费，保证建设项目发挥效益。地方财政部门要会同水行政主管部门督促项目建设单位强化基本建设财务管理和会计核算工作，及时批复项目竣工财务决算。

2F320100　水利水电工程施工监理

2F320101　水利工程项目施工监理

一、水利工程建设项目施工监理的主要工作方法

根据《水利工程施工监理规范》SL 288—2014，水利工程建设项目施工监理的主要工作方法是：

（1）现场记录。监理机构记录每日施工现场的人员、原材料、中间产品、工程设备、施工设备、天气、施工环境、施工作业内容、存在的问题及其处理情况等。

（2）发布文件。监理机构采用通知、指示、批复、确认等书面文件开展施工监理工作。

（3）旁站监理。监理机构按照监理合同约定和监理工作需要，在施工现场对工程重要部位和关键工序的施工作业实施连续性的全过程监督、检查和记录。

（4）巡视检查。监理机构对所监理工程的施工进行定期或不定期的监督和检查。

（5）跟踪检测。监理机构对承包人在质量检测中的取样和送样进行监督。跟踪检测费用由承包人承担。

（6）平行检测。在承包人对原材料、中间产品和工程质量自检的同时，监理机构按照

监理合同约定独立进行抽样检测，核验承包人的检测结果。平行检测费用由发包人承担。

（7）协调。监理机构依据合同约定对施工合同双方之间的关系以及工程施工过程中出现的问题和争议进行的沟通、协商和调解。

二、水利工程建设项目施工监理的主要工作制度

根据《水利工程施工监理规范》SL 288—2014，水利工程建设项目施工监理的主要工作制度有：

（1）技术文件核查、审核和审批制度。

（2）原材料、中间产品和工程设备报验制度。

（3）工程质量报验制度。承包人每完成一道工序或一个单元工程，都应经过自检。承包人自检合格后方可报监理机构进行复核。上道工序或上一单元工程未经复核或复核不合格，不得进行下道工序或下一单元工程施工。

（4）工程计量付款签证制度。

（5）会议制度。

（6）紧急情况报告制度。

（7）工程建设标准强制性条文（水利工程部分）符合性审核制度。

（8）监理报告制度。

（9）工程验收制度。

三、施工准备阶段监理工作的内容

1. 检查开工前由发包人准备的施工条件情况

（1）首批开工项目施工图纸的提供。

（2）测量基准点的移交。

（3）施工用地的提供。

（4）施工合同约定应由发包人负责的道路、供电、供水、通信及其他条件和资源的提供情况。

2. 检查开工前承包人的施工准备情况

根据发包人与承包人签订的施工合同进行检查。

四、施工实施阶段监理工作的内容

根据有关规范和规定，水利工程建设项目施工监理实施阶段监理工作的基本内容有：

1. 开工条件的控制

包括签发开工通知、分部工程开工、单元工程开工、混凝土浇筑开仓。

第一个单元工程在分部工程开工批准后开工，后续单元工程凭监理机构签认的上一单元工程施工质量合格文件方可开工。监理机构应对承包人报送的混凝土浇筑开仓报审表进行审核。符合开仓条件后，方可签发。

2. 工程质量控制

按照监理工作制度和监理实施细则开展工程质量控制工作，对施工质量及与质量活动相关的人员、原材料、中间产品、工程设备、施工设备、工艺方法和施工环境等质量要素进行监督和控制。

监理机构可采用跟踪检测、平行检测方法对承包人的检验结果进行复核。平行检测的检测数量，混凝土试样不应少于承包人检测数量的3%；重要部位每种强度等级的混凝土

最少取样 1 组；土方试样不应少于承包人检测数量的 5%；重要部位至少取样 3 组；跟踪检测的检测数量，混凝土试样不应少于承包人检测数量的 7%，土方试样不应少于承包人检测数量的 10%。应对所有见证取样进行跟踪。监理机构应按照监理合同约定通知发包人委托或认可的具有相应资质的工程质量检测机构进行检测试验。施工过程中，监理机构可根据工程质量控制工作需要和工程质量状况等确定跟踪检测及平行检测的频次分布。根据施工质量情况需要增加平行检测项目、数量时，监理机构可向发包人提出建议，经发包人同意增加的平行检测费用由发包人承担。

3. 工程进度控制

审批施工总进度计划；审批承包人提交的施工进度计划；实际施工进度的检查与协调；施工进度计划的调整。

当工程变更影响施工进度计划时，监理机构应指示承包人编制变更后的施工进度计划；施工进度计划的调整涉及总工期目标、阶段目标改变或者资金使用有较大的变化时，监理机构应提出审查意见报发包人批准。

4. 工程资金控制

审核承包人提交的资金流计划，并协助发包人编制合同工程付款计划；建立合同工程付款台账，对付款情况进行记录；根据工程实际进展情况，对合同工程付款情况进行分析，必要时提出合同工程付款计划调整建议；审核工程付款申请；根据施工合同约定进行价格调整；审核完工付款申请，签发完工付款证书；审核最终付款申请，签发最终付款证书等。

5. 施工安全监理。

6. 文明施工监理。

7. 合同管理的其他工作

包括工程变更；索赔管理；违约管理；工程保险；工程分包；争议的解决等。

8. 信息管理。

9. 工程质量评定与验收。

五、水利工程监理单位质量管理

根据《水利工程质量管理规定》（水利部令第 7 号），监理单位必须持有水利部颁发的监理单位资格等级证书，依据核定的监理范围承担相应水利工程监理任务。监理单位必须接受水利工程质量监督单位对其监理资格、质量检查体系以及质量监理工作的监督检查。监理单位质量管理的主要内容是：

（1）监理单位必须严格执行国家法律、水利行业法规、技术标准，严格履行监理合同。

（2）监理单位应根据所承担的监理任务向水利工程施工现场派出相应的监理机构，人员配备必须满足项目要求。监理工程师应当持证上岗。

（3）监理单位应根据监理合同参与招标工作，从保证工程质量全面履行工程承建合同出发，签发施工图纸。

（4）审查施工单位的施工组织设计和技术措施。

（5）指导监督合同中有关质量标准、要求的实施。

（6）参加工程质量检查、工程质量事故调查处理和工程验收工作。

根据《水利部关于修订印发水利建设质量工作考核办法的通知》（水建管〔2018〕102

号），涉及监理单位监理质量控制主要考核以下内容：

（1）质量控制体系建立情况。

（2）监理控制相关材料报送情况。

（3）监理控制责任履行情况。

2F320102　水力发电工程项目施工监理

一、监理职业准则与监理协调制度

根据《水电水利工程施工监理规范》DL/T 5111—2012，监理工程师必须遵守"守法、诚信、公正、科学"的职业准则，在维护发包人利益的同时，也要维护承包人的合法权益。

工程项目开工前，监理机构应依据发包人授予的权限和施工合同文件规定，建立监理协调（包括定期协调、专项协调和分级协调）制度，明确监理协调的程序、方式、内容和合同责任。

工程项目施工过程中，监理机构应运用监理协调权限，及时解决施工中各方、各标段之间的矛盾，及时解决施工进度、工程质量与合同支付之间的矛盾，及时解决施工合同双方应承担的义务和责任之间的矛盾。

监理协调会议包括第一次工地会议、监理例会（日常工地会议）、专题会议。

第一次工地会议是项目施工尚未全面展开前，合同各方相互认识，确定联络方式的会议，也是检查开工前各项准备工作是否就绪，并且明确监理程序的会议。

第一次工地会议由总监理工程师和发包人联合主持召开，邀请承包人的授权代表和设计方代表参加，必要时也可邀请主要分包人代表参加。

监理例会由监理机构组织与主持，定期召开，以研究工程施工中出现的包括安全、进度、质量及合同商务等问题的会议。

对于技术方面或合同商务方面比较复杂的问题，一般采用专题会议的形式进行研究和解决。

二、施工监理工作的主要内容

1. 工程质量控制的内容

根据《水电水利工程施工监理规范》DL/T 5111—2012，施工监理工程质量控制的基本内容包括工程质量控制的依据、工程项目划分及开工申报、开工前质量控制工作、施工过程质量控制、工程质量检验、施工质量事故处理等。

（1）工程项目划分。工程开工申报及施工质量检查，一般按单位工程、分部工程、分项工程、单元工程四级进行划分及工程开工申报。

（2）施工过程质量控制。监理机构应督促承包人严格遵守合同技术条件、施工技术规程规范和工程质量标准，按报经批准的施工措施计划中确定的施工工艺、措施和施工程序，按章作业、文明施工。

（3）工程质量检验。工程质量检验按单位工程、分部工程和单元工程三级进行。必须时，还应增加对重要分项工程进行工程质量检验。

2. 工程进度控制的内容

（1）在工程项目开工前，协助发包人编制工程控制性总进度计划。

（2）审查承包人报送的施工进度计划。施工进度计划是批准工程开工的重要依据。承包人应在工程项目开工前，随同施工组织设计或施工措施计划，向监理机构报批施工进度计划。

（3）对工程进展及进度实施过程进行控制。

（4）按施工合同文件规定受理承包人申报的工程延期索赔申请。

（5）向发包人提供关于施工进度的建议及分析报告。

（6）依据工程监理合同规定，向发包人编报进度报表。

3. 工程合同费用控制的内容

（1）根据批准的工程施工控制性进度计划及其分解目标计划，协助发包人编制分年或单项工程项目的合同支付资金计划。

（2）对工程变更、工期调整申报的经济合理性进行审议并提出审议意见。

（3）进行已完成实物量的支付计量，并对施工过程中工程费用计划值与实际值进行比较分析。

（4）根据施工合同文件规定受理合同索赔。

（5）合同支付审核与结算签证。

（6）依据施工合同文件规定和发包人授权进行合同价格调整。

（7）协助发包人进行完工结算。

4. 工程合同商务管理的内容

（1）工程变更。工程变更指令由发包人或发包人授权监理机构审查、批准后发出。工程变更依据其性质与对工程项目的影响程度，分为重大工程变更、较大工程变更、一般工程变更、常规设计变更四类。

（2）合同索赔。合同双方存在对方的违约行为和事实，或发生了应由对方承担的责任与风险导致的损失，是提起合同索赔的前提条件。合同索赔可以分为施工费用索赔、工期延期索赔或施工费用连同工期延期索赔。监理机构不接受未按施工合同文件规定的索赔程序与时限而提起的索赔要求，也可以通过对合同索赔要求进行查证或依据对施工合同文件的解释，拒绝或同意合同索赔的全部或部分要求。

（3）分包管理

监理机构必须在发包人和施工合同文件授权的范围内，对规定允许分包的工程项目和范围，对承包人按合同文件规定程序与格式要求申报的分包申请，予以审查和做出批准或不批准的决定。

分包项目的施工措施计划、开工申报、工程质量检验、工程变更以及合同支付等，通过承包人向监理机构申报。

除非发包人授权或工程施工合同文件另有规定，否则监理机构不受理承包人与分包人之间的分包合同纠纷。

【案例 2F320000-1】

1. 背景

某寒冷地区大型水闸工程共 18 孔，每孔净宽 10.0m，其中闸室为两孔一联，每联底板顺水流方向长与垂直水流方向宽均为 22.7m，底板厚 1.8m。交通桥采用预制"T"形梁板结构；检修桥为现浇板式结构，板厚 0.35m。各部位混凝土设计强度等级分别为：闸底板、闸墩、检修桥为 C25，交通桥为 C30；混凝土设计抗冻等级除闸墩为 F150 外，其余均为 F100。施工中发生以下事件：

事件 1：为提高混凝土抗冻性能，施工单位严格控制施工质量，采取对混凝土加强振捣与养护等措施。

事件 2：为有效防止混凝土底板出现温度裂缝，施工单位采取减少混凝土发热量等温度控制措施。

事件 3：施工中，施工单位组织有关人员对 11 号闸墩出现的蜂窝、麻面等质量缺陷在工程质量缺陷备案表上进行填写，并报监理单位备案，作为工程竣工验收备查资料。工程质量缺陷备案表填写内容包括质量缺陷产生的部位、原因等。

事件 4：为做好分部工程验收评定工作，施工单位对闸室段分部混凝土试件抗压强度进行了统计分析，其中 C25 混凝土取样 55 组，最小强度为 23.5MPa，强度保证率为 96%，离差系数为 0.16。分部工程完成后，施工单位向项目法人提交了分部工程验收申请报告，项目法人根据工程完成情况同意进行验收。

2．问题

（1）检修桥模板设计强度计算时，除模板和支架自重外还应考虑哪些基本荷载？该部位模板安装时起拱值的控制标准是多少？拆除时对混凝土强度有什么要求？

（2）除事件 1 中给出的措施外，提高混凝土抗冻性还有哪些主要措施？除事件 2 中给出的措施外，底板混凝土浇筑还有哪些主要温度控制措施？

（3）指出事件 3 中质量缺陷备案做法的不妥之处，并加以改正；工程质量缺陷备案表除给出的填写内容外，还应填写哪些内容？

（4）根据事件 4 中混凝土强度统计结果，确定闸室段分部 C25 混凝土试件抗压强度质量等级，并说明理由。该分部工程验收应具备的条件有哪些？

3．分析与答案

（1）检修桥模板设计强度计算时除模板和支架自重外还应考虑新浇筑混凝土自重；钢筋重量；工作人员及浇筑设备、工具荷载等基本荷载。

检修桥承重模板跨度大于 4m，模板安装时起拱值按跨度的 0.3% 左右确定；检修桥承重模板跨度大于 8m，在混凝土强度达到设计强度的 100% 时才能拆除。

（2）提高混凝土抗冻性主要措施还有：提高混凝土的密实性；减小水胶比；掺加外加剂（或引气剂）。底板混凝土浇筑主要温度控制措施还有：降低混凝土入仓温度、加速混凝土散热。

（3）施工单位组织质量缺陷备案表填写，报监理单位备案不妥，应由监理单位组织质量缺陷备案表填写，报工程质量监督机构备案。

还应填写：对工程安全、使用功能和运行影响（或：对建筑物使用的影响），处理意见或不处理原因分析（或：对质量缺陷是否处理和如何处理）。

（4）根据混凝土强度统计结果，闸室段分部 C25 混凝土试件抗压强度质量符合合格等级。因为根据《水利水电工程施工质量检验与评定规程》SL 176—2007，C25 混凝土最小强度为 23.5 MPa，大于 0.9 倍设计强度标准值，符合优良标准；强度保证率为 96%，大于 95%，符合优良标准；离差系数为 0.16 大于 0.14、小于 0.18，符合合格标准。所以 C25 混凝土试件抗压强度质量符合合格等级。

闸室段分部工程验收应具备以下条件：所有单元工程已完成；已完单元工程施工质量经评定全部合格，有关质量缺陷已处理完毕或有监理机构批准的处理意见；合同约定的其他条件。

【案例 2F320000-2】

1. 背景

某项目部承揽一土坝工程施工任务。为加快施工进度，该项目部按坝面作业的铺料、整平和压实三个主要工序组建专业施工队施工，并将该坝面分为三个施工段，按施工段 1、施工段 2、施工段 3 顺序组织流水作业。已知各专业施工队在各施工段上的工作持续时间见表 2F320000-1。

施工队在各施工段的工作持续时间　　　　表 2F320000-1

工　作　队	施　工　段　1	施　工　段　2	施　工　段　3
铺　　料	3d	2d	4d
整　　平	1d	1d	2d
压　　实	2d	1d	2d

为编制工程施工进度计划，施工技术人员进行了研究设计资料和施工条件、选择质量检验方法、计算工程量和工作持续时间、选择施工方法并确定施工顺序等主要工作。

2. 问题

（1）指出施工技术人员进行的主要工作中，哪些是编制工程施工进度计划的主要步骤？

（2）指出坝面流水作业中的工艺逻辑关系和组织逻辑关系。

（3）根据工作的逻辑关系绘制该项目进度计划的双代号网络图。

（4）根据网络图和本案例给出的各项工作的持续时间确定其计算工期和关键线路。

（5）在"施工段 2"整平时突降暴雨，造成工期延误 7d，试分析其对施工工期的影响程度。

3. 分析与答案

（1）编制施工进度计划的主要步骤是：研究设计资料和施工条件，正确计算工程量和工作持续时间，选择施工方法并确定施工顺序。

（2）坝面作业工艺逻辑关系应是先铺料、后整平、再压实；坝面作业组织逻辑关系应是从施工段 1 到施工段 2，最后到施工段 3 的顺序组织施工。

（3）该项目的双代号网络计划如图 2F320000-1 所示。

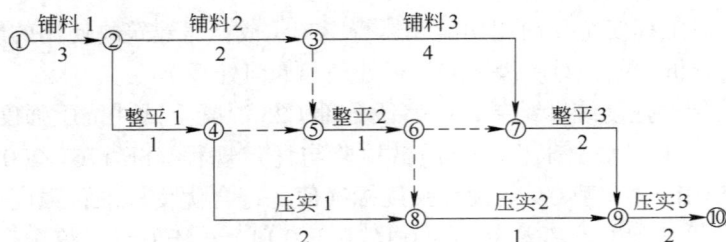

图 2F320000-1　土石坝工程双代号网络计划

（4）网络图的计算工期：13d。

网络图的关键线路为：①→②→③→⑦→⑨→⑩。

关键线路在网络图 2F320000-2 中用双箭线或粗实线来表示。

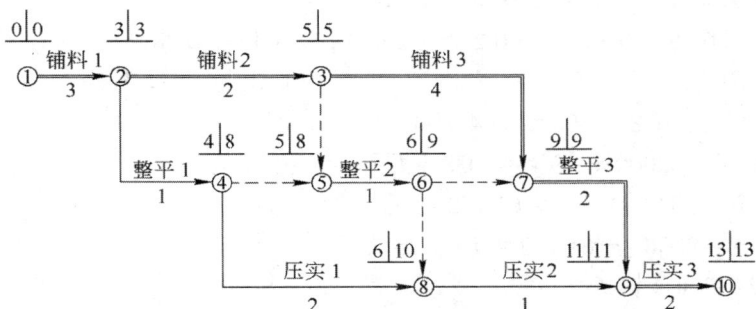

图 2F320000-2　土石坝工程双代号网络计划的关键线路

（5）网络图中工作整平 2 为非关键工作，总时差为 3d，现由于暴雨原因工作整平 2 延误 7d，故对施工工期影响时间为 7－3＝4d。

【案例 2F320000-3】

1．背景

施工单位承包某外资工程的施工，与业主签订的承包合同约定：工程合同价 2000 万元；若遇物价变动，工程价款采用调值公式动态结算；工程保留金按照工程款的 3% 预留。该工程的人工费占工程价款的 35%，水泥占 23%，钢材占 12%，石料占 8%，砂料占7%，不调值费用占 15%；开工前业主向承包商支付合同价 20% 的工程预付款，当工程进度款达到合同价的 60% 时，开始从超过部分的工程结算款中按 60% 抵扣工程预付款，竣工前全部扣清；工程进度款逐月结算。

2．问题

（1）竣工结算的程序是什么？

（2）工程预付款和起扣点是多少？

（3）当工程完成合同工程量的 70% 后，正好遇上国家采取积极财政政策，导致水泥、钢材涨价，其中，水泥价格增长 20%，钢材价格增长 15%，试问承包商可索赔价款多少？合同实际价款为多少？

（4）完工结算时，工程结算款应为多少？

3．分析与答案

（1）竣工结算的程序是：

① 完工验收后，承包人按照国家有关规定和专用合同条款约定的时间向监理机构提交完工结算报告。

② 监理机构提出审查意见后报送发包人。

③ 发包人收到完工结算报告后应在 28d 内予以批准或提出修改意见并在专用合同条款约定的时间内办理工程结算。

④ 保留金应在保修期满的 21d 内退还承包人。若保修期满时尚需承包人完成剩余工作，则监理机构有权在支付证书中扣留与剩余工作所需金额相应的保留金。

（2）预付款为：$2000 \times 20\% = 400$ 万元

预付款起扣点为 $2000 \times 60\% = 1200$ 万元

（3）$P = P_0 \times (0.15 + 0.35A/A_0 + 0.23B/B_0 + 0.12C/C_0 + 0.08D/D_0 + 0.07E/E_0)$

当工程完成 70% 时，$P_0 = 2000 \times (1 - 0.7) = 600$ 万元

$P = 600 \times (0.15 + 0.35 \times 1 + 0.23 \times 1.2 + 0.12 \times 1.15 + 0.08 \times 1 + 0.07 \times 1)$

$\quad = 638.4$ 万元

可索赔价款为：$638.4 - 600 = 38.4$ 万元

合同实际价款：$2000 + 38.4 = 2038.4$ 万元

（4）保留金：$2038.4 \times 3\% = 61.152$ 万元

工程结算款：$2038.4 - 61.152 = 1977.25$ 万元

【案例 2F320000-4】

1. 背景

某平原区拦河闸工程，设计流量 $850 \text{m}^3/\text{s}$，校核流量 $1020 \text{m}^3/\text{s}$，闸室结构如图 2F320000-3 所示。本工程施工采用全段围堰法导流，上、下游围堰为均质土围堰，基坑采用轻型井点降水。闸室地基为含少量砾石的黏土，自然湿密度为 $1820 \sim 1900 \text{kg/m}^3$，基坑开挖时，施工单位采用反铲挖掘机配自卸汽车将闸室地基挖至建基面高程 10.0m，弃土运距约 1km。

工作桥夜间施工过程中，2 名施工作业人员不慎坠落，其中 1 人死亡，1 人重伤。

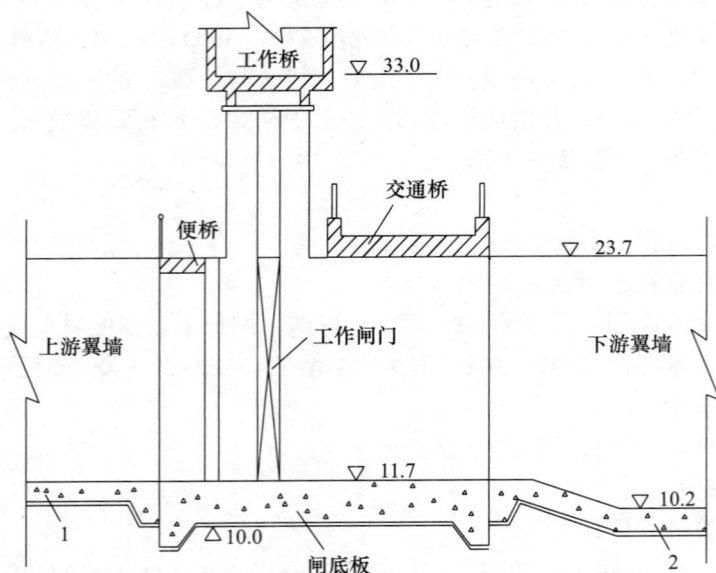

图 2F320000-3　闸室结构图

2. 问题：

（1）说明该拦河闸工程的等别及闸室和围堰的级别。指出图 2F320000-3 中建筑物 1 和 2 的名称。

（2）根据《土的工程分类标准》GB/T 50145—2007，依据土的开挖方法和难易程度，土共分为几类？本工程闸室地基土属于其中哪一类？

（3）背景中，施工单位选用的土方开挖机具和开挖方法是否合适？简要说明理由。

（4）根据《水利工程建设重大质量与安全事故应急预案》，水利工程建设质量与安全事故共分为哪几级？本工程背景中的事故等级属于哪一级？根据 2 名工人的作业高度和环境说明其高处作业的级别和种类。

3. 分析与答案

（1）工程等别：Ⅱ等；闸室级别：2 级；围堰级别：4 级。

图中：1 为铺盖、2 为消力池。

（2）土共分为 4 类；本工程闸室地基土为Ⅲ类。

（3）施工单位选择的开挖机具合适，开挖方法不合适。理由：本工程闸室地基土为Ⅲ类，弃土运距约 1km，选用反铲挖掘机配自卸汽车开挖是合适的，用挖掘机直接开挖至建基面高程不合适，闸室地基保护层应由人工开挖。

（4）①质量与安全事故共分为 4 级，包括Ⅰ、Ⅱ、Ⅲ、Ⅳ级，本工程事故等级为Ⅳ级（或较大质量与安全事故）。

②高处作业级别为三级，高处作业种类为特殊（或夜间）高处作业。

【案例 2F320000-5】

1. 背景

某泵站工程，业主与总承包商、监理单位分别签订了施工合同、监理合同。总承包商经业主同意将土方开挖、设备安装与防渗工程分别分包给专业性公司，并签订了分包合同。

施工合同中说明：土石方 686m³，建设工期 250d，2002 年 9 月 1 日开工，工程造价 3165 万元。

合同约定结算方法；合同价款调整范围为业主认定的工程量增减、设计变更和洽商；安装配件、防渗工程的材料费调整依据为本地区工程造价管理部门公布的价格调整文件。

施工过程中发生如下事件：

事件 1：总承包商于 2002 年 8 月 25 日进场，进行开工前的准备工作。原定 2002 年 9 月 1 日开工，因业主办理伐树手续而延误至 2002 年 9 月 6 日才开工。总承包商对此提出索赔。

事件 2：土方公司在基础开挖中遇有地下文物，采取了必要的保护措施。为此，总承包商请土方公司向业主要求索赔。

事件 3：在基础回填过程中，总承包商已按规定取土样，试验合格。监理工程师对填土质量表示异议，责成总承包商再次取样复验，结果合格。总承包商要求监理单位支付试验费。

事件 4：总承包商对混凝土搅拌设备的加水计量器进行改进研究，在本公司试验室内进行实验，改进成功用于本工程，总包单位要求此项试验费由业主支付。

事件 5：监理工程师检查防渗工程，发现止水安装不符合要求，记录并要求防渗公司整改。防渗公司整改后向监理工程师进行了口头汇报，监理工程师即签证认可。事后发现仍有部分有误，需进行返工。

2. 问题

（1）事件 1 中，总承包商可提出哪些索赔要求？简要说明理由。

（2）指出事件2、事件3中的不妥之处，并提出正确做法。

（3）事件4中，总包单位的要求是否合理？为什么？

（4）指出事件5中的不妥之处并改正。返修的经济损失由谁承担？

3．分析与答案

（1）承包商可提出5d的工期索赔，以及相应的人员窝工和施工机械闲置的费用索赔要求，因为提供施工场地是业主的责任。

（2）事件2中土方公司向业主要求索赔不妥，应由土方公司向总承包商索赔，总承包商向业主索赔。事件3中总承包商要求监理单位支付试验费不妥，应要求业主支付试验费。

（3）不合理，因为此项支出应由总包单位承担。

（4）监理工程师要求防渗公司整改不妥，应要求总承包商整改。

防渗公司整改后向监理工程师进行了口头汇报不妥，应由总承包商提出检验申请。监理工程师即签证认可不妥，应根据总包单位的申请进行复验、签证。

经济损失由防渗公司承担。

【案例 2F320000-6】

1．背景

某水闸建筑在砂质壤土地基上，水闸每孔净宽8m，共3孔，采用平板闸门，闸门采用一台门式启闭机启闭，闸墩厚度为2m，因闸室的总宽度较小，故不分缝。闸底板的总宽度为30m，净宽为24m，底板顺水流方向长度为20m。施工中发现由于平板闸门主轨、侧轨安装出现严重偏差，造成了质量事故。事故发生后，项目法人向省水利厅提出了书面事故报告。其中包括以下内容：工程名称、建设地点、工期以及负责人联系电话；事故发生的时间、地点、工程部位以及相应参建单位；事故报告单位、负责人以及联系方式等。

2．问题

（1）根据水利部颁布的《水利工程质量事故处理暂行规定》（水利部令第9号），进行质量事故处理的基本要求是什么？

（2）根据水利部颁布的《水利工程质量事故处理暂行规定》（水利部令第9号），工程质量事故如何分类？分类的依据是什么？

（3）事故报告除上述内容外，还应包括哪些内容？

（4）简述平板闸门的安装工艺。

3．分析与答案

（1）质量事故处理的基本要求包括：

发生质量事故，必须坚持"事故原因不查清楚不放过、主要事故责任者和职工未受教育不放过、补救和防范措施不落实不放过"的原则，认真调查事故原因，研究处理措施，查明事故责任，做好事故处理工作（注意：此处提到的是质量事故处理的"三不放过原则"。而对于生产安全事故，则应遵循"四不放过原则"，即"事故原因不查清楚不放过、主要事故责任者和职工未受教育不放过、补救和防范措施不落实不放过、责任人员未受到处理不放过"）。

发生质量事故后，必须针对事故原因提出工程处理方案，经有关单位审定后实施。

事故处理需要进行设计变更的，需原设计单位或有资质的单位提出设计变更方案。需要进行重大设计变更的，必须经原设计审批部门审定后实施。

事故部位处理完毕后，必须按照管理权限经过质量评定与验收后，方可投入使用或进入下一阶段施工。

（2）工程质量事故按直接经济损失的大小，检查、处理事故对工期的影响时间长短和对工程正常使用的影响进行分类，分为一般质量事故、较大质量事故、重大质量事故、特大质量事故四类。

根据水利部颁布《水利工程质量事故处理暂行规定》（水利部令第9号），小于一般质量事故的质量问题称为质量缺陷。水利工程应当实行质量缺陷备案制度。

（3）事故报告内容还应包括：事故发生的简要经过，伤亡人数和直接经济损失的初步估计，事故发生原因初步分析，事故发生后采取的措施及事故控制情况。

（4）平板闸门安装的顺序是：闸门放到门底坎；按照预埋件调配止水和支承导向部件；安装闸门拉杆；在门槽内试验闸门的提升和关闭；将闸门处于试验水头并投入运行。

安装行走部件时，应使其所有滚轮（或滑块）都同时紧贴主轨；闸门压向主轨时，止水与预埋件之间应保持3～5mm的富余度。

【案例 2F320000-7】

1. 背景

某新建排涝泵站设计流量为16m³/s，共安装4台机组，单机配套功率400kW。泵站采用正向进水方式布置于红河堤后，区域涝水由泵站抽排后通过压力水箱和穿堤涵洞排入红河，涵洞出口设防洪闸挡洪。红河流域汛期为每年的6～9月份，堤防级别为1级。本工程施工期为19个月，2011年11月～2013年5月。施工中发生如下事件：

事件1：第一个非汛期施工的主要工程内容有：（1）堤身土方开挖、回填；（2）泵室地基处理；（3）泵室混凝土浇筑；（4）涵身地基处理；（5）涵身混凝土浇筑；（6）泵房上部施工；（7）防洪闸施工；（8）进水闸施工。

事件2：穿堤涵洞第五节涵身施工过程中，止水片（带）施工工序质量验收评定见表2F320000-2。

止水片（带）施工工序质量验收评定表　　　　表 2F320000-2

单位工程名称		/		工序编号		/
分部工程名称		涵洞工程		施工单位		/
单元工程名称、部位		第5单元		施工日期		/
项次	检验项目	质量标准	检查（测）记录		合格数	合格率
A 1	片（带）外观	表面平整，无乳皮、锈污、油渍、砂眼、钉孔、裂纹等	所有外露的止水片均表面平整，无乳皮、锈污、油渍、砂眼、钉孔、裂纹等		/	/
2	基座	符合设计要求（按基础面要求验收合格）	6个点均符合设计要求		6	100%
3	片（带）插入深度	符合设计要求	2个点均符合设计要求		2	100%
4	沥青井柱	位置准确、牢固，上下层衔接好，电热元件及绝热材料埋设准确，沥青填塞密实	/		/	/
5	接头	符合工艺要求	15个接头均符合工艺要求		15	100%

续表

项次		检验项目	质量标准	检查（测）记录	合格数	合格率
B	1	片（带）偏差 宽	允许偏差 ±5mm	4.5、5.0、3.5、3.0、6.0	4	80%
		片（带）偏差 高	允许偏差 ±2mm	1.0、2.0、1.5、−3.0、0.5	4	80%
		片（带）偏差 长	允许偏差 ±20mm	15、17、10、30	3	75%
	2	搭接长度 金属止水片	≥20mm，双面焊接	15、20、23、25	3	75%
		搭接长度 橡胶、PVC止水带	≥100mm	85、95、100、105、105、110、120、115	6	75%
		搭接长度 金属止水片与PVC止水带接头栓接长度	≥350mm（螺栓栓接法）	/	/	/
	3	片（带）中心线与接缝中心线安装偏差	允许偏差 ±5mm	3.0、3.5、4.0	3	100%

施工单位自评意见	<u>　A　</u>检验结果<u>　C　</u>符合本标准的要求；<u>　B　</u>逐项检验点合格率<u>　D　</u>，且不合格点不集中分布。工序质量等级评定为：<u>　E　</u>。 　　　　　　　　　　　　　　　　　×× 年 ×× 月 ×× 日
监理单位复核意见	/

事件 3：2013 年 3 月 6 日，该泵站建筑工程通过了合同工程完工验收。项目法人计划于 2013 年 3 月 26 日前完成与运行管理单位的工程移交手续。

事件 4：档案验收前，施工单位负责编制竣工图。其中，总平面布置图（图 A）图面变更了 45%；涵洞出口段挡土墙（图 B）由原重力式变更为扶臂式；堤防混凝土预制块护坡（图 C）碎石垫层厚度由原设计的 10cm 变更为 15cm。

事件 5：2013 年 4 月，泵站全部工程完成。2013 年 5 月底，该工程竣工验收委员会对该泵站工程进行了竣工验收。

2．问题

（1）从安全度汛角度考虑，指出事件 1 中第一个非汛期最重要的四项工程。

（2）根据《水利水电工程单元工程施工质量验收评定标准——混凝土工程》SL 632—2012，指出表中 A、B、C、D、E 所代表的名称或数据。

（3）根据《水利水电工程验收规程》SL 223—2008，指出并改正事件 3 中项目法人的计划完成内容的不妥之处。

（4）根据《水利工程建设项目档案管理规定》（水办 [2005]480 号），分别指出事件 4 中图 A、图 B、图 C 三种情况下的竣工图编制要求。

（5）根据《水利水电工程验收规程》SL 223—2008，指出事件 5 中的不妥之处，并简要说明理由。

3．分析与答案

（1）该问题主要从安全度汛角度考虑，像这种穿堤涵洞施工，汛前应实现堤防回填完成，防洪闸施工完成，具备挡洪条件，因此事件 1 中第一个非汛期最重要的四项工作为：（1）、（4）、（5）、（7）。

（2）根据《水利水电工程单元工程施工质量验收评定标准——混凝土工程》SL 632—2012，A 为主控项目；B 为一般项目；C 为 100%（全部）；D 为均大于 70%（或最小为 75%）；E 为合格。

（3）合同工程完工验收后，项目法人应与施工单位进行工程交接；工程竣工后，项目法人与运行管理单位进行工程移交。因此，"运行管理单位"应为"施工单位"；"工程移交"应为"工程交接"。

（4）图 A：重新绘制竣工图，在说明栏内注明变更依据。

图 B：重新绘制竣工图，在说明栏内注明变更依据。

图 C：在原施工图上更改，在说明栏内注明变更依据，加盖并签署竣工图章。

（5）验收时间不妥。泵站竣工验收应在经过一个排水或抽水期后 1 年内进行。因此，2013 年 4 月，泵站全部工程完成，2013 年 5 月底，该工程即进行竣工验收，不满足《水利水电工程验收规程》SL 223—2008 要求。

【案例 2F320000-8】

1. 背景

某水电站工地，傍晚木工班班长带领全班人员在高程 350m 的混凝土施工工作面加班安装模板，并向全班交代系好安全带。当时天色已暗，照明灯已损坏，安全员不在现场。工作期间，一木工身体状况不良，为接同伴递来的木方条，卸下安全带后，水平移动 2m，不料脚下木架断裂，其人踩空直接坠落至地面，高度为 14.5m，经抢救无效死亡。

2. 问题

（1）对高处作业人员有哪些基本安全作业要求？指出本案例中高处作业的级别和种类。

（2）你认为该案例施工作业环境存在哪些安全隐患？工人可能存在的违章作业有哪些？

（3）施工单位安全管理工作有哪些不足？如何改进？

（4）安全检查的主要内容及重点是什么？

3. 分析与答案

（1）从事高处作业人员必须经过安全教育和培训，提高安全意识，认真遵守操作规程和现场安全规定，并且身体健康，无高血压、心脏病及精神性疾病等。

本案例中高处作业的级别为二级，为夜间（特殊）高处作业。

（2）施工作业环境存在的安全隐患有：夜间施工照明设施已经损坏；人员直接坠地，说明高处作业未架设安全防护网；木架断裂，说明脚手架在使用过程中未进行检查和维修。

工人可能存在的违章作业有：身体状况不良时，进行高处作业；高处作业不系安全带。

（3）应健全施工单位安全生产责任制，全体员工应学习各工种安全操作规程、岗位管理制度，提高职工的安全素质、自我保护意识和能力。对于高处作业应架设安全网和防护栏，照明设施完备，经常性地或定期检查施工现场，及时查出事故隐患，采取有效的防护措施。

（4）安全检查的主要内容有查思想、查管理、查隐患、查整顿、查事故处理；重点是查违章指挥和违章作业。

【案例 2F320000-9】

1. 背景

某新建水闸工程的部分工程经监理单位批准的施工进度计划如图 2F320000-4 所示（单位：d）。

合同约定：工期提前奖金标准为 20000 元 /d，逾期完工违约金标准为 20000 元 /d。

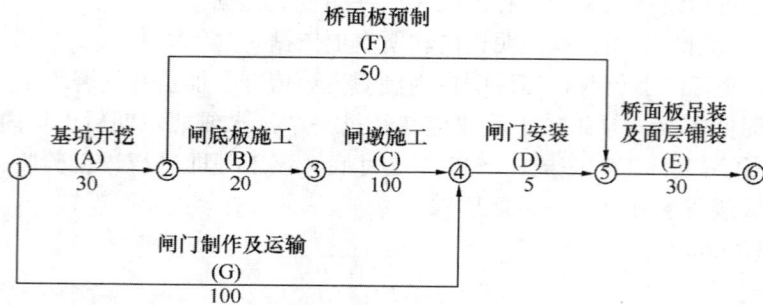

图 2F320000-4　施工进度计划图

施工中发生如下事件：

事件 1：A 工作过程中发现局部地质条件与发包人提供的勘察报告不符，需进行处理，A 工作的实际工作时间为 34d。

事件 2：在 B 工作中，部分钢筋安装质量不合格，承包人按监理人要求进行返工处理，B 工作实际工作时间为 26d。

事件 3：在 C 工作中，承包人采取赶工措施，进度曲线如图 2F320000-5 所示。

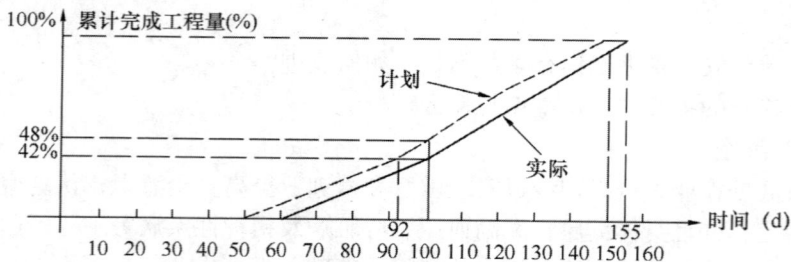

图 2F320000-5　进度曲线图

事件 4：由于发包人未能及时提供设计图纸，导致闸门在开工后第 153 天末才运抵现场。

2. 问题

（1）计算计划总工期，指出关键线路。

（2）指出事件 1、事件 2、事件 4 的责任方，并分别分析对计划总工期有何影响。

（3）根据事件 3，指出 C 工作的实际工作持续时间；说明第 100 天末时 C 工作实际比计划提前（或拖延）的累计工程量；指出第 100 天末完成了多少天的赶工任务？

（4）综合上述事件，计算实际总工期和承包人可获得的工期补偿天数；计算施工单位因工期提前得到的奖金或因逾期支付的违约金金额。

3. 分析与答案

（1）关键线路：A、B、C、D、E；工期：185d。

（2）事件1，责任方发包人，A是关键工作，影响计划总工期4d。

事件2，责任方是承包人，B是关键工作，影响计划总工期6d。

事件4，责任方是发包人，G是非关键工作，总时差50d，影响计划总工期3d。

（3）C工作实际用的时间155－60＝95d，第100天时C工作实际比计划拖延6%（48%～42%），第100天完成了2d的赶工任务。

（4）实际总工期185＋4＋6－5＝190d，比计划工期拖延5d，其中有4d是发包人的责任，所以承包人需支付给发包人逾期完工违约20000元。

【案例2F320000-10】

1. 背景

某水利工程项目由政府投资建设，招标人委托某招标代理公司代理施工招标。行政监督部门确定该项目采用公开招标方式招标。招标文件规定：投标担保可采用投标保证金或投标保函方式担保，评标方法采用经评审的最低投标价法，投标有效期为60d。

招标人对招标代理公司提出以下要求：为了避免潜在的投标人过多，项目招标公告只在本市日报上发布，且采用邀请招标方式招标。

项目施工招标信息发布以后，共有12家潜在的投标人报名参加投标。招标人认为报名参加投标的人数太多，为减少评标工作量，要求招标代理公司仅对报名的潜在投标人的资质条件、业绩进行资格审查。

开标、评标后发现：

（1）A投标人的投标报价为8000万元，为最低投标价。

（2）B投标人在开标后又提交了一份补充说明，提出可以降价5%。

（3）C投标人投标文件的投标函盖有企业及企业法定代表人的印章，但没有加盖项目负责人的印章。

（4）D投标人与其他投标人组成了联合体投标，附有各方资质证书，但没有联合体共同投标协议书。

（5）E投标人的投标报价最高，故E投标人在开标后第二天撤回了其投标文件。

经过对投标书的评审，A投标人被确定为第一中标候选人。发出中标通知书后，招标人和A投标人进行合同谈判。招标人要求A投标人降价3%，否则不予签订合同。

2. 问题

（1）发包人对招标代理公司提出的要求是否正确？说明理由。

（2）分析A、B、C、D投标人的投标文件是否有效？说明理由。

（3）E撤回投标文件的行为应如何处理？

（4）合同谈判中，招标人的要求是否合理？说明理由。该项目施工合同应在何时签订？签约合同价应是多少？

3. 分析与答案

（1）① 招标人提出招标公告只在本市日报上发布是不正确的。

理由：公开招标项目的招标公告。必须在指定媒介发布，任何单位和个人不得非法限制招标公告的发布地点和发布范围。

②招标人要求采用邀请招标是不正确的。

理由：因该工程项目由政府投资建设，相关法规规定："全部使用国有资金投资或者国有资金投资占控股或者主导地位的项目，应当采用公开招标方式招标。如果采用邀请招标方式招标，应由有关部门批准。"

③招标人提出的仅对潜在投标人的资质条件、业绩进行资格审查是不正确的。

理由：资格审查的内容还应包括：信誉；技术；拟投入人员；拟投入机械；财务状况等。

（2）①A投标人的投标文件有效。

②B投标人的投标文件（或原投标文件）有效，但补充说明无效，因开标后投标人不能变更（或更改）投标文件的实质性内容（经评审的计算性算术错误除外）。

③C投标人的投标文件有效。

④D投标人的投标文件无效。因为组成联合体投标的，投标文件应附联合体各方共同投标协议。

（3）E撤回投标文件，招标人可以没收其投标保证金。

（4）①招标人的要求不合理。理由：根据《水利工程建设项目招标投标管理规定》和《工程建设项目施工招标投标办法》有关规定，招标人不得向中标人提出压低报价、增加工作量、缩短工期或其他违背中标人意愿的要求，不得以此作为签订合同的条件。

②该项目应自中标通知书发出后30日内按招标文件和A投标人的投标文件签订书面合同，双方不得再签订背离合同实质性内容的其他协议。

③签约合同价格应为8000万元。

2F330000　水利水电工程项目施工相关法规与标准

2F331000　水利水电工程项目施工相关法律规定

2F331010　水工程实施保护和建设许可的相关规定

2F331011　水工程实施保护的规定

一、禁止性规定和限制性规定

《中华人民共和国水法》（以下简称《水法》）从保持河道、运河、渠道畅通以及保证湖泊、水库正常发挥效益出发，针对各类生产建设活动的特点以及可能产生的危害，分别作出了禁止性规定和限制性规定。

禁止性规定如《水法》第三十七条规定："禁止在江河、湖泊、水库、运河、渠道内弃置、堆放阻碍行洪的物体和种植阻碍行洪的林木及高秆作物。禁止在河道管理范围内建设妨碍行洪的建筑物、构筑物以及从事影响河势稳定、危害河岸堤防安全和其他妨碍河道行洪的活动。"

根据《中华人民共和国防洪法》第二十一条的规定，河道管理范围按有堤防和无堤防两种情况而有所不同。有堤防的河道、湖泊，其管理范围为两岸堤防之间的水域、沙洲、滩地、行洪区和堤防及护堤地；无堤防的河道、湖泊，其管理范围为历史最高洪水位或者设计洪水位之间的水域、沙洲、滩地和行洪区。

限制性规定如《水法》第三十八条规定："在河道管理范围内建设桥梁、码头和其他拦河、跨河、临河建筑物、构筑物，铺设跨河管道、电缆，应当符合国家规定的防洪标准和其他有关的技术要求，工程建设方案应当依照防洪法的有关规定报经有关水行政主管部门审查同意。

因建设前款工程设施，需要扩建、改建、拆除或者损坏原有水工程设施的，建设单位应当负担扩建、改建的费用和损失补偿。但是，原有工程设施属于违法工程的除外。"

所谓限制性规定，主要是考虑在河道管理范围内从事上述生产活动有可能对河道稳定以及防洪安全产生不良影响，但为了生产和防洪安全的共同需要，有必要设定必要的法律制度和实施严格的管理措施，将生产活动对防洪安全的影响降低到最低程度或可以控制的范围。故《水法》没有绝对禁止上述活动，而是通过行政许可加以限制。

《水法》第四十三条规定："国家对水工程实施保护。国家所有的水工程应当按照国务院的规定划定工程管理和保护范围。

国务院水行政主管部门或者流域管理机构管理的水工程，由主管部门或者流域管理机构商有关省、自治区、直辖市人民政府划定工程管理和保护范围。

前款规定以外的其他水工程，应当按照省、自治区、直辖市人民政府的规定，划定工程保护范围和保护职责。

在水工程保护范围内，禁止从事影响水工程运行和危害水工程安全的爆破、打井、采石、取土等活动。"

水工程是指在江河、湖泊和地下水源上开发、利用、控制、调配和保护水资源的各类工程。《中国水利百科全书》将水利工程定义为对自然界的地表水和地下水进行控制和调配，以达到除害兴利的目的而修建的工程，并按服务对象分为防洪工程、农田水利工程（也称为排灌工程）、发电工程、航道及港口工程、城镇供水排水工程、环境水利工程、河道堤防和海堤工程、海涂围垦工程等，所以水工程就是水利工程。由于行业和部门的分工，人们习惯狭义地将水利部门管理建设的上述工程称为水利工程，为避免歧义，故《水法》将规范的涉水工程称为水工程。

二、水工程的管理范围和保护范围

水工程的管理范围和保护范围是不同的，管理范围是指为了保证工程设施正常运行管理的需要而划分的范围，如堤防工程的护堤地等，水工程管理单位依法取得土地的使用权，故管理范围通常视为水工程设施的组成部分。保护范围是指为了防止在工程设施周边进行对工程设施安全有不良影响的其他活动，满足工程安全需要而划定的一定范围。保护范围内土地使用单位的土地使用权没有改变，但其生产建设活动受到一定的限制，即必须满足工程安全的要求。

水工程的管理范围和保护范围依据工程的重要性和工程所在地土地的状况进行划定。

根据中共中央办公厅、国务院办公厅印发的《关于全面推行河长制的意见》，全面建立省、市、县、乡四级河长体系。各省（自治区、直辖市）设立总河长，由党委或政府主要负责同志担任；各省（自治区、直辖市）行政区域内主要河湖设立河长，由省级负责同志担任；各河湖所在市、县、乡均分级分段设立河长，由同级负责同志担任。到2018年底前全面建立河长制。

各级河长负责组织领导相应河湖的管理和保护工作，包括水资源保护、水域岸线管理、水污染防治、水环境治理等，牵头组织对侵占河道、围垦湖泊、超标排污、非法采砂、破坏航道、电毒炸鱼等突出问题依法进行清理整治，协调解决重大问题；对跨行政区域的河湖明晰管理责任，协调上下游、左右岸实行联防联控；对相关部门和下一级河长履职情况进行督导，对目标任务完成情况进行考核，强化激励问责。

2F331012   水工程建设许可要求

《水法》第十四条规定："国家制定全国水资源战略规划。开发、利用、节约、保护水资源和防治水害，应当按照流域、区域统一制定规划。规划分为流域规划和区域规划。流域规划包括流域综合规划和流域专业规划；区域规划包括区域综合规划和区域专业规划。

前款所称综合规划，是指根据经济社会发展需要和水资源开发利用现状编制的开发、利用、节约、保护水资源和防治水害的总体部署。前款所称专业规划，是指防洪、治涝、灌溉、航运、供水、水力发电、竹木流放、渔业、水资源保护、水土保持、防沙治沙、节约用水等规划。"

《水法》第十五条规定："流域范围内的区域规划应当服从流域规划，专业规划应当服从综合规划。流域综合规划和区域综合规划以及与土地利用关系密切的专业规划，应当与国民经济和社会发展规划以及土地利用总体规划、城市总体规划和环境保护规划相协调，兼顾各地区、各行业的需要。"

按照上述规定，水资源规划按层次分为：全国战略规划、流域规划和区域规划。其中流域规划又划分为流域综合规划和流域专业规划；区域规划又划分为区域综合规划和区域专业规划。水资源规划的关系是：流域范围内的区域规划应当服从流域规划，专业规划应当服从综合规划。流域综合规划和区域综合规划以及与土地利用关系密切的专业规划，应当与国民经济和社会发展规划以及土地利用总体规划、城市总体规划和环境保护规划相协调，兼顾各地区、各行业的需要。

中共中央关于制定国民经济和社会发展第十个五年计划建议中指出"水资源的可持续利用是我国经济社会发展的战略问题。"水资源战略规划主要是提出水资源合理开发、优化配置、高效利用、有效保护和综合利用的总体布局和实施方案，目的是为我国水资源的可持续利用和科学管理提供规划基础。流域规划主要是解决流域治理开发中的战略部署，总结治理的经验和教训，探讨水害防治与水资源开发利用的具体规律，对流域的重大水问题进行研究，提出治理工程总体布局并进行多方案比较，为一定时期内流域治理开发提供依据。区域规划是按地理、经济和行政单元对水资源开发利用和防治水害等进行总体部署。

流域是指地表水和地下水分水线所包围的集水区域。流域是研究水文现象、进行水资源开发利用规划的基本单元。

《水法》第十九条规定："建设水工程，必须符合流域综合规划。在国家确定的重要江河、湖泊和跨省、自治区、直辖市的江河、湖泊上建设水工程，未取得有关流域管理机构签署的符合流域规划要求的规划同意书的，建设单位不得开工建设；在其他江河、湖泊上建设水工程，未取得县级以上地方人民政府水行政主管部门按照管理权限签署的符合流域综合规划要求的规划同意书的，建设单位不得开工建设。水工程建设涉及防洪的，依照防洪法的有关规定执行；涉及其他地区和行业的，建设单位应当事先征求有关地区和部门的意见。"

《水法》第六十五条规定："在河道管理范围内建设妨碍行洪的建筑物、构筑物，或者从事影响河势稳定、危害河岸堤防安全和其他妨碍河道行洪的活动的，由县级以上人民政府水行政主管部门或者流域管理机构依据职权，责令停止违法行为，限期拆除违法建筑物、构筑物，恢复原状；逾期不拆除、不恢复原状的，强行拆除，所需费用由违法单位或者个人负担，并处一万元以上十万元以下的罚款。

未经水行政主管部门或者流域管理机构同意，擅自修建水工程，或者建设桥梁、码头和其他拦河、跨河、临河建筑物、构筑物，铺设跨河管道、电缆，且防洪法未作规定的，由县级以上人民政府水行政主管部门或者流域管理机构依据职权，责令停止违法行为，限期补办有关手续；逾期不补办或者补办未被批准的，责令限期拆除违法建筑物、构筑物；逾期不拆除的，强行拆除，所需费用由违法单位或者个人负担，并处一万元以上十万元以下的罚款。

虽经水行政主管部门或者流域管理机构同意，但未按照要求修建前款所列工程设施的，由县级以上人民政府水行政主管部门或者流域管理机构依据职权，责令限期改正，按照情节轻重，处一万元以上十万元以下的罚款。"

2F331020 防洪的相关规定

2F331021 河道湖泊上建设工程设施的防洪要求

为了防治洪水，防御、减轻洪涝灾害，维护人民的生命和财产安全，保障社会主义现代化建设顺利进行，1997年8月29日第八届全国人民代表大会常务委员会第27次会议通过《中华人民共和国防洪法》（主席令第88号公布，以下简称《防洪法》），自1998年1月1日起施行。该法分为总则、防洪规划、治理与防洪、防洪区和防洪工程设施的管理、防汛抗洪、保障措施、法律责任和附则等八章共六十六条。2009年、2015年、2016年分别进行了修正。

根据《防洪法》，防洪区是指洪水泛滥可能淹及的地区，分为洪泛区、蓄滞洪区和防洪保护区。其中洪泛区是指尚无工程设施保护的洪水泛滥所及的地区；蓄滞洪区是指包括分洪口在内的河堤背水面以外临时贮存洪水的低洼地区及湖泊等；防洪保护区是指在防洪标准内受防洪工程设施保护的地区。

根据《防洪法》，防洪规划是指为防治某一流域、河段或者区域的洪涝灾害而制定的总体部署，包括国家确定的重要江河、湖泊的流域防洪规划，其他江河、河段、湖泊的防洪规划以及区域防洪规划。防洪规划应当服从所在流域、区域的综合规划；区域防洪规划应当服从所在流域的流域防洪规划。防洪规划是江河、湖泊治理和防洪工程设施建设的基本依据。防洪规划应当确定防护对象、治理目标和任务、防洪措施和实施方案，划定洪泛区、蓄滞洪区和防洪保护区的范围，规定蓄滞洪区的使用原则。

《防洪法》第二条规定："防洪工作实行全面规划、统筹兼顾、预防为主、综合治理、局部利益服从全局利益的原则。"

《防洪法》第五条规定："防洪工作按照流域或者区域实行统一规划、分级实施和流域管理与行政区域管理相结合的制度。"

《防洪法》第六条规定："任何单位和个人都有保护防洪工程设施和依法参加防汛抗洪的义务。"

《防洪法》第二十二条规定："禁止在河道、湖泊管理范围内建设妨碍行洪的建筑物、构筑物，倾倒垃圾、渣土，从事影响河势稳定、危害河岸堤防安全和其他妨碍河道行洪的活动。"

《防洪法》第二十五条规定："护堤护岸的林木，由河道、湖泊管理机构组织营造和管理。护堤护岸林木，不得任意砍伐。采伐护堤护岸林木的，应当依法办理采伐许可手续，并完成规定的更新补种任务。"

《防洪法》第二十七条规定："建设跨河、穿河、穿堤、临河的桥梁、码头、道路、渡口、管道、缆线、取水、排水等工程设施，应当符合防洪标准、岸线规划、航运要求和其他技术要求，不得危害堤防安全，影响河势稳定、妨碍行洪畅通；其工程建设方案未经有关水行政主管部门根据前述防洪要求审查同意的，建设单位不得开工建设。

前款工程设施需要占用河道、湖泊管理范围内土地，跨越河道、湖泊空间或者穿越河床的，建设单位应当经有关水行政主管部门对该工程设施建设的位置和界限审查批准后，方可依法办理开工手续；安排施工时，应当按照水行政主管部门审查批准的位置和界限进行。"

防洪标准是指根据防洪保护对象的重要性和经济合理性而由国家确定的防御洪水标准。

《防洪法》第二十八条规定："对于河道、湖泊管理范围内依照本法规定建设的工程设施，水行政主管部门有权依法检查；水行政主管部门检查时，被检查者应当如实提供有关的情况和资料。"工程设施竣工验收时，应当有水行政主管部门参加。

《防洪法》第三十三条规定："在洪泛区、蓄滞洪区内建设非防洪建设项目，应当就洪水对建设项目可能产生的影响和建设项目对防洪可能产生的影响作出评价，编制洪水影响评价报告，提出防御措施。洪水影响评估报告未经有关水行政主管部门审查批准的，建设单位不得开工建设。

在蓄滞洪区内建设的油田、铁路、公路、矿山、电厂、电信设施和管道，其洪水影响评价报告应当包括建设单位自行安排的防洪避洪方案。建设项目投入生产或者使用时，其防洪工程设施应当经水行政主管部门验收。

在蓄滞洪区内建造房屋应当采用平顶式结构。"

房屋采用平顶式结构是一种紧急避洪措施。

洪水影响评价包括：洪水对建设项目可能产生的影响、建设项目可能对防洪产生的影响、减轻或避免影响防洪的措施等。

2F331022　防汛抗洪的组织要求

一、《防洪法》的有关要求

《防洪法》第三十八条规定："防汛抗洪工作实行各级人民政府行政首长负责制，统一指挥、分级分部门负责。"行政首长负责是指全国由国务院负责，省、市、县由省长、市长、县长负总责。在统一指挥的原则下，以分级分部门负责为基础实现防汛抗洪工作的统一指挥。

《防洪法》第三十九条规定："国务院设立国家防汛指挥机构，负责领导、组织全国的防汛抗洪工作，其办事机构设在国务院水行政主管部门。

在国家确定的重要江河、湖泊可以设立由有关省、自治区、直辖市人民政府和该江河、湖泊的流域管理机构负责人等组成的防汛指挥机构，指挥所管辖范围内的防汛抗洪工作，其办事机构设在流域管理机构。

有防汛抗洪任务的县级以上地方人民政府设立由有关部门、当地驻军、人民武装部负责人等组成的防汛指挥机构，在上级防汛指挥机构和本级人民政府的领导下，指挥本地区的防汛抗洪工作，其办事机构设在同级水行政主管部门；必要时，经城市人民政府决定，防汛指挥机构也可以在建设行政主管部门设城市市区办事机构，在防汛指挥机构的统一领导下，负责城市市区的防汛抗洪日常工作。"

国家防汛指挥机构即目前的国家防汛抗旱总指挥部，由国务院国务委员任总指挥长，应急管理部部长、水利部部长、中央军委联合参谋部负责人任副总指挥长，应急管理部副部长兼水利部副部长任秘书长，中央、国务院、中央军委所属有关部门的领导人任副秘书长。国家防汛抗旱总指挥部办公室设在应急管理部，承担总指挥部日常工作，办公室主任由应急管理部防汛抗旱司司长担任。《防洪法》上的重要江河、湖泊是指长江、黄河、淮河、海河、珠江、松花江和辽河、太湖等。

《防洪法》第四十一条规定："省、自治区、直辖市人民政府防汛指挥机构根据当地的洪水规律，规定汛期起止日期。当江河、湖泊的水情接近保证水位或者安全流量，水库水位接近设计洪水位，或者防洪工程设施发生重大险情时，有关县级以上人民政府防汛指挥机构可以宣布进入紧急防汛期。"汛期一般分为春汛（桃花汛）、伏汛（主要汛期）和秋汛。保证水位是指保证江河、湖泊在汛期安全运用的上限水位。相应保证水位时的流量称为安全流量。江河、湖泊的水位在汛期上涨可能出现险情之前而必须开始警戒并准备防汛工作时的水位称为警戒水位。设计洪水位是指水库遇到设计洪水时，在坝前达到的最高水位，是水库在正常运用设计情况下允许达到的最高水位。

《防洪法》第四十五条规定："在紧急防汛期，防汛指挥机构根据防汛抗洪的需要，有权在其管辖范围内调用物资、设备、交通运输工具和人力，决定采取取土占地、砍伐林木、清除阻水障碍物和其他必要的紧急措施；必要时，公安、交通等有关部门按照防汛指挥机构的决定，依法实施陆地和水面交通管制。

依照前款规定调用的物资、设备、交通运输工具等，在汛期结束后应当及时归还；造成损坏或者无法归还的，按照国务院有关规定给予适当补偿或者作其他处理。取土占地、砍伐林木的，在汛期结束后依法向有关部门补办手续；有关地方人民政府对取土后的土地组织复垦，对砍伐的林木组织补种。"紧急防汛期是指当江河、湖泊的水情接近保证水位或者安全流量，水库水位接近设计洪水位，或者防洪工程设施发生重大险情时，有关县级以上人民政府防汛指挥机构确定进入紧急防汛期。在紧急防汛期，防汛指挥机构可以根据防汛抗洪的需要做出紧急处置。

二、防汛与抢险的要求

为了做好防汛抗洪工作，保障人民生命财产安全和经济建设的顺利进行，根据《水法》，1991 年 6 月 28 日国务院第八十七次常务会议通过了《中华人民共和国防汛条例》，这是新中国第一部管理防汛工作的法规，标志着我国防汛管理步入了法制轨道。但是，随着社会经济的发展和防汛抗洪实际工作的要求，《中华人民共和国防汛条例》存在的问题和局限性也逐渐显现出来，国务院对《中华人民共和国防汛条例》进行了修改，2005 年 7 月 15 日发布了《国务院关于修改〈中华人民共和国防汛条例〉的决定》（国务院令第 441 号）（以下简称《防汛条例》）并于发布之日起施行。该条例分为总则、防汛组织、防汛准备、防汛与抢险、善后工作、防汛经费、奖励与罚则、附则等八章共四十九条。

《防汛条例》规定，防汛工作实行"安全第一，常备不懈，以防为主，全力抢险"的方针，遵循团结协作和局部利益服从全局利益的原则。防汛工作实行各级人民政府行政首长负责制，实行统一指挥，分级分部门负责。各有关部门实行防汛岗位责任制。任何单位和个人都有参加防汛抗洪的义务。中国人民解放军和武装警察部队是防汛抗洪的重要力量。

《防汛条例》第二十三条规定："省级人民政府防汛指挥部，可以根据当地的洪水规律，规定汛期起止日期。当江河、湖泊、水库的水情接近保证水位或者安全流量时，或者防洪工程设施发生重大险情，情况紧急时，县级以上地方人民政府可以宣布进入紧急防汛期，并报告上级人民政府防汛指挥部。"汛期是指江河、湖泊中每年出现汛水的期间。汛是指江河、湖泊中每年季节性或周期性的涨水现象。保证水位是指保证江河、湖泊、水库在汛期安全运用的上限水位。相应保证水位时的流量称为安全流量。江河、湖泊的水位在汛期上涨可能出现险情之前而必须开始警戒并准备防汛工作时的水位称为警戒水位。

《防汛条例》第二十七条规定："在汛期，河道、水库、水电站、闸坝等水工程管理单位必须按照规定对水工程进行巡查，发现险情，必须立即采取抢护措施，并及时向防汛指挥部和上级主管部门报告。其他任何单位和个人发现水工程设施出现险情，应当立即向防汛指挥部和水工程管理单位报告。"

《防汛条例》第三十二条规定："在紧急防汛期，为了防汛抢险需要，防汛指挥部有权在其管辖范围内，调用物资、设备、交通运输工具和人力，事后应当及时归还或者给予适当补偿。因抢险需要取土占地、砍伐林木、清除阻水障碍物的，任何单位和个人不得阻拦。

前款所指取土占地、砍伐林木的，事后应当依法向有关部门补办手续。"

《防汛条例》第三十三条规定："当河道水位或者流量达到规定的分洪、滞洪标准时，有管辖权的人民政府防汛指挥部有权根据经批准的分洪、滞洪方案，采取分洪、滞洪措施。采取上述措施对毗邻地区有危害的，须经有管辖权的上级防汛指挥机构批准，并事先通知有关地区。

在非常情况下，为保护国家确定的重点地区和大局安全，必须作出局部牺牲时，在报经有管辖权的上级人民政府防汛指挥部批准后，当地人民政府防汛指挥部可以采取非常紧急措施。

实施上述措施时，任何单位和个人不得阻拦，如遇到阻拦和拖延时，有管辖权的人民政府有权组织强制实施。"分洪和滞洪措施通常是指利用低洼地或在湖泊修筑圩堤分泄或分蓄河道超标准洪水的措施。

三、防汛组织的要求

《防汛条例》第六条规定："国务院设立国家防汛总指挥部，负责组织领导全国的防汛抗洪工作，其办事机构设在国务院水行政主管部门。

长江和黄河，可以设立由有关省、自治区、直辖市人民政府和该江河的流域管理机构（以下简称流域机构）负责人等组成的防汛指挥机构，负责指挥所辖范围的防汛抗洪工作，其办事机构设在流域机构。长江和黄河的重大防汛抗洪事项须经国家防汛总指挥部批准后执行。国务院水行政主管部门所属的淮河、海河、珠江、松花江、辽河、太湖等流域机构，设立防汛办事机构，负责协调本流域的防汛日常工作。"

《防汛条例》第七条规定："有防汛任务的县级以上地方人民政府设立防汛指挥部，由有关部门、当地驻军、人民武装部负责人组成，由各级人民政府首长担任指挥。各级人民政府防汛指挥部在上级人民政府防汛指挥部和同级人民政府的领导下，执行上级防汛指令，制定各项防汛抗洪措施，统一指挥本地区的防汛抗洪工作。"防汛减灾工作是一项社会性的公益事业，也是一项非常复杂的系统工程，需要各级政府对其实施有效的社会管理，因此，《防汛条例》明确规定，有防汛任务的县级以上地方人民政府设立防汛指挥部，明确了防汛指挥部的政府职能，同时明确了防汛紧急情况下各部门各单位的职责。对防汛抗洪工作实行统一领导、统一指挥、统一调度是夺取防洪抗灾胜利的最基本条件，防汛指挥部必须具有很强的权威性。《防汛条例》规定了防汛抗洪工作实行各级人民政府行政首长负责制，这是防汛抗洪必须具备的组织保证。《防洪法》第三十八条规定："防汛抗洪工作实行各级人民政府行政首长负责制，统一指挥、分级分部门负责。"所以，防汛工作责任制必须依法严格执行，并贯穿到防汛工作的全过程。

《防汛条例》第八条规定："石油、电力、邮电、铁路、公路、航运、工矿以及商业、物资等有防汛任务的部门和单位，汛期应当设立防汛机构，在有管辖权的人民政府防汛指挥部统一领导下，负责做好本行业和本单位的防汛工作。"

《防汛条例》第九条规定："河道管理机构、水利水电工程管理单位和江河沿岸在建工程的建设单位，必须加强对所辖水工程设施的管理维护，保证其安全正常运行，组织和参加防汛抗洪工作。"

《防汛条例》第四十二条规定："有下列事迹之一的单位和个人，可以由县级以上人民政府给予表彰或者奖励：

（一）在执行抗洪抢险任务时，组织严密，指挥得当，防守得力，奋力抢险，出色完成任务者；

（二）坚持巡堤查险，遇到险情及时报告，奋力抗洪抢险，成绩显著者；

（三）在危险关头，组织群众保护国家和人民财产，抢救群众有功者；

（四）为防汛调度、抗洪抢险献计献策，效益显著者；

（五）气象、雨情、水情测报和预报准确及时，情报传递迅速，克服困难，抢测洪水，因而减轻重大洪水灾害者；

（六）及时供应防汛物料和工具，爱护防汛器材，节约经费开支，完成防汛抢险任务成绩显著者；

（七）有其他特殊贡献，成绩显著者。"

四、防汛准备的要求

《防汛条例》第十一条规定："有防汛任务的县级以上人民政府，应当根据流域综合规划、防洪工程实际状况和国家规定的防洪标准，制定防御洪水方案（包括对特大洪水的处置措施）。

长江、黄河、淮河、海河的防御洪水方案，由国家防汛总指挥部制定，报国务院批准后施行；跨省、自治区、直辖市的其他江河的防御洪水方案，有关省、自治区、直辖市人民政府制定后，经有管辖权的流域机构审查同意，由省、自治区、直辖市人民政府报国务院或其授权的机构批准后施行。

有防汛抗洪任务的城市人民政府，应当根据流域综合规划和江河的防御洪水方案，制定本城市的防御洪水方案，报上级人民政府或其授权的机构批准后施行。

防御洪水方案经批准后，有关地方人民政府必须执行。"

《防汛条例》第十二条规定："有防汛任务的地方，应当根据经批准的防御洪水方案制定洪水调度方案。长江、黄河、淮河、海河（海河流域的永定河、大清河、漳卫南运河和北三河）、松花江、辽河、珠江和太湖流域的洪水调度方案，由有关流域机构会同有关省、自治区、直辖市人民政府制定，报国家防汛总指挥部批准。跨省、自治区、直辖市的其他江河的洪水调度方案，由有关流域机构会同有关省、自治区、直辖市人民政府制定，报流域防汛指挥机构批准；没有设立流域防汛指挥机构的，报国家防汛总指挥部批准。其他江河的洪水调度方案，由有管辖权的水行政主管部门会同有关地方人民政府制定，报有管辖权的防汛指挥机构批准。

洪水调度方案经批准后，有关地方人民政府必须执行。修改洪水调度方案，应当报经原批准机关批准。"洪水调度方案是规范防汛抗洪工作程序，有效防控、科学防洪，实施洪水管理的具体措施。洪水调度方案要与防御洪水方案所确定的目标、原则和总体对策一致，要具体，具有可操作性。

《防汛条例》第十三条规定："有防汛抗洪任务的企业应当根据所在流域或者地区经批准的防御洪水方案和洪水调度方案，规定本企业的防汛抗洪措施，在征得其所在地县级人民政府水行政主管部门同意后，由有管辖权的防汛指挥机构监督实施。"

《防汛条例》第十四条规定："水库、水电站、拦河闸坝等工程的管理部门，应当根据工程规划设计、经批准的防御洪水方案和洪水调度方案以及工程实际状况，在兴利服从防洪，保证安全的前提下，制订汛期调度运用计划，经上级主管部门审查批准后，报有管辖权的人民政府防汛指挥部备案，并接受其监督。汛期调度运用计划经批准后，由水库、水电站、拦河闸坝等工程的管理部门负责执行。"

《防汛条例》第十五条规定："各级防汛指挥部应当在汛前对各类防洪设施组织检查，发现影响防洪安全的问题，责成责任单位在规定的期限内处理，不得贻误防汛抗洪工作。各有关部门和单位按照防汛指挥部的统一部署，对所管辖的防洪工程设施进行汛前检查后，必须将影响防洪安全的问题和处理措施报有管辖权的防汛指挥部和上级主管部门，并按照该防汛指挥部的要求予以处理。"

《防汛条例》第二十一条规定："各级防汛指挥部应当储备一定数量的防汛抢险物资，由商业、供销、物资部门代储的，可以支付适当的保管费。受洪水威胁的单位和群众应当储备一定的防汛抢险物料。

防汛抢险所需的主要物资，由计划主管部门在年度计划中予以安排。"

对于拒不执行经批准的防御洪水方案、洪水调度方案，或者拒不执行有管辖权的防汛指挥机构的防汛调度方案或者防汛抢险指令的，《防汛条例》第四十三条规定："视情节和危害后果，由其所在单位或者上级主管机关给予行政处分；应当给予治安管理处罚的，依照《中华人民共和国治安管理处罚条例》的规定处罚；构成犯罪的，依法追究刑事责任。"

2F331030　与工程建设有关的水土保持规定

2F331031　修建工程设施的水土保持预防规定

为了预防和治理水土流失，保护和合理利用水土资源，减轻水、旱、风沙灾害，改善生态环境，保障经济社会可持续发展，1991年6月29日第七届全国人民代表大会常务委员会第二十次会议通过《中华人民共和国水土保持法》（以下简称《水土保持法》），1991年6月29日中华人民共和国主席令第49号公布，自公布之日生效，该法的实施标志着我国水土保持工作开始走上法制化的轨道，对预防和治理水土流失，改善农业生产条件和生态环境，促进我国经济社会可持续发展发挥了重要作用。2010年进行了第一次修正，自2011年3月1日起施行。此外，在《环境保护法》《土地管理法》《水法》《森林法》《草原法》以及《农业法》中也有防治水土流失的规定。《水土保持法》涉及水和土两种自然资源，这两种资源已经有《水法》和《土地管理法》，《水法》侧重水资源的开发利用和水害防治，《土地管理法》强调的是合理利用土地，《水土保持法》侧重于水土流失的防治。

水土保持是针对水土流失现象提出的，是水土流失的相对语，是对自然因素和人为活动造成水土流失所采取的预防和治理措施。自然因素包括地形、地质条件、土壤、降雨、植被等，其中降雨是产生水土流失的基本动力。水土流失是指由于自然或人为活动的原因导致土地表层由于缺乏植被的保护，被雨水冲蚀后致使土层逐渐变薄、肥力丧失的现象。人为活动包括破坏森林资源、坡地耕种以及工程建设的开矿、修路和采石等。水土流失形式包括水的损失和土的损失（土壤侵蚀）。土壤侵蚀是指土壤及其他地表组成物质在水力、风力、冻融、重力等作用下被破坏、剥蚀、转运和沉积的过程。其中，水力侵蚀是指土壤及其他物质在降雨和地表径流作用下被破坏、剥蚀、转运和沉积的过程；风蚀是风力作用引起的土壤流失；冻融侵蚀是指在冬季寒冷地区，由于表层土体和岩石间的水分冻结而产生的体积膨胀，对土体和岩石产生很大的压力，当气候变暖冻结融化时，因下层冻土传热慢融化也慢，形成不透水层，而产生地表径流造成的水土流失；重力侵蚀是指由于重力作用使得沟坡边的土失去其平衡而产生的破坏、迁移和堆积的过程。水土流失程度用侵蚀模数表示，即单位时间内单位面积上土壤流失的数量。

《水土保持法》规定，国家对水土保持工作实行"预防为主、保护优先、全面规划、综合治理、因地制宜、突出重点、科学管理、注重效益"的方针。贯彻落实这个方针，就必须坚持"从事可能引起水土流失的生产建设活动的单位和个人，必须采取措施保护水土资源，并负责治理因生产建设活动造成的水土流失"的原则。

根据上述基本要求，国家在水土流失重点预防区和重点治理区，实行地方各级人民政府水土保持目标责任制和考核奖惩制度。在水土保持规划中，对水土流失潜在危险较大的区域，划定为水土流失重点预防区；对水土流失严重的区域，划定为水土流失重点治理区。

开发建设项目水土流失防治指标应包括扰动土地整治率、水土流失总治理度、土壤流失控制比、拦渣率、林草植被恢复率、林草覆盖率等六项。根据开发建设项目所处地理位置可将其水土流失防治标准分为三级（一级标准、二级标准、三级标准）。

按开发建设项目所处水土流失防治区确定水土流失防治标准执行等级时应符合下列规定：

（1）一级标准。依法划定的国家级水土流失重点预防保护区、重点监督区和重点治理区及省级重点预防保护区。

（2）二级标准。依法划定的省级水土流失重点治理区和重点监督区。

（3）三级标准。一级标准和二级标准未涉及的其他区域。

《水土保持法》第十三条规定："水土保持规划的内容应当包括水土流失状况、水土流失类型区划分、水土流失防治目标、任务和措施等。

水土保持规划包括对流域或者区域预防和治理水土流失、保护和合理利用水土资源作出的整体部署，以及根据整体部署对水土保持专项工作或者特定区域预防和治理水土流失作出的专项部署。

水土保持规划应当与土地利用总体规划、水资源规划、城乡规划和环境保护规划等相协调。"

根据"预防为主、保护优先"的指导方针，《水土保持法》第十七条规定："禁止在崩塌、滑坡危险区和泥石流易发区从事取土、挖砂、采石等可能造成水土流失的活动。"

《水土保持法》第二十条规定："禁止在二十五度以上陡坡地开垦种植农作物。在二十五度以上陡坡地种植经济林的，应当科学选择树种，合理确定规模，采取水土保持措施，防止造成水土流失。

省、自治区、直辖市根据本行政区域的实际情况，可以规定小于二十五度的禁止开垦坡度。禁止开垦的陡坡地的范围由当地县级人民政府划定并公告。"

《水土保持法》第二十三条规定："在五度以上坡地植树造林、抚育幼林、种植中药材等，应当采取水土保持措施。在禁止开垦坡度以下、五度以上的荒坡地开垦种植农作物，应当采取水土保持措施。具体办法由省、自治区、直辖市根据本行政区域的实际情况规定。"

《水土保持法》第二十四条规定："生产建设项目选址、选线应当避让水土流失重点预防区和重点治理区；无法避让的，应当提高防治标准，优化施工工艺，减少地表扰动和植被损坏范围，有效控制可能造成的水土流失。"

2F331032　水土流失的治理要求

《水土保持法》第二十五条规定："在山区、丘陵区、风沙区以及水土保持规划确定的容易发生水土流失的其他区域开办可能造成水土流失的生产建设项目，生产建设单位应当编制水土保持方案，报县级以上人民政府水行政主管部门审批，并按照经批准的水土保持方案，采取水土流失预防和治理措施。没有能力编制水土保持方案的，应当委托具备相应技术条件的机构编制。"

水土保持方案应当包括水土流失预防和治理的范围、目标、措施和投资等内容。

水土保持方案经批准后，生产建设项目的地点、规模发生重大变化的，应当补充或者修改水土保持方案并报原审批机关批准。水土保持方案实施过程中，水土保持措施需要作出重大变更的，应当经原审批机关批准。

《水土保持法》第二十七条规定："依法应当编制水土保持方案的生产建设项目中的水土保持设施，应当与主体工程同时设计、同时施工、同时投产使用；生产建设项目竣工验收，应当验收水土保持设施；水土保持设施未经验收或者验收不合格的，生产建设项目不得投产使用。"

《水土保持法》第二十八条规定："依法应当编制水土保持方案的生产建设项目，其生产建设活动中排弃的砂、石、土、矸石、尾矿、废渣等应当综合利用；不能综合利用，确需废弃的，应当堆放在水土保持方案确定的专门存放地，并采取措施保证不产生新的危害。"

根据"综合治理、因地制宜、突出重点"的指导方针，《水土保持法》第三十二条规定："在山区、丘陵区、风沙区以及水土保持规划确定的容易发生水土流失的其他区域开办生产建设项目或者从事其他生产建设活动，损坏水土保持设施、地貌植被，不能恢复原有水土保持功能的，应当缴纳水土保持补偿费，专项用于水土流失预防和治理。专项水土流失预防和治理由水行政主管部门负责组织实施。水土保持补偿费的收取使用管理办法由国务院财政部门、国务院价格主管部门会同国务院水行政主管部门制定。"

《水土保持法》第三十五条规定："在水力侵蚀地区，地方各级人民政府及其有关部门应当组织单位和个人，以天然沟壑及其两侧山坡地形成的小流域为单元，因地制宜地采取工程措施、植物措施和保护性耕作等措施，进行坡耕地和沟道水土流失综合治理。在风力侵蚀地区，地方各级人民政府及其有关部门应当组织单位和个人，因地制宜地采取轮封轮牧、植树种草、设置人工沙障和网格林带等措施，建立防风固沙防护体系。

在重力侵蚀地区，地方各级人民政府及其有关部门应当组织单位和个人，采取监测、径流排导、削坡减载、支挡固坡、修建拦挡工程等措施，建立监测、预报、预警体系。"

水土流失防治措施的布局应结合工程实际和项目区水土流失现状，因地制宜、因害设防、总体设计、全面布局、科学配置，并与周边景观相协调。同时应遵循下列原则：

（1）在干旱、半干旱地区以工程、防风固沙等措施为主，辅之以必要的植物措施。

（2）在半湿润区采用以植物措施、土地整治与工程措施相结合的防治措施。

（3）在湿润区应有挡护、坡面排水工程、植被恢复等措施。

《水土保持法》第三十八条规定："对生产建设活动所占用土地的地表土应当进行分层剥离、保存和利用，做到土石方挖填平衡，减少地表扰动范围；对废弃的砂、石、土、矸石、尾矿、废渣等存放地，应当采取拦挡、坡面防护、防洪排导等措施。生产建设活动结束后，应当及时在取土场、开挖面和存放地的裸露土地上植树种草、恢复植被，对闭库的尾矿库进行复垦。在干旱缺水地区从事生产建设活动，应当采取防止风力侵蚀措施，设置降水蓄渗设施，充分利用降水资源。"

《水土保持法》第四十一条规定："对可能造成严重水土流失的大中型生产建设项目，生产建设单位应当自行或者委托具备水土保持监测资质的机构，对生产建设活动造成的水土流失进行监测，并将监测情况定期上报当地水行政主管部门。"

2F332000　水利水电工程建设强制性标准

《建设工程质量管理条例》指出"建设单位不得明示或暗示设计单位或者施工单位违反工程建设强制性标准，降低建设工程质量"；"勘察、设计单位必须按照工程建设强制性标准进行勘察、设计"；"施工单位必须按照工程设计图纸和施工技术标准施工"；"工程监理单位应当依照法律、法规以及有关技术标准、设计文件和建设工程承包合同，代表建设单位对施工质量实施监理，并对施工质量承担监理责任"；"国务院建设行政主管部门和国务院铁路、交通、水利等有关部门应当加强对有关建设工程质量的法律、法规和强制性标准执行情况的监督检查"。条例中所指的技术标准中包含工程建设强制性标准，而强制性标准则是指工程建设标准强制性条文。

水利部在总结以往《工程建设标准强制性条文》制定、实施和监督检查经验的基础上，印发了《水利工程建设标准强制性条文管理办法（试行）》，要求强制性条文在出版发行的标准文本中用黑体字明确列出。为了监督检查和使用方便，水利部每年对强制性条文进行汇编。

2F332010　水利工程施工的强制性标准

《水利工程建设标准强制性条文》（2016年版）收录的水利工程建设标准发布日期截

至 2015 年 12 月 31 日，包括未修订标准和新制定与修订标准。未修订标准以 2010 年版《水利工程建设标准强制性条文》中相应的强制性条文为依据，新制定与修订的标准以近期批准颁布的标准中明确用黑体字列出的强制性条文为依据。《水利工程建设标准强制性条文》（2016 年版）是以 2010 年版《工程建设标准强制性条文》（水利工程部分）篇章框架为基础，其章节内技术标准按照国家标准、水利行业标准和其他行业标准排序，同级标准按照标准顺序号排序。《水利工程建设标准强制性条文》（2016 年版），共涉及 98 项水利工程建设标准、614 条强制性条文。

《水利工程建设标准强制性条文》（2020 年版）与 2016 年版篇章框架相同，汇录了截至 2019 年 11 月 30 日有效水利工程建设标准中的强制性条文，共涉及 94 项水利工程建设标准、557 条强制性条文。在执行强制性条文的过程中，应注意将强制性条文与所摘录标准结合使用，加强理解，防止断章取义。

2F332011　水利工程建设标准体系框架

根据《中华人民共和国标准化法》和水利部《水利标准化工作管理办法》等有关规定，水利技术标准是水利行业需要统一的技术要求，主要包括水资源管理、节约用水、水生态保护与修复、河湖管理、水旱灾害防御、农村水利水电、水土保持、工程建设与运行管理、水文、信息化、技术应用等领域。

水利技术标准包括国家标准、行业标准、地方标准、团体标准和企业标准。国家标准分为强制性标准和推荐性标准。法律、法规和国务院决定规定的工程建设、环境保护等领域，可以制定强制性行业标准和地方标准。水利行业标准分为强制性标准和推荐性标准。

对于需要在全国范围内统一的水利技术要求，应当制定国家标准。对保障人身健康和生命财产安全、国家安全、生态环境安全、工程安全以及满足经济社会管理基本需要的技术要求，应当制定强制性国家标准。对满足基础通用、与强制性国家标准配套、对各有关行业起引领作用等需要的水利技术要求，可以制定推荐性国家标准。

对没有国家标准，需要在水利行业内统一的技术要求，可以制定行业标准。为满足地方自然条件，适应当地经济社会发展水平，需要在特定行政区域内统一的水利技术要求，可以制定地方标准。鼓励学会、协会、商会、联合会、产业技术联盟等社会团体协调相关市场主体共同制定满足市场和创新需求的团体标准，由本团体成员约定采用或者按照本团体的规定供社会自愿采用。对实施效果良好，且符合国家标准、行业标准制定要求的团体标准，可申请转化为国家标准或行业标准。企业可以根据需要自行制定企业标准，或者与其他企业联合制定企业标准。推荐性国家标准、行业标准、地方标准、团体标准、企业标准的技术要求不得低于强制性国家标准的相关技术要求。鼓励社会团体制定高于推荐性标准相关技术要求的团体标准。

水利部是中国水利标准化的行政主管部门，水利技术标准编制的组织机构分为主管机构、主持机构（其职责之一是负责本专业领域标准的解释）和主编单位（其职责之一是承办标准解释）。水利技术标准编制分为起草、征求意见、审查和报批四个阶段。等同采用或修改采用国际标准时，可采用征求意见、审查和报批三个阶段。标准的局部修订可采用审查和报批两个阶段。制定类标准编制周期原则上不超过 2 年，修订类标准编制周期原则上不超过 1 年。

国家标准的立项、审批、编号、发布按国家有关规定执行。强制性国家标准由国务院批准发布或者授权批准发布。行业标准由水利部审批、编号、发布，并报国务院标准化行政主管部门备案。

行业标准的发布时间为水利部批准时间，开始实施时间不应超过其后的 3 个月。强制性国家标准编号为 GB AAAAA–BBBB，推荐性国家标准编号为 GB/T AAAAA–BBBB。强制性行业标准编号为 SL AAA–BBBB，推荐性行业标准编号为 SL/T AAA–BBBB，其中 SL 为水利行业标准代号，AAA 为标准顺序号，BBBB 为标准发布年号。行业标准的出版发行，由主管机构根据国务院标准化行政主管部门的有关规定确定的出版单位负责。

强制性标准必须执行，相关业务主管部门须履行强制性标准实施与监督管理职责。强制性标准文本应当免费向社会公开。推动推荐性标准文本免费向社会公开。鼓励社会团体通过标准信息公共服务平台向社会公开团体标准。建立标准实施信息反馈和跟踪评估机制，根据反馈和跟踪评估情况对标准进行复审。复审周期一般不超过 5 年，复审结论应作为修订、废止相关标准的依据。

《水利部关于发布〈水利技术标准体系表〉的通知》（水国科〔2021〕70 号）发布了2021 年版《水利技术标准体系表》，共收录水利技术标准 504 项，包括水利部组织编制的国家标准和水利行业标准，不包括地方标准、团体标准和企业标准。《水利技术标准体系表》原则上每 5 年修订一次。2021 年版水利技术标准体系结构（图 2F332011）由专业门类、功能序列构成。

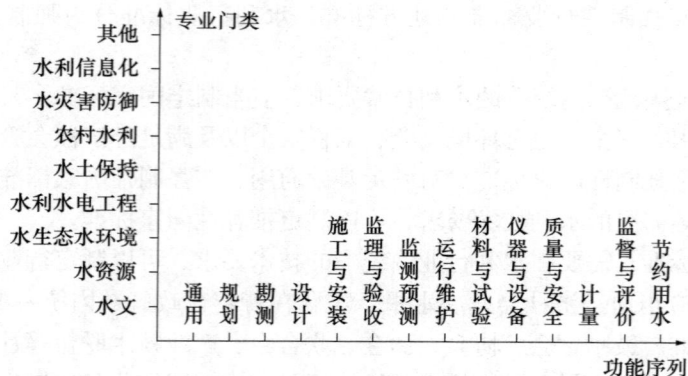

图 2F332011　水利技术标准体系结构框图

专业门类。与水利部政府职能和水利专业分类密切相关，反映水利事业的主要对象、作用和目标，体现了水利行业的特色，包括水文、水资源、水生态水环境、水利水电工程、水土保持、农村水利、水灾害防御、水利信息化、其他等 9 个专业门类。

功能序列。为实现上述专业目标所开展的建设和管理工作等，反映了国民经济和社会发展所具有的共性特征，包括通用、规划、勘测、设计、施工与安装、监理与验收、监测预测、运行维护、材料与试验、仪器与设备、质量与安全、计量、监督与评价、节约用水等 14 个功能。

专业门类中的水利水电工程范围包括：基础工程、水库大坝、堤防、水闸、泵站、其他水工建筑物、移民规划、征地、移民安置、水力机械、工程机械、金属结构、小水电建设与管理等，合计标准有 250 项，涉及除节约用水外 13 个功能（表 2F332011）。

水利技术标准体系结构统计表　　　　表 2F332011

专业 \ 功能	合计	01 通用	02 规划	03 勘测	04 设计	05 施工与安装	06 监理与验收	07 监测预测	08 运行维护	09 材料与试验	10 仪器与设备	11 质量与安全	12 计量	13 监督与评价	14 节约用水
合计	504	67	21	14	95	33	21	60	30	21	22	29	18	45	28
A 水文	47	2	1	1	1	2		23	1	2	9	1	4		
B 水资源	47	3	8	1				1				4		10	19
C 水生态水环境	37		4		2			19	1	3		1	1	6	
D 水利水电工程	250	17	4	11	71	27	17	9	21	13	10	24	8	18	
E 水土保持	23	8	1	1	4		3	2	1	1		1		1	
F 农村水利	27	3	1		8		1		1	2	1		1		9
G 水灾害防御	30		2		7	4		5	2			1		9	
H 水利信息化	34	28			1				3		2				
I 其他	9	6			1									1	

2F332012　劳动安全与工业卫生的有关要求

一、劳动安全

1.《水利水电工程劳动安全与工业卫生设计规范》GB 50706—2011

4.2.2　采用开敞式高压配电装置的独立开关站，其场地四周应设置高度不低于 2.2m 的围墙。

4.2.6　地网分期建成的工程，应校核分期投产接地装置的接触电位差和跨步电位差，其数值应满足人身安全的要求。

4.2.9　在中性点直接接地的低压电力网中，零线应在电源处接地。

4.2.11　安全电压供电电路中的电源变压器，严禁采用自耦变压器。

4.2.13　独立避雷针、装有避雷针或避雷线的构架，以及装有避雷针的照明灯塔上的照明灯电源线，均应采用直接埋入地下的带金属外皮的电缆或穿入埋地金属管的绝缘导线，且埋入地中长度不小于 10m。装有避雷针（线）的构架物上严禁架设通信线、广播线和低压线。

4.2.16　易发生爆炸、火灾造成人身伤亡的场所应装设应急照明。

4.5.7　机械排水系统的排水管管口高程低于下游校核洪水位时，必须在排水管道上装设逆止阀。

4.5.8　防洪防淹设施应设置不少于 2 个的独立电源供电，且任意一电源均应能满足工作负荷的要求。

2.《水工建筑物滑动模板施工技术规范》SL 32—2014

9.3.2　操作平台及悬挂脚手架上的铺板应严密、平整、固定可靠并防滑；操作平台上的孔洞应设盖板或防护栏杆，操作平台上孔洞盖板的打开与关闭应是可控和可靠的。

9.3.3 操作平台及悬挂脚手架边缘应设防护栏杆，其高度应不小于120cm，横挡间距应不大于35cm，底部应设高度不小于30cm的挡板且应封闭密实。在防护栏杆外侧应挂安全网封闭。

9.4.5 人货两用的施工升降机在使用时，严禁人货混装。

9.10.5 拆除滑模时，应采取防止操作人员坠落的措施，对空心筒类构筑物，应在顶端设置安全行走平台。

3.《核子水分—密度仪现场测试规程》SL 275—2014

（1）第1部分7.1.2 现场测试技术要求：

f）现场测试中的仪器使用、维护保养和保管中有关辐射防护安全要求应按附录B的规定执行。

（2）附录B

B.1 凡使用核子水分—密度仪的单位均应取得"许可证"，操作人员应经培训并取得上岗证书。

B.2 由专业的人员负责仪器的使用、维护保养和保管，但不得拆装仪器内放射源。

B.3 仪器工作时，应在仪器放置地点的3m范围设置明显放射性标志和警戒线，无关人员应退至警戒线外。

B.4 仪器非工作期间，应将仪器手柄置于安全位置。核子水分—密度仪应装箱上锁，放在符合辐射安全规定的专门地方，并由专人保管。

B.5 仪器操作人员在使用仪器时，应佩戴射线剂量计，监测和记录操作人员所受射线剂量，并建立个人辐射剂量记录档案。

B.6 每隔6个月按相关规定对仪器进行放射源泄露检查，检查结果不符合要求的仪器不得再投入使用。

4.《水利水电工程施工组织设计规范》SL 303—2017

2.4.17 土石围堰、混凝土围堰与浆砌石围堰的稳定安全系数应满足下列要求：

（1）土石围堰边坡稳定安全系数应满足表2F332012-1的规定。

土石围堰边坡稳定安全系数　　　　　　　　表 2F332012-1

围堰级别	计算方法	
	瑞典圆弧法	简化毕肖普法
3级	≥1.20	≥1.30
4级、5级	≥1.05	≥1.15

（2）重力式混凝土围堰、浆砌石围堰采用抗剪断公式计算时，安全系数K'应不小于3.0，排水失效时安全系数K'应不小于2.5；抗剪强度公式计算时安全系数K应不小于1.05。

2.4.20 不过水围堰堰顶高程和堰顶安全加高值应符合下列规定：

（1）堰顶高程应不低于设计洪水的静水位与波浪高度及堰顶安全加高值之和，其堰顶安全加高应不低于表2F332012-2的规定值。

（2）土石围堰防渗体顶部在设计洪水静水位以上的加高值：斜墙式防渗体为0.8～0.6m；心墙式防渗体为0.6～0.3m。3级土石围堰的防渗体顶部应预留完工后的沉降超高。

（3）考虑涌浪或折冲水流影响，当下游有支流顶托时，应组合各种流量顶托情况，校核围堰堰顶高程。

（4）形成冰塞、冰坝的河流应考虑其造成的壅水高度。

不过水围堰堰顶安全加高下限值（m） 表 2F332012-2

围堰型式	围堰级别	
	3	4～5
土石围堰	0.7	0.5
混凝土围堰、浆砌石围堰	0.4	0.3

4.6.12 防尘、防有害气体等综合处理措施应符合下列规定：

（4）对含有瓦斯等有害气体的地下工程，应编制专门的防治措施。

5.《水工建筑物地下开挖工程施工规范》SL 378—2007

8.4.2 竖井吊罐及斜井运输车牵引绳，应有断绳保险装置。

8.4.11 井口应设阻车器、安全防护栏或安全门。

8.4.12 斜井、竖井自上而下扩大开挖时，应有防止导井堵塞和人员坠落的措施。

11.1.1 地下洞室开挖施工过程中，洞内氧气体积不应少于20%，有害气体和粉尘含量应符合表 2F332012-3 的规定标准。

空气中有害物质的容许含量 表 2F332012-3

名 称	容许浓度		附 注
	按体积（%）	按重量（%）	
二氧化碳（CO_2）	0.5	—	一氧化碳的容许含量与作业时间：容许含量为 $50mg/m^3$ 时，作业时间不宜超过 1h； 容许含量为 $100mg/m^3$ 时，作业时间不宜超过 0.5h； 容许含量为 $200mg/m^3$ 时，作业时间不宜超过 20min； 反复作业的间隔时间应在 2h 以上
甲烷（CH_4）	1	—	
一氧化碳（CO）	0.00240	30	
氮氧化合物换算成二氧化氮（NO_2）	0.00025	5	
二氧化硫（SO_2）	0.00050	15	
硫化氢（H_2S）	0.00066	10	
醛类（丙烯醛）	—	0.3	
含有 10% 以上游离 SiO_2 的粉尘	—	2	含有 80% 以上游离 SiO_2 的生产粉尘不宜超过 $1mg/m^3$
含有 10% 以下游离 SiO_2 水泥粉尘	—	6	
含有 10% 以下游离 SiO_2 的其他粉尘	—	10	

13.2.4 几个工作面同时爆破时，应有专人统一指挥，确保起爆人员的安全和相邻炮区的安全。

13.2.11 爆破完成后，待有害气体浓度降低至规定标准时，方可进入现场处理哑炮并对爆破面进行检查，清理危石。清理危石应由有施工经验的专职人员负责实施。

13.3.5 竖井和斜井运送施工材料或出渣时应遵守下列规定：

（1）严禁人、物混运，当施工人员从爬梯上下竖井时，严禁运输施工材料或出渣；

（2）井口应有防止石渣和杂物坠落井中的措施。

6.《水利水电工程施工通用安全技术规程》SL 398—2007

3.1.4　爆破、高边坡、隧洞、水上（下）、高处、多层交叉施工、大件运输、大型施工设备安装及拆除等危险作业应有专项安全技术措施，并设专人进行安全监护。

3.1.8　施工现场的井、洞、坑、沟、口等危险处应设置明显的警示标志，并应采取加盖板或设置围栏等防护措施。

3.1.11　交通频繁的施工道路、交叉路口应按规定设置警示标志或信号指示灯；开挖、弃渣场地应设专人指挥。

3.1.12　爆破作业应统一指挥，统一信号，专人警戒并划定安全警戒区。爆破后须经爆破人员检查，确认安全后，其他人员方能进入现场。洞挖、通风不良的狭窄场所，还应通风排烟、恢复照明及安全处理后，方可进行其他作业。

3.1.18　施工照明及线路，应遵守下列规定：

（3）在存放易燃、易爆物品场所或有瓦斯的巷道内，照明设备应符合防爆要求。

3.5.5　宿舍、办公室、休息室内严禁存放易燃易爆物品，未经许可不得使用电炉。利用电热的车间、办公室及住室，电热设施应有专人负责管理。

3.5.9　油料、炸药、木材等常用的易燃易爆危险品存放使用场所、仓库，应有严格的防火措施和相应的消防措施，严禁使用明火和吸烟。

3.5.11　施工生产作业区与建筑物之间的防火安全距离，应遵守下列规定：

（1）用火作业区距所建的建筑物和其他区域不得小于 25m；

（2）仓库区、易燃、可燃材料堆集场距所建的建筑物和其他区域不小于 20m；

（3）易燃品集中站距所建的建筑物和其他区域不小于 30m。

3.9.4　施工现场作业人员，应遵守以下基本要求：

（1）进入施工现场，应按规定穿戴安全帽、工作服、工作鞋等防护用品，正确使用安全绳、安全带等安全防护用具及工具，严禁穿拖鞋、高跟鞋或赤脚进入施工现场；

（3）严禁酒后作业；

（4）严禁在铁路、公路、洞口、陡坡、高处及水上边缘、滚石坍塌地段、设备运行通道等危险地带停留和休息；

（6）起重、挖掘机等施工作业时，非作业人员严禁进入其工作范围内；

（7）高处作业时，不得向外、下抛掷物件；

（9）不得随意移动、拆除、损坏安全卫生及环境保护设施和警示标志。

4.1.5　在建工程（含脚手架）的外侧边缘与外电架空线路的边线之间应保持安全操作距离。最小安全操作距离应不小于表 2F332012-4 的规定。

在建工程（含脚手架）的外侧边缘与外电架空线路边线之间的最小安全操作距离　表 2F332012-4

外电线路电压（kV）	<1	1～10	35～110	154～220	330～500
最小安全操作距离（m）	4	6	8	10	15

注：上、下脚手架的斜道严禁搭设在有外电线路的一侧。

4.1.6　施工现场的机动车道与外电架空线路交叉时，架空线路的最低点与路面的垂直距离不应小于表 2F332012-5 的规定。

施工现场的机动车道与外电架空线路交叉时的最小垂直距离　表2F332012-5

外电线路电压（kV）	<1	1~10	35
最小垂直距离（m）	6	7	7

5.1.3　高处临边、临空作业应设置安全网，安全网距工作面的最大高度不应超过3.0m，水平投影宽度应不小于2.0m。安全网应挂设牢固，随工作面升高而升高。

5.1.12　危险作业场所、机动车道交叉路口、易燃易爆有毒危险物品存放场所、库房、变配电场所以及禁止烟火场所等应设置相应的禁止、指示、警示标志。

5.2.2　高处作业下方或附近有煤气、烟尘及其他有害气体，应采取排除或隔离等措施，否则不得施工。

5.2.3　高处作业前，应检查排架、脚手板、通道、马道、梯子和防护设施，符合安全要求方可作业。高处作业使用的脚手架平台，应铺设固定脚手板，临空边缘应设高度不低于1.2m的防护栏杆。

5.2.6　在带电体附近进行高处作业时，距带电体的最小安全距离，应满足表2F332012-6的规定，如遇特殊情况，应采取可靠的安全措施。

高处作业时与带电体的安全距离　　　　表2F332012-6

电压等级（kV）	10及以下	20~35	44	60~110	154	220	330
工器具、安装构件、接地线等与带电体的距离（m）	2.0	3.5	3.5	4.0	5.0	5.0	6.0
工作人员的活动范围与带电体的距离（m）	1.7	2.0	2.2	2.5	3.0	4.0	5.0
整体组立杆塔与带电体的距离	应大于倒杆距离（自杆塔边缘到带电体的最近侧为塔高）						

5.2.10　高处作业时，应对下方易燃、易爆物品进行清理和采取相应措施后，方可进行电焊、气焊等动火作业，并应配备消防器材和专人监护。

5.2.21　进行三级、特级、悬空高处作业时，应事先制订专项安全技术措施。施工前，应向所有施工人员进行技术交底。

6.1.4　设备转动、传动的裸露部分，应安设防护装置。

7.5.19　皮带机械运行中，遇到下列情况应紧急停机：

（1）发生人员伤亡事故。

8.2.1　安全距离

（1）设置爆破器材库或露天堆放爆破材料时，仓库或药堆至外部各种保护对象的安全距离，应按下列条件确定：

① 外部距离的起算点是：库房的外墙墙根、药堆的边缘线、隧道式洞库的洞口地面中心。

② 爆破器材储存区内有一个以上仓库或药堆时，应按每个仓库或药堆分别核算外部安全距离并取最大值。

（2）仓库或药堆与住宅区或村庄边缘的安全距离，应符合下列规定：

① 地面库房或药堆与住宅区或村庄边缘的最小外部距离按表2F332012-7确定。

② 隧道式洞库至住宅区或村庄边缘的最小外部距离不得小于表 2F332012-8 中的规定。

地面库房或药堆与住宅区或村庄边缘的最小外部距离（单位：m）   表 2F332012-7

存药量（t）	150～200	100～150	50～100	30～50	20～30	10～20	5～10	≤ 5
最小外部距离	1000	900	800	700	600	500	400	300

隧道式洞库至住宅区或村庄边缘的最小外部距离（单位：m）   表 2F332012-8

与洞口轴线交角（α）	存药量（t）				
	50～100	30～50	20～30	10～20	≤ 10
0° 至两侧 70°	1500	1250	1100	1000	850
两侧 70°～90°	600	500	450	400	350
两侧 90°～180°	300	250	200	150	120

③ 由于保护对象不同，因此在使用当中对表 2F332012-7 和表 2F332012-8 的数值应加以修正，修正系数见表 2F332012-9。

对不同保护对象的最小外部距离修正系数   表 2F332012-9

序号	保 护 对 象	修正系数
1	村庄边缘、住宅边缘、乡镇企业围墙、区域变电站围墙	1.0
2	地县级以下乡镇、通航汽轮的河流航道、铁路支线	0.7～0.8
3	总人数不超过 50 人的零散住户边缘	0.7～0.8
4	国家铁路线、省级及以上公路	0.9～1.0
5	高压送电线路 500kV	2.5～3.0
	220kV	1.5～2.0
	110kV	0.9～1.0
	35kV	0.8～0.9
6	人口不超过 10 万人的城镇规划边缘、工厂企业的围墙、有重要意义的建筑物、铁路车站	2.5～3.0
7	人口大于 10 万人的城镇规划边缘	5.0～6.0

注：上述各项外部距离，适用于平坦地形，依地形条件有利时可适当减少，反之应增加。

④ 炸药库房间（双方均有土堤）的最小允许距离见表 2F332012-10。

炸药库房间（双方均有土堤）的最小允许距离（单位：m）   表 2F332012-10

存药量（t）	炸 药 品 种			
	硝铵类炸药	梯恩梯	黑索金	胶质炸药
150～200	42	—	—	—
100～150	35	100	—	—
80～100	30	90	100	—
50～80	26	80	90	—

续表

存药量（t）	炸药品种			
	硝铵类炸药	梯恩梯	黑索金	胶质炸药
30～50	24	70	80	100
20～30	20	60	70	85
10～20	20	50	60	75
5～10	20	40	50	60
≤5	20	35	40	50

注：1. 相邻库房储存不同品种炸药时，应分别计算，取其最大值。

　2. 在特殊条件下，库房不设土堤时，本表数字增大的比值为：一方有土堤为2.0，双方均无土堤为3.3。

　3. 导爆索按每万米140kg黑索金计算。

⑤ 雷管库与炸药库、雷管库与雷管库之间的允许距离见表2F332012-11中的规定。

⑥ 无论查表或计算的结果如何，表2F332012-10、表2F332012-11所列库房间距均不得小于35m。

雷管库与炸药库、雷管库与雷管库之间的最小允许距离（单位：m）　表2F332012-11

库房名称	雷管数量（万发）									
	200	100	80	60	50	40	30	20	10	5
雷管库与炸药库	42	30	27	23	21	19	17	14	10	8
雷管库与雷管库	71	50	45	39	35	32	27	22	16	11

注：当一方设土堤时表中数字应增大比值为2，双方均无土堤时增大比值为3.3。

8.2.2　库区照明

（5）地下爆破器材库的照明，还应遵守下列规定：

① 应采用防爆型或矿用密闭型电气器材，电源线路应采用铠装电缆。

⑤ 地下库区存在可燃性气体和粉尘爆炸危险时，应使用防爆型移动电灯和防爆手电筒；其他地下库区，应使用蓄电池灯、防爆手电筒或汽油安全灯作为移动式照明。

8.3.2　爆破器材装卸应遵守下列规定：

（1）从事爆破器材装卸的人员，应经过有关爆破材料性能的基础教育和熟悉其安全技术知识。装卸爆破器材时，严禁吸烟和携带引火物。

（2）搬运装卸作业宜在白天进行，炎热的季节宜在清晨或傍晚进行。如需在夜间装卸爆破器材时，装卸场所应有充足的照明，并只允许使用防爆安全灯照明，禁止使用油灯、电石灯、汽灯、火把等明火照明。

（3）装卸爆破器材时，装卸现场应设置警戒岗哨，有专人在场监督。

（4）搬运时应谨慎小心，轻搬轻放，不得冲击、撞碰、拉拖、翻滚和投掷。严禁在装有爆破材料的容器上踩踏。

（5）人力装卸和搬运爆破器材，每人一次以25～30kg为限，搬运者相距不得少于3m。

（6）同一车上不得装运两类性质相抵触的爆破器材，且不得与其货物混装。雷管等起爆器材与炸药不允许同时在同一车箱或同一地点装卸。

（7）装卸过程中司机不得离开驾驶室。遇雷电天气，禁止装卸和运输爆破器材。

（8）装车后应加盖帆布，并用绳子绑牢，检查无误后方可开车。

8.3.3　爆破器材运输应符合下列规定：

（1）运输爆破器材，应遵守下列基本规定：

⑦禁止用翻斗车、自卸汽车、拖车、机动三轮车、人力三轮车、摩托车和自行车等运输爆破器材。

⑧运输炸药、雷管时，装车高度要低于车箱 10cm。车箱、船底应加软垫。雷管箱不应倒放或立放，层间也应垫软垫。

（2）水路运输爆破器材，还应遵守下列规定：

⑤严禁使用筏类船只作运输工具。

⑥用机动船运输时，应预先切断装爆破器材船仓的电源；地板和垫物应无缝隙，仓口应关闭；与机仓相邻的船仓应设有隔墙。

（3）汽车运输爆破器材，还应遵守下列规定：

⑦车箱底板、侧板和尾板均不应有空隙，所有空隙应予以严密堵塞。严防所运爆破器材的微粒落在摩擦面上。

8.3.4　爆破器材贮存

（3）贮存爆破器材的仓库、储存室，应遵守下列规定：

②库房内贮存的爆破器材数量不应超过设计容量，爆破器材宜单一品种专库存放。库房内严禁存放其他物品。

8.4.3　爆破工作开始前，应明确规定安全警戒线，制定统一的爆破时间和信号，并在指定地点设安全哨，执勤人员应有红色袖章、红旗和口笛。

8.4.7　往井下吊运爆破材料时，应遵守下列规定：

（2）在上下班或人员集中的时间内，不得运输爆破器材，严禁人员与爆破器材同罐吊运。

8.4.17　地下相向开挖的两端在相距 30m 以内时，装炮前应通知另一端暂停工作，退到安全地点。当相向开挖的两端相距 15m 时，一端应停止掘进，单头贯通。斜井相向开挖，除遵守上述规定外，并应对距贯通尚有 5m 长地段自上端向下打通。

8.4.24　地下井挖，洞内空气含沼气或二氧化碳浓度超过 1% 时，禁止进行爆破作业。

8.5.4　电雷管网路爆破区边缘同高压线最近点之间的距离不得小于表 2F332012-12 的规定（亦适用于地下电源）。

爆破区边缘同高压线最近点之间的距离　　　　表 2F332012-12

高压电网（kV）	水平安全距离（m）
3～10	20
10～20	50
20～50	100

8.5.5　飞石

（1）爆破时，个别飞石对被保护对象的安全距离，不得小于表 2F332012-13 和表 2F332012-14 规定的数值。

爆破个别飞散物对人员的最小安全距离　　　　表 2F332012-13

爆破类型和方法			爆破飞散物的最小安全距离（m）
露天岩石爆破	破碎大块岩矿	裸露药包爆破法	400
		浅孔爆破法	300
	浅孔爆破		200（复杂地质条件下或未形成台阶工作面时不小于300）
	浅孔药壶爆破		300
	蛇穴爆破		300
	深孔爆破		按设计，但不小于200
	深孔药壶爆破		按设计，但不小于300
	浅孔孔底扩壶		50
	深孔孔底扩壶		50
	洞室爆破		按设计，但不小于300
	爆破树墩		200
	爆破拆除沼泽地的路堤		100
水下爆破	水面无冰时的裸露药包或浅孔、深孔爆破	水深小于1.5m	与地面爆破相同
		水深大于6m	不考虑飞石对地面或水面以上人员的影响
		水深1.5～6m	由设计确定
	水面覆冰时的裸露药包或浅孔、深孔爆破		200
	水底洞室爆破		由设计确定
	拆除爆破、城镇浅孔爆破及复杂环境深孔爆破		由设计确定
地震勘探爆破	浅井或地表爆破		按设计，但不小于100
	在深孔中爆破		按设计，但不小于30

爆破飞石对人员安全距离　　　　表 2F332012-14

序号	爆破种类及爆破方法			危险区域的最小半径（m）
1	岩基开挖工程	一般钻孔法爆破		不小于300
		药壶法	扩壶爆破	不小于50
			药壶爆破	不小于300
		深孔药壶法	扩壶爆破	不小于100
			药壶爆破	根据设计定但不小于300
		深孔法	松动爆破	根据设计定但不小于300
			抛掷爆破	根据设计定

序号	爆破种类及爆破方法			危险区域的最小半径（m）
2	地下开挖工程	开洞开挖爆破	独头的洞内	不小于200
			有折线的洞内	不小于100
			相邻的上下洞间	不小于100
			相邻的平行洞间	不小于50
			相邻的横洞或横通道间	不小于50
		井开挖爆破	井深小于3m	不小于200
			井深为3～7m	不小于100
			井深大于7m	不小于50
3	裸露药包法爆破			不小于400
4	用放在坑内的炸药击碎巨石			不小于400
5	用炸药拔树根的爆破			不小于200
6	泥沼地上塌落土堤的爆破			不小于100
7	水下开挖工程	非硬质土壤上爆破		不小于100
		岩石上爆破		不小于300
		有冰层覆盖时土壤和岩石爆破		不小于300

（2）洞室爆破个别飞石的安全距离，不得小于表2F332012-15的规定数值。

洞室爆破个别飞石安全距离（单位：m）　　　　　表 2F332012-15

最小抵抗线	对于人员					对于机械及建筑物				
	n 值					n 值				
	1.0	1.5	2.0	2.5	3.0	1.0	1.5	2.0	2.5	3.0
1.5	200	300	350	400	400	100	150	250	300	300
2.0	200	400	500	600	600	100	200	350	400	400
4.0	300	500	700	800	800	150	250	500	550	550
6.0	300	600	800	1000	1000	150	300	550	650	650
8.0	400	600	800	1000	1000	200	300	600	700	700
10.0	500	700	900	1000	1000	250	400	600	700	700
12.0	500	700	900	1200	1200	250	400	700	800	800
15.0	600	800	1000	1200	1200	300	400	800	1000	1000
20.0	700	800	1200	1500	1500	350	400	900	1000	1000
25.0	800	1000	1500	1800	1800	400	500	900	1000	1000
30.0	800	1000	1700	2000	2000	400	500	1000	1200	1200

注：当 n 值小于1时，可将抵抗线值修改为 $W_P = \dfrac{5W}{7}$，再按 $n=1$ 的条件查表。

9.1.6　对储存过易燃易爆及有毒容器、管道进行焊接与切割时，要将易燃物和有毒气体放尽，用水冲洗干净，打开全部管道窗、孔，保持良好通风，方可进行焊接和切割，容器外要有专人监护，定时轮换休息。密封的容器、管道不得焊割。

9.1.8 严禁在储存易燃易爆的液体、气体、车辆、容器等的库区内从事焊割作业。

9.3.7 在坑井或深沟内焊接时，应首先检查有无集聚的可燃气体或一氧化碳气体，如有应排除并保持通风良好。必要时应采取通风除尘措施。

11.4.8 放射性射源的贮藏库房，应遵守下列规定：

（2）放射性同位素不应与易燃、易爆、腐蚀性物品放在一起，其贮存场所应采取有效的防火、防盗、防泄漏的安全防护措施，并指定专人负责保管。贮存、领取、使用、归还放射性同位素时应进行登记、检查，做到账物相符。

7.《水利水电工程土建施工安全技术规程》SL 399—2007

1.0.9 作业人员上岗前，应按规定穿戴防护用品。施工负责人和安全检查员应随时检查劳动防护用品的穿戴情况，不按规定穿戴防护用品的人员不得上岗。

3.2.1 有边坡的挖土作业应遵守下列规定：

（3）施工过程当中应密切关注作业部位和周边边坡、山体的稳定情况，一旦发现裂痕、滑动、流土等现象，应停止作业，撤出现场作业人员。

3.3.4 开挖过程中，如出现整体裂缝或滑动迹象时，应立即停止施工，将人员、设备尽快撤离工作面，视开裂或滑动程度采取不同的应急措施。

3.5.1 洞室开挖作业应遵守下列规定：

（7）暗挖作业中，在遇到不良地质构造或易发生塌方地段、有害气体逸出及地下涌水等突发事件，应即令停工，作业人员撤至安全地点。

3.5.3 竖井提升作业应遵守下列规定：

（2）施工期间采用吊桶升降人员与物料时应遵守下列规定：

⑧装有物料的吊桶不应乘人。

3.5.6 不良地质地段开挖作业应遵守下列规定：

（3）当出现围岩不稳定、涌水及发生塌方情况时，所有作业人员应立即撤至安全地带。

3.5.12 施工安全监测应遵守下列规定：

⑩当监测中发现测值总量或增长速率达到或超过设计警戒值时，则认为不安全，应报警。

3.6.1 现场运送运输爆破器材应遵守下列规定：

（4）用人工搬运爆破器材时应遵守下列规定：

②严禁一人同时携带雷管和炸药；雷管和炸药应分别放在专用背包（木箱）内，不应放在衣袋里。

3.6.3 洞室爆破应满足下列基本要求：

（5）参加爆破工程施工的临时作业人员，应经过爆破安全教育培训，经口试或笔试合格后，方准许参加装药填塞作业。但装起爆体及敷设爆破网路的作业，应由持证爆破员或爆破工程技术人员操作。

（8）不应在洞室内和施工现场改装起爆体和起爆器材。

3.6.5 洞室爆破现场混制炸药应遵守下列规定：

（13）混制场内严禁吸烟，严禁存在明火；同时，严禁将火柴、打火机等带入加工场。

4.2.7 制浆及输送应遵守下列规定：

（2）当人进入搅拌槽内之前，应切断电源，开关箱应加锁，并挂上"有人操作，严禁合闸"的警示标志。

5.1.4 当砂石料料堆起拱堵塞时，严禁人员直接站在料堆上进行处理。应根据料物粒径，堆料体积、堵塞原因采取相应措施进行处理。

5.4.7 设备检修时应切断电源，在电源启动柜或设备配电室悬挂"有人检修，不许合闸"的警示标志。

5.4.8 在破碎机腔内检查时，应有人在机外监护，并且保证设备的安全锁机构处于锁定位置。

6.2.1 木模板施工作业时应遵守下列规定：

（10）高处拆模时，应有专人指挥，并标出危险区；应实行安全警戒，暂停交通。

（11）拆除模板时，严禁操作人员站在正拆除的模板上。

6.3.1 钢筋加工应遵守下列规定：

（8）冷拉时，沿线两侧各2m范围为特别危险区，人员和车辆不应进入。

6.5.1 螺旋输送机应符合下列安全技术要求：

（6）处理故障或维修之前，应切断电源，并悬挂警示标志。

6.5.4 片冰机的安全技术要求：

（3）片冰机运转过程中，各孔盖、调刀门不应随意打开。因观察片冰机工作情况而应打开孔盖、调刀门时，严禁观察人员将手、头伸进孔及门内。

（6）参加片冰机调整、检修工作的人员，不应少于3人，一人负责调整、检修，一人负责组织指挥（若调整、检修人员在片冰机内，指挥人员应在片冰机顶部），另一人负责控制片冰机电源开关，应做到指挥准确，操作无误。

（7）工作人员从片冰机进入孔进、出之前和在调整、检修工作的过程中，应关闭片冰机的电源开关，悬挂"严禁合闸"的警示标志，这期间片冰机电源开关控制人员不应擅离工作岗位。

6.5.6 混凝土拌合楼（站）的技术安全要求：

（9）检修时，应切断相应的电源、气路，并挂上"有人工作，不准合闸"的警示标志。

（10）进入料仓（斗）、拌合筒内工作，外面应设专人监护。检修时应挂"正在修理，严禁开动"的警示标志。非检修人员不应乱动气、电控制元件。

6.7.5 采用核子水分／密度仪进行无损检测时，应遵守下列规定：

（1）操作者在操作前应接受有关核子水分／密度仪安全知识的培训和训练，只有合格者方可进行操作。应给操作者配备防护铅衣、裤、鞋、帽、手套等防护用品。操作者应在胸前配戴胶片计量仪，每1～2月更换一次。胶片计量仪一旦显示操作者达到或超过了允许的辐射值，应立即停止操作。

（3）应派专人负责保管核子水分／密度仪，并应设立专台档案。每隔半年应把仪器送有关单位进行核泄露情况检测，仪器储存处应牢固地张贴"放射性仪器"的警示标志。

（4）核子水分／密度仪受到破坏，或者发生放射性泄露，应立即让周围的人离开，并远离出事场所，直到核专家将现场清除干净。

7.1.6　集（填）料加热、筛分及储存，应遵守下列规定：

（2）加热后的集料温度高约200℃，进行二次筛分时，作业人员应采取防高温、防烫伤的安全措施；卸料口处应加装挡板，以免集料溅出。

7.1.10　搅拌机运行中，不得使用工具伸入滚筒内掏挖或清理。需要清理时应停机。如需人员进入搅拌鼓内工作时，鼓外要有人监护。

7.2.6　沥青混凝土碾压作业应遵守下列规定：

（6）机械由坝顶下放至斜坡时，应有安全措施，并建立安全制度。对牵引机械和钢丝绳刹车等，应经常检查、维修。

7.2.7　心墙钢模宜应采用机械拆模，采用人工拆除时，作业人员应有防高温、防烫伤、防毒气的安全防护装置。钢模拆除出后应将表面粘附物清除干净，用柴油清洗时，不得接近明火。

8.《水利水电工程金属结构与机电设备安装安全技术规程》SL 400—2007

4.1.7　施工设施应符合下列规定：

（1）机械设备、电气盘柜和其他危险部位应悬挂安全警示标志和安全操作规程。

5.6.6　底水封（或防撞装置）安装时，门体应处于全关（或全开）状态，启闭机挂停机牌，并派专人值守，严禁擅自启动。

11.3.5　喷砂枪喷嘴接头应牢固，严禁喷嘴对人，沿喷射方向30m范围内不得有人停留和作业，喷嘴堵塞应停机消除压力后，进行修理或更换。

11.5.11　在容器内进行喷涂时，应保持通风，容器内应无易燃、易爆物及有毒气体。容器外应专人监护。

12.3.9　导叶进行动作试验时，应事先通告相关人员，应在水轮机室、蜗壳进人门处悬挂警示标志，严禁进入导叶附近，应有可靠的信号联系，并有专人监护。

12.8.1　蝴蝶阀和球阀安装时，应符合下列规定：

（5）蝴蝶阀和球阀动作试验前，应检查钢管内和活门附近有无障碍物，不应有人在内工作。试验时应在进入门处挂"禁止入内"警示标志，并应设专人监护。

（6）进入蝴蝶阀和球阀、钢管内检查或工作时，应关闭油源，投入机械锁锭，并应挂上"有人工作，禁止操作"警示标志。

13.2.3　定子下线时，应符合下列规定：

（8）铁心磁化试验时，现场应配备足够的消防器材；定子周围应设临时围栏，挂警示标志，并应派专人警戒。定子机座、测温电阻接地应可靠，接地线截面积应符合规范要求。

（11）耐电压试验时，应有专人指挥，升压操作应有监护人监护。操作人员应穿绝缘鞋。现场应设临时围栏，挂警示标志，并应派专人警戒。

13.4.2　转子支架组装和焊接时，应符合下列规定：

（1）使用化学溶剂清洗转子中心体时，场地应通风良好，周围不应有火种，并应有专人监护，现场配备灭火器材。

13.7.9　有绝缘要求的导轴瓦或上端轴，安装前后应对绝缘进行检查。试验时应对试验场所进行安全防护，设置安全警戒线和警示标志。

15.1.3　变压器、电抗器器身检查时，应符合下列规定：

（15）进行各项电气试验时，应设立警戒线，悬挂警示标志。

15.1.4 附件安装及电气试验时，需符合下列规定：

（8）现场高压试验区应设遮栏，并悬挂警示标志，设警戒线，派专人看护。

15.3.2 安装、调试时，需符合下列规定：

（11）试验区域应有安全警戒线和明显的安全警示标志。被试物的金属外壳应可靠接地。

（12）试验接线应经过检查无误后，方可开始试验，未经监护人同意不得任意拆线。雷雨时，应停止高压试验。

15.4.2 硬母线、封闭母线安装时，应符合下列规定：

（8）在高空安装硬母线时，工作人员应系好安全带，并设置安全警戒线及警示标志。

15.7.3 电缆头制作时，需符合下列规定：

（6）现场高压试验区应设围栏，挂警示标志，并设专人监护。

15.8.1 试验区应设围栏、拉警戒线并悬挂警示标志，将有关路口和有可能进入试验区域的通道临时封闭，并安排专人看守。

15.8.6 在进行高压试验和试送电时，应由一人统一指挥，并派专人监护。高压试验装置的金属外壳应可靠接地。

15.9.1 试验区应设围栏或拉警戒线，悬挂警示标志，将有关路口和有可能进入试验区域的通道临时封闭，并安排专人看守。

16.1.1 检查机组内部应三人以上，并应配带手电筒，特别是进入钢管、蜗壳和发电机风洞内部时，应留一人在进入口处守候。

17.4.2 桥机试验区域应设警戒线，并布置明显警示标志，非工作人员严禁上桥机。试验时桥机下面严禁有人逗留。

9.《水利水电工程施工作业人员安全操作规程》SL 401—2007

2.0.9 严禁人员在吊物下通过和停留。

2.0.10 易燃、易爆等危险场所严禁吸烟和明火作业。不得在有毒、粉尘生产场所进食。

2.0.12 洞内作业前，应检查有害气体的浓度，当有害气体的浓度超过规定标准时，应及时排除。

2.0.16 检查、修理机械电气设备时，应停电并挂标志牌，标志牌应谁挂谁取。检查确认无人操作后方可合闸。严禁机械在运转时加油、擦拭或修理作业。

2.0.20 严禁非电气人员安装、检修电气设备。严禁在电线上挂晒衣服及其他物品。

2.0.26 非特种设备操作人员，严禁安装、维修和动用特种设备。

3.7.13 进行停电作业时，应首先拉开刀闸开关，取走熔断器（管），挂上"有人作业，严禁合闸"的警示标志，并留人监护。

4.2.1 塔式起重机司机应经过专业培训，并经考试合格取得特种作业人员操作证书后，方可上岗操作。

10.《小型水电站施工安全规程》SL 626—2013

2.1.8 危险作业场所、机动车道交叉路口、易燃易爆有毒危险品存放场所、库房、变配电场所以及禁止烟火场所等应设置相应的禁止、指示、警示标志。

2.2.5　非特种设备操作人员不应安装、维修和动用特种设备。非专业电气操作人员不应进行电气安装、调试、检修和运行等作业。

2.2.6　作业人员不应进入正在运行的挖掘机、起重机或吊索等设备工作范围内；不应在吊物下通过和停留。不应在陡坡、高处及临水边缘、滚石坍塌地段、设备运行通道等危险地带停留和休息。

2.2.10　进入施工现场，应按规定穿戴安全帽、工作服、工作鞋等防护用品，正确使用安全绳、安全带等安全防护用具及工具，严禁穿拖鞋、高跟鞋或赤脚进入施工现场。

2.4.1　爆破、高边坡、隧洞、水上（下）、高处、多层交叉施工、大件运输、大型施工设备安装及拆除等危险作业应有专项安全技术措施，并应设专人进行安全监护。

2.4.2　高处作业的安全防护应符合下列规定：

（1）高处作业前，应检查排架、脚手板、通道、马道、梯子等设施符合安全要求方可作业。高处作业使用的脚手架平台，应铺设固定脚手板，临空边缘应设高度不低于1.2m的防护栏杆。

（4）高处临边、临空作业应设置安全网，安全网距工作面的最大高度不应超过3.0m，水平投影宽度应不小于2.0m。安全网应挂设牢固，随工作面升高而升高。

（8）高处作业时，应对下方易燃、易爆物品进行清理和采取相应措施后，方可进行电焊、气焊等动火作业，并应配备消防器材和专人监护。

2.4.3　施工现场的井、洞、坑、沟、口等危险处应设置明显的警示标志，并应采取加盖板或设置围栏等防护措施。

2.5.6　存放和使用易燃易爆物品的场所严禁明火和吸烟。

3.1.3　施工过程当中应密切关注作业部位和周边边坡、山体的稳定情况，一旦发现裂痕、滑动、流土、有害气体逸出及地下涌水等现象，应停止作业，撤出现场作业人员。

3.1.13　施工安全监测时，当监测中发现测量值总量或增长速率达到或超过设计警戒值时，则认为不安全，应报警。

3.4.4　当砂石料料堆起拱堵塞时，严禁人员直接站在料堆上进行处理。应根据料物粒径、堆料体积、堵塞原因采取相应措施进行处理。

3.4.9　设备检修时应切断电源，在电源启动柜或设备配电室悬挂"有人检修，不许合闸"的警示标志。

3.4.10　在破碎机腔内检查时，应有人在机外监护，并且保证设备的安全锁机构处于锁定位置。

3.5.4　混凝土拌合应符合下列规定：

（5）搅拌机运行中，不应使用工具伸入滚筒内掏挖或清理。需要清理时应停机。如需人员进入搅拌鼓内工作时，鼓外要有人监护。

3.7.1　闸门安装应符合下列规定：

（9）底水封（或防撞装置）安装时，门体应处于全关（或全开）状态，启闭机应挂停机牌，并应派专人值守，严禁擅自启动。

3.7.13　检查机组内部应3人以上，并应配带手电筒，特别是进入钢管、蜗壳和发电机风洞内部时，应留1人在进入口处守候。

3.8.5　在高空安装硬母线，工作人员应系好安全带，并设置安全警戒线及警示标志。

3.8.6　进行电气试验时，应符合下列规定：

（3）耐电压试验时，应有专人指挥，升压操作应有监护人监护。操作人员应穿绝缘鞋。现场应设临时围栏，挂警示标志，并应派专人警戒。

3.8.8　导叶进行动作试验时，应事先通告相关人员，应在水轮机室、蜗壳进人门处悬挂警示标志，严禁进入导叶附近，应有可靠的信号联系，并应有专人监护。

11.《水利水电地下工程施工组织设计规范》SL 642—2013

7.2.3　下列地区不应设置施工临时设施：

（1）严重不良地质区或滑坡体危害区。

（2）泥石流、山洪、沙暴或雪崩可能危害区。

（5）受爆破或其他因素影响严重的区域。

12.《水利水电工程施工安全防护设施技术规范》SL 714—2015

3.2.10　电梯井、闸门井、门槽、电缆竖井等的井口应设有临时防护盖板或设置围栏，在门槽、闸门井、电梯井等井道口（内）安装作业，应根据作业面情况，在其下方井道内设置可靠的水平安全网作隔离防护层。

3.3.6　排架、井架、施工用电梯、大坝廊道、隧洞等出入口和上部有施工作业的通道，应设有防护棚，其长度应超过可能坠落范围，宽度不应小于通道的宽度。当可能坠落的高度超过 24m 时，应设双层防护棚。

3.5.3　各种施工设备、机具传动与转动的露出部分，如传动带、开式齿轮、电锯、砂轮、接近于行走面的联轴节、转轴、皮带轮和飞轮等必须安设拆装方便、网孔尺寸符合安全要求的封闭的钢防护网罩或防护挡板或防护栏杆等安全防护装置。

3.7.3　施工现场的配电箱、开关箱等安装使用应符合下列规定：

（6）配电箱、开关箱应装设在干燥、通风及常温场所，设置防雨、防尘和防砸设施。不应装设在有瓦斯、烟气、蒸汽、液体及其他有害介质环境中，不应装设在易受外来固体物撞击、强烈振动、液体浸溅及热源烘烤的场所。

3.7.4　施工用电线路架设使用应符合下列要求：

（7）线路穿越道路或易受机械损伤的场所时必须设有套管防护。管内不得有接头，其管口应密封。

3.10.10　载人提升机械应设置下列安全装置，并保持灵敏可靠：

（1）上限位装置（上限位开关）。

（2）上极限限位装置（越程开关）。

（3）下限位装置（下限位开关）。

（4）断绳保护装置。

（5）限速保护装置。

（6）超载保护装置。

3.12.5　在有毒有害气体可能泄漏的作业场所，应配置必要的防毒护具，以备急用，并应及时检查、维护、更换，保证其始终处在良好的待用状态。

4.1.4　皮带栈桥供料线运输应符合下列安全规定：

（9）供料线下方及布料皮带覆盖范围内的主要人行通道，上部必须搭设牢固的防护棚，转梯顶部设置必要防护，在该范围内不应设置非施工必需的各类机房、仓库。

4.2.4　起重机械安装运行应符合下列规定：

（1）起重机械应配备荷载、变幅等指示装置和荷载、力矩、高度、行程等限位、限制及连锁装置。

4.2.5　门式、塔式、桥式起重机械安装运行应符合下列规定：

（4）桥式起重机供电滑线应有鲜明的对比颜色和警示标志。扶梯、走道与滑线间和大车滑线端的端梁下应设有符合要求的防护板或防护网。

4.3.2　缆机安装运行应符合下列规定：

（1）设有从地面通向缆机各机械电气室、检修小车和控制操作室等处所的通道、楼梯或扶梯。所有转动和传动外露部位应装设有防护网罩，并涂上安全色。

6.1.1　灌浆作业应符合下列要求：

（3）交叉作业场所，各通道应保持畅通，危险出入口、井口、临边部位应设有警告标志或钢防护设施。

7.1.14　皮带机安装运行应符合下列规定：

（4）皮带的前后均应设置事故开关，当皮带长度大于100m时，在皮带的中部还应增设事故开关，事故开关应安装在醒目、易操作的位置，并设有明显标志。

7.2.1　制冷系统车间应符合下列规定：

（7）氨压机车间还应符合下列规定：

① 控制盘柜与氨压机应分开隔离布置，并符合防火防爆要求。

② 所有照明、开关、取暖设施等应采用防爆电器。

③ 设有固定式氨气报警仪。

④ 配备有便携式氨气检测仪。

⑤ 设置应急疏散通道并明确标识。

8.1.2　木材加工机械安装运行应符合下列规定：

（3）应配备有锯片防护罩、排屑罩、皮带防护罩等安全防护装置，锯片防护罩底部与工件的间距不应大于20mm，在机床停止工作时防护罩应全部遮盖住锯片。

10.1.2　进入施工生产区域人员应正确穿戴安全防护用品。进行2m（含2m）以上高空作业应佩戴安全带并在其上方固定物处可靠拴挂，3.2m以上高空作业时，其下方应铺设安全网。安全防护用品使用前应认真检查，不应使用不合格的安全防护用品。

10.1.7　焊接作业安全防护应符合下列要求：

（10）高处焊割作业点的周围及下方地面上火星所及的范围内，应彻底清除可燃、易爆物品，并配置足够的灭火器材。

10.1.11　金属加工设备防护罩、挡屑板、隔离围栏等安全设施应齐全、有效。有火花溅出或有可能飞出物的设备应设有挡板或保护罩。

11.1.2　机组安装现场对预留进人孔、排水孔、吊物孔、放空阀、排水阀、预留管道口等孔洞应加防护栏杆或盖板封闭。

11.1.7　尾水管、蜗壳内和水轮机过流面进行环氧砂浆作业时，应有相应的防火、防毒设施并设置安全防护栏杆和警告标志。

11.2.6　高压试验现场应设围栏，拉安全绳，并悬挂警告标志。高压试验设备外壳应接地良好（含试验仪器），接地电阻不得大于4Ω。

11.3.1　水轮发电机组整个运行区域与施工区域之间必须设安全隔离围栏，在围栏入口处应设专人看守，并挂"非运行人员免进"的标志牌，在高压带电设备上均应挂"高压危险""请勿合闸"等标志牌。

二、工业卫生

1.《水利水电工程施工通用安全技术规程》SL 398—2007

3.4.2　生产作业场所常见生产性粉尘、有毒物质在空气中允许浓度及限值应符合表 2F332012-16 的规定。

常见生产性粉尘、有毒物质在空气中允许浓度及限值　　表 2F332012-16

序号	有害物质名称			阈限值（mg/m³）		
				最高容许浓度 $Pc—MAC$	时间加权平均容许浓度 $Pc—TWA$	短时间接触容许浓度 $Pc—STEL$
1	矽尘			—	—	—
	总尘		含 10%～50% 游离 SiO_2	—	1	2
			含 50%～80% 游离 SiO_2	—	0.7	1.5
			含 80% 以上游离 SiO_2	—	0.5	1.0
	呼吸尘		含 10%～50% 游离 SiO_2	—	0.7	1.0
			含 50%～80% 游离 SiO_2	—	0.3	0.5
			含 80% 以上游离 SiO_2	—	0.2	0.3
2	石灰石粉尘	总尘		—	8	10
		呼吸尘		—	4	8
3	硅酸盐水泥	总尘（游离 SiO_2 < 10%）		—	4	6
		呼吸尘（游离 SiO_2 < 10%）		—	1.5	2
4	电焊烟尘			—	4	6
5	其他粉尘			—	8	10
6	锰及无机化合物（按 Mn 计）			—	0.15	0.45
7	一氧化碳	非高原		—	20	30
		高原	海拔 2000～3000m	20	—	—
			海拔大于 3000m	15	—	—
8	氨 Ammonia			—	20	30
9	溶剂汽油			—	300	450
10	丙酮			—	300	450
11	三硝基甲苯（TNT）			—	0.2	0.5
12	铅及无机化合物（按 Pb 计）	铅尘		0.05	—	—
		铅烟		0.03	—	—
13	四乙基铅（皮、按 Pb 计）			—	0.02	0.06

3.4.4　生产车间和作业场所工作地点噪声声级卫生限值应符合表 2F332012-17 规定。

生产性噪声声级卫生限值　　　　　　　　　　　　**表 2F332012-17**

日接触噪声时间（h）	卫生限值［dB（A）］
8	85
4	88
2	91
1	94

3.4.6　施工作业噪声传至有关区域的允许标准见表 2F332012-18。

非施工区域的噪声允许标准　　　　　　　　　　　　**表 2F332012-18**

类　别	等效声级限值［dB（A）］	
	昼间	夜间
以居住、文教机关为主的区域	55	45
居住、商业、工业混杂区及商业中心区	60	50
工业区	66	55
交通干线道路两侧	70	55

　　3.4.11　工程建设各单位应建立职业卫生管理规章制度和施工人员职业健康档案，对从事尘、毒、噪声等职业危害的人员应每年进行一次职业体检，对确认职业病的职工应及时给予治疗，并调离原工作岗位。

　　4.7.1　生活供水水质应符合表 2F332012-19 要求，并经当地卫生部门检验合格方可使用。生活饮用水源附近不得有污染源。

生活饮用水水质标准　　　　　　　　　　　　**表 2F332012-19**

编　号		项　目	标　准
感官性状指标	1	色	色度不超过 15 度，并不应呈现其他异色
	2	浑浊度	不超过 3 度，特殊情况不超过 5 度
	3	臭和味	不应有异臭异味
	4	肉眼可见物	不应含有
化学指标	5	pH 值	6.5～6.8
	6	总硬度（以 CaO 计）	不超过 450mg/L
	7	铁	不超过 0.3mg/L
	8	锰	不超过 0.1mg/L
	9	铜	不超过 1.0mg/L
	10	锌	不超过 1.0mg/L
	11	挥发酚类	不超过 0.002mg/L
	12	阴离子合成洗涤剂	不超过 0.3mg/L

续表

编　号		项　目	标　准
毒理学指标	13	氟化物	不超过 1.0mg/L，适宜浓度 0.5～1.0mg/L
	14	氰化物	不超过 0.05mg/L
	15	砷	不超过 0.04mg/L
	16	硒	不超过 0.01mg/L
	17	汞	不超过 0.001mg/L
	18	镉	不超过 0.01mg/L
	19	铬（六价）	不超过 0.05mg/L
	20	铅	不超过 0.05mg/L
细菌学指标	21	细菌总数	不超过 100 个 /mL 水
	22	大肠菌数	不超过 3 个 /mL 水
	23	游离性余氯	在接触 30min 后不应低于 0.3mg/L，管网末梢水不低于 0.05mg/L

2.《水利水电地下工程施工组织设计规范》SL 642—2013

9.1.1　施工过程中，洞内氧气浓度不应小于 20%，有害气体和粉尘含量应符合下列要求：

（1）甲烷、一氧化碳、硫化氢含量应满足表 2F332012-20 的要求。

空气中有害气体的最高允许浓度　　　　　　　　表 2F332012-20

名　　称	最高允许含量		附　注		
	%（按体积计算）	mg/m³			
甲烷（CH₄）	≤ 1.0	—			
一氧化碳（CO）	≤ 0.0024	30	一氧化碳的最高允许含量与作业时间		
			作业时间	最高允许含量（mg/m³）	
			＜ 1h	50	
			＜ 0.5h	100	
			15～20min	200	
硫化氢（H₂S）	≤ 0.00066	10	反复作业的间隔时间应在 2h 以上		

2F332013　水利工程土石方施工的有关要求

一、开挖

1.《水工建筑物岩石基础开挖工程施工技术规范》SL 47—2020

1.0.8　严禁在设计建基面、设计边坡附近采用洞室爆破法或药壶爆破法施工。

2.1.2　未经安全技术论证和主管部门批准，严禁采用自下而上的开挖方式。

2.《水工建筑物地下开挖工程施工规范》SL 378—2007

5.2.2　地下洞室洞口削坡应自上而下分层进行，严禁上下垂直作业。进洞前，应做好开挖及其影响范围内的危石清理和坡顶排水，按设计要求进行边坡加固。

5.5.5　当特大断面洞室设有拱座，采用先拱后墙法开挖时，应注意保护和加固拱座岩体。拱脚下部的岩体开挖，应符合下列条件：

（1）拱脚下部开挖面至拱脚线最低点的距离不应小于 1.5m。

（2）顶拱混凝土衬砌强度不应低于设计强度的 75%。

11.2.8　对存在有害气体、高温等作业区，必须做专项通风设计，并设置监测装置。

12.3.7　洞内供电线路的布设应符合下列规定：

（3）电力起爆主线应与照明及动力线分两侧架设。

12.4.5　洞内电、气焊作业区，应设有防火设施和消防设备。

13.2.6　当相向开挖的两个工作面相距小于 30m 或 5 倍洞径距离爆破时，双方人员均应撤离工作面；相距 15m 时，应停止一方工作，单向开挖贯通。

13.2.7　竖井或斜井单向自下而上开挖，距贯通面 5m 时，应自上而下贯通。

13.2.10　采用电力起爆方法，装炮时距工作面 30m 以内应断开电源，可在 30m 以外用投光灯或矿灯照明。

二、锚固与支护

1.《水工预应力锚固施工规范》SL 46—1994

8.3.2　张拉操作人员未经考核不得上岗；张拉时必须按规定的操作程序进行，严禁违章操作。

2.《水利水电工程锚喷支护技术规范》SL 377—2007

9.1.17　竖井或斜井中的锚喷支护作业应遵守下列安全规定：

（1）井口应设置防止杂物落入井中的措施。

（2）采用溜筒运送喷射混凝土混合料时，井口溜筒喇叭口周围应封闭严密。

三、疏浚与吹填

《疏浚与吹填工程技术规范》SL 17—2014

5.7.6　对施工作业区存在安全隐患的地方应设置必要的安全护栏和警示标志。

5.7.7　应制订冲洗带油甲板的环保防护措施及发生油污泄露事故的急救预案。

5.7.9　施工船舶应符合以下安全要求：

（1）施工船舶必须具有海事、船检部门核发的各类有效证书。

（2）施工船舶应按海事部门确定的安全要求，设置必要的安全作业区或警戒区，并设置符合有关规定的标志，以及在明显处昼夜显示规定的号灯、号型。

（3）施工船舶严禁超载航行。

（4）施工船舶在汛期施工时，应制订汛期施工和安全渡汛措施；在严寒封冻地区施工时，应制订船体及排泥管线防冰冻、防冰凌及防滑等冬期施工安全措施。

（5）挖泥船的安全工作条件可根据船舶使用说明书和设备状况确定，在缺乏资料时也可参照表 2F332013 的规定执行。当实际工作条件大于表 2F332013 中所列数值之一时，应停止施工。

挖泥船对自然影响的适应情况表 表 2F332013

船舶类型		风（级）		浪高（m）	纵向流速（m/s）	雾（雪）（级）
		内河	沿海			
绞吸式	＞500m³/h	6	5	0.6	1.6	2
	200～500m³/h	5	4	0.4	1.5	2
	＜200m³/h	5	不合适	0.4	1.2	2
链斗式	750m³/h	6	6	1.0	2.5	2
	＜750m³/h	5	不合适	0.8	1.8	2
铲斗式	斗容＞4m³	6	5	0.6	2.0	2
	斗容≤4m³	6	5	0.6	1.5	2
抓斗式	斗容＞4m³	6	5	0.6～1.0	2.0	2
	斗容≤4m³	5	5	0.4～0.8	1.5	2
拖轮拖带泥驳	＞294kW	6	5～6	0.8	1.5	3
	≤294kW	6	不合适	0.8	1.3	3

5.7.13 严禁将各类垃圾和油水混合物直接排入江、河、湖、库中。

2F332014 水工建筑物施工的有关要求

一、混凝土工程

1.《水工建筑物滑动模板施工技术规范》SL 32—2014

3.3.4 对首次采用的树种，应先进行试验，达到要求后方可使用。

5.2.3 人员进出滑模的通道应安全可靠。

6.3.3 千斤顶和支承杆的最少数量，应符合下列规定：

（1）计算提升力时取 6.2.2 条中 1 款、2 款、3 款之和或 1 款、2 款、6 款之和的大值。

（2）千斤顶、支承杆的允许承载力及其最少数量计算方法应符合 6.2.3 条的规定。

6.4.2 混凝土面板堆石坝面板滑模设计应符合下列规定：

（6）混凝土面板堆石坝滑动模板应具有制动保险装置；采用卷扬机牵引时，卷扬机应设置安全可靠的地锚。

7.1.4 所有滑模安装都应符合下列规定：

（4）当滑模安装高度达到或超过 2.0m 时，对安装人员必须采取高空作业保护措施。

7.4.9 陡坡上的滑模施工，应具有保证安全的措施。当牵引机具为卷扬机时，卷扬机应设置安全可靠的地锚；对滑模应设置除牵引钢丝绳以外的防止其自由下滑的保险器具。

8.0.5 每滑升 1～3m，应对建筑物的轴线、尺寸、形状、位置及标高进行测量检查，并做好记录（施工记录表格见附录 D）。

9.1.3 在滑模施工中应及时掌握当地气象情况，遇到雷雨、六级和六级以上大风时，露天的滑模应停止施工，采取停滑措施。全部人员撤离后，应立即切断通向操作平台的供电电源。

9.2.2 在施工的建（构）筑物周围应划出施工危险警戒区，警戒线至建（构）筑物外边线的距离应不小于施工对象高度的 1/10，且不小于 10m。警戒线应设置围栏和明显的警戒标志，施工区出入口应设专人看守。

9.2.3 危险警戒区内的建筑物出入口、地面通道及机械操作场所，应搭设高度不小于 2.5m 的安全防护棚。

9.2.4 当滑模施工进行立体交叉作业时，在上、下工作面之间应搭设安全隔离棚。

9.4.2 施工升降机应有可靠的安全保护装置，运输人员的提升设备的钢丝绳的安全系数不应小于 12，同时，应设置两套互相独立的防坠落保护装置，形成并联的保险。极限开关也应设置两套。

9.5.2 滑模施工现场的场地和操作平台上应分别设置配电装置。附着在操作平台上的垂直运输设备应有上下两套紧急断电装置。总开关和集中控制开关应有明显标志。

9.7.1 露天施工，滑模应有可靠的防雷接地装置，防雷接地应单独设置，不应与保护接地混合。

2.《水工碾压混凝土施工规范》SL 53—1994

1.0.3 施工前应通过现场碾压试验验证碾压混凝土配合比的适应性，并确定其施工工艺参数。

4.5.5 每层碾压作业结束后，应及时按网格布点检测混凝土的压实容重。所测容重低于规定指标时，应立即重复检测，并查找原因，采取处理措施。

4.5.6 连续上升铺筑的碾压混凝土，层间允许间隔时间（是指下层混凝土拌合物拌合加水时起到上层混凝土碾压完毕为止），应控制在混凝土初凝时间以内。

4.7.1 施工缝及冷缝必须进行层面处理，处理合格后方能继续施工。

3.《水工混凝土施工规范》SL 677—2014

3.6.1 拆除模板的期限，应遵守下列规定：

（1）不承重的侧面模板，混凝土强度达到 2.5MPa 以上，保证其表面及棱角不因拆模而损坏时，方可拆除。

（2）钢筋混凝土结构的承重模板，混凝土达到下列强度后（按混凝土设计强度标准值的百分率计），方可拆除。

①悬臂板、梁：跨度 $l \leqslant 2m$，75%；跨度 $l > 2m$，100%。

②其他梁、板、拱：

跨度 $l \leqslant 2m$，50%；

$2m <$ 跨度 $l \leqslant 8m$，75%；

跨度 $l > 8m$，100%。

10.4.6 各种预埋铁件应待混凝土达到设计要求的强度，并经安全验收合格后，方可启用。

二、灌浆工程

《水工建筑物水泥灌浆施工技术规范》SL 62—2014

8.1.1 接缝灌浆应在库水位低于灌区底部高程的条件下进行。蓄水前应完成蓄水初期最低库水位以下各灌区的接缝灌浆及其验收工作。

2F332015 水利工程验收的有关要求

1.《水利水电工程施工质量检验与评定规程》SL 176—2007

4.1.11 对涉及工程结构安全的试块、试件及有关材料，应实行见证取样。见证取样资料由施工单位制备，记录应真实齐全，参与见证取样人员应在相关文件上签字。

4.3.3 施工单位应按《单元工程评定标准》及有关技术标准对水泥、钢材等原材料与中间产品质量进行检验，并报监理单位复核。不合格产品，不得使用。

4.3.4 水工金属结构、启闭机及机电产品进场后，有关单位应按有关合同进行交货检查和验收。安装前，施工单位应检查产品是否有出厂合格证、设备安装说明书及有关技术文件，对在运输和存放过程中发生的变形、受潮、损坏等问题应作好记录，并进行妥善处理。无出厂合格证或不符合质量标准的产品不得用于工程中。

4.3.5 施工单位应按《单元工程评定标准》检验工序及单元工程质量，作好书面记录，在自检合格后，填写《水利水电工程施工质量评定表》报监理单位复核。监理单位根据抽检资料核定单元（工序）工程质量等级。发现不合格单元（工序）工程，应要求施工单位及时进行处理，合格后才能进行后续工程施工。对施工中的质量缺陷应书面记录备案，进行必要的统计分析，并在相应单元（工序）工程质量评定表"评定意见"栏内注明。

4.4.5 工程质量事故处理后，由项目法人委托具有相应资质等级的工程质量检测单位检测后，按照处理方案确定的质量标准，重新进行工程质量评定。

2.《水利水电建设工程验收规程》SL 223—2008

1.0.9 当工程具备验收条件时，应及时组织验收。未经验收或验收不合格的工程不得交付使用或进行后续工程施工。验收工作应相互衔接，不应重复进行。

6.2.1 枢纽工程导（截）流前，应进行导（截）流验收。

6.3.1 水库下闸蓄水前，应进行下闸蓄水验收。

6.4.1 引（调）排水工程通水前，应进行通水验收。

6.5.1 水电站（泵站）每台机组投入运行前，应进行机组启动验收。

2F332020 电力工程施工的强制性标准

2F332021 水力发电工程地质与开挖的有关要求

1.《水工建筑物地下工程开挖施工技术规范》DL/T 5099—2011

7.3.2 爆破材料的运输、储存、加工、现场装药、起爆及瞎炮处理，应遵守 GB 6722 的有关规定。

爆破材料应符合施工使用条件和国家规定的技术标准。每批爆破材料使用前，必须进行有关的性能检验。

7.3.3 进行爆破时，人员应撤至飞石、有害气体和冲击波的影响范围之外，且无落石威胁的安全地点。单向开挖隧洞，安全地点至爆破工作面的距离，应不少于 200m。

7.3.4 洞室群多个工作面同时进行爆破作业时，应建立协调机制、统一指挥、落实责任，确保作业人员的安全和相邻炮区的安全准爆。

7.3.7 开挖面与衬砌面平行作业时的距离，应根据围岩特性、混凝土强度的允许质点震动速度及开挖作业需要的工作空间确定。若因地质原因需要混凝土衬砌紧跟开挖面时，按混凝土龄期强度的允许质点震动速度确定最大单段装药量。

12.2.7 对有瓦斯、高温等作业区，应做专项通风设计，并进行监测。

12.3.2 施工中遇到含瓦斯地段时，应按防瓦斯安全措施施工，并应遵守下列规定：

（3）机电设备及照明灯具等，均应采用防爆形式。

（4）应配备专职瓦斯检测人员。

12.3.3 洞内施工不应使用汽油机械，使用柴油机械时，宜加设废气净化装置。柴油机械燃料中宜掺添加剂，以减少有毒气体的排放量。

2.《水电水利工程爆破施工技术规范》DL/T 5135—2013

3.1.13 爆破后人员进入工作面检查等待时间应按下列规定执行：

1 明挖爆破时，应在爆破后 5min 进入工作面；当不能确认有无盲炮时，应在爆破后 15min 进入工作面。

2 地下洞室爆破应在爆破后 15min，并经检查确认洞室内空气合格后，方可准许人员进入工作面。

3 拆除爆破应等待倒塌建（构）筑物和保留建（构）筑物稳定之后，方可准许人员进入现场。

3.1.15 保护层及邻近保护层的爆破孔不得使用散装流态炸药。

3.2.3 装药完成后，应将剩余爆破器材及时撤出现场，退回爆破器材库。

5.2.5 相向掘进的两个工作面，两端施工应统一指挥。在相距 5 倍洞径或 30m 爆破时，双方人员均需撤离工作面；相距 15m 时，必须采用一个工作面爆破，直至贯通。

2F333000 二级建造师（水利水电工程）注册执业管理规定及相关要求

2F333001 二级建造师（水利水电工程）注册执业工程规模标准

一、注册建造师执业工程规模标准

建设部《注册建造师执业管理办法（试行）》（建市〔2008〕48 号）第五条规定："大中型工程施工项目负责人必须由本专业注册建造师担任。一级注册建造师可担任大、中、小型工程施工项目负责人，二级注册建造师可以承担中、小型工程施工项目负责人。

各专业大、中、小型工程分类标准按建设部《关于印发〈注册建造师执业工程规模标准〉（试行）的通知》（建市〔2007〕171 号）执行。"

注册建造师执业工程规模标准是按照建造师的 14 个专业分别进行划分的。其中水利水电工程专业执业工程规模标准详见表 2F333001-1。

二、关于建造师专业划分的说明

建造师的专业划分总体上与《建筑业企业资质管理规定》（住房和城乡建设部令第 22 号）中施工总承包企业的专业划分相衔接。

注册建造师执业工程规模标准（水利水电工程）

表 2F333001-1

序号	工程类别	项目名称	单位	规　模			备　注
				大型	中型	小型	
1	水库工程（蓄水枢纽工程）	主要建筑物工程（包括大坝、溢洪道、电站厂房、船闸等）	亿立方米	≥1.0	1.0～0.001	<0.001	总库容（总蓄水容积）
		次要建筑物工程	级		3、4、5	5	建筑物级别
		临时建筑物工程	级		3、4	5	建筑物级别
		基础处理工程	级	1、2	3、4、5		相应建筑物级别
		金属结构制作与安装工程	级	1、2	3、4、5		相应建筑物级别
		机电设备安装工程	级	1、2	3、4、5		相应建筑物级别
2	防洪工程			特别重要、重要	中等、一般		保护城镇及工矿企业的重要性
			10⁴ 亩	≥100	100～5	<5	保护农田
		主要建筑物工程	级	1、2	3、4	5	建筑物级别
		次要建筑物工程	级		3、4	5	建筑物级别
		临时建筑物工程	级		3、4	5	建筑物级别
		基础处理工程	级	1、2	3、4	5	相应建筑物级别
		金属结构制作与安装工程	级	1、2	3、4	5	相应建筑物级别
		机电设备安装工程	级	1、2	3、4	5	相应建筑物级别
3	治涝工程	主要建筑物工程	10⁴ 亩	≥60	60～3	<3	治涝面积
		次要建筑物工程	级	1、2	3、4	5	建筑物级别
		临时建筑物工程	级		3、4	5	建筑物级别
		基础处理工程	级		3、4	5	建筑物级别
		金属结构制作与安装工程	级	1、2	3、4	5	相应建筑物级别
		机电设备安装工程	级	1、2	3、4	5	相应建筑物级别

续表

序号	工程类别	项目名称	单位	规模 大型	规模 中型	规模 小型	备注
4	灌溉工程	主要建筑物工程	10^4 亩	≥50	50~0.5	<0.5	灌溉面积
		次要建筑物工程	级	1、2	3、4	5	建筑物级别
		临时建筑物工程	级		3、4	5	建筑物级别
		基础处理工程	级	1、2	3、4	5	相应建筑物级别
		金属结构制作与安装工程	级	1、2	3、4	5	相应建筑物级别
		机电设备安装工程	级	1、2	3、4	5	相应建筑物级别
5	供水工程			特别重要、重要	中等、一般		供水对象重要性
		主要建筑物工程	级	1、2	3、4	5	建筑物级别
		次要建筑物工程	级	1、2	3、4	5	建筑物级别
		临时建筑物工程	级	1、2	3、4	5	建筑物级别
		基础处理工程	级	1、2	3、4	5	相应建筑物级别
		金属结构制作与安装工程	级	1、2	3、4	5	相应建筑物级别
		机电设备安装工程	级	1、2	3、4	5	相应建筑物级别
6	发电工程	主要建筑物工程（包括大坝、隧洞、溢洪道、电站厂房、船闸等）	10^4 kW	≥30	30~1	<1	装机容量
		次要建筑物工程	级	1、2	3、4	5	建筑物级别
		临时建筑物工程	级	1、2	3、4	5	建筑物级别
		基础处理工程	级	1、2	3、4	5	相应建筑物级别
		金属结构制作与安装工程	级	1、2	3、4	5	相应建筑物级别
		机电设备安装工程	级	1、2	3、4	5	相应建筑物级别

续表

序号	工程类别	项目名称	单位	规模 大型	规模 中型	规模 小型	备注
7	拦河水闸工程		m³/s	≥1000	1000~20	<20	过闸流量
		主要建筑物工程	级	1、2	3、4	5	建筑物级别
		次要建筑物工程	级		3、4	5	建筑物级别
		临时建筑物工程	级		3、4	5	建筑物级别
		基础处理工程	级	1、2	3、4	5	相应建筑物级别
		金属结构制作与安装工程	级	1、2	3、4	5	相应建筑物级别
		机电设备安装工程	级	1、2	3、4	5	相应建筑物级别
8	引水枢纽工程		m³/s	≥50	50~2	<2	引水流量
		主要建筑物工程	级	1、2	3、4	5	建筑物级别
		次要建筑物工程	级		3、4	5	建筑物级别
		临时建筑物工程	级		3、4	5	建筑物级别
		基础处理工程	级	1、2	3、4	5	相应建筑物级别
		金属结构制作与安装工程	级	1、2	3、4	5	相应建筑物级别
		机电设备安装工程	级	1、2	3、4	5	相应建筑物级别
9	泵站工程（提水枢纽工程）		m³/s	≥50	50~2	<2	装机流量
			10^4kW	≥1	1~0.01	<0.01	装机功率
		主要建筑物工程	级	1、2	3、4	5	建筑物级别
		次要建筑物工程	级		3、4	5	建筑物级别
		临时建筑物工程	级		3、4	5	建筑物级别
		基础处理工程	级	1、2	3、4	5	相应建筑物级别
		金属结构制作与安装工程	级	1、2	3、4	5	相应建筑物级别
		机电设备安装工程	级	1、2	3、4	5	相应建筑物级别

续表

序号	工程类别	项目名称	单位	规模 大型	规模 中型	规模 小型	备注
10	堤防工程	堤基处理及防渗工程	[重现期（年）]	≥50	50～20	<20	防洪标准
		堤身墙筑（含铺台、压渗平台）及护坡工程	级	1、2	3、4	5	堤防级别
		交叉、连接建筑物工程（含金属结构与机电设备安装）	级	1、2	3、4	5	堤防级别
		填塘固基工程	级	1、2	1、2、3	4、5	堤防级别
		堤顶道路（含坡道）工程	级	1、2	1、2、3	4、5	堤防级别
		堤岸防护工程	级	1、2	1、2、3	4、5	堤防级别
11	灌溉渠道或排水沟		m^3/s	≥300	300～20	<20	灌溉流量
			m^3/s	≥500	500～50	<50	排水流量
			级	1	2、3	4、5	工程级别
			m^3/s	≥100	100～5	<5	过水流量
12	灌排建筑物	永久建筑物工程	级	1、2	3、4	5	建筑物级别
		临时建筑物工程	级		3、4	5	建筑物级别
		基础处理工程	级	1、2	3、4	5	相应建筑物级别
		金属结构制作与安装工程	级	1、2	3、4	5	相应建筑物级别
		机电设备安装工程	级	1、2	3、4	5	相应建筑物级别
13	农村饮水工程		万元	≥3000	3000～200	<200	单项合同额
14	河湖整治工程（含疏浚、吹填工程等）		万元	≥3000	3000～200	<200	单项合同额
15	水土保持工程（含防浪林）		万元	≥3000	3000～200	<200	单项合同额
16	环境保护工程		万元	≥3000	3000～200	<200	单项合同额
17	其他	其他强制要求招标的项目或上述小型工程项目	万元	≥3000	3000～200	<200	单项合同额

注：1. 大中型工程项目负责人必须注册建造师担任，其中大型工程项目负责人必须由本专业一级注册建造师担任；
2. 对综合利用工程，当各综合利用项目的规模不同时，应按最高规模确定；
3. 水利水电工程包含的通航、过木（竹）、桥梁、公路、港口和渔业等建筑物，注册建造师执业工程类别应参照本表中相关工程类别确定。

2003年人事部、建设部发布的《关于建造师专业划分有关问题的通知》（建市〔2003〕232号）中，依据建设工程项目的特点对建造师划分了十四个专业，包括：房屋建筑工程、公路工程、铁路工程、民航机场工程、港口与航道工程、水利水电工程、电力工程、矿山工程、冶炼工程、石油化工工程、市政公用与城市轨道工程、通信与广电工程、机电安装工程、装饰装修工程。其中除装饰装修工程和民航机场工程外，其余十二个专业是与《建筑业企业资质管理规定》中的十二个工程专业相一致的。注册建造师执业工程规模标准亦涉及上述14个专业。

为适应建筑市场发展需要，有利于建设工程项目与施工管理，人事部办公厅以《关于建造师资格考试相关科目专业类别调整有关问题的通知》（国人厅发〔2006〕213号）对建造师资格考试《专业工程管理与实务》科目的专业类别进行调整，主要调整如下：

1. 合并的专业类别

（1）将原"房屋建筑、装饰装修"合并为"建筑工程"。

（2）将原"矿山、冶炼（土木部分内容）"合并为"矿业工程"。

（3）将原"电力、石油化工、机电安装、冶炼（机电部分内容）"合并为"机电工程"。

2. 保留的专业类别

此次调整中未变动的专业类别有7个：公路、铁路、民航机场、港口与航道、水利水电、市政公用、通信与广电。

3. 调整后的专业类别

调整后的一级建造师资格考试《专业工程管理与实务》科目设置10个专业类别：建筑工程、公路工程、铁路工程、民航机场工程、港口与航道工程、水利水电工程、市政公用工程、通信与广电工程、矿业工程、机电工程。

二级建造师资格考试《专业工程管理与实务》科目设置6个专业类别：建筑工程、公路工程、水利水电工程、市政公用工程、矿业工程、机电工程。

三、关于工程类别划分的说明

表2F333001-1中工程类别共划分为17类，包括：①水库工程（蓄水枢纽工程）；②防洪工程；③治涝工程；④灌溉工程；⑤供水工程；⑥发电工程；⑦拦河水闸工程；⑧引水枢纽工程；⑨泵站工程（提水枢纽工程）；⑩堤防工程；⑪灌溉渠道或排水沟；⑫灌排建筑物；⑬农村饮水工程；⑭河湖整治工程（含疏浚、吹填工程等）；⑮水土保持工程（含防浪林）；⑯环境保护工程；⑰其他（其他强制要求招标的项目或上述小型工程项目）等。

上述类别的划分主要依据三个标准：《水利水电工程等级划分及洪水标准》SL 252—2017、《灌溉与排水工程设计规范》GB 50288—1999和《堤防工程设计规范》GB/T 50286—2013。

四、关于项目名称分类的说明

表2F333001-1中水库工程（蓄水枢纽工程）、防洪工程等10个工程类别中的项目名称是根据建筑物的重要性及其包含的主要专业来划分的，并与现场施工标段划分的需要相适应。施工单位承担的可能是枢纽工程，也可能是枢纽工程中的一部分，包括永久性主要建筑物、永久性次要建筑物、临时性建筑物、基础处理工程、金属结构制作与安装工程、机电设备安装工程等6个方面。

　　堤防工程是依据其具体工程内容来划分的，并与现场施工标段划分的需要相适应，其项目名称包括：堤基处理及防渗工程；堤身填筑（含戗台、压渗平台）及护坡工程；交叉、连接建筑物工程（含金属结构与机电设备安装）；填塘固基工程；堤顶道路（含坡道）工程；堤岸防护工程等6个方面。

　　灌溉渠道或排水沟、农村饮水工程、河湖整治工程（含疏浚、吹填工程等）、水土保持工程（含防浪林）、环境保护工程以及其他（其他强制要求招标的项目或上述小型工程项目）等6个类别的工程未再进行项目划分。

五、关于规模标准的说明

　　1. 水利水电工程执业工程规模标准确定的原则

　　（1）与注册建造师执业管理相关规定相结合。

　　（2）与现行有关划分工程等别与建筑物级别的规程、规范相衔接。

　　（3）便于注册建造师在执业过程中的操作。

　　2. 注册建造师执业工程规模标准与水利水电工程分等指标的关系

　　水库工程（蓄水枢纽工程）、防洪工程等11类工程执业规模标准是根据本书2F311012中水利水电工程等级划分经适当调整后确定的，两者之间的关系见表2F333001-2。

　　堤防工程不分等别，因此其执业工程规模标准根据其级别来确定。

分等指标中的工程规模与执业工程规模的关系　　　　**表 2F333001-2**

序号	工程类别	分等指标中的工程规模	执业工程规模	备　注
1	（1）水库工程（蓄水枢纽工程）	大（1）型	大　型	
		大（2）型		
		中　型	中　型	
		小（1）型		
		小（2）型		
		小（2）型以下	小　型	
2	（2）防洪工程	大（1）型	大　型	表2F333001-1序号3、4、5、6、7、8、9、11、12等9类工程与防洪工程相同
		大（2）型		
		中　型	中　型	
		小（1）型		
		小（2）型	小　型	

　　农村饮水工程、河湖整治工程、水土保持工程、环境保护工程及其他等5类工程的规模标准以投资额划分。

2F333002　二级建造师（水利水电工程）注册执业工程范围

一、水利水电工程注册建造师执业工程范围

　　建设部《注册建造师执业管理办法（试行）》建市〔2008〕48号第四条规定："注册建造师应当在其注册证书所注明的专业范围内从事建设工程施工管理活动，具体执业按照本办法附件《注册建造师执业工程范围》执行。未列入或新增工程范围由国务院建设主管部门会同国务院有关部门另行规定。"规定中提到的注册建造师执业工程范围共分10个专业（详见2F333001有关内容），与水利水电工程注册建造师相关的详见表2F333002。

水利水电工程注册建造师执业工程范围　　　　　**表2F333002**

注册专业	工　程　范　围
水利水电工程	水利水电、土石方、地基与基础、预拌商品混凝土、混凝土预制构件、钢结构、建筑防水、消防设施、起重设备安装、爆破与拆除、水工建筑物基础处理、水利水电金属结构制作与安装、水利水电机电设备安装、河湖整治、堤防、水工大坝、水工隧洞、送变电、管道、无损检测、特种专业

二、关于工程范围的说明

各注册专业工程范围的划分是以《建筑业企业资质等级标准》（建建〔2001〕82号）中专业承包企业的60个专业为基础的。

建设部《建筑业企业资质管理规定实施意见》明确《建筑业企业资质等级标准》中涉及水利方面的资质包括：水利水电工程施工总承包（水利专业）企业资质；水工建筑物基础处理工程专业、水工金属结构制作与安装工程专业、河湖整治工程专业、堤防工程专业、水利水电机电设备安装工程专业（水利专业）、水工大坝工程专业、水工隧洞工程专业等7个专业承包企业资质。

涉及多个专业部门的资质包括：钢结构工程专业承包企业资质、桥梁工程专业承包企业资质、隧道工程专业承包企业资质、核工程专业承包企业资质、海洋石油专业承包企业资质、爆破与拆除工程专业承包企业资质。其中，钢结构工程和爆破与拆除工程两个专业亦纳入水利水电工程专业。

另外，为将来建造师执业留有适当的空间，在上述基础上，水利水电工程专业的执业工程范围补充增加了土石方、地基与基础、预拌商品混凝土、混凝土预制构件、建筑防水、消防设施、起重设备安装、送变电、管道、无损检测、特种专业等11个专业。这样就形成了表2F333002中所列的21个工程范围，包括工程总承包企业的水利水电工程专业和专业承包企业的20个专业。

须注意的是：该部分内容是依据原标准《建筑业企业资质等级标准》（建建〔2001〕82号）进行编制的，原标准已作废，并被《建筑业企业资质标准》（建市〔2014〕159号）替代。因此，注册建造师执业工程范围将来亦应作相应修改。

三、水利水电工程工程范围的具体工程内容

（1）水利水电工程，不同类型的大坝、电站厂房、引水和泄水建筑物、通航建筑物、基础工程、导截流工程、砂石料生产、水轮发电机组、输变电工程的建筑安装；金属结构制作安装；压力钢管、闸门制作安装；堤防加高加固、泵站、涵洞、隧道、公路、桥梁、河道疏浚、灌溉、排水工程施工。

（2）水利水电金属结构制作与安装工程，各类钢管、闸门、拦污栅等水工金属结构的制作、安装及启闭机的安装。

（3）水利水电机电设备安装工程，各类水电站、泵站主机（各类水轮发电机组、水泵机组）及其附属设备和水电（泵）站电气设备的安装工程。

（4）河湖整治工程，各类河道、湖泊的河势控导、险工处理、疏浚、填塘固基工程。

（5）堤防工程专业，各类堤防的堤身填筑、堤身除险加固、防渗导渗、填塘固基、堤

防水下工程、护坡护岸、堤顶硬化、堤防绿化、生物防治和穿堤、跨堤建筑物（不含单独立项的分洪闸、进水闸、排水闸、挡潮闸等）工程。

（6）水工大坝工程，各类坝型的坝基处理、永久和临时水工建筑物及其辅助生产设施的施工。

（7）水工隧洞工程，各类有压或明流隧洞工程和与其相应的进出口工程的开挖、临时和永久支护、回填与固结灌浆、金属结构预埋件等工程，以及辅助生产设施的施工。

2F333003 二级建造师（水利水电工程）施工管理签章文件目录

一、水利水电工程注册建造师施工管理签章文件

现行相关标准、规程对施工单位项目负责人需签署的文件已经进行了规定，主要体现在《水利工程建设项目施工监理规范》SL 288—2014、《水利水电工程施工质量检验与评定规程》SL 176—2007、《水利水电建设工程验收规程》SL 223—2008 等，共有近百份表格。

本着突出重点、兼顾全面的原则，从上述近百种表式文件中选取了 35 份作为水利水电工程注册建造师施工管理签章文件，详见表 2F333003-1。其中，施工组织文件 2 份，进度管理文件 5 份，合同管理文件 12 份，质量管理文件 5 份，安全及环保管理文件 3 份，成本费用管理文件 4 份，验收管理文件 4 份。

考虑与其他行业的统一，同时本着完善和创新的原则，所有表式均进行了调整和修订。另外，为突出注册建造师在工程施工建设中的作用，对个别文件签署人员还进行了修正。签章文件与现行技术标准使用的表式文件基本对应，详见表 2F333003-2。

水利水电工程注册建造师施工管理签章文件目录表 表 2F333003-1

序号	工程类别	文件类别	文 件 名 称	表号	备注
1		施工组织文件	施工组织设计报审表	CF101	
			现场组织机构及主要人员报审表	CF102	
2		进度管理文件	施工进度计划报审表	CF201	
			暂停施工申请表	CF202	
	水库工程（蓄水枢纽工程）		复工申请表	CF203	
			施工进度计划调整报审表	CF204	
			延长工期报审表	CF205	
3		合同管理文件	合同项目开工申请表	CF301	
			合同项目开工令	CF302	
			变更申请表	CF303	
			变更项目价格签认单	CF304	
			费用索赔签认单	CF305	
			报告单	CF306	
			回复单	CF307	
			施工月报	CF308	

续表

序号	工程类别	文件类别	文 件 名 称	表号	备注
3	水库工程（蓄水枢纽工程）	合同管理文件	整改通知单	CF309	
			施工分包报审表	CF310	
			索赔意向通知单	CF311	
			索赔通知单	CF312	
4		质量管理文件	施工技术方案报审表	CF401	
			联合测量通知单	CF402	
			施工质量缺陷处理措施报审表	CF403	
			质量缺陷备案表	CF404	
			单位工程施工质量评定表	CF405	
5		安全及环保管理文件	施工安全措施文件报审表	CF501	
			事故报告单	CF502	
			施工环境保护措施文件报审表	CF503	
6		成本费用管理	工程预付款申请表	CF601	
			工程材料预付款申请表	CF602	
			工程价款月支付申请表	CF603	
			完工／最终付款申请表	CF604	
7		验收管理文件	验收申请报告	CF701	
			法人验收质量结论	CF702	
			施工管理工作报告	CF703	
			代表施工单位参加工程验收人员名单确认表	CF704	

注：1. 表中工程类别的划分是与注册建造师执业工程规模标准中的工程类别相一致的；

2. 本表以注册建造师执业工程规模标准（详见表 2F333001-1）中的水库工程（蓄水枢纽工程）为例对注册建造师施工管理签章文件目录进行规定，其他 16 个类别的工程其签章文件目录与本表相同。

注册建造师施工管理签章文件与现行技术标准使用文件对照表   表 2F333003-2

序号	工程类别	文件类别	文件名称	表号	对应表号	对应技术标准	备注
1	水库工程（蓄水枢纽工程）	施工组织文件	施工组织设计报审表	CF101	CB01	《水利工程施工监理规范》	
			现场组织机构及主要人员报审表	CF102	CB06	《水利工程施工监理规范》	
2		进度管理文件	施工进度计划报审表	CF201	CB02	《水利工程施工监理规范》	
			暂停施工申请表	CF202	CB22	《水利工程施工监理规范》	
			复工申请表	CF203	CB23	《水利工程施工监理规范》	
			施工进度计划调整报审表	CF204	CB25	《水利工程施工监理规范》	
			延长工期报审表	CF205	CB26	《水利工程施工监理规范》	
3		合同管理文件	合同项目开工申请表	CF301	CB14	《水利工程施工监理规范》	
			合同项目开工令	CF302	JL02	《水利工程施工监理规范》	

续表

序号	工程类别	文件类别	文件名称	表号	对应表号	对应技术标准	备注
3		合同管理文件	变更申请表	CF303	CB24	《水利工程施工监理规范》	
			变更项目价格签认单	CF304	JL14	《水利工程施工监理规范》	
			费用索赔签认单	CF305	JL18	《水利工程施工监理规范》	
			报告单	CF306	CB36	《水利工程施工监理规范》	
			回复单	CF307	CB37	《水利工程施工监理规范》	
			施工月报	CF308	CB34	《水利工程施工监理规范》	
			整改通知单	CF309	JL11	《水利工程施工监理规范》	
			施工分包报审表	CF310	CB05	《水利工程施工监理规范》	
			索赔意向通知单	CF311	CB28	《水利工程施工监理规范》	
			索赔通知单	CF312	CB29	《水利工程施工监理规范》	
4	水库工程（蓄水枢纽工程）	质量管理文件	施工技术方案报审表	CF401	CB01	《水利工程施工监理规范》	
			联合测量通知单	CF402	CB12	《水利工程施工监理规范》	
			施工质量缺陷处理措施报审表	CF403	CB19	《水利工程施工监理规范》	
			质量缺陷备案表	CF404	附录B	《水利水电工程施工质量检验与评定规程》	
			单位工程施工质量评定表	CF405	附录G 表G-2	《水利工程施工质量检验与评定规程》	
5		安全及环保管理文件	施工安全措施文件报审表	CF501	CB01	《水利工程施工监理规范》	
			事故报告单	CF502	CB21	《水利工程施工监理规范》	
			施工环境保护措施文件报审表	CF503			
6		成本费用管理	工程预付款申请表	CF601	CB09	《水利工程施工监理规范》	
			工程材料预付款申请表	CF602	CB10	《水利工程施工监理规范》	
			工程价款月支付申请表	CF603	CB33	《水利工程施工监理规范》	
			完工/最终付款申请表	CF604	CB39	《水利工程施工监理规范》	
7		验收管理文件	验收申请报告	CF701	CB35	《水利工程施工监理规范》	
			法人验收质量结论	CF702		《水利水电建设工程验收规程》	
			施工管理工作报告	CF703		《水利水电建设工程验收规程》	
			代表施工单位参加工程验收人员名单确认表	CF704		《水利水电建设工程验收规程》	

二、水利水电工程注册建造师施工管理签章文件使用

施工单位与发包方以及监理单位涉及上述签章文件时，施工单位需要具有注册建造师执业资格的人士签字并加盖执业章。水利水电工程注册建造师施工管理签章文件35份表格总体表式基本一致，共性部分需注意以下：

（1）表右上角的"CF×××"，指水利水电工程注册建造师签章文件的表式（表号）

编号，如"CF203"指的是水利水电工程注册建造师签章文件目录表中序号"2"第3份表式文件；"CF502"是水利水电工程注册建造师签章文件目录表中序号"5"的第2份表式文件，依此类推。

（2）合同名称，指工程施工合同上所标注的名称，填写时可将合同编号用括号附在其后。

（3）编号：指该表式文件需编写的流水号，可自行编排。

（4）承包人、监理机构、发包人、设代机构，均指各方的现场管理机构，如"项目经理部""项目监理部""建管处""设代组"等。

（5）表式文件中的"□"，指示选择项，请在文件对应的"□"上打"√"。

（6）"签章"指的是签字并加盖注册建造师图章。